DELIUS KLASING

MIX
Papier aus verantwortungsvollen Quellen
Paper from responsible sources
FSC® C105338

Dr. Etzold
Diplom-Ingenieur für Fahrzeugtechnik

So wird's gemacht

pflegen – warten – reparieren

Band 140

Mercedes A-Klasse (Typ 169)
Mercedes B-Klasse (Typ 245)

Benziner

1,5 l/ 70 kW/ 95 PS	9/04 –	4/12
1,7 l/ 85 kW/116 PS	9/04 –	4/12
2,0 l/100 kW/136 PS	9/04 –	4/12
2,0 l/142 kW/193 PS	6/05 –	10/10

Diesel

2,0 l/ 60 kW/ 82 PS	9/04 –	4/12
2,0 l/ 80 kW/109 PS	9/04 –	4/12
2,0 l/103 kW/140 PS	9/04 –	4/12

Delius Klasing Verlag

Redaktion: Günter Skrobanek (Text)
Christine Etzold (Bild)

Bibliografische Information der Deutschen Nationalbibliothek

Die Deutsche Nationalbibliothek verzeichnet diese Publikation in der Deutschen Nationalbibliografie; detaillierte bibliografische Daten sind im Internet über http://dnb.dnb.de abrufbar.

9. Auflage
ISBN 978-3-667-13039-6

Alle Angaben ohne Gewähr
Druck: Books on Demand, Norderstedt
Printed in Germany

Delius Klasing Verlag, Siekerwall 21, D-33602 Bielefeld
Tel.: 0521/559-0
E-mail: info@delius-klasing.de
www.delius-klasing.de
http://sowirdsgemacht.com

Lieber Leser,

obwohl die Automobile von Modellgeneration zu Modellgeneration technisch wesentlich aufwändiger und komplizierter werden, greifen von Jahr zu Jahr immer mehr Heimwerker zum »So wird's gemacht«-Handbuch. Die Erklärung dafür ist einfach: Weil die Technik des Automobils komplizierter geworden ist, benötigt selbst der Fachmann bei Wartungs- und Reparaturarbeiten am Fahrzeug eine spezielle Anleitung.

Auch der fachkundige Hobbymonteur sollte bedenken, dass der Fachmann viel Erfahrung hat und durch die Weiterschulung und seinen Erfahrungsaustausch über den neuesten Technikstand verfügt. Mithin kann es für die Überwachung und Erhaltung der Betriebs- und Verkehrssicherheit des eigenen Fahrzeugs sinnvoll sein, in regelmäßigen Abständen eine Fachwerkstatt aufzusuchen.

Grundsätzlich muss sich der Heimwerker natürlich darüber im Klaren sein, dass man mit Hilfe eines Handbuches nicht automatisch zum Kfz-Mechaniker wird. Auch deshalb sollten Sie nur solche Arbeiten durchführen, die Sie sich zutrauen. Das gilt insbesondere für jene Arbeiten, die die Verkehrssicherheit des Fahrzeugs beeinträchtigen können. Gerade in diesem Punkt sorgt das »So wird's gemacht«-Handbuch jedoch für praktizierte Verkehrssicherheit. Durch die Beschreibung der Arbeitsschritte und den Hinweis, die Sicherheitsaspekte nicht außer Acht zu lassen, wird der Heimwerker vor der Arbeit entsprechend sensibilisiert und informiert. Auch wird darauf hingewiesen, im Zweifelsfall die Arbeit lieber von einem Fachmann ausführen zu lassen.

Sicherheitshinweis
Auf verschiedenen Seiten dieses Buches stehen »Sicherheitshinweise«. Bevor Sie mit der Arbeit anfangen, lesen Sie bitte diese Sicherheitshinweise aufmerksam durch und halten Sie sich strikt an die dort gegebenen Anweisungen.

Vor jedem Arbeitsgang empfiehlt sich ein Blick in das vorliegende Buch. Dadurch werden Umfang und Schwierigkeitsgrad der Reparatur offenbar. Außerdem wird deutlich, welche Ersatz- oder Verschleißteile eingekauft werden müssen und ob unter Umständen die Arbeit nur mit Hilfe von Spezialwerkzeug durchgeführt werden kann. Empfehlenswert: Wenn Sie eine elektronische Kamera zur Hand haben, dann sollten Sie komplizierte Arbeitsschritte für den Wiedereinbau fotografisch dokumentieren.

Für die meisten Schraubverbindungen ist das Anzugsdrehmoment angegeben. Bei Schraubverbindungen, die in jedem Fall mit einem Drehmomentschlüssel angezogen werden müssen (Zylinderkopf, Achsverbindungen usw.), ist der Wert **fett** gedruckt. Nach Möglichkeit sollte man generell jede Schraubverbindung mit einem Drehmomentschlüssel anziehen. Übrigens: Für viele Schraubverbindungen sind Innen- oder Außen-Torxschlüssel erforderlich.

Als ich Anfang der siebziger Jahre den ersten Band der »So wird´s gemacht«-Buchreihe auf den Markt brachte, wurden im Automobilbau nur ganz wenige elektronische Bauteile eingesetzt. Inzwischen ist das elektronische Management allgegenwärtig; ob bei der Steuerung der Zündung, des Fahrwerks oder der Gemischaufbereitung. Die Elektronik sorgt auch dafür, dass es in verschiedenen Bereichen keine Verschleißteile mehr gibt. Das Überprüfen elektronischer Bauteile ist wiederum nur noch mit teuren und speziell auf das Fahrzeugmodell abgestimmten Prüfgeräten möglich, die dem Heimwerker in der Regel nicht zur Verfügung stehen. Wenn also verschiedene Reparaturschritte nicht mehr beschrieben werden, so liegt das ganz einfach am vermehrten Einsatz von elektronischen Bauteilen.

Das vorliegende Buch kann zwangsläufig auch nicht auf jedes technische Problem am Fahrzeug eingehen. Dennoch hoffe ich, dass die getroffene Auswahl an Reparatur- und Wartungshinweisen in den meisten Fällen die auftretenden Probleme löst. Eines sollten Sie bei Ihren Arbeiten am eigenen Auto auch beachten: Ständig werden am aktuellen Modell technische Änderungen durchgeführt, so dass sich die im Buch veröffentlichten Arbeitsanweisungen und Einstelldaten für Ihr spezielles Modell geändert haben könnten. Sollten Zweifel auftreten, erfragen Sie bitte den aktuellen Stand beim Kundendienst des Automobilherstellers.

Rüdiger Etzold

Inhaltsverzeichnis

Mercedes A-Klasse/B-Klasse

Aus dem Inhalt:

- **Modellvarianten**
- **Fahrzeugidentifizierung**
- **Motordaten**

Im September 2004 wurde die zweite Generation der **A-KLASSE** (Typ 169) vorgestellt, zunächst als 5-Türer, im Dezember 2004 folgte die 3-türige Coupé-Version.

Im Juli 2005 kam die etwas größere **B-KLASSE** (Typ 245) auf den Markt. A- und B-KLASSE sind ähnlich aufgebaut und weitgehend mit denselben Motoren ausgerüstet.

Neben dem abweichend gestalteten Frontdesign ist die B-KLASSE 432 mm länger, 13 mm breiter, 10 mm höher und hat einen um 210 mm größeren Radstand als die A-KLASSE. Dementsprechend fällt auch das Platzangebot für die Fondpassagiere sowie das mögliche Zulade-Volumen deutlich größer aus.

Für die kompakten MERCEDES-Modelle stehen Benzin- und Dieselmotoren mit unterschiedlichem Leistungsspektrum zur Verfügung. Bei allen Benzinmotoren werden Kraftstoffeinspritzung und Zündung von einem elektronischen Motormanagement gesteuert. Auch die Common-Rail-Direkteinspritzung (CDI) für die Dieselmotoren wird elektronisch gemanagt. Die Motoren sind quer im Motorraum eingebaut und treiben die Vorderräder an.

Die neue Modellgeneration zeichnet sich unter anderem durch eine reichhaltige Ausstattung und einen hohen passiven Sicherheitsstandard aus. Die Sicherheitseinrichtungen umfassen neben Gurtstraffern und adaptiven Gurtkraftbegrenzern serienmäßig sechs Airbags: Fahrer-, Beifahrer-, Seiten- und Kopfairbags. Die Front-Airbags besitzen zweistufige Gas-Generatoren. Dadurch entfalten sie sich je nach Unfallschwere unterschiedlich stark und vermindern so die Belastung für Fahrer und Beifahrer.

Nach fast vierjähriger Produktion kamen im Juni 2008 die überarbeiteten Modelle der A- und B-Klasse auf den Markt. Signifikante Erkennungsmerkmale dieser Modelle sind die der Kotflügelkontur angepassten Scheinwerfer sowie modifizierte Frontstoßfänger mit vergrößertem Lufteinlass.

Ein weiteres Erkennungsmerkmal sind die in Wagenfarbe lackierten Außenspiegelgehäuse und Türgriffe sowie die neu modellierten Heck-Rückleuchten. Sie ragen bis weit in die Seitenflanken hinein und lassen die Karosserie breiter und kraftvoller wirken.

A-Klasse, Modell 2005

A-Klasse, Modell 2009

B-Klasse, Modell 2006

B-Klasse, Modell 2009

Fahrzeug- und Motoridentifizierung

Fahrgestellnummer

Anhand der Fahrgestellnummer kann das Fahrzeugmodell identifiziert werden. In der Fahrgestellnummer sind Modellreihe und Karosserievariante verschlüsselt aufgeführt.

Die Fahrgestell-Nummer (Fg-Nr.) oder Fahrzeug-Identifizierungsnummer (FIN) –1– ist im Motorraum an der Spritzwand in das Karosserieblech eingeschlagen. 2 – Luftfilterdeckel, 3 – Ölmessstab. In der Abbildung ist die A-KLASSE mit Dieselmotor dargestellt.

Die Fahrgestell-Nummer –1– steht auch auf dem Typschild –4– unterhalb des Türschließzapfens –5– der Beifahrertür.

Aufschlüsselung der Fahrgestell-Nummer

WDD	169	008	1	J	162158
①	②	③	④	⑤	⑥

① WDD = Daimler-Chrysler AG

② 169 = Typ: A-Klasse, 245 – B-Klasse

③ 008 = Ausführung: **0** – 5-Türer (3 – 3-Türer) **0** – Dieselmotor (3 – Benzinmotor), **8** – 2,0-l-CDI-Motor

④ 1 = Lenkung: 1 – Linkslenker, 2 – Rechtslenker

⑤ J = Herstellerwerk Rastatt

⑥ 162158 = fortlaufende Seriennummer

Motornummer

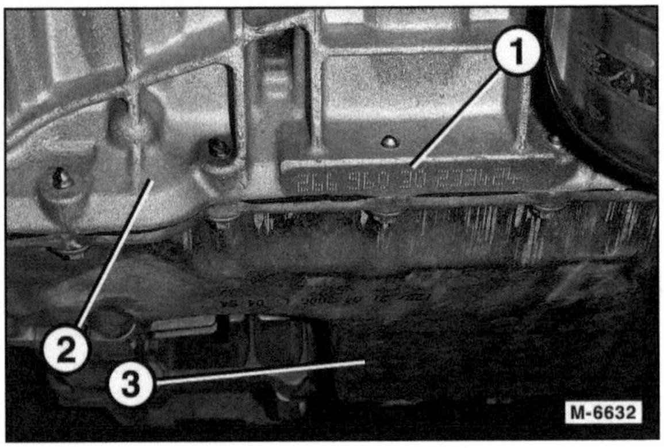

Die Motornummer –1– ist unten in den Motorblock –2– eingeschlagen, an der Trennstelle zur Ölwanne –3–. Zur Überprüfung vordere Unterbodenabdeckung ausbauen.

Aufschlüsselung der Motornummer:

266	960	30	233424
①	②	③	④

① 266 = Benzinmotor, 640 = Dieselmotor

② 960 = 2,0-l-Saugmotor

③ 30 = Füllzeichen

④ 233424 = Fortlaufende Seriennummer

Motordaten

A-KLASSE Modell / Typ / Fertigung	A150/A160 169.031 169.331 9/04 – 4/12	A170/A180 169.032 169.332 9/04 – 4/12	A200 169.033 169.333 9/04 – 4/12	A200 Turbo 169.034 169.334 7/05 – 10/10
B-KLASSE Modell / Typ / Fertigung	**B150/B160** 245.231 6/05 – 6/11	**B170/B180** 245.232 6/05 – 6/11	**B200** 245.233 6/05 – 6/11	**B200 Turbo** 245.234 6/05 – 10/10
Motorbezeichnung	266.920	266.940	266.960	266.980
Hubraum cm³	1498	1699	2034	2034
Leistung kW bei 1/min PS bei 1/min	70/5200 95/5200	85/5500 116/5500	100/5500 136/5500	142/5000 193/5000
Drehmoment Nm bei 1/min	140/3500	155/3500	185/3500	280/1800
Bohrung ∅ mm	83	83,0	83,0	83,0
Hub mm	69,2	78,5	94,0	94,0
Verdichtung	11	11	11	9
Zylinder/Ventile pro Zylinder	4/2	4/2	4/2	4/2
Motormanagement	Multipoint	Multipoint	Multipoint	Multipoint
Kraftstoff (ROZ)	Super 95	Super 95	Super 95	Super 95
Wechselmengen Motoröl Liter Kühlflüssigkeit[1] Liter	 5,0 6,3/6,5[1]	 5,0 6,3/7,0[1]	 5,0 7,0	 5,0 8,5

A-KLASSE Modell / Typ / Fertigung	A160 CDI 169.006 169.306 9/04 – 4/12	A180 CDI 169.007 169.307 9/04 – 4/12	A200 CDI 169.008 169.308 9/04 – 4/12
B-KLASSE Modell / Typ / Fertigung	– – –	**B180 CDI** 245.207 6/05 – 6/11	**B200 CDI** 245.208 6/05 – 6/11
Motorbezeichnung	640.942	640.940	640.941
Hubraum cm³	1991	1991	1991
Leistung kW bei 1/min PS bei 1/min	60/4200 82/4200	80/4200 109/4200	103/4200 140/4200
Drehmoment Nm bei 1/min	180/18400	250/1600	300/1600
Bohrung ∅ mm	83,0	83,0	83,0
Hub mm	92,0	92,0	92,0
Verdichtung	18	18	18
Zylinder/Ventile pro Zylinder	4/4	4/4	4/4
Motormanagement	EDC	EDC	EDC
Kraftstoff	Diesel	Diesel	Diesel
Wechselmengen Motoröl Liter Kühlflüssigkeit[1] Liter	 6,0 (**bis 5/08:** 5,8) 8,4	 5,4 (**bis 5/08:** 5,8) 8,4	 5,4 (**bis 5/08:** 5,8) 9,7

Typbezeichnung A-Klasse: 169.0 = 5-Türer; 169.3 = 3-Türer. **EDC** = **E**lectronic **D**iesel **C**ontrol. Seit 6/2009 haben sich für die Benzinmotoren die Modellbezeichnungen von A/B150 in A/B160 sowie von A/B170 in A/B180 geändert.

[1]) Die tatsächlich erforderliche Kühlmittelmenge ist abhängig von der Getriebeausführung und von der Fahrzeugausstattung.

Dieselmotor

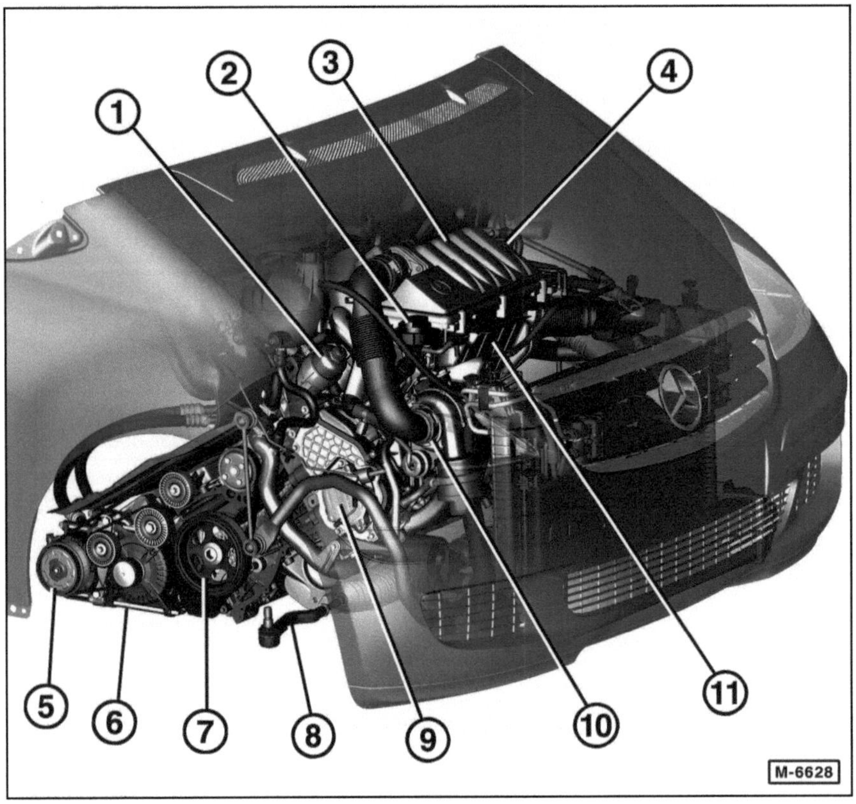

Der Dieselmotor ist um 56 Grad nach vorn geneigt quer hinter der Vorderachse eingebaut.

1 – **Motorölfilter**
2 – **Öleinfülldeckel**
3 – **Luftfilterdeckel**
4 – **Kraftstofffilter**
5 – **Klimakompressor**
6 – **Generator**
7 – **Kurbelwellen-Riemenscheibe**
8 – **Spurstange**
9 – **Vakuumpumpe**
10 – **Abgas-Turbolader**
11 – **Luftfiltergehäuse**

Benzinmotor

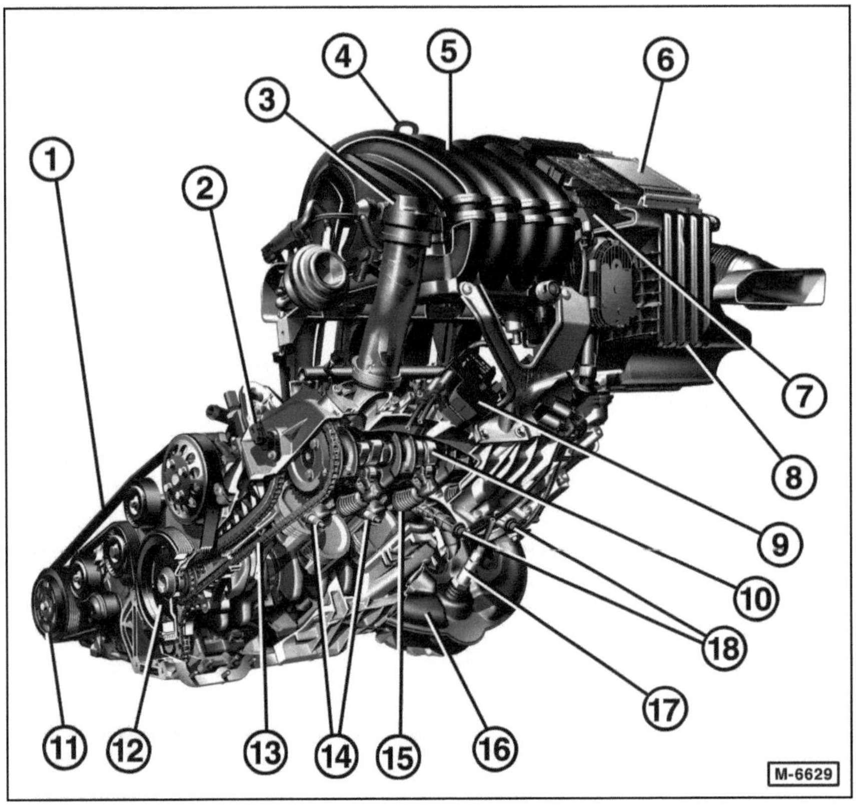

Der Benzinmotor ist um 59 Grad nach vorn geneigt quer hinter der Vorderachse eingebaut.

1 – **Keilrippenriemen**
2 – **Nockenwellen-Positionsgeber**
3 – **Öleinfülldeckel**
4 – **Ölmessstab**
5 – **Saugrohr-Oberteil**
6 – **Motor-Steuergerät**
7 – **Luftfiltereinsatz**
8 – **Luftfiltergehäuse**
9 – **Zündspulen**
10 – **Nockenwelle**
11 – **Klimakompressor**
12 – **Kurbelwellen-Riemenscheibe**
13 – **Steuerkette**
14 – **Zündkerzen**
15 – **Einlass-Ventilfeder**
16 – **Abgaskrümmer**
17 – **Lambdasonde**
18 – **Zündkerzenstecker**

Wartung

Aus dem Inhalt:

- Wartungsplan
- Wartungsarbeiten
- Serviceanzeige nach der Wartung zurückstellen
- Wagenpflege
- Werkzeugausrüstung
- Motorstarthilfe
- Fahrzeug aufbocken

Wartungsplan

Für die Wartung gilt das **A**ktive **S**ervice **Sys**tem »ASSYST PLUS«. Dabei werden die Wartungsintervalle entsprechend dem Fahrzeugeinsatz per Digitalanzeige im Kombiinstrument angezeigt. Der erste Hinweis auf die fällige Wartung erscheint etwa 1 Monat vor dem nächsten Wartungstermin.

Beispiele für die Wartungsanzeige im Kombiinstrument

Service A in 1000 km oder **Service A in 30 Tagen** oder **Service A durchführen**.
Der Buchstabe hinter »Service« gibt die Art der erforderlichen Wartung an. »A« steht für kleine Wartung, »H« steht für große Wartung.

Die Zeit zwischen den einzelnen Wartungsterminen hängt von der Fahrweise ab. Wenn der Motor vorwiegend bei mittleren Drehzahlen betrieben wird und wenn wenig Kurzstrecken gefahren werden, bei denen der Motor die Betriebstemperatur nicht erreicht, erhöht sich der Zeitraum zwischen den Wartungsintervallen.

Standzeiten, in denen die Fahrzeug-Batterie abgeklemmt ist, werden von ASSYST PLUS nicht erfasst. Um die richtigen Wartungsintervalle einzuhalten, müssen deshalb die Standzeiten ohne Batterie von den eingeblendeten Tagen abgezogen werde.

Für den **Service A** sind alle im Wartungsplan mit ● gekennzeichneten Positionen, für den **Service H** alle mit ● und ■ gekennzeichneten Positionen durchzuführen.

Im Rahmen der Wartung sind ebenfalls die mit ◆ gekennzeichneten Wartungspunkte zusätzlich durchzuführen. Und zwar immer dann, wenn seit der letzten Durchführung des Wartungspunktes (◆) die angegebenen Kilometer gefahren wurden beziehungsweise die angegebene Zeit verstrichen ist. Zeit- und Kilometerintervalle sind im folgenden Wartungsplan aufgeführt.

Nach erfolgter Wartung Serviceanzeige im Kombiinstrument zurücksetzen, siehe Seite 43.

Motor

● Motor: Öl- und Filterwechsel.

● Kühl- und Heizsystem: Flüssigkeitsstand prüfen, Konzentration des Frostschutzmittels prüfen. Sichtprüfung auf Undichtigkeiten und äußere Verschmutzung des Kühlers.

■ Motor: Sichtprüfung auf Undichtigkeiten, beschädigte Bauteile und Scheuerstellen.

■ Keilrippenriemen: Sichtprüfen.

■ Abgasanlage: Sichtprüfung auf Beschädigungen.

Getriebe, Achsantrieb

■ Gummimanschetten der Vorderachswellen: Sichtprüfen.

■ Schalt- und Ausgleichgetriebe: Sichtprüfung auf Undichtigkeiten.

■ Getriebe 716 bis Getriebe-Nr. 1012620: Schaltmodul schmieren.

Fahrwerk und Lenkung

■ Vorderachsgelenke: Spiel und Befestigung prüfen, Staubkappen prüfen.

■ Lenkung: Faltenbälge auf Undichtigkeiten und Beschädigungen, Spur- und Lenkstangengelenke auf Spiel prüfen.

Bremsen, Reifen, Räder

● Bereifung: Reifenfülldruck prüfen.

■ Reifendichtmittel »TIREFIT«: Falls vorhanden, Verfallsdatum prüfen und gegebenenfalls ersetzen.

■ Bremsanlage: Leitungen, Schläuche und Anschlüsse auf Undichtigkeiten und Beschädigungen prüfen. Flüssigkeitsstand prüfen.

■ Bereifung: Profiltiefe prüfen; Reifen auf Verschleiß, Risse und andere Beschädigungen prüfen (einschließlich Reserverad, wenn vorhanden).

■ Belagstärke der Bremsbeläge und Zustand der Bremsscheiben vorn und hinten prüfen, gegebenenfalls dazu Räder abmontieren.

■ Handbremse: Seillängenausgleich nachstellen (einmalig bei der ersten großen Wartung).

■ Reserverad, wenn vorhanden: Reifenfülldruck prüfen.

Karosserie/Innenausstattung

● Verschluss der Motorhaube und Sicherungshaken auf Leichtgängigkeit prüfen.

■ Sicherheitsgurte und Gurtschlösser: Auf äußere Beschädigungen prüfen, Funktion prüfen.

Elektrische Anlage

● Kontrollleuchten im Kombiinstrument, Symbolbeleuchtung, Innenbeleuchtung und Kofferraumbeleuchtung: Funktion prüfen.

● Außenbeleuchtung: Funktion prüfen.

● Lichthupe, Warnblinker, Blinker: Funktion prüfen.

● Signalhorn: Prüfen.

● Front- und Heckscheibenwischer: Funktion prüfen. Zustand der Gummilippen prüfen, gegebenenfalls Wischerblätter ersetzen.

● Scheibenwaschanlage/Scheinwerfer-Waschanlage: Flüssigkeitsstand, Frostschutz und Funktion prüfen, Düsenstellung kontrollieren.

● Serviceanzeige im Kombiinstrument zurücksetzen.

■ Batterie (nicht bei Vliesbatterie): Flüssigkeitsstand prüfen.

■ Scheinwerfereinstellung: Prüfen.

■ Leuchtweitenregulierung der Scheinwerfer prüfen (nicht bei Xenon-Scheinwerfern).

30.000 km oder 2 Jahre nach letzter Prüfung

◆ Anhängevorrichtung mit abnehmbarem Kugelhals: Reinigen, schmieren und auf Funktion prüfen.

40.000 km oder 2 Jahre nach letztem Wechsel

◆ Staub- oder Kombifilter ersetzen.
Hinweis: MERCEDES-BENZ bezeichnet den Filter bei Fahrzeugen mit Klimautomatik als Kombifilter, bei allen anderen Fahrzeugen als Staubfilter.

2 Jahre nach letzter Prüfung (möglichst im Frühjahr)

◆ Bremsflüssigkeit: Erneuern.

◆ Karosserie auf Lackschäden prüfen.

◆ Fahrgestell- und tragende Karosserieteile auf Beschädigung und Korrosion prüfen.

50.000 – 70.000 km oder 4 Jahre nach letztem Wechsel

◆ Saug-Benzinmotor (Motor 266.920/.940/.960): Zündkerzen wechseln.

Alle 60.000 km

◆ Automatikgetriebe: Getriebeöl wechseln.

80.000 km oder 4 Jahre nach letztem Wechsel

◆ Dieselmotor: Kraftstofffilter ersetzen.

◆ Benzinmotor: Luftfiltereinsatz ersetzen.

90.000 – 110.000 km oder 4 Jahre nach letztem Wechsel

◆ Turbo-Benzinmotor (Motor 266.980): Zündkerzen wechseln.

120.000 km oder 4 Jahre nach letztem Wechsel

◆ Dieselmotor: Luftfiltereinsatz ersetzen.

250.000 km oder 15 Jahre nach letztem Wechsel

◆ Kühlmittel erneuern.

◆ Benzinmotor: Kraftstofffilter ersetzen.

Wartungsarbeiten

Hier werden, nach den verschiedenen Baugruppen des Fahrzeugs aufgeteilt, alle Wartungsarbeiten beschrieben, die gemäß dem Wartungsplan durchgeführt werden müssen. Auf die erforderlichen Verschleißteile sowie das möglicherweise benötigte Sonderwerkzeug wird jeweils hingewiesen.

Es empfiehlt sich, Reifendruck, Motorölstand und Flüssigkeitsstände für Kühlung, Wisch-/Waschanlage etc. mindestens alle 4 bis 6 Wochen zu prüfen und gegebenenfalls zu ergänzen.

Achtung: Beim **Einkauf von Ersatzteilen** ist zur Identifizierung des Fahrzeuges unbedingt die **Fahrzeug-Ident-Nummer** (Fahrgestellnummer) beziehungsweise der **KFZ-Schein** mitzunehmen. Sonst ist eine genaue Zuordnung der Ersatzteile nicht möglich.

Um ganz sicher zu sein, dass man die richtigen Ersatzteile erhalten hat, empfiehlt es sich nach Möglichkeit, das Altteil auszubauen und zum Ersatzteilhändler mitzunehmen. Dort kann man es mit dem Neuteil vergleichen.

Motor und Abgasanlage

Folgende Wartungsarbeiten müssen nach dem Wartungsplan durchgeführt werden:

- Motor: Öl- und Filterwechsel.
- Kühl- und Heizsystem: Flüssigkeitsstand prüfen, Konzentration des Frostschutzmittels prüfen. Sichtprüfung auf Undichtigkeiten und äußere Verschmutzung des Kühlers.
- Motor: Sichtprüfung auf Undichtigkeiten, beschädigte Bauteile und Scheuerstellen.
- Keilrippenriemen: Zustand sichtprüfen.
- Abgasanlage: Sichtprüfung auf Beschädigungen.
- Benzinmotor: Zündkerzen wechseln.
- Kraftstofffilter ersetzen.
- Luftfiltereinsatz ersetzen.
- Kühlmittel erneuern, siehe Seite 160.

Motorölstand prüfen

Etwa alle 1.000 km oder vor längeren Fahrten sollte der Ölstand des Motors überprüft und gegebenenfalls ergänzt werden. Auf 1.000 Kilometer soll der Motor nicht mehr als 0,8 Liter Öl verbrauchen. Mehrverbrauch ist ein Anzeichen für verschlissene Ventilschaftabdichtungen und/oder Kolbenringe beziehungsweise Dichtungen.

Erforderliche Betriebsmittel:

- Zum Nachfüllen nur ein von MERCEDES-BENZ freigegebenes Motoröl verwenden, siehe Seite 158.

Prüfen

- Motor warm fahren und Fahrzeug auf einer waagerechten Fläche abstellen.
- Nach Abstellen des Motors etwa 5 Minuten lang warten, bis sich das Öl in der Ölwanne gesammelt hat.

- Ölmessstab –1– herausziehen und mit sauberem Lappen abwischen. 2 – Öleinfülldeckel, 3 – Kühlmittel-Ausgleichbehälter.

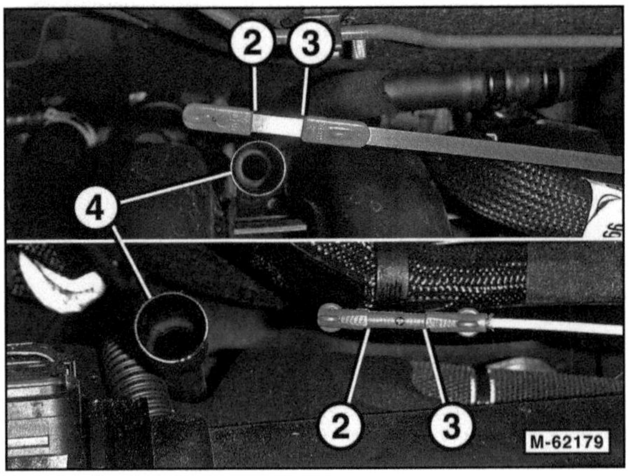

- Anschließend Messstab bis zum Anschlag in das Führungsrohr –4– einführen und wieder herausziehen.
- Ölstand ablesen. Der Ölstand soll zwischen den beiden Markierungen MIN –2– und MAX –3– liegen. **Hinweis:** In der Abbildung ist oben der Messstab des Benzinmotors, unten des Dieselmotors dargestellt.

Achtung: Liegt der Ölstand oberhalb der MAX-Markierung besteht die Gefahr von Katalysatorschäden.

- Liegt der Ölstand an der unteren Markierung –2– oder darunter, neues Motoröl bis zur MAX-Markierung nachfüllen. Die Füllmenge zwischen MIN- und MAX-Markierung beträgt beim Benzinmotor etwa 1,2, beim Dieselmotor etwa 1,5 Liter.

Achtung: Falls versehentlich zu viel Öl eingefüllt wurde, überschüssiges Öl mit einem Motoröl-Absauggerät absaugen.

- Nachgefüllt wird am Verschluss –2– seitlich am Zylinderkopf. 1 – Ölmessstab, 3 – Kühlmittel-Ausgleichbehälter. Beim Nachfüllen auf richtige Ölspezifikation achten und keine Ölzusätze verwenden, siehe Seite 158.

Achtung: Wahllos abwechselnder Gebrauch verschiedener Öltypen ist ungünstig. Motoröle gleichen Typs, aber verschiedener Marken sollen möglichst nicht gemischt werden. Motoröle gleichen Typs und gleicher Marke, aber verschiedener Viskosität können im Bedarfsfall ohne weiteres nachgefüllt werden.

Motor-Ölstand über die Ölstandanzeige prüfen/Dieselmotor

- Zündung einschalten, dazu Zündschlüssel in Stellung 2 drehen.
- Im Multifunktionsdisplay wird die Standard-Anzeige (Kilometerzähler und Tageskilometerzähler) dargestellt.
- Über Pfeiltasten am Lenkrad folgende Meldung auswählen: »Motorölstand – Messung läuft – Korrekte Messung nur wenn Fahrz. eben steht«.
- Die Messung dauert einen Moment und wird anschließend im Display folgendermaßen angezeigt:
  - ◆ Motorölstand in Ordnung
  - ◆ 1,0 l für maximalen Ölstand einfüllen
  - ◆ 1,5 l für maximalen Ölstand einfüllen
  - ◆ 2,0 l für maximalen Ölstand einfüllen
  - ◆ Motorölstand – Ölstand reduzieren

  Achtung: Bei zu viel eingefülltem Öl besteht die Gefahr eines Motor- oder Katalysatorschadens. Daher muss in diesem Fall ein Teil des Motoröls abgesaugt werden.

Motor/Motorraum: Sichtprüfung auf Undichtigkeiten

Folgende Leitungen, Schläuche und Anschlüsse auf Undichtigkeiten, Scheuerstellen, Porosität und Brüchigkeit sichtprüfen:

- Kraftstoffleitungen.
- Kühlmittelschläuche.
- Bremsleitungen.
- Kältemittelleitungen der Klimaanlage.

Ölundichtigkeit suchen

Bei ölverschmiertem Motor und hohem Ölverbrauch überprüfen, wo das Öl austritt. Dazu folgende Stellen überprüfen:

- Öleinfülldeckel öffnen und Dichtung auf Porosität oder Beschädigung prüfen.
- Dieselmotor: Ölrücklaufschlauch zwischen Motorblock und Ölabscheider auf festen Sitz prüfen.
- Zylinderkopfdeckel-Dichtung.
- Zylinderkopfdichtung.
- Ölfilterdichtung: Ölfilterdeckel am Ölfiltergehäuse.
- Ölablassschraube (Dichtring).
- Ölwannendichtung.
- Trennstelle zwischen Motor und Getriebe (Dichtung an Schwungrad oder Getriebewelle).

Da sich bei Undichtigkeiten das Öl meistens über eine größere Motorfläche verteilt, ist die Austrittsstelle des Öls nicht auf den ersten Blick zu erkennen. Bei der Suche geht man zweckmäßigerweise wie folgt vor:

- Motorwäsche durchführen. Motor mit handelsüblichem Kaltreiniger einsprühen und nach einer kurzen Einwirkungszeit mit Wasser abspritzen. Wenn der Motor von unten abgespritzt wird, vorher Generator mit Plastiktüte abdecken.

Achtung: Motorwäsche nur in Auto-Selbstwaschanlagen mit Ölabscheider vornehmen.

- Trennstellen und Dichtungen am Motor von außen mit Kalk oder Talkumpuder bestäuben. **Hinweis:** Die Fachwerkstatt verwendet ein spezielles Lecköl-Suchspray.
- Ölstand kontrollieren, gegebenenfalls auffüllen.
- Probefahrt durchführen. Da das Öl bei heißem Motor dünnflüssig wird und dadurch schneller an den Leckstellen austreten kann, sollte die Probefahrt über eine Strecke von ca. 30 km auf einer Schnellstraße durchgeführt werden.
- Anschließend Motor mit Lampe absuchen, undichte Stelle lokalisieren und Fehler beheben.

Kühlsystem prüfen

- Kühlmittelschläuche durch Zusammendrücken und Verbiegen auf poröse Stellen untersuchen, hart gewordene und aufgequollene Schläuche erneuern.
- Die Schläuche dürfen nicht zu kurz auf den Anschlussstutzen sitzen.
- Festen Sitz der Schlauchschellen kontrollieren, gegebenenfalls Schellen erneuern.

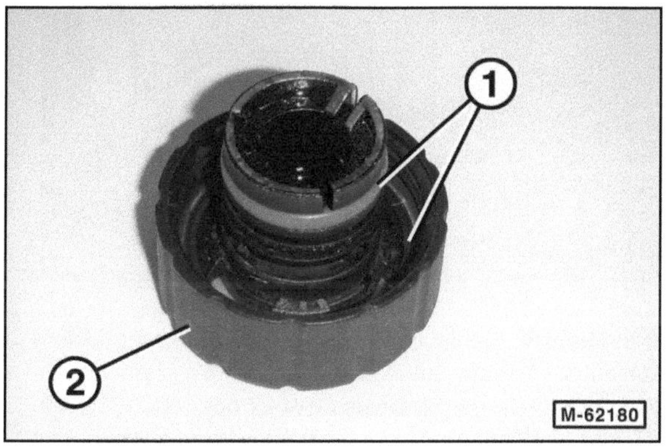

- Dichtungen –1– des Ausgleichbehälter-Verschlussdeckels –2– auf Beschädigungen überprüfen.

Achtung: Ein zu niedriger Kühlmittelstand kann auch von einem nicht richtig aufgeschraubten Verschlussdeckel herrühren.

- Zustand des Kühlmittels prüfen. Das Kühlmittel darf kein Öl enthalten und nicht übermäßig verschmutzt sein.
- Deutlicher Kühlmittelverlust und/oder Öl in der Kühlflüssigkeit sowie weiße Abgaswolken bei warmem Motor deuten auf eine defekte Zylinderkopfdichtung hin.

Achtung: Mitunter ist es schwierig, die Kühlmittel-Leckstelle ausfindig zu machen. Dann empfiehlt sich eine Druckprüfung des Kühlsystems. Hierbei kann ebenfalls das Überdruckventil des Verschlussdeckels geprüft werden.

- Gegebenenfalls Kühlsystem unter Druck prüfen, siehe Seite 163.

Motoröl wechseln/Ölfilter ersetzen

Erforderliches Spezialwerkzeug:

Wenn das Motoröl abgesaugt wird:

- Ölabsauggerät.
- Ölauffangbehälter.

Wenn das Motoröl abgelassen wird:

- Grube oder einen hydraulischen Wagenheber mit Unterstellböcken.
- Steckschlüsseleinsatz SW 27 oder HAZET 2169-27 zum Lösen des Ölfilterdeckels.
- Ölauffangwanne, die mindestens 7 Liter Öl fasst.

Erforderliche Betriebsmittel/Verschleißteile:

- Je nach Motor 5 oder 6 Liter Motoröl. Dabei nur von MERCEDES-BENZ freigegebenes Motoröl verwenden, siehe Seite 158.
- Ölfiltereinsatz mit Dichtringen für Ölfilterdeckel.
- Wenn das Motoröl abgelassen wird: Aluminium-Dichtring für die Ölablassschraube. Der Dichtring wird manchmal mit dem Filtereinsatz mitgeliefert.

Um die Betriebsverhältnisse des Motors besser überwachen zu können, soll beim Ölwechsel immer ein Öl gleichen Typs und möglichst auch gleicher Marke verwendet werden. Daher ist es zweckmäßig, bei jedem Ölwechsel ein Hinweisschild am Motor zu befestigen, auf dem Marke, Typ und Viskosität des Öles vermerkt sind.

Wahllos abwechselnder Gebrauch verschiedener Öltypen ist ungünstig. Motoröle gleichen Typs, aber verschiedener Marken, sollen möglichst nicht gemischt werden. Motoröle gleichen Typs und gleicher Marke, aber verschiedener Viskosität, können im Bedarfsfall ohne weiteres nachgefüllt werden.

Achtung: Die Öl-Verkaufsstellen nehmen die entsprechende Menge Altöl kostenlos entgegen, daher beim Ölkauf Quittung und Ölkanister für spätere Altölrückgabe aufbewahren! **Um Umweltschäden zu vermeiden, keinesfalls Altöl einfach wegschütten oder dem Hausmüll mitgeben.**

Das Motoröl kann entweder durch das Ölmessstab-Führungsrohr abgesaugt werden oder aus der Ölwanne abgelassen werden. Zum Absaugen ist eine geeignete Absaugpumpe erforderlich, dabei darauf achten, dass der Absaugschlauch in das Ölmessstab-Führungsrohr passt und lang genug ist. **Achtung:** Wenn das Öl abgesaugt wird, spezielle Hinweise am Ende des Kapitels beachten.

Ölwechselmenge mit Filterwechsel:

Benzinmotor	**5,0 Liter**
Dieselmotor bis 5/08	**5,8 Liter**
A180/200 CDI ab 6/08	**5,4 Liter**
A160 CDI ab 6/08	**6,0 Liter**

Hinweis: Die angegebene Ölwechselmengen ist eine ungefähre Mengenangabe. Auf jeden Fall Ölstand mit dem Ölmessstab prüfen und gegebenenfalls korrigieren.

Motoröl ablassen

- Motor auf Betriebstemperatur bringen. Dazu Motor warm fahren, bis der Kühlerschlauch warm ist.

Sicherheitshinweis
Beim Aufbocken des Fahrzeugs besteht Unfallgefahr! Deshalb vorher das Kapitel »Fahrzeug aufbocken« durchlesen.

- Fahrzeug waagerecht aufbocken oder über Montagegrube fahren.
- Öleinfülldeckel abnehmen.
- Unterbodenabdeckung ausbauen, siehe Seite 212.
- Altöl-Auffangwanne unter die Ölablassschraube stellen.

Sicherheitshinweis
Darauf achten, dass beim Herausdrehen der Ölablassschraube das heiße Motoröl nicht über die Hand läuft.

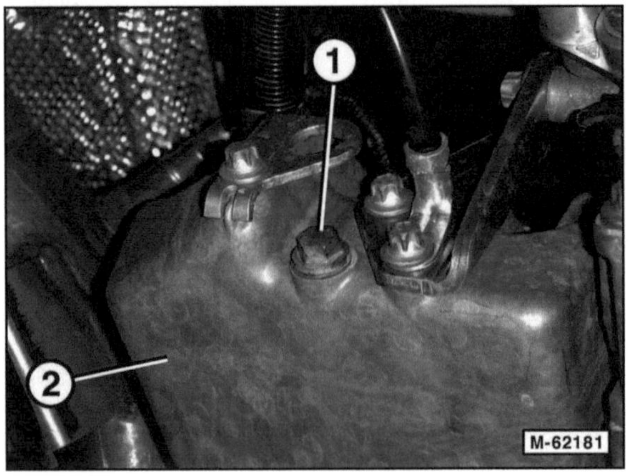

- Ölablassschraube –1– aus der Ölwanne –2– herausdrehen und Altöl ganz ablassen. **Hinweis:** Die Abbildung zeigt den Benzinmotor.

Achtung: Werden im Motoröl Metallspäne und Abrieb in größeren Mengen festgestellt, deutet dies auf Fressschäden hin, zum Beispiel Kurbelwellen- oder Pleuellagerschäden. Um Folgeschäden zu vermeiden, müssen nach der Motorreparatur die Ölkanäle und Ölschläuche sorgfältig gereinigt werden. Zusätzlich muss der Ölkühler, falls vorhanden, erneuert werden.

Filtereinsatz wechseln

Hinweis: Um Ölverschmutzungen zu vermeiden Bauteile in der Nähe des Ölfilters mit einem Lappen abdecken.

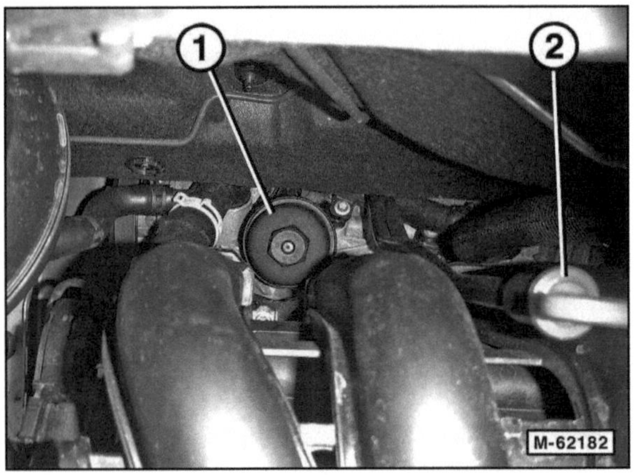

- **Benzinmotor:** Ölfilterdeckel –1– mit Stecknuss SW 27 und Verlängerung vom Ölfiltergehäuse abschrauben und mit Filtereinsatz herausnehmen. 2 – Ölmessstab.

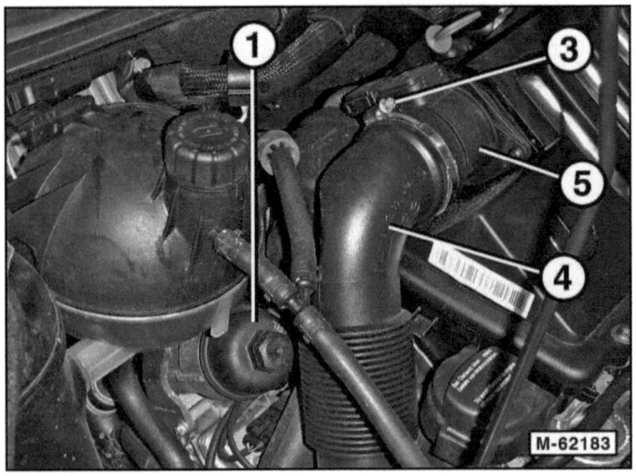

- **Dieselmotor:** Schlauchschelle –3– öffnen und Ladeluftschlauch –4– vom Luftmassenmesser –5– abziehen. Ölfilterdeckel –1– mit Stecknuss SW 27 oder HAZET 2169-27 und Verlängerung vom Ölfiltergehäuse abschrauben und mit Filtereinsatz herausnehmen.

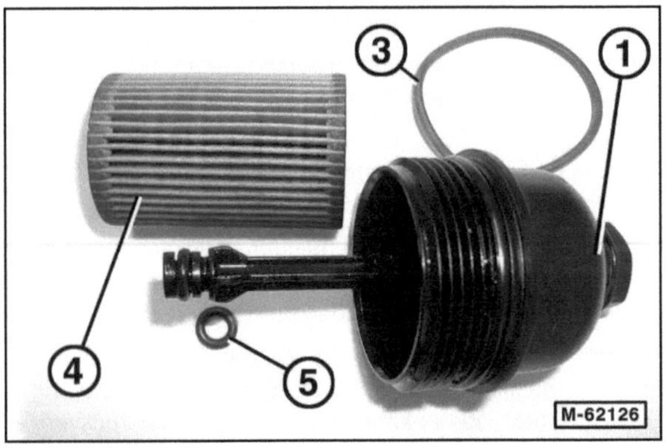

- **Dieselmotor:** Dichtringe –3– und –5– erneuern.

- **Benzinmotor:** Dichtring –3– erneuern. **Hinweis:** Mittelachse des Filterdeckels und Dichtring –5– sind nicht vorhanden.
- **Neuen** Filtereinsatz –4– in den Ölfilterdeckel –1– einsetzen.
- Filterdeckel mit Filtereinsatz in das Gehäuse einsetzen und mit **25 Nm** anschrauben.

Motoröl auffüllen

- Ölablassschraube mit **neuem** Dichtring und **30 Nm** festschrauben.
- Unterbodenabdeckung einbauen, siehe Seite 212.
- Fahrzeug ablassen.
- Neues Öl am Einfüllstutzen des Zylinderkopfdeckels einfüllen. Einfüllmenge, siehe Aufstellung am Kapitelanfang.

Achtung: Grundsätzlich empfiehlt es sich, zunächst ½ Liter Motoröl weniger einzufüllen. Zu viel eingefülltes Motoröl muss wieder abgesaugt werden, da sonst die Motordichtungen beziehungsweise der Katalysator beschädigt werden können.

- Motor starten und im Leerlauf laufen lassen, bis die Ölkontrolllampe erlischt. Motor abstellen.
- Nach 5-minütiger Wartezeit Ölstand mit Messstab kontrollieren und gegebenenfalls ergänzen.
- Nach Probefahrt Dichtigkeit der Ablassschraube und des Ölfilters überprüfen, gegebenenfalls vorsichtig nachziehen.

Kühlmittelstand prüfen

Erforderliche Betriebsmittel zum Nachfüllen:

- Kühlerfrostschutzmittel. Spezifikation siehe auch Kapitel »Motor-Kühlung«.
- Sauberes, kalkarmes Wasser in Trinkwasserqualität.

Prüfen

Der Kühlmittelstand sollte in regelmäßigen Abständen, zumindest aber vor jeder größeren Fahrt geprüft werden. Zum Nachfüllen – auch in der warmen Jahreszeit – nur eine Mischung aus Kühlerfrostschutzmittel und kalkarmem, sauberem Wasser verwenden.

Achtung: Um die Weiterfahrt zu ermöglichen, kann auch, insbesondere im Sommer, reines Wasser nachgefüllt werden. Der Kühlerfrost- und Korrosionsschutz muss dann jedoch baldmöglichst korrigiert werden. **Hinweis:** Kühlmittelzusätze, die zum Beispiel einen zusätzlichen Korrosionsschutz oder ein Abdichten von geringen Undichtigkeiten bewirken sollen, möglichst nicht verwenden. Bedingt durch den schlechteren Wärmeübergang vom Zylinderkopf an das Kühlmittel kann es zu Hitzestauungen kommen, was unter ungünstigen Umständen zum Durchbrennen der Zylinderkopfdichtung oder zu Rissen im Zylinderkopf führen kann.

Sicherheitshinweis
Verschlussdeckel nicht bei heißem Motor öffnen. **Verbrühungsgefahr!** Der Kühlmittelstand wird bei kaltem Motor, Temperatur etwa +20° C, geprüft.

- Verschlussdeckel –1– am Kühlmittel-Ausgleichbehälter –2– vorsichtig öffnen. Falls die Kühlflüssigkeit noch nicht ganz auf Umgebungstemperatur abgekühlt ist, Verschlussdeckel beim Öffnen zuerst etwas aufdrehen und Überdruck entweichen lassen. Danach Deckel weiterdrehen und abnehmen. **Achtung:** Bei warmem Kühlmittel beim Öffnen einen dicken Lappen über den Deckel legen.
- Der Kühlmittelstand muss bei kaltem Motor (Umgebungstemperatur) bis zur Oberkante des Kunststoffstegs –3– im Kühlmittel-Ausgleichbehälter –2– reichen. Bei warmem Motor soll der Kühlmittelstand etwa 1 cm über dem Steg liegen.

Achtung: Kühlflüssigkeiten unterschiedlicher Spezifikation oder Farbe dürfen nicht miteinander gemischt werden, sonst können schwerwiegende Motorschäden auftreten. Wurde versehentlich falsches Kühlkonzentrat eingefüllt, Kühlsystem sofort entleeren und mit klarem Wasser durchspülen.

- Liegt der Kühlmittelstand bei kaltem Motor unterhalb der Steg-Oberkante, Kühlmittel nachfüllen, bis der Steg unterhalb des Flüssigkeitsspiegels liegt.
- Kühlmittel nur bei **kaltem Motor** nachfüllen, um Motorschäden zu vermeiden.
- Sichtprüfung auf Dichtheit durchführen, wenn der Kühlmittelstand in kurzer Zeit absinkt.

Frostschutz prüfen

Erforderliches Spezialwerkzeug:

- Prüfspindel zum Messen des Frostschutzanteils.

Erforderliche Betriebsmittel zum Nachfüllen:

- Kühlkonzentrat. Spezifikation siehe auch Kapitel »Motor-Kühlung«.
- Sauberes, kalkarmes Wasser in Trinkwasserqualität oder destilliertes Wasser.

Vor Beginn der kalten Jahreszeit sollte sicherheitshalber die Konzentration des Frostschutzmittels geprüft werden.

- Motor warm fahren, bis der obere Kühlmittelschlauch zum Kühler etwa handwarm ist. Die Kühlmitteltemperatur im Ausgleichbehälter sollte ca. +20° C betragen.
- Verschlussdeckel am Ausgleichbehälter vorsichtig öffnen. **Achtung:** Nicht bei heißem Motor öffnen, siehe unter »Kühlmittelstand prüfen«.

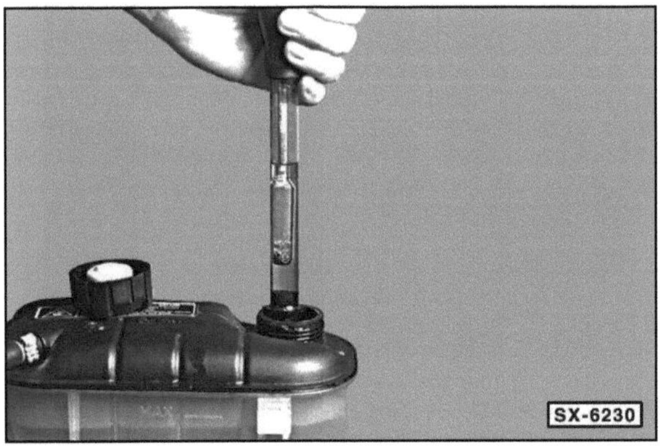

- Mit der Prüfspindel die Kühlflüssigkeit ansaugen und am Schwimmer die Kühlmitteldichte ablesen. Der Frostschutz soll in unseren Breiten bis –37° C reichen, was einem Frostschutzanteil von 50% entspricht. **Hinweis:** Die Abbildung zeigt nicht den Ausgleichbehälter der MERCEDES A-KLASSE.

Hinweis: Eventuell ist es erforderlich, die **Prüfspindel zu eichen**. Dabei ist folgendermaßen vorzugehen: 50 ml Kühlkonzentrat mit 50 ml destilliertem Wasser mischen. Diese Mischung hat einen Frostschutz von –37° C. Frostschutz mit der Prüfspindel messen und eventuelle Abweichung zum Sollwert von –37° C notieren. **Beispiel:** Die Prüfspindel zeigt –33° C an. Die Abweichung beträgt also –4° C. Wird dann am Fahrzeug ein Wert von –16° C gemessen, dann beträgt der tatsächliche Frostschutz (–16°) + (–4°) = –20° C.

- Gegebenenfalls Kühlkonzentrat nach Tabelle ergänzen.

Kühlkonzentrat ergänzen

Beispiel: Die Frostschutz-Messung mit der Spindel ergibt beim A200 CDI einen Frostschutz bis –10° C. In diesem Fall aus dem Kühlsystem 3,5 l Kühlflüssigkeit ablassen und dafür 3,5 l reines Kühlkonzentrat auffüllen. Dadurch wird ein Frostschutz bis ca. –37° C erreicht.

Gemess. Wert in °C		0	–5	–10	–15	–20	–30	Füll-menge
Motor	Sollwert	Differenzmenge in Liter						
A150/A170	–37°	3,3	2,8	2,4	1,9	1,5	0,6	6,5
	–45°	3,6	3,1	2,6	2,1	1,6	0,7	6,5
A170/A200	–37°	3,5	3,0	2,6	2,1	1,6	0,7	7,0
	–45°	3,9	3,3	2,8	2,3	1,8	0,7	7,0
A200 Turbo/	–37°	4,3	3,7	3,1	2,5	2,0	0,8	8,5
A160CDI/A180CDI	–45°	4,7	4,0	3,4	2,8	2,2	0,9	8,5
A200CDI	–37°	4,9	4,2	3,5	2,9	2,2	0,9	9,7
	–45°	5,3	4,6	3,9	3,1	2,5	1,0	9,7

Hinweis: Die in der Tabelle angegebenen Werte gelten bei einer Kühlflüssigkeitstemperatur von ca. +20° C. Der Frostschutz-Sollwert wird in °C angegeben.

Achtung: Kühlflüssigkeiten unterschiedlicher Spezifikationen oder Farbe dürfen **nicht** untereinander gemischt werden, sonst können schwerwiegende Motorschäden auftreten. Wurde versehentlich falsches Kühlkonzentrat eingefüllt, Kühlsystem sofort entleeren und mit klarem Wasser durchspülen.

- Verschlussdeckel am Ausgleichbehälter verschließen und nach Probefahrt Frostschutz erneut überprüfen.

Achtung: Eine zu hohe Konzentration des Frostschutzmittels führt zu einer Verschlechterung von Kühl- und Frostschutzwirkung. Dies ist der Fall bei einem Frostschutzanteil über ca. 55 %.

Keilrippenriemen prüfen

Spezialwerkzeug ist nicht erforderlich.

Zustand prüfen

- Zündung ausschalten. Getriebe in Leerlaufstellung bringen.
- Keilrippenriemen von oben durch den Motorraum mit einer Taschenlampe anleuchten und an den sichtbaren Stellen prüfen, ob eines oder mehrere der folgenden Verschleißbilder vorhanden sind.

Sicherheitshinweis
Beim Aufbocken des Fahrzeugs besteht Unfallgefahr! Deshalb vorher das Kapitel »Fahrzeug aufbocken« durchlesen.

- Fahrzeug aufbocken und vordere Unterbodenabdeckung ausbauen, siehe Seite 212.

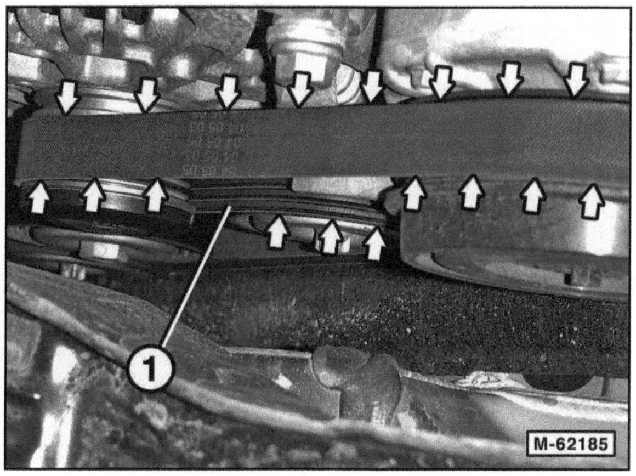

- Keilrippenriemen –1– mit einer Taschenlampe anleuchten und an den sichtbaren Stellen prüfen, ob eines oder mehrere der folgenden Verschleißbilder vorhanden sind.
- Wenn eine oder mehrere dieser Beschädigungen vorhanden sind, Keilrippenriemen ersetzen, siehe Seite 157.
- Fahrzeug ablassen.

Keilrippenriemen auf folgende Beschädigungen prüfen:

- Öl- und Fettspuren.

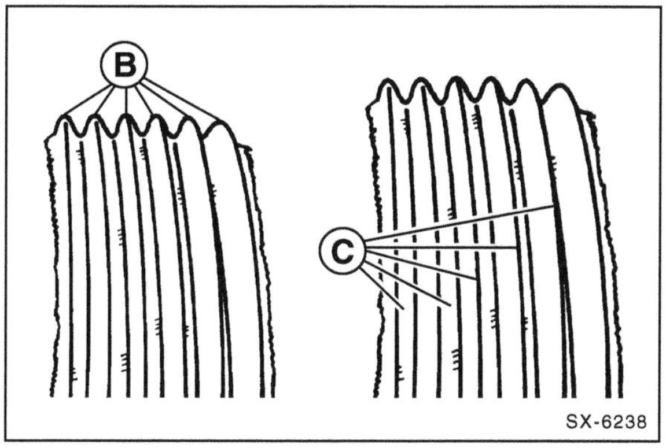

- Flankenverschleiß: Rippen laufen spitz zu –B–, neu sind sie trapezförmig.
- Der Zugstrang ist im Rippengrund sichtbar, erkennbar an den helleren Stellen –C–.

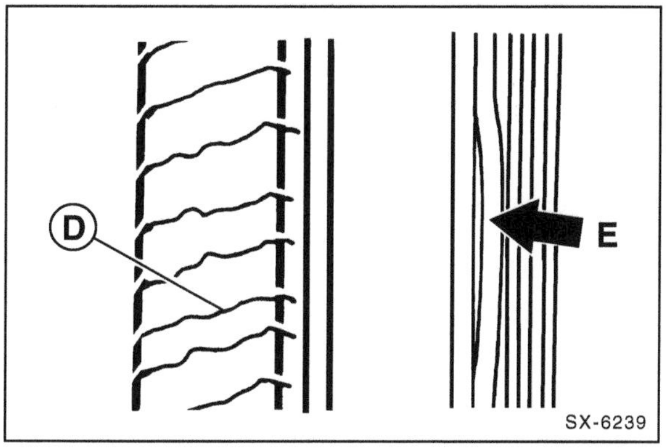

- Querrisse –D– auf der Rückseite des Riemens.
- Einzelne Rippen lösen sich ab –E–.

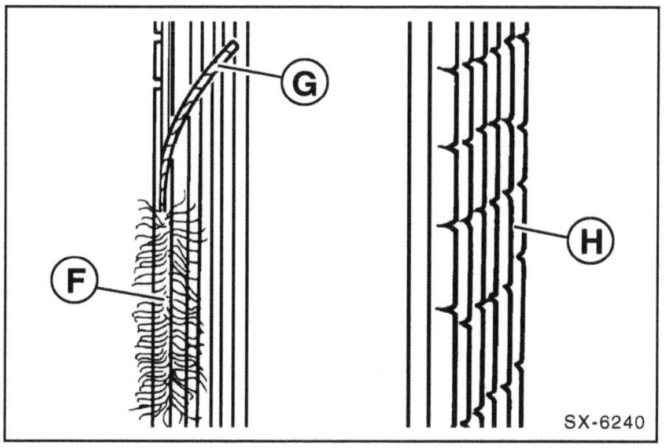

- Ausfransungen der äußeren Zugstränge –F–.
- Zugstrang seitlich herausgerissen –G–.
- Querrisse –H– in mehreren Rippen.

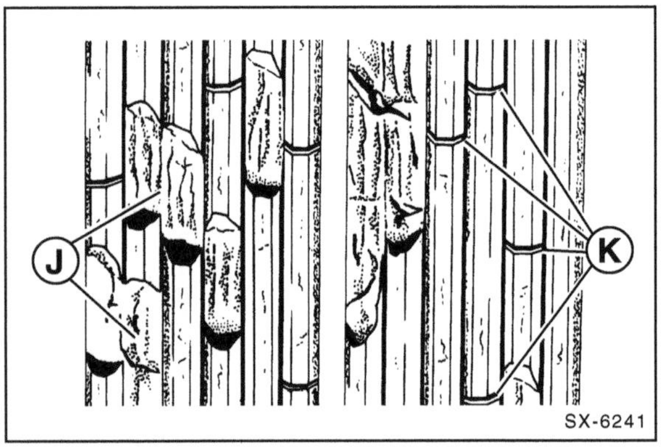

- Rippenbrüche –J–.
- Rippenquerrisse –K–.
- Einlagerung von Schmutz und Steinen zwischen den Rippen.
- Gummiknollen im Rippengrund.

Sichtprüfung der Abgasanlage

Sicherheitshinweis
Beim Aufbocken des Fahrzeugs besteht Unfallgefahr! Deshalb vorher das Kapitel »Fahrzeug aufbocken« durchlesen.

- Fahrzeug aufbocken.
- Unterbodenabdeckung ausbauen, siehe Seite 212.
- Befestigungsschellen auf festen Sitz prüfen.
- Abgasanlage mit Lampe anstrahlen und auf Löcher, durchgerostete Teile sowie Scheuerstellen absuchen.
- Stark gequetschte Abgasrohre ersetzen.

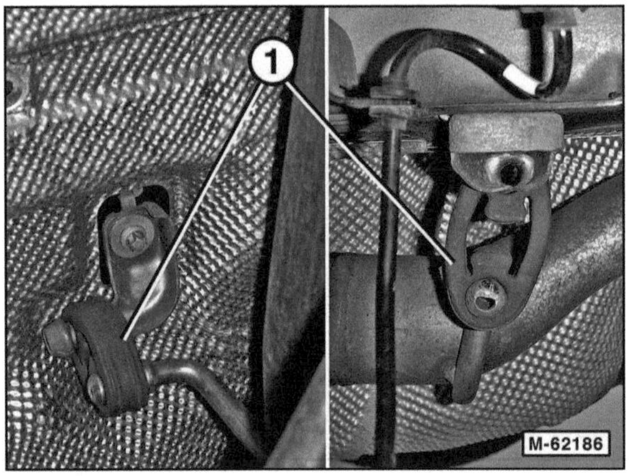

- Gummihalterungen –1– durch Drehen und Dehnen auf Porosität überprüfen und gegebenenfalls austauschen.
- **Benzinmotor:** Elektrischen Anschluss und festen Sitz der Lambdasonde prüfen.
- Unterbodenabdeckung einbauen, siehe Seite 212.
- Fahrzeug ablassen.

Zündkerzen aus- und einbauen/prüfen

Benzinmotor

Erforderliches Spezialwerkzeug:

- Zum Aus- und Einbau können beispielsweise die folgenden HAZET-Werkzeuge verwendet werden: Zündkerzen-Steckschlüsseleinsatz 4766, $^3/_8$"-Verlängerung 8821-6, $^3/_8$"-Ratsche 8816. Zum Anziehen eventuell $^3/_8$"-Drehmomentschlüssel 5110-1 CT+ oder Drehmomentschlüssel 6110-1 CT+. Eventuell ist für einen $^1/_2$"-Drehmomentschlüssel der Adapter 958-2 von $^3/_8$"auf $^1/_2$" erforderlich.

Erforderliche Verschleißteile:

- 4 Zündkerzen, Spezifikation siehe Tabelle am Ende dieses Kapitels.

Ausbau

- Zündung ausschalten.

Sicherheitshinweis
Hochspannungsführende Teile nicht berühren. Personen mit einem Herzschrittmacher sollen keine Arbeiten an der elektronischen Zündanlage durchführen.

- Zündkerzenschächte und -nischen mit Druckluft ausblasen, wenn vorhanden.

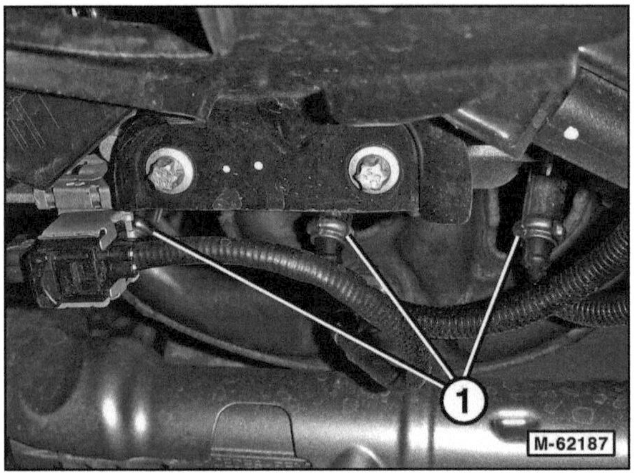

- Zündkerzenstecker –1– abziehen. **Hinweis:** Da die Zündkerzen schlecht zugänglich und einsehbar sind, empfiehlt es sich, die Zündkerzen einzeln nacheinander auszubauen. Die eingebauten Kerzenstecker dienen dann als Orientierungshilfe.

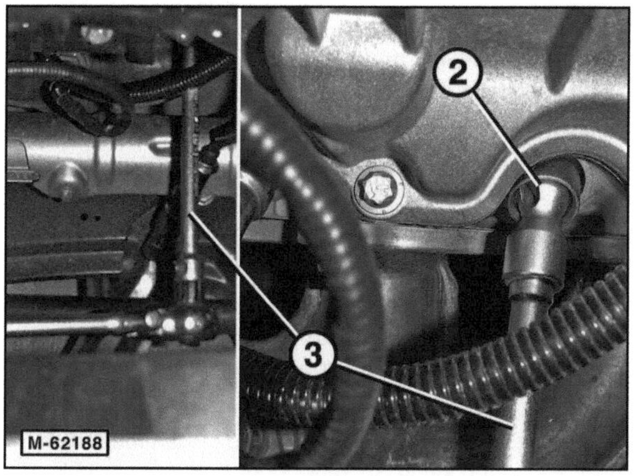

- Zündkerze mit geeignetem Schlüssel –2– und Verlängerung –3– herausschrauben. Dabei darauf achten, dass der Zündkerzenschlüssel gerade und nicht verkantet angesetzt wird.

Prüfen

- Ausgebaute Zündkerze sichtprüfen. Feuchte und verölte Elektroden deuten auf Aussetzen der Zündkerze oder schlecht abdichtende Kolbenringe hin, gegebenenfalls Kompression prüfen (Werkstattarbeit).
- An der neuen Zündkerze den Elektrodenabstand mit einer Fühlerblattlehre prüfen. **Hinweis:** Bei neuen Zündkerzen ist der Elektrodenabstand in der Regel richtig eingestellt. Falls der Elektrodenabstand nachgestellt werden muss, seitlich gegen die Masse-Elektrode klopfen. Beim Aufbiegen kleinen Schraubendreher am Gewinderand der Kerze abstützen, keinesfalls jedoch an der Mittel-Elektrode, da diese sonst beschädigt wird.

Einbau

- Zündkerze in die Federführung des Zündkerzenschlüssels einsetzen und von Hand vorsichtig bis zur Anlage am Zylinderkopf einschrauben. **Achtung:** Beim Ansetzen Zündkerze nicht verkanten.
- Zündkerzen mit **25 Nm** festziehen. **Hinweis:** Steht kein Drehmomentschlüssel zur Verfügung, neue Zündkerzen nach der Anlage am Zylinderkopf um 90° (¼-Umdrehung) weiterdrehen.
- Zündkerzenstecker fest auf die Zündkerze aufstecken.
- Nächste Zündkerze auf die gleiche Weise ersetzen.

Zündkerzengewinde erneuern

Hinweis: Falls festgestellt wird, dass das Zündkerzengewinde im Zylinderkopf defekt ist, muss dieses erneuert werden. Dazu gibt es unter anderem von BERU oder HAZET einen entsprechenden Werkzeug- und Reparatursatz. Mit einem speziellen Gewindelbohrer wird das beschädigte Gewinde überarbeitet; der Zylinderkopf muss dazu nicht ausgebaut werden. Anschließend wird ein neues Gewinde in den Zylinderkopf geschnitten und die Zündkerze mit einem speziellen Gewindeeinsatz eingeschraubt. Nachträglich eingebaute Zündkerzen-Gewindeeinsätze sitzen sicher und sind kompressionsdicht. Aufgrund der beengten Platzverhältnisse bei den A- und B-KLASSE-Motoren empfiehlt es sich die Reparatur in der Werkstatt durchführen zu lassen.

Zündkerzen für die Benzinmotoren der A-KLASSE/B-KLASSE

Zündkerzen für A/B150, A/B170, A/B200			**Elektrodenabstand**
BOSCH	FQR 8 DE	–	0,9 mm
NGK	BKR 6 EZB	–	–
BERU	14 F-8 DUR	–	1,0 mm
MERCEDES	A 004 159 **36** 03	A 004 159 **30** 03	–

Hinweis: Für den **A200-Turbo**motor ist zur Zeit nur die von MERCEDES angebotene Zündkerze »A 004 159 **43** 03« freigegeben.

Achtung: Die technische Entwicklung geht ständig weiter. Es kann sein, dass inzwischen für einzelne Motoren andere Zündkerzenwerte gelten und daher die Tabelle möglicherweise nicht auf dem neuesten Stand ist. Um die aktuelle Zündkerze für Ihren Fahrzeugmotor zu ermitteln, benötigt der Fachhandel die **Fahrzeug-Ident-Nummer** (FIN) sowie die **3 Schlüsselnummern** aus dem Kfz-Schein. Diese Nummern sollten beim Kauf von Zündkerzen angegeben werden.

Kraftstofffilter aus- und einbauen

Sicherheitshinweis:
Kein offenes Feuer, nicht rauchen. Unfallgefahr! Feuerlöscher bereitstellen. Unbedingt für gute Belüftung des Arbeitsplatzes sorgen. Kraftstoffdämpfe sind giftig. Schutzbrille tragen.

Benzinmotor

Der Kraftstofffilter ist in die Kraftstoff-Fördereinheit (Kraftstoffpumpe und Tankgeber) integriert und kann nicht separat erneuert werden. Zum Ausbau muss der Kraftstofftank ausgebaut werden. Der Wechsel des Kraftstofffilters ist alle 250.000 km oder 15 Jahre erforderlich.

Dieselmotor

Die Kraftstofffilter ist im Motorraum neben dem Motor angeordnet.

Erforderliches Spezialwerkzeug:

- Zum Öffnen und Schließen der CLIC-Schlauchschellen gibt es eine spezielle Zange, zum Beispiel HAZET 798-4.

Erforderliche Verschleißteile:

- Kraftstofffilter.

Ausbau

- Zündung ausschalten und Zündschlüssel abziehen.

Achtung: Auslaufenden Kraftstoff in geeignetem Behälter und mit dickem, saugfähigem Lappen auffangen.

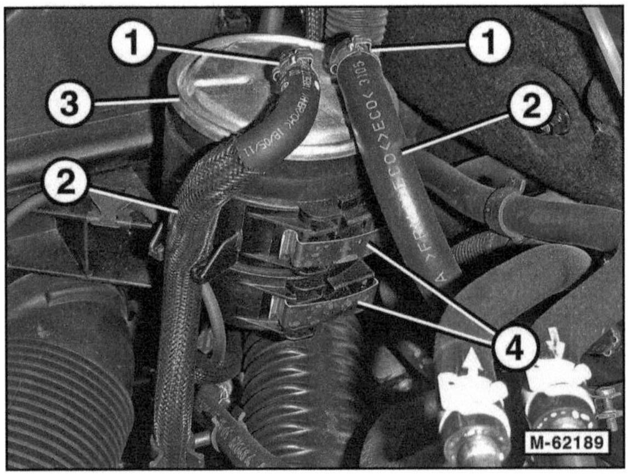

- CLIC-Schellen –1– mit geeigneter Zange öffnen und Kraftstoffschläuche –2– vom Filter –3– abziehen.
- Klammern –4– öffnen und Kraftstofffilter –3– nach oben herausnehmen.
- Kraftstoffschläuche auf Porosität sonstige Beschädigung prüfen, gegebenenfalls erneuern.

Einbau

- **Neuen** Kraftstofffilter mit sauberem Dieselkraftstoff füllen und in den Halter einsetzen.
- Kraftstofffilter mit den Anschlüssen in Richtung Scheibenwaschbehälter ausrichten und mit Halteklammern befestigen.
- **Neue** CLIC-Schellen über die Kraftstoffschläuche schieben.
- Kraftstoffschläuche an den Anschlüssen aufschieben. Die Anschlussstutzen weisen unterschiedliche Durchmesser auf, so dass die Schläuche nicht verwechselt werden können.
- CLIC-Schellen mit geeigneter Zange festklemmen. **Achtung:** Es dürfen keine Schraub- oder Federbandschellen verwendet werden, andernfalls kann es zu Undichtigkeiten kommen.
- Zündung für 15 Sekunden einschalten. Dadurch läuft die Kraftstoffpumpe an und füllt die Hochdruckpumpe mit Kraftstoff. Gleichzeitig wird dadurch die Kraftstoffanlage entlüftet.
- Motor starten und kurze Zeit im Leerlauf laufen lassen.
- Anschließend Motor abstellen, Zündung ausschalten.
- Anschlüsse der Kraftstoffanlage auf Dichtheit sichtprüfen.

Motor-Luftfilter: Filtereinsatz erneuern

Spezialwerkzeug ist nicht erforderlich.

Erforderliche Verschleißteile:

- Filtereinsatz.

Benzinmotor

Ausbau

- Zündung ausschalten und Zündschlüssel abziehen.

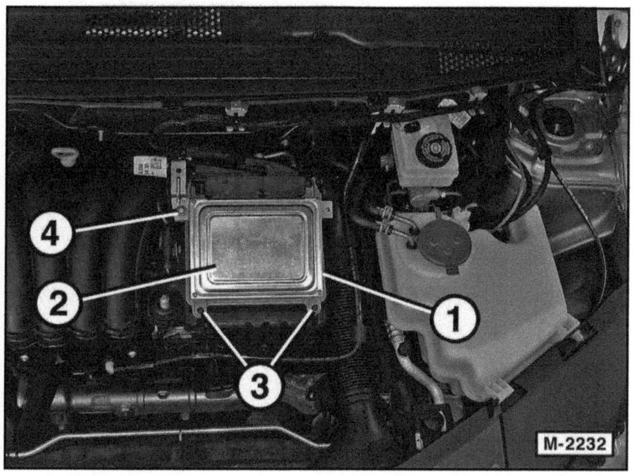

- Luftfilterdeckel –1– mit Motor-Steuergerät –2– abbauen. Dazu Schrauben –3– und –4– herausdrehen.

- Luftfilterdeckel –7– mit Steuergerät nach oben schwenken und aus den hinteren Halterungen aushängen. **Hinweis:** Die Mehrfachstecker am Steuergerät bleiben angeschlossen.

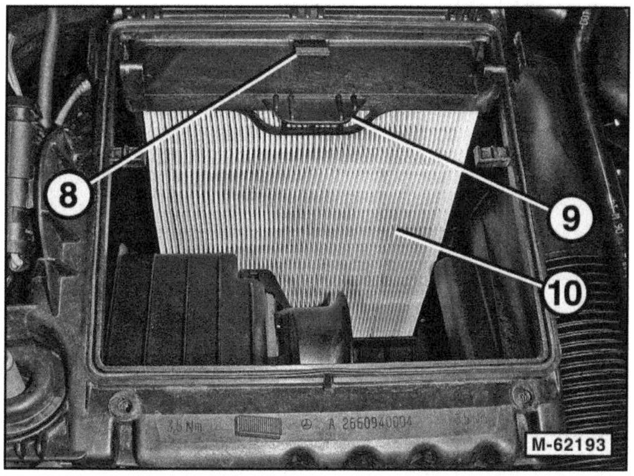

- Raste –8– nach unten drücken, Halter –9– nach vorn schwenken und mit Filtereinsatz –10– herausnehmen.

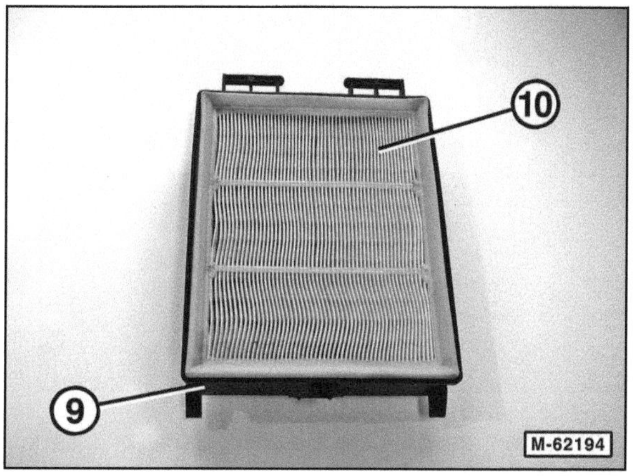

- Filtereinsatz –10– aus dem Halter –9– herausnehmen und ersetzen.

Einbau

- Neuen Filtereinsatz bündig in den Halter einsetzen.

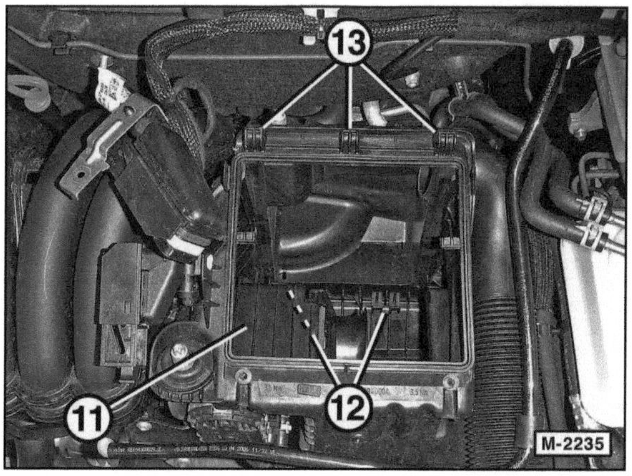

- Luftfiltergehäuse –11– aussaugen und mit sauberem Lappen auswischen.

- Halter mit Filter so einsetzen, dass die Nasen des Halters in die unteren Führungen –12– des Luftfiltergehäuses eingreifen. Halter nach hinten schwenken und an der Raste einclipsen.
- Luftfilterdeckel mit Motor-Steuergerät in die hinteren Führungen –13– einhängen und herunterklappen. Dabei Deckel, in Fahrtrichtung gesehen, etwas nach vorn ziehen.
- Deckel vorn handfest anschrauben.
- Kabelhalter anschrauben.

Dieselmotor

Ausbau

- Zündung ausschalten und Zündschlüssel abziehen.

- 3 Schrauben –1– lösen und diese hochziehen und leicht verklemmen.
- Schlauchschelle –2– lösen.
- Filterdeckel –3– vorn anheben, etwas nach vorn ziehen und dadurch aus den hinteren Führungen –Bildausschnitt– aushängen.

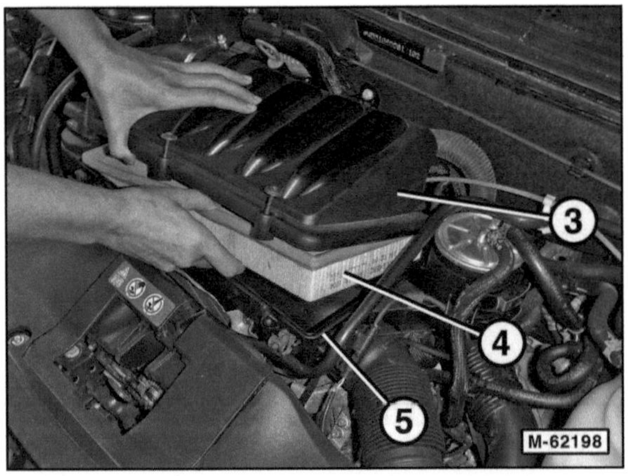

- Filterdeckel –3– nach oben schwenken, Filtereinsatz –4– aus der Führung –5– lösen und herausnehmen.

Einbau

- Luftfiltergehäuse aussaugen und mit sauberem Lappen auswischen.

- Filtereinsatz –4– in das Gehäuse einsetzen und in die Führung eindrücken.
- Filterdeckel hinten in die Führungen einhängen und vorn mit 3 Schrauben und **4 Nm** anschrauben.
- Schlauchschelle festziehen.

Getriebe/Achsantrieb

Folgende Wartungsarbeiten müssen nach dem Wartungsplan durchgeführt werden:

- Gummimanschetten der Vorderachswellen: Auf Undichtigkeiten und Beschädigungen prüfen.
- Getriebe: Sichtprüfung auf Undichtigkeiten.
- Schaltmodul schmieren (nur Getriebe 716 bis Getriebe-End-Nr. 1012620).
- Automatikgetriebe: Getriebeöl wechseln (Werkstattarbeit).

Gummimanschetten der Vorderachswellen prüfen

Spezialwerkzeug ist nicht erforderlich.

Sicherheitshinweis
Beim Aufbocken des Fahrzeugs besteht Unfallgefahr! Deshalb vorher das Kapitel »Fahrzeug aufbocken« durchlesen.

- Fahrzeug vorn aufbocken.
- Unterbodenabdeckung ausbauen, siehe Seite 212.

- Manschetten –1– mit Lampe anstrahlen und auf Porosität und Risse untersuchen. Auf sichtbare Fettspuren an den Manschetten und in deren Umgebung achten. Eingerissene Manschetten umgehend erneuern.
- Sollte eine Manschette nach innen gezogen oder defekt sein, so ist sie umgehend auszutauschen.
- Festen Sitz der Manschettenbänder –2– prüfen.
- Unterbodenabdeckung ausbauen, siehe Seite 212.
- Fahrzeug ablassen.

Getriebe: Sichtprüfung auf Undichtigkeiten

Spezialwerkzeug ist nicht erforderlich.

Erforderliche Betriebsmittel:

- Zum Nachfüllen nur ein von MERCEDES-BENZ freigegebenes Schaltgetriebeöl beziehungsweise Automatikgetriebeöl ATF (ATF = **A**utomatic **T**ransmission **F**luid) verwenden.

Sichtprüfung

Folgende Leckstellen sind möglich:

- Trennstelle zwischen Motorblock und Getriebe (Schwungraddichtung/Wellendichtung-Getriebe).
- Ölstand-Kontrollschraube.
- Ölablassschraube.
- Vorderachswellen an Getriebe.

Bei der Suche nach der Leckstelle folgendermaßen vorgehen:

- Unterbodenabdeckung ausbauen, siehe Seite 212.
- Getriebegehäuse mit Kaltreiniger reinigen.
- Mögliche Leckstellen mit Kalk oder Talkumpuder bestäuben.
- Probefahrt durchführen. Damit das Öl besonders dünnflüssig wird, sollte die Probefahrt auf einer Schnellstraße über eine Entfernung von ca. 30 km durchgeführt werden.

Sicherheitshinweis
Beim Aufbocken des Fahrzeugs besteht Unfallgefahr! Deshalb vorher das Kapitel »Fahrzeug aufbocken« durchlesen.

- Anschließend Fahrzeug aufbocken und Getriebe mit einer Lampe nach der Leckstelle absuchen.
- Leckstellen umgehend beseitigen.
- Unterbodenabdeckung einbauen, siehe Seite 212.

Schaltmodul schmieren

Nur Getriebe 716 bis Getriebe-End-Nr. 1012620

Spezialwerkzeug ist nicht erforderlich.

Erforderliche Betriebsmittel:

- Mehrbereichsöl 15W-40 gemäß MERCEDES-BENZ-Spezifikation 228.1 = oder 228.3.

Schmieren

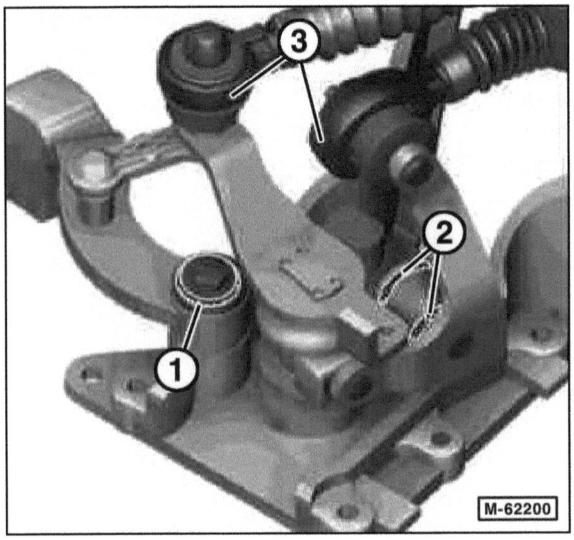

- Schaltmodul an den Schmierstellen –1– und –2– mit Mehrbereichsöl 15W-40 schmieren. Dabei nur wenig Schmiermittel auftragen, damit es nicht von den Schmierstellen abläuft. **Achtung:** Überschüssiges Schmiermittel unbedingt abwischen, damit es später nicht als Getriebe-Undichtigkeit gedeutet werden kann.

Hinweis: Zum genauen Auftragen des Schmiermittels empfiehlt es sich, einen ca. 60 cm langen Schlauch auf die Ölspritzkanne aufzustecken.

Achtung: Schaltzüge –3– nicht schmieren. Diese werden durch mineralölhaltige Schmiermittel beschädigt.

- Getriebe mehrmals durchschalten, damit sich das Schmiermittel verteilen kann.

Fahrwerk/Lenkung

Folgende Wartungsarbeiten müssen nach dem Wartungsplan durchgeführt werden:

- Lenkung: Faltenbälge und Staubkappen auf Undichtigkeiten und Beschädigungen, Spurstangengelenke auf Spiel prüfen.
- Vorderachsgelenke: Spiel und Befestigung prüfen, Staubkappen prüfen.
- Fahrgestellteile auf Beschädigung und Korrosion sichtprüfen.

Fahrgestell auf Beschädigung und Korrosion prüfen

Prüfen

Sicherheitshinweis
Beim Aufbocken des Fahrzeugs besteht Unfallgefahr! Deshalb vorher das Kapitel »Fahrzeug aufbocken« durchlesen.

- Fahrzeug aufbocken.
- Folgende Teile des Fahrwerks mit Hilfe einer Taschenlampe sorgfältig auf Beschädigung und Korrosion sichtprüfen:
  - ◆ Längslenker der Hinterachse.
  - ◆ Querlenkerlager der Vorderachse.
  - ◆ Querlenker der Vorderachse.
  - ◆ Seitliche Längsträger.

Lenkungsmanschetten prüfen

Spezialwerkzeug ist nicht erforderlich.

Sicherheitshinweis
Beim Aufbocken des Fahrzeugs besteht Unfallgefahr! Deshalb vorher das Kapitel »Fahrzeug aufbocken« durchlesen.

- Fahrzeug vorn aufbocken.
- Unterbodenabdeckung ausbauen, siehe Seite 212.

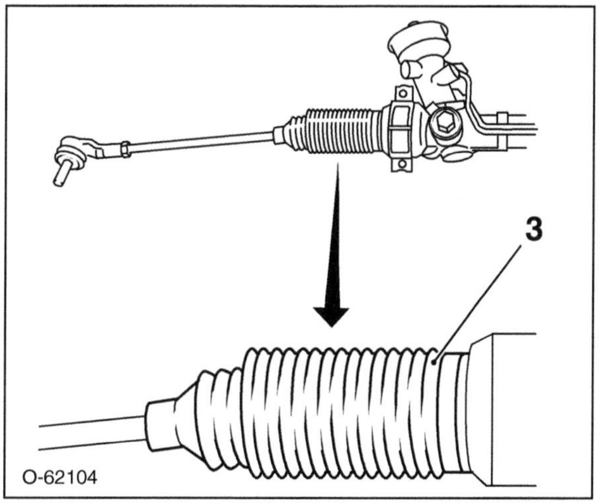

- Gummimanschetten –3– links und rechts mit Lampe anstrahlen und auf Beschädigungen überprüfen, dabei auf Fettspuren an den Manschetten und in deren Umgebung achten.
- Manschetten auf Risse, Einschnitte oder Marderbisse prüfen.
- Lenkung durch Helfer nach links und rechts einschlagen lassen und Manschetten in gestrecktem Zustand auf Dichtheit prüfen.

Achtung: Manschetten nicht durch Ein- und Umdrücken der Wülste prüfen. Dadurch kann der Kunststoff der Manschette beschädigt werden, was im späteren Betrieb zu Undichtigkeiten führen kann.

- Festen Sitz der Manschettenbänder prüfen.
- Unterbodenabdeckung einbauen, siehe Seite 212.
- Fahrzeug ablassen.

Staubkappen für Spurstangenköpfe/ Achsgelenke prüfen

Spezialwerkzeug ist nicht erforderlich.

Sicherheitshinweis
Beim Aufbocken des Fahrzeugs besteht Unfallgefahr! Deshalb vorher das Kapitel »Fahrzeug aufbocken« durchlesen.

- Fahrzeug vorn aufbocken.

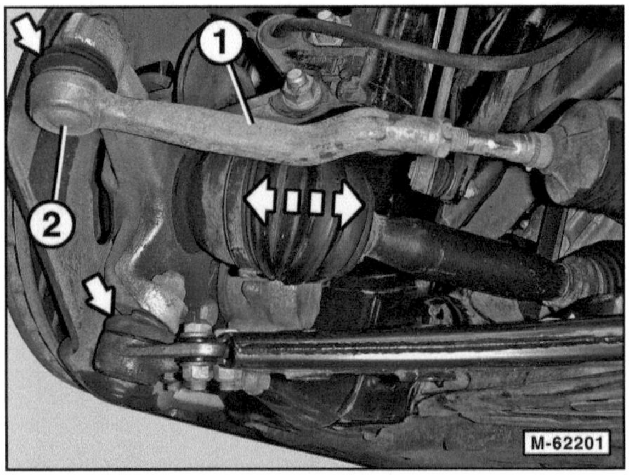

- Staubkappen –Pfeile– links und rechts mit Lampe anstrahlen und auf Beschädigungen überprüfen, dabei auf Fettspuren an den Staubkappen und in deren Umgebung achten.
- Bei beschädigter Staubkappe sicherheitshalber entsprechendes Gelenk mit Staubkappe auswechseln. Eingedrungener Schmutz zerstört auf jeden Fall das Gelenk.
- Spurstangen –1– links und rechts kräftig von Hand hin- und herbewegen. Das jeweilige Kugelgelenk –2– darf kein Spiel aufweisen, andernfalls Gelenk ersetzen.

Bremsen/Reifen/Räder

Folgende Wartungsarbeiten müssen nach dem Wartungsplan durchgeführt werden:

- Bremsanlage: Leitungen, Schläuche und Anschlüsse auf Undichtigkeiten und Beschädigungen prüfen. Flüssigkeitsstand prüfen.
- Belagstärke der Bremsbeläge vorn und hinten prüfen.
- Zustand der Bremsscheiben vorn und hinten prüfen, siehe Seite 141.
- Handbremse: Seillängenausgleich nachstellen – einmalig bei der ersten großen Wartung, siehe Seite 144.
- Bremsflüssigkeit: Erneuern, siehe Seite 149.
- Bereifung: Reifenfülldruck prüfen (einschließlich Reserverad, wenn vorhanden).
- Reifendichtmittel »TIREFIT«: Falls vorhanden, Verfallsdatum prüfen und gegebenenfalls ersetzen.
- Bereifung: Profiltiefe prüfen; Reifen auf Verschleiß, Risse und andere Beschädigungen prüfen (einschließlich Reserverad, wenn vorhanden).

Bremsleitungen sichtprüfen

Spezialwerkzeug ist nicht erforderlich.

Sicherheitshinweis
Beim Aufbocken des Fahrzeugs besteht Unfallgefahr! Deshalb vorher das Kapitel »Fahrzeug aufbocken« durchlesen.

- Fahrzeug aufbocken.
- Verschmutzte Bremsleitungen reinigen.

Achtung: Die Bremsleitungen aus Metall sind zum Schutz gegen Korrosion mit einer Kunststoffschicht überzogen. Wird diese Schutzschicht beschädigt, kann es zur Korrosion der Leitungen kommen. Daher dürfen Bremsleitungen nicht mit Drahtbürste oder Schmirgelleinen gereinigt werden.

- Bremsleitungen vom Hauptbremszylinder zur ABS-Hydraulikeinheit und den einzelnen Radbremsen mit Lampe anstrahlen und auf Undichtigkeiten überprüfen. Der Hauptbremszylinder sitzt im Motorraum unterhalb vom Vorratsbehälter für Bremsflüssigkeit. Die ABS-Hydraulikeinheit ist unterhalb vom Bremsflüssigkeit-Vorratsbehälter angeordnet.
- Bremsleitungen dürfen weder geknickt noch gequetscht sein. Auch dürfen sie keine Rostnarben oder Scheuerstellen aufweisen. Andernfalls Leitung bis zur nächsten Trennstelle ersetzen lassen (Werkstattarbeit).
- Bremsschläuche verbinden die Bremsleitungen mit den Radbremszylindern an den beweglichen Teilen des Fahrzeugs. Sie bestehen aus hochdruckfestem Material, können aber mit der Zeit porös werden, aufquellen oder durch scharfe Gegenstände angeschnitten werden. In einem solchen Fall sind sie sofort zu ersetzen.

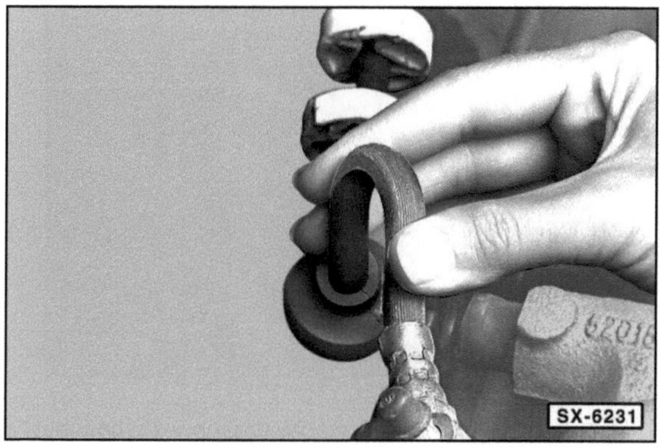

SX-6231

- Bremsschläuche mit der Hand hin- und herbiegen, um Beschädigungen festzustellen. Schläuche dürfen nicht verdreht sein, farbige Kennlinie beachten, falls vorhanden!
- Lenkrad nach links und rechts bis zum Anschlag drehen. Die Bremsschläuche dürfen dabei in keiner Stellung Fahrzeugteile berühren.
- Anschlüsse von Bremsleitungen und -schläuchen dürfen nicht durch ausgetretene Bremsflüssigkeit feucht sein.
- Fahrzeug ablassen.

Bremsflüssigkeitsstand prüfen

Erforderliche Betriebsmittel:

■ Zum Nachfüllen nur Bremsflüssigkeit der Spezifikation »**DOT 4 plus**« gemäß MB-331.0 verwenden.

Prüfen

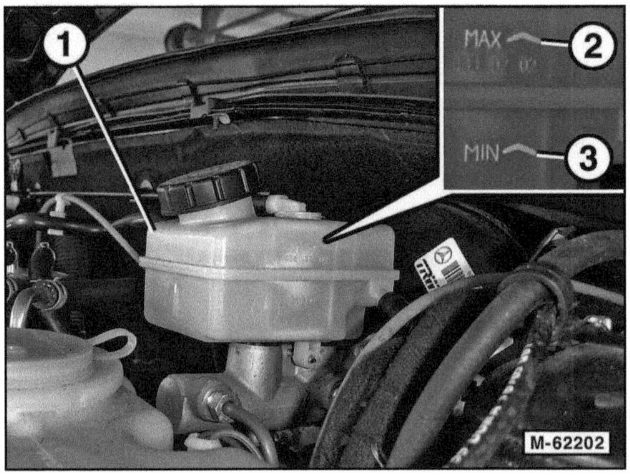

Der Vorratsbehälter für die Bremsflüssigkeit –1– befindet sich hinten links im Motorraum an der Spritzwand. Er hat zwei Kammern, je eine für jeden Bremskreis.

Der Vorratsbehälter ist durchscheinend, so dass der Bremsflüssigkeitsstand jederzeit von außen überwacht werden kann. Ein Absinken der Bremsflüssigkeit unter den MIN-Stand wird dem Fahrer am Kombiinstrument angezeigt. Dennoch ist es ratsam, in regelmäßigen Abständen einen Blick auf den Vorratsbehälter zu werfen.

- Der Flüssigkeitsstand soll bei geschlossenem Deckel, nicht oberhalb der MAX-Markierung –2– und nicht unterhalb der MIN-Marke –3– liegen.
- Nur frei gegebene Bremsflüssigkeit einfüllen. **Achtung:** Keine Bremsflüssigkeit anderer DOT-Spezifikationen verwenden. Gegebenenfalls Einfülldeckel vor dem Öffnen mit sauberem Lappen abwischen.

Durch die Abnutzung der Scheibenbremsbeläge sinkt der Bremsflüssigkeitsspiegel im Vorratsbehälter geringfügig ab. Das ist normal.

Sinkt der Flüssigkeitsspiegel jedoch innerhalb kurzer Zeit stark ab, ist das ein Zeichen für Bremsflüssigkeitsverlust.

Die Leckstelle muss dann sofort ausfindig gemacht werden. Sicherheitshalber sollte die Überprüfung der Anlage von einer Fachwerkstatt durchgeführt werden.

Scheibenbremsbeläge: Dicke prüfen

Spezialwerkzeug ist nicht erforderlich.

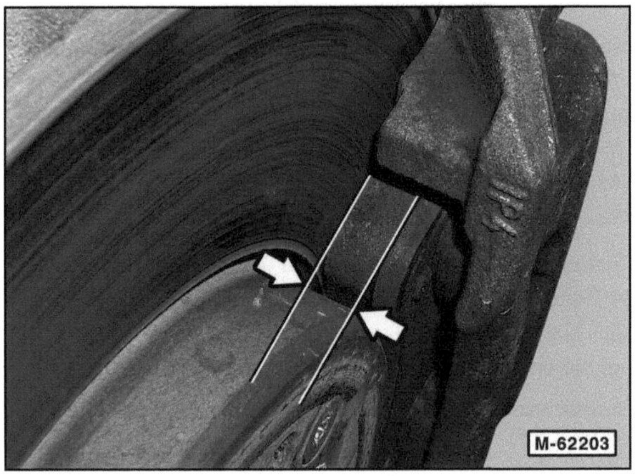

Die Dicke der äußeren Bremsbeläge kann je nach Ausstattung durch eine Öffnung in der Felge sichtgeprüft werden. Wenn das nicht möglich ist, oder bei hoher Laufleistung, Bremsbelagdicke bei ausgebauten Rädern prüfen.

Sicherheitshinweis
Beim Aufbocken des Fahrzeugs besteht Unfallgefahr! Deshalb vorher das Kapitel »Fahrzeug aufbocken« durchlesen.

- Stellung der Räder zur Radnabe mit Farbe kennzeichnen. Dadurch kann das ausgewuchtete Rad wieder in derselben Position montiert werden. Radschrauben lösen, dabei muss das Fahrzeug auf dem Boden stehen. Fahrzeug aufbocken und Räder abnehmen.

- Bremsbelagdicke prüfen. Belagdicke –Pfeile– des inneren –1– und äußeren Bremsbelages –2– durch das Schauloch im Bremssattel –4– prüfen. 3 – Bremsscheibe.
- Die Verschleißgrenze der Scheibenbremsbeläge ist erreicht, wenn ein Belag ohne Rückenplatte nur noch eine Dicke von **2,0 mm** aufweist.

Hinweis: Die Verschleißanzeige im Fahrzeug spricht bei einer Restbelagdicke von 3,0 mm an. In der Fachwerkstatt

werden die vorderen Bremsbeläge im Rahmen der Wartung bereits bei Erreichen der folgenden Dicke ersetzt:
Vorn - A/B150,A/B170, A200, A160CDI, A180CDI . 5,0 mm
Vorn - B200, B180CDI, A/B200Turbo, A/B200CDI . 5,5 mm
Hinten . . . . 3,5 mm

- Im Zweifelsfall Bremsbeläge ausbauen und Belagdicke mit einer Schieblehre messen. Ist die Verschleißgrenze der Bremsbeläge erreicht, Bremsbeläge wechseln. Dabei müssen immer alle vier Beläge einer Achse ersetzt werden. Auch dann, wenn nur ein Belag die Verschleißgrenze erreicht hat.

Hinweis: Nach einer Faustregel entspricht 1 mm Bremsbelag einer Fahrleistung von mindestens 1.000 km. Diese Faustregel gilt unter ungünstigen Bedingungen. Im Normalfall halten die Beläge viel länger. Bei einer Belagdicke der Scheibenbremsbeläge von 4,0 mm, beträgt die Restnutzbarkeit der Bremsbeläge also noch mindestens 2.000 km.

- Bremssättel auf Bremsflüssigkeitsverlust untersuchen. Bei Undichtigkeiten umgehend Bremssattel instand setzen lassen (Werkstattarbeit).
- Bremsscheiben an der Innen- und Außenseite auf Rillen, Rostfraß und Risse sichtprüfen. Belüftete Bremsscheiben mit Haarrissen bis 25 mm Länge, die durch hohe Beanspruchung entstehen können, brauchen nicht erneuert werden. Bei aufklaffenden Rissen und Riefen tiefer als 0,5 mm, Bremsscheiben erneuern.
- Dicke der Bremsscheiben prüfen, siehe Seite 141.
- Räder so ansetzen, dass die beim Ausbau angebrachten Markierungen übereinstimmen. Vorher Zentriersitz der Felge an der Radnabe mit Wälzlagerfett dünn einfetten. Radschrauben **nicht** fetten oder ölen. Korrodierte Radschrauben erneuern. Räder anschrauben. Fahrzeug ablassen und Radschrauben über Kreuz mit **130 Nm** festziehen.

Reifenprofil prüfen

Spezialwerkzeug ist nicht erforderlich.

Die Reifen ausgewuchteter Räder nutzen sich bei gewissenhaftem Einhalten des vorgeschriebenen Fülldrucks und bei fehlerfreier Radeinstellung und Stoßdämpferfunktion auf der gesamten Lauffläche annähernd gleichmäßig ab. Bei ungleichmäßiger Abnutzung, siehe Störungsdiagnose im Kapitel »Räder und Reifen«. Im Übrigen lässt sich keine generelle Aussage über die Lebensdauer bestimmter Reifenfabrikate machen, denn die Lebensdauer hängt von unterschiedlichen Faktoren ab:

- Fahrbahnoberfläche
- Reifenfülldruck
- Fahrweise
- Witterung

Vor allem sportliche Fahrweise, scharfes Anfahren und starkes Bremsen fördern den schnellen Reifenverschleiß.

Achtung: Die Rechtsprechung verlangt, dass Reifen lediglich bis zu einer Profiltiefe von 1,6 mm abgefahren werden dürfen, und zwar müssen die Profilrillen auf der gesamten Lauffläche noch mindestens 1,6 mm Tiefe aufweisen. Es empfiehlt sich jedoch, sicherheitshalber die Reifen bereits bei einer Mindestprofiltiefe von 2 mm auszutauschen.

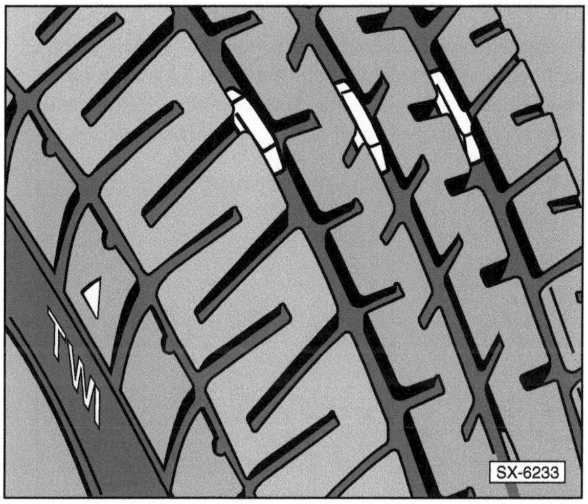

Nähert sich die Profiltiefe der gesetzlich zulässigen Mindestprofiltiefe, das heißt, weist der mehrmals am Reifenumfang angeordnete 1,6 mm hohe Verschleißanzeiger kein Profil mehr auf, müssen die Reifen gewechselt werden.

Achtung: Winterreifen haben auf Matsch und Schnee nur den gewünschten Grip, wenn ihr Profil noch mindestens 4 mm tief ist.

Achtung: Reifen auf Schnittstellen untersuchen und mit kleinem Schraubendreher Tiefe der Schnitte feststellen. Wenn die Schnitte bis zur Karkasse reichen, korrodiert durch eindringendes Wasser der Stahlgürtel. Dadurch löst sich unter Umständen die Lauffläche von der Karkasse, der Reifen platzt. Deshalb: Bei tiefen Einschnitten im Profil aus Sicherheitsgründen Reifen austauschen.

Reifenfülldruck prüfen

Erforderliches Spezialwerkzeug:

- Fülldruckmessgerät an der Tankstelle.

Reifenfülldruck einmal im Monat prüfen. Vor längeren Autobahnfahrten Fülldruck zusätzlich kontrollieren, da hierbei die Temperaturbelastung für den Reifen am größten ist.

- Ventilkappe abschrauben.

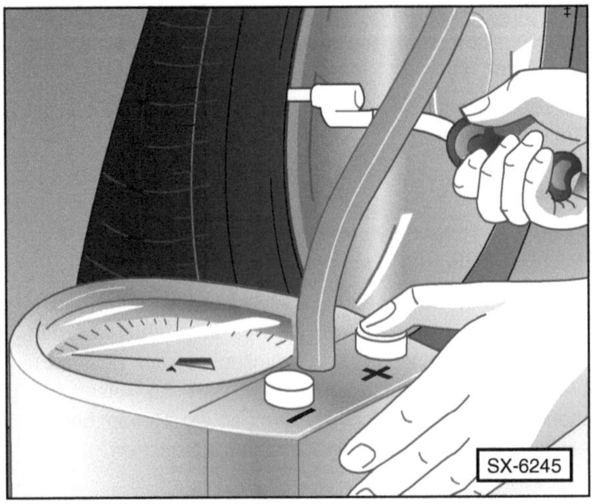

- Reifenfülldruck grundsätzlich am kalten Reifen prüfen, das heißt, er darf nicht länger als etwa 5 Minuten gefahren worden sein. Höherer Druck infolge Reifenerwärmung durch längere Fahrt darf nicht reduziert werden.

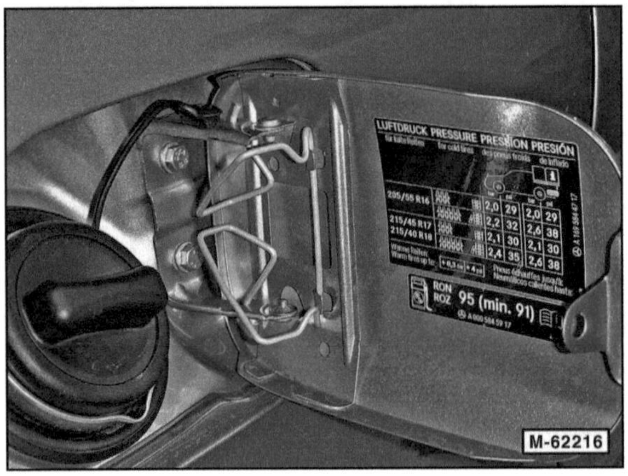

- Der richtige Reifenfülldruck steht auf einem Aufkleber an der Innenseite der Tankklappe. Anhaltswerte für den Reifenfülldruck, siehe Seite 129.
- Bei der Druckprüfung im Rahmen der Wartung ebenfalls das Reserverad prüfen.
- Ventilkappe aufschrauben.

Reifendichtmittel »TIREFIT«: Verfallsdatum prüfen

Je nach Ausstattung kann das Fahrzeug anstelle eines Reserverades mit einer Flasche Reifendichtmittel »TIREFIT« ausgerüstet sein.

- Heckklappe öffnen.

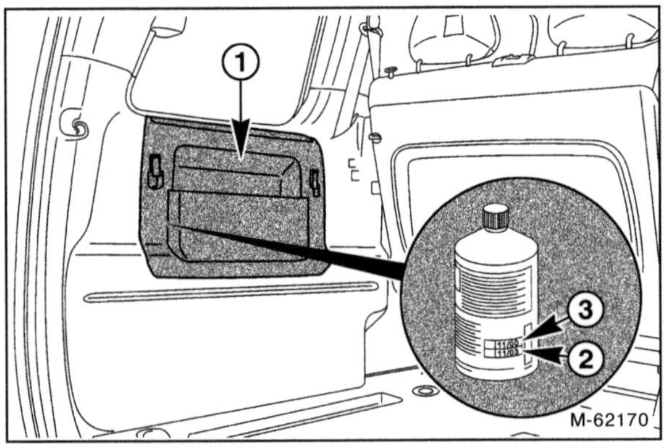

- Linke Seitenverkleidung –1– im Gepäckraum öffnen.
- Verfallsdatum –2– prüfen: Die Haltbarkeit des Reifendichtmittels beträgt ca. 4 Jahre, gerechnet ab dem Herstellungsdatum –3– auf dem Behälter. Nach Ablauf dieser Frist Reifendichtmittel erneuern.
- Falls erforderlich, Reifendichtmittel beim Kauf eines neuen Behälters zur Entsorgung zurückgeben.
- Seitenverkleidung im Gepäckraum und Heckklappe schließen.

Reifenventil prüfen

Erforderliches Spezialwerkzeug:

- Ventil-Metallschutzkappe oder HAZET 666-1.

Prüfen

- Staubschutzkappe vom Ventil abschrauben.

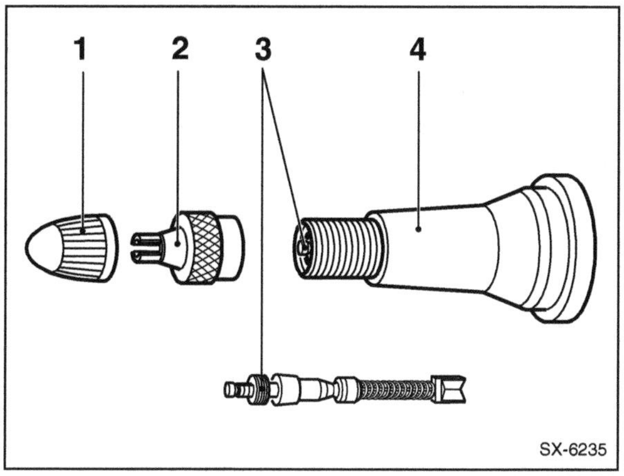

- Etwas Seifenwasser oder Speichel auf das Ventil geben. Wenn sich eine Blase bildet, Ventileinsatz –3– mit umgedrehter Metallschutzkappe –2– festdrehen.

Achtung: Zum Anziehen des Ventileinsatzes kann nur eine Metallschutzkappe –2– verwendet werden. Metallschutzkappen sind an der Tankstelle erhältlich. 1 – Gummischutzkappe, 4 – Ventil.

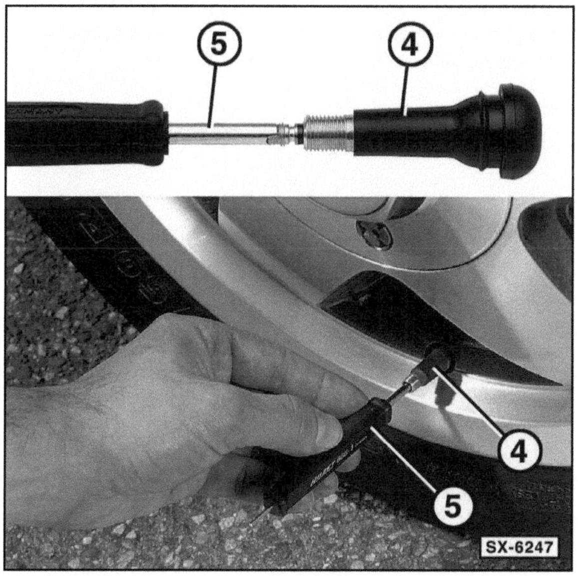

Hinweis: Anstelle der Metallschutzkappe kann auch das Werkzeug HAZET 666-1 –5– verwendet werden. 4 – Ventil.

- Ventil erneut prüfen. Falls sich wieder Blasen bilden oder das Ventil sich nicht weiter anziehen lässt, Ventileinsatz beziehungsweise Ventil erneuern.
- Grundsätzlich Staubschutzkappe wieder aufschrauben.

Folgende Wartungsarbeiten müssen nach dem Wartungsplan durchgeführt werden:

- Verschluss der Motorhaube und Sicherungshaken auf Leichtgängigkeit prüfen.
- Sicherheitsgurte und Gurtschlösser: Auf äußere Beschädigungen prüfen, Funktion prüfen.
- Staub- oder Kombifilter ersetzen.
  Hinweis: MERCEDES-BENZ bezeichnet den Filter bei Fahrzeugen mit Klimautomatik als Kombifilter, bei allen anderen Fahrzeugen als Staubfilter.
- Anhängevorrichtung mit abnehmbarem Kugelhals: Reinigen, schmieren und auf Funktion prüfen.
- Karosserie auf Lackschäden sichtprüfen.

Motorhaube: Verschluss und Sicherungshaken prüfen

Spezialwerkzeug ist nicht erforderlich.

Prüfen

Achtung: Das Schließsystem der Motorhaube darf **nicht gefettet oder geölt werden**. Die Motorhauben-Scharniere sind wartungsfrei.

- Motorhaube öffnen.

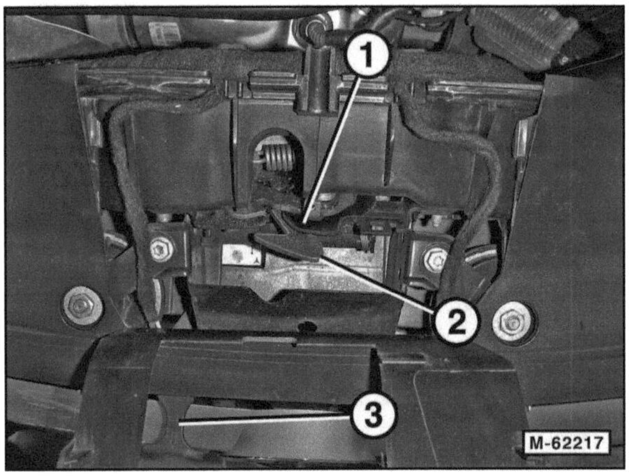

- Verschluss der Motorhaube –1– und Sicherungshaken –2– auf Leichtgängigkeit prüfen.
- Sämtliche Bauteile des Motorhauben-Schließsystems auf Veschleiß, Risse, Verformung und Beschädigung prüfen. Selbst bei geringen Mängeln Bauteile erneuern. **Achtung:** Schwergängige oder defekte Schließsysteme dürfen **nicht** gangbar gemacht oder repariert werden.
- Motorhaube aus maximal 150 mm Höhe frei in das Haubenschloss fallen lassen. Der Schließbügel an der Motorhaube muss sicher im Motorhaubenschloss einrasten, um ein einwandfreies Verriegeln sicherzustellen.
- Verriegelung der Motorhaube prüfen. Dazu von vorn an die Motorhaube greifen und mit Kraft ruckartig nach oben ziehen.
- Sicherungshaken –2– auf Funktion prüfen. Dazu Motorhaube entriegeln, vorn an die Motorhaube greifen und kräftig ruckartig nach oben ziehen. Dabei muss der Schließbügel der Motorhaube in den Sicherungshaken –2– einrasten. **Achtung:** Dabei Entriegelungshebel –3– des Sicherungshakens nicht betätigen oder dessen Lage verändern.
- Motorhaube öffnen und langsam in das Schloss gleiten lassen. Dabei muss der Sicherungshaken selbstständig in den Schließbügel der Motorhaube einrasten.
- Motorhaube sicher schließen.

Sichtprüfung aller Sicherheitsgurte

Achtung: Geräusche, die beim Aufrollen des Gurtbandes entstehen, sind funktionsbedingt. Bei störenden Geräuschen kann nur der Sicherheitsgurt ausgetauscht werden. Auf keinen Fall darf zur Behebung von Geräuschen Öl oder Fett verwendet werden. Der Aufrollautomat darf nicht zerlegt werden, da hierbei die vorgespannte Feder herausspringen kann. Unfallgefahr!

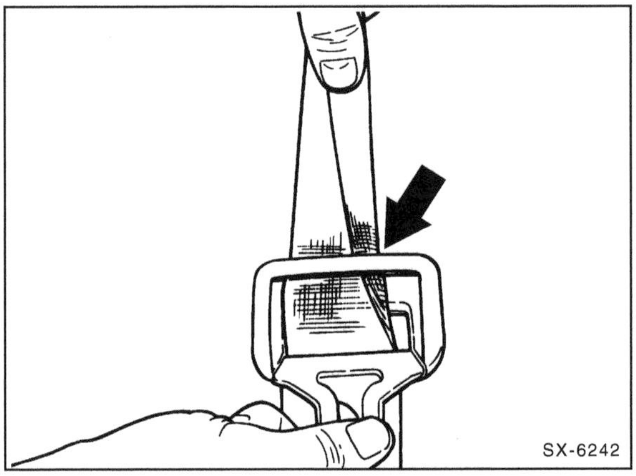

- Sicherheitsgurt ganz herausziehen und Gurtband auf durchtrennte Fasern prüfen.
- Beschädigungen können zum Beispiel durch Einklemmen des Gurtes oder durch brennende Zigaretten entstehen. In diesem Fall Gurt austauschen.

- Sind Scheuerstellen vorhanden, ohne dass Fasern durchtrennt sind, braucht der Gurt nicht ausgewechselt zu werden.
- Schwergängigen Gurt auf Verdrehungen prüfen, gegebenenfalls Verkleidung an der B-Säule ausbauen, siehe Seite 203.
- Sperrfunktion der Aufrollautomatik durch ruckartiges Herausziehen des Gurtbandes prüfen.
- Wenn die Aufrollautomatik nicht mehr funktioniert, Gurt auswechseln.
- Gurtbänder nur mit Seife und Wasser reinigen, keinesfalls Lösungsmittel oder chemische Reinigungsmittel verwenden.
- Schlosszunge in das Gurtschloss stecken und korrekte Verrastung prüfen.

Staubfilter/Kombifilter aus- und einbauen

Spezialwerkzeug ist nicht erforderlich.

Erforderliche Verschleißteile:

- Je nach Ausstattung Staubfilter oder Kombifilter.

Hinweis: Fahrzeuge ohne Klimaanlage sind mit einem Staubfilter, Fahrzeuge mit Klimaanlage mit einen Kombifilter ausgerüstet. Die Arbeitsschritte für den Wechsel von Staub-, und Kombifilter sind gleich, daher werden die unterschiedlichen Filter im folgenden Text nur als »Filter« bezeichnet.

Ausbau

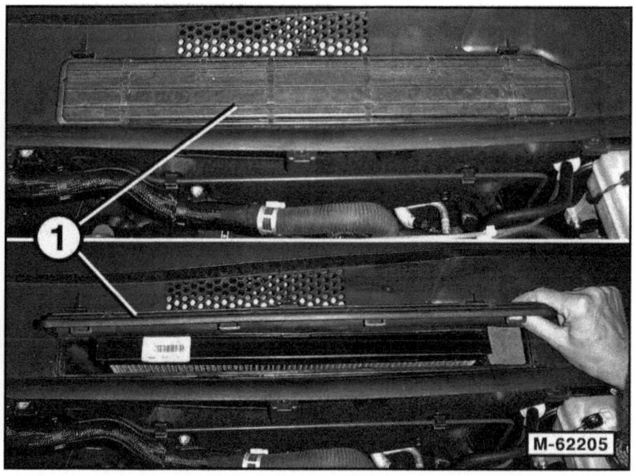

- Abdeckung der Luftführung –1– entriegeln und abnehmen.

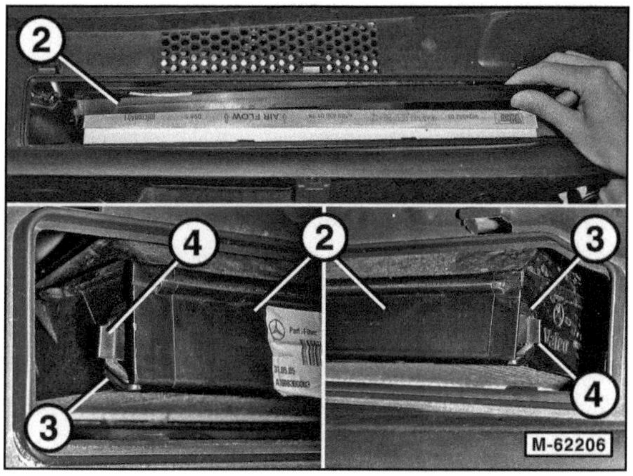

- Filterhalter –2– aufklappen. Dazu an der linken und rechten Verriegelung die Lasche –3– mit einem Schraubendreher über die Verriegelungsnase –4– heben.
- Filter etwas nach vorn schwenken, in Fahrtrichtung gesehen, und nach oben aus dem Filterkasten herausziehen.

Achtung: Der Filter darf nicht gereinigt werden, er ist grundsätzlich zu ersetzen.

Einbau

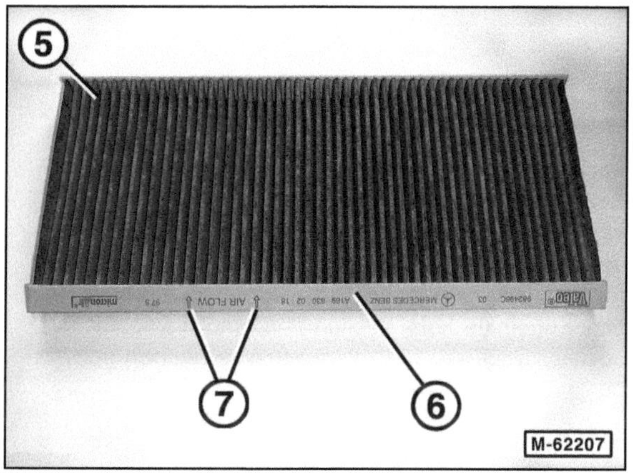

- Filter –5– so in den Filterkasten einsetzen, dass die an der oberen Stirnseite –6– angebrachten Pfeile –7– in Fahrtrichtung gesehen, nach hinten zeigen (in Luft-Durchströmrichtung).
- Filterhalter herunterklappen und links und rechts einrasten.
- Abdeckung der Luftführung auflegen und einclipsen.

Anhängevorrichtung reinigen/prüfen/schmieren

Spezialwerkzeug ist nicht erforderlich.

Erforderliche Betriebsmittel:

- Getriebeöl (ATF), Motoröl, Mehrzweckfett. MERCEDES-Spezifikationen: Flüssiggetriebeöl gemäß MB-236.6, 236.7, 236.8; Motoröl gemäß MB-228.1, 228.3; Abschmierfett gemäß MB-266.0; Mehrzweckfett gemäß MB-267.0.

Reinigen/prüfen

- Abdeckung für Kugelhalsaufnahme abnehmen.
- Kugelhals aus dem Fahrzeug nehmen.

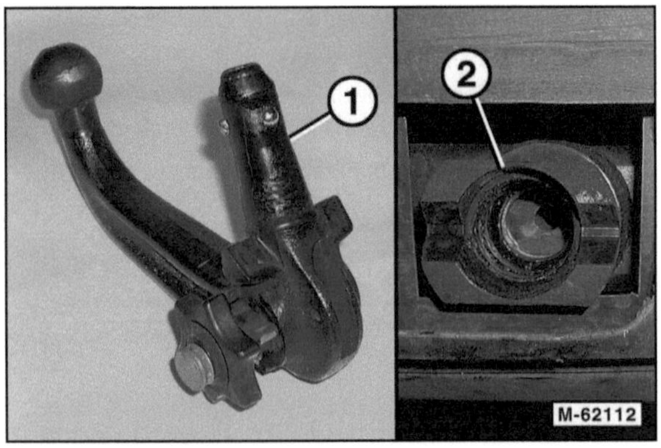

- Kugelhals –1– und Kugelhalsaufnahme –2– sichtprüfen. Bei Verschmutzung der **Kugelhalsaufnahme**, diese mit einem Dampfstrahlgerät reinigen und mit Druckluft trocknen. Kugelhals mit fließendem Wasser und einer Bürste reinigen sowie mit einem Tuch trocknen. **Achtung:** Für den **Kugelhals kein** Hochdruck-/Dampfstrahlgerät oder Lösungsmittel wie beispielsweise Waschbenzin verwenden.

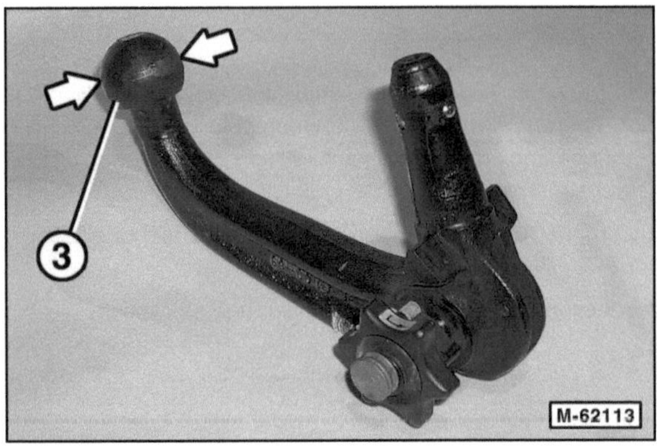

- Durchmesser der Kupplungskugel –3– messen. Wenn der Durchmesser weniger als 49 mm beträgt, Kugelhals ersetzen.

Funktion prüfen

- Kugelhals auf mechanische Beschädigung sichtprüfen.
- Handrad ziehen und in Stellung »rot« drehen, bis das Handrad einrastet.
- Kugelhals senkrecht in die Kugelhalsaufnahme einschieben, bis der Kugelhals automatisch verriegelt. **Achtung:** Die grüne Markierung des Handrades muss sich mit der weißen Markierung am Kugelhals decken.
- Handrad abschließen, danach darf sich das Handrad nicht nach außen ziehen lassen.

Schmieren

- Schließzylinder mit Getriebeöl ölen.

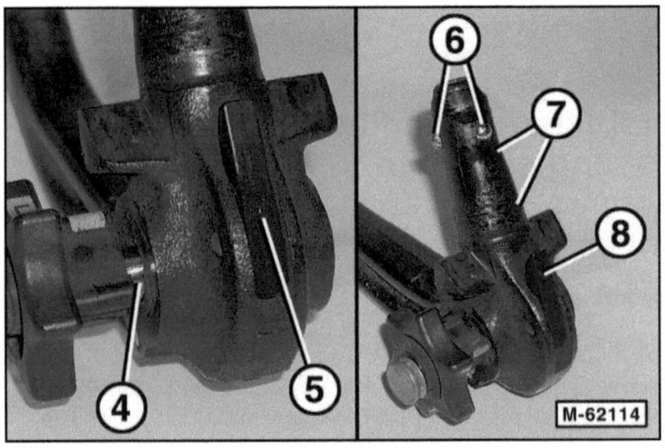

- Handradachse –4– zwischen Kugelhals und Handrad sowie Auslöserachse –5– mit sauberem Motoröl ölen.
- Folgende Teile am Kugelhals leicht fetten:
  6 – Führung mit Kugeln.
  7 – Auslöserfläche.
  8 – Führungsfläche.

- Kugelhalsaufnahme –2– an den mit Pfeilen gekennzeichneten Stellen mit Abschmierfett oder Mehrzweckfett leicht einfetten.
- Abdeckung für Kugelhalsaufnahme einsetzen.
- Kugelhals in das Ablagefach im Gepäckraum des Fahrzeuges legen.

Elektrische Anlage

Folgende Wartungspunkte müssen nach dem Wartungsplan durchgeführt werden:

Elektrische Anlage

- Kontrollleuchten, Symbolbeleuchtung, Innenbeleuchtung und Kofferraumbeleuchtung: Funktion prüfen.
- Außenbeleuchtung: Funktion prüfen.
- Lichthupe, Warnblinker, Blinker: Funktion prüfen.
- Signalhorn: Prüfen.
- Front- und Heckscheibenwischer: Funktion prüfen. Zustand der Gummilippen prüfen, gegebenenfalls Wischerblätter ersetzen.
- Scheibenwaschanlage/Scheinwerfer-Waschanlage: Flüssigkeitsstand, Frostschutz und Funktion prüfen, Düsenstellung kontrollieren.
- Serviceanzeige im Kombiinstrument zurücksetzen.
- Scheinwerfereinstellung: Prüfen (Werkstattarbeit).
- Leuchtweitenregulierung der Scheinwerfer prüfen (nicht bei Xenon-Scheinwerfern).
- Batterie prüfen, siehe Kapitel »Elektrische Anlage«, ab Seite 54.

Kontrollleuchten/Außenbeleuchtung: Funktion prüfen

Kontrollleuchten

- Zündung einschalten (Zündschlüssel in Stellung »2« drehen).
- Die Kontrolllampen leuchten ca. 30 Sekunden auf und verlöschen dann. Prüfen, ob alle Lampen entsprechend der Fahrzeug-Ausstattung aufleuchten.
- Die SRS-Kontrollleuchte (Airbag) muss spätestens nach ca. 4 Sekunden verlöschen.
- Fernlicht einschalten, Blinker betätigen und die entsprechenden Kontrolllampen prüfen.

Außenbeleuchtung

- Gläser der Front- und Heckbeleuchtung auf Beschädigung und Wassereintritt prüfen.
- Außenbeleuchtung einschalten und Funktion prüfen.
- Lichthupe und Warnblinker betätigen.
- Innenbeleuchtung und Kofferraumbeleuchtung prüfen.

Leuchtweitenregulierung prüfen (nicht bei Xenon-Scheinwerfern)

- Motor starten und im Leerlauf laufen lassen.
- Abblendlicht einschalten.
- Leuchtweitenregler auf die verschiedenen Stellungen bringen und prüfen, ob sich beide Lichtbündel der Scheinwerfer gleichmäßig verstellen.

Wischergummi prüfen

Spezialwerkzeug ist nicht erforderlich.

- Wischerarme hochklappen und Wischerarme abwinkeln.
- Wischlippen mit einem weichen Tuch sowie Scheibenreinigungs- und Frostschutzmittel reinigen.
- Wischlippen auf Verhärtungen oder Risse prüfen, gegebenenfalls Wischerblätter ersetzen, siehe Kapitel »Scheibenwischeranlage«.

Scheibenwaschanlage prüfen

Erforderliche Betriebsmittel:

- Handelsübliches Scheibenwasch-Konzentrat.

Flüssigkeitsstand prüfen/auffüllen

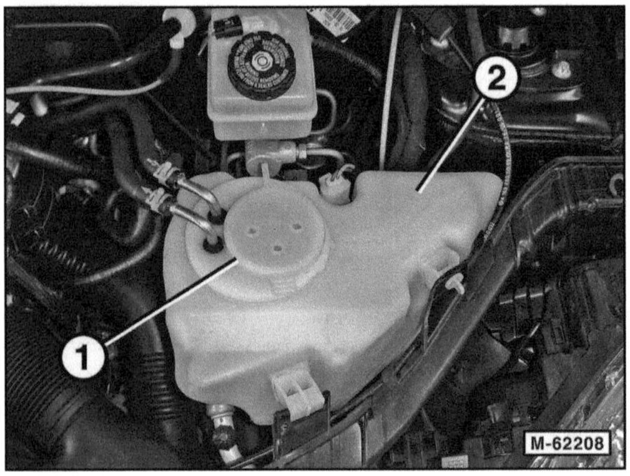

- Deckel –1– des Scheibenwaschbehälters –2– öffnen und Flüssigkeitsstand sichtprüfen.
- Gegebenenfalls eine Mischung aus Scheibenwasch-Konzentrat und sauberem Trinkwasser einfüllen, bis der Behälter vollständig gefüllt ist.

Füllmenge A-KLASSE: . . . . 4,7 l
B-KLASSE . . . . 6,0 l

Spritzdüsenstellung kontrollieren

- Zündung einschalten und Scheibenwaschanlage betätigen.
- Verstopfte Spritzdüsen von außen mit einer Nadel und, falls vorhanden, mit Druckluft vorsichtig reinigen.

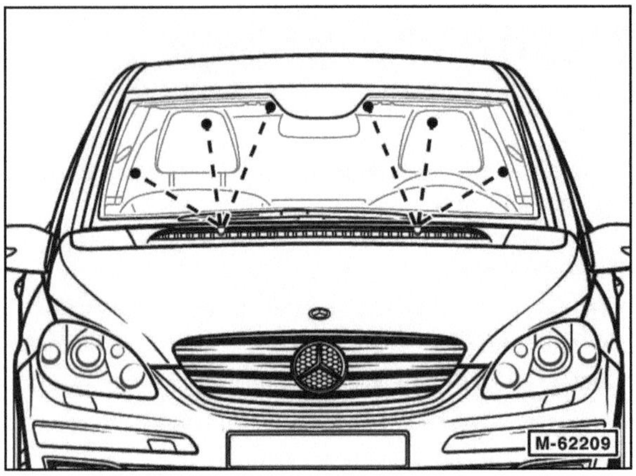

- Einstellung der Spritzdüsen an der Frontscheibe prüfen: Der Spritzstrahl muss im gekennzeichneten Bereich auf die Glasfläche auftreffen.
- Gegebenenfalls Einstellung der Spritzdüsen mit einem Schraubendreher korrigieren. **Achtung:** Zum Einstellen keinen Regulierdorn oder Nadel verwenden.

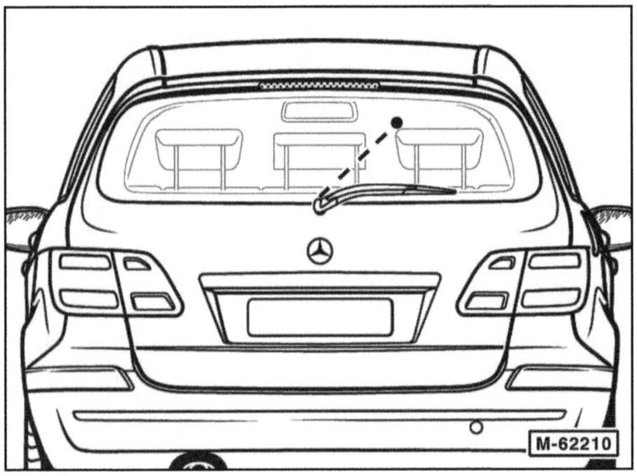

- Einstellung der Spritzdüsen an der Heckscheibe prüfen: Der Spritzstrahl muss im gekennzeichneten Bereich auf die Glasfläche auftreffen.
- Gegebenenfalls Einstellung der hinteren Spritzdüse mit einem Regulierdorn korrigieren, zum Beispiel HAZET 4850-1.

Serviceanzeige im Kombiinstrument zurücksetzen

Die Serviceanzeige wird zurückgesetzt, nachdem die Wartung durchgeführt wurde.

Zurücksetzen

- Zündschlüssel ins Zündschloss stecken und in Stellung »1« drehen.

- Am Lenkrad Taster –1– für Systemauswahl so oft drücken, bis in der Multifunktionsanzeige –2– das Standardbild »Kilometerstand« angezeigt wird.
- Rückstelltaste –3– für Tageskilometeranzeige 3-mal kurz drücken. Daraufhin erscheint in der Multifunktionsanzeige die Spannungsanzeige.
- Unteren Taster –5– für Vor- und Zurückblättern so oft drücken, bis in der Multifunktionsanzeige das »Servicemenü« erscheint.
- Mit dem Plus-Minus-Taster –4– den Menüpunkt Bestätigung auswählen.
- Unteren Taster –1– für Systemauswahl zur Bestätigung drücken. In der Multifunktionsanzeige erscheint »Bestätigung« und der Menüpunkt »Ges.service« ist unterlegt.
- Unteren Taster –1– für Systemauswahl drücken und dadurch die Auswahl »Gesamtservice« bestätigen.
- Oberen Taster –1– für Systemauswahl mehrmals drücken, bis in der Multifunktionsanzeige das »Servicemenü« angezeigt wird.
- Mit dem Plus-Minus-Taster –4– den Menüpunkt »Sonderarbeit« auswählen.
- Unteren Taster –1– für Systemauswahl zur Bestätigung drücken. In der Multifunktionsanzeige werden die verschiedenen Services angezeigt.
- Mit dem Plus-Minus-Taster –4– den Menüpunkt »Service 3« auswählen.
- Unteren Taster –1– für Systemauswahl zur Bestätigung drücken.
- Mit dem Plus-Minus-Taster –4– die Spezifikation des verwendeten Motoröls auswählen.
- Unteren Taster –1– für Systemauswahl zur Bestätigung drücken. In der Multifunktionsanzeige erscheint die Meldung »Position bestätigt«.
- Oberen Taster –1– für Systemauswahl mehrmals drücken, bis in der Multifunktionsanzeige das Standardbild »Kilometerstand« angezeigt wird.
- Zündschlüssel in Stellung »0« zurückdrehen.

Wagenpflege

Aus dem Inhalt:

- Fahrzeug waschen
- Lackierung pflegen
- Unterbodenschutz
- Hohlraumkonservierung
- Polster reinigen
- Lackschäden ausbessern

Fahrzeug waschen

Aus Umweltschutzgründen ist es in den meisten Gemeinden verboten, Fahrzeuge auf öffentlichen Plätzen zu waschen. Wird das Auto sehr oft in einer automatischen Waschanlage gewaschen, hinterlassen die rotierenden Waschbürsten Schleifspuren auf dem Lack. Diese lassen sich verhindern, wenn man den Wagen von Hand in einer entsprechenden Waschanlage wäscht.

- Vogelkot, Insekten, Baumharze, Teer- und Fettflecken, Streusalz und andere aggressive Ablagerungen sofort abwaschen, da sie ätzende Bestandteile enthalten, die Lackschäden verursachen.
- Bedienungshinweise für den Hochdruckreiniger bezüglich Druck und Düsenabstand des Sprühkopfes befolgen.
- Beim Waschen reichlich Wasser verwenden. Mit einem Schwamm oder Waschhandschuh beziehungsweise einer weichen Bürste mit dem Reinigen des Fahrzeugdaches beginnen; Schwamm oft ausspülen.
- Waschmittel nur bei hartnäckiger Verschmutzung verwenden. Mit klarem Wasser gründlich nachspülen, um die Reste des Waschmittels zu entfernen. Bei regelmäßiger Benutzung von Waschmitteln muss öfter konserviert werden. Dem Waschwasser kann ein Konservierungsmittel beigegeben werden.
- Darauf achten, dass kein Wasser in die Eintrittsöffnungen für die Innenraumbelüftung eindringt. Hochdruckdüse nicht gegen den Kühler oder schadhafte Lackflächen des Fahrzeugs richten.
- Zum Abtrocknen sauberes Leder verwenden. Verschiedene Leder für Lack- und Fensterflächen verwenden, da Konservierungsmittelrückstände auf den Scheiben zu Sichtbehinderungen führen.
- Durch Streusalz besonders gefährdet sind alle innen liegenden Falze, Flansche und Fugen an Türen und Hauben. Diese Stellen müssen deshalb bei jeder Wagenwäsche – auch nach der Wäsche in automatischen Waschstraßen – mit einem Schwamm gründlich gereinigt und anschließend abgespült und abgeledert werden.
- Wagen niemals in der Sonne waschen oder trocknen. Wasserflecken sind sonst unvermeidlich.

Achtung: Nach der Wagenwäsche Bremspedal während der Fahrt leicht antippen, um den Wasserfilm abzubremsen.

Lackierung pflegen

Konservieren: So oft wie nötig soll die sauber gewaschene und getrocknete Lackierung mit einem Konservierungsmittel behandelt werden, um die Oberfläche durch eine Poren schließende und Wasser abweisende Wachsschicht gegen Witterungseinflüsse zu schützen. Auch wenn regelmäßig Waschkonservierer verwendet wird, empfiehlt es sich, den Lack mindestens zweimal im Jahr mit Hartwachs zu schützen.

Sofern Kraftstoff, Öl, Fett oder Bremsflüssigkeit auf den Lack gelangt, diese Flüssigkeiten **sofort entfernen,** sonst kommt es zu Lackverfärbungen.

Spätestens wenn Wasser nicht mehr deutlich vom Lack abperlt, muss konserviert werden. Der Lack trocknet sonst aus.

Eine weitere Möglichkeit, den Lack zu konservieren, bieten Waschkonservierer. Waschkonservierer schützen die Lackierung jedoch nur ausreichend, wenn sie bei **jeder** Wagenwäsche verwendet werden und der zeitliche Abstand zwischen 2 Wäschen nicht mehr als 2 bis 3 Wochen beträgt. Nur Lackkonservierer verwenden, die Carnauba- oder synthetische Wachse enthalten.

Polieren: Das Polieren des Lackes ist nur dann erforderlich, wenn dieser infolge mangelhafter Pflege beziehungsweise unter der Einwirkung von Umwelteinflüssen unansehnlich geworden ist und sich durch eine Behandlung mit Konservierungsmitteln kein Glanz mehr erzielen lässt. Zu warnen ist vor stark schleifenden oder chemisch stark angreifenden Poliermitteln, auch wenn der erste Versuch damit noch so sehr zu überzeugen scheint.

Vor jedem Polieren muss der Wagen sauber gewaschen und sorgfältig abgetrocknet werden. Im Übrigen ist nach der Gebrauchsanweisung für das Poliermittel zu verfahren.

Die Bearbeitung soll in nicht zu großen Flächen erfolgen, um ein vorzeitiges Eintrocknen der Politur zu vermeiden. Bei manchen Poliermitteln muss anschließend noch konserviert werden. Nicht in der prallen Sonne polieren!

Kunststoffteile und matt lackierte Teile dürfen nicht mit Konservierungs- oder Poliermitteln behandelt werden, da sich sonst Flecken bilden.

Teerflecke entfernen: Frische Teerflecke können mit einem in Waschbenzin getränkten weichen Lappen entfernt werden oder mit speziellen Teerfleck-Entfernern. Notfalls kann auch Petroleum oder Terpentinöl verwendet werden. Sehr gut gegen Teerflecke eignet sich auch ein Lackkonservierer. Bei Verwendung dieses Mittels kann auf ein Nachwaschen verzichtet werden.

Insekten entfernen: Insekten enthalten aggressive Stoffe, die den Lackfilm beschädigen können. Sie müssen deshalb umgehend mit lauwarmer Seifen- oder Waschmittellösung abgewaschen werden. Es gibt auch spezielle Insekten-Entferner.

Außenbeleuchtung: Leuchten- und Scheinwerferabdeckungen sind aus Kunststoff. Verunreinigungen nur mit einem feuchten, weichen Tuch entfernen. Scheinwerferabdeckungen auf keinen Fall mit einem trockenen oder scheuernden Tuch reinigen. Keine Eiskratzer verwenden und nicht mit Reinigungs- oder Lösungsmitteln säubern.

Kunststoffteile pflegen: Kunststoffteile, Kunstledersitze, Himmel, Leuchtengläser sowie mattschwarz gespritzte Teile mit Wasser und Flüssigseife säubern. Himmel nicht durchfeuchten. Kunststoffteile gegebenenfalls mit Kunststoffreiniger behandeln.

Scheiben reinigen: Schnee und Eis von Scheiben und Spiegeln nur mit einem Kunststoffschaber entfernen. Um Kratzer durch Schmutz zu vermeiden, sollte der Schaber nicht vor- und zurückbewegt, sondern nur geschoben werden. Fensterscheiben innen und außen mit sauberem, weichem Lappen abreiben. Bei starker Verschmutzung helfen Spiritus oder Salmiakgeist und lauwarmes Wasser oder auch ein spezieller Scheibenreiniger. Beim Reinigen der Windschutzscheibe Scheibenwischerarme nach vorn klappen. Bei der Reinigung der Windschutzscheibe sind auch die Wischerblätter zu säubern.

Achtung: Bei Verwendung silikonhaltiger Mittel dürfen die zur Reinigung der Lackierung verwendeten Waschbürsten, Schwämme, Lederlappen und Tücher nicht für die Scheiben verwendet werden. Beim Einsprühen der Lackierung mit silikonhaltigen Pflegemitteln sollten die Scheiben mit Pappe oder anderem Material abgedeckt werden.

Gummidichtungen pflegen: Gummidichtungen durch Einpudern der Dicht- und Gleitflächen mit Talkum oder Besprühen mit Silikonspray geschmeidig halten. So werden auch quietschende oder knarrende Geräusche beim Schließen der Türen vermieden. Auch das Einreiben der betreffenden Flächen mit Schmierseife beseitigt die Geräusche.

Reifen reinigen: Reifen nicht mit einem Dampfstrahlgerät reinigen. Wird die Düse des Dampfstrahlers zu nahe an den Reifen gehalten, wird dessen Gummischicht innerhalb weniger Sekunden irreparabel zerstört, selbst bei Verwendung von kaltem Wasser. Ein auf diese Weise gereinigter Reifen sollte sicherheitshalber ersetzt werden.

Leichtmetall-Scheibenräder mit Felgenreiniger und Bürste reinigen, jedoch keine aggressiven, säurehaltigen, stark alkalischen und rauen Reinigungsmittel oder Dampfstrahler über +60° C verwenden.

Sicherheitsgurte nur mit milder Seifenlauge im eingebauten Zustand säubern, nicht chemisch reinigen, da dadurch das Gewebe zerstört werden kann. Automatikgurte nur in trockenem Zustand aufrollen.

Unterbodenschutz/ Hohlraumkonservierung

Die Fahrzeugunterseite einschließlich der Radkästen sind mit Unterbodenschutz beschichtet. Die besonders stark gefährdeten Bereiche in den Radläufen sind zusätzlich mit Kunststoffschalen gegen Steinschlag geschützt. Vor der kalten Jahreszeit und nach einer Unterbodenwäsche sollte der Unterbodenschutz kontrolliert und gegebenenfalls ausgebessert werden.

Im Schleuderbereich des Unterbaues können sich Staub, Lehm und Sand ablagern. Den angesammelten Schmutz entfernen, zumal er während der Winterzeit auch noch mit Streusalz angereichert sein kann.

Polsterbezüge pflegen/reinigen

Textilbezüge: Polsterbezüge mit Staubsauger und Bürste reinigen. Flecken mit Flüssigseife, 25-prozentiger Ammoniaklösung oder Branntweinessig entfernen.

Fett- und Ölflecke mit Reinigungsbenzin oder Fleckenwasser behandeln. Das Reinigungsmittel darf aber nicht unmittelbar auf den Stoff gegossen werden, da sich sonst unweigerlich Ränder bilden. Fleck durch kreisförmiges Reiben von außen nach innen bearbeiten. Andere Verschmutzungen lassen sich meistens mit lauwarmem Seifenwasser entfernen.

Lederbezüge: Bei starker Sonneneinstrahlung und längerer Standzeit Sitze abdecken, damit sie nicht ausbleichen.

Trikot- oder Wolllappen mit Wasser leicht anfeuchten und Lederflächen säubern, ohne das Leder oder die Nahtstellen zu durchfeuchten. Anschließend das getrocknete Leder mit einem sauberen und weichen Tuch nachreiben.

Stärker verschmutzte Lederflächen mit einem milden Feinwaschmittel ohne Aufheller (2 Esslöffel auf 1 Liter Wasser) oder Flüssigseife reinigen. Fett- und Ölflecke ohne zu reiben vorsichtig mit Reinigungsbenzin abtupfen.

Lackierte Lederpolster sollten nach dem Reinigen mit einem handelsüblichen Pflegemittel für Lederflächen behandelt werden. Solche Mittel sind bei den Fachwerkstätten und im Autofachhandel erhältlich. Das Mittel vor Gebrauch gut schütteln und mit einem weichen Lappen dünn auftragen. Nach dem Eintrocknen mit einem sauberen und weichen Tuch nachreiben. Diese Behandlung empfiehlt sich bei normaler Beanspruchung alle 6 Monate.

Steinschlagschäden ausbessern

Ausbeul- und Lackierarbeiten an der Autokarosserie setzen Erfahrung über den Werkstoff und dessen Bearbeitung voraus. Derartige Fertigkeiten werden in der Regel erst durch eine langjährige Praxis erreicht. Aus diesem Grund wird hier nur das Ausbessern von kleineren Lackschäden erläutert.

Zum Nachlackieren wird unbedingt dieselbe Lackfarbe benötigt, denn selbst kleinste Farbunterschiede fallen nach Abschluss der Arbeiten sofort ins Auge. Der jeweilige Fahrzeug-Farbton wird vom Hersteller durch die Lacknummer gekennzeichnet. Die Lacknummer –1– steht auf einem Aufkleber –2– unten an der Türanschlagsäule der Beifahrertür. 3 – Türschließbügel.

Treten dennoch Differenzen zwischen dem Originallack und dem Reparaturlack auf, dann liegt das daran, dass sich Fahrzeug-Lackierungen durch Alterung, ultraviolette Sonnenbestrahlung, extreme Temperaturdifferenzen, Witterungsbedingungen und chemische Einflüsse wie beispielsweise Industrieabgase mit der Zeit verändern. Außerdem können Oberflächenschäden, Farbveränderungen und Ausbleichen des Lackes eintreten, wenn Reinigung und Lackpflege mit ungeeigneten Mitteln durchgeführt wurden.

Die Metallic-Lackierung besteht aus 2 Schichten, dem Metallic-Grundlack und der farblosen Decklackierung. Beim Lackieren wird der Klarlack über den feuchten Grundlack gespritzt. Die Gefahr von Farbdifferenzen bei der nachträglichen Metallic-Lackierung ist besonders groß, da hier schon die unterschiedliche Viskosität des Reparaturlackes gegenüber dem Originallack zu Farbverschiebungen führt.

Es lohnt sich, auch kleinste Lackschäden regelmäßig zu beseitigen, da auf diese Weise Rostschäden und größere Reparaturen vermieden werden.

Für kleine Kratzer und Steinschläge, die lediglich den Decklack abgesplittert haben, also nicht bis aufs blanke Blech vorgedrungen sind, genügt im allgemeinen der Lackstift oder Tupflack. Dabei handelt es sich um eine kleine Lackdose, in deren Deckel ein Pinsel integriert ist. Der Lackstift wird im Auto-Zubehörhandel angeboten.

- Tiefere Steinschlagschäden, die schon kleine Rostnarben gebildet haben, mit einem »Rostradierer« beziehungsweise einem Messer oder einem kleinen Schraubendreher auskratzen, bis das blanke Blech erscheint. Wichtig ist, dass keine auch noch so kleine Roststelle mehr sichtbar ist. Bei »Rostradierern« handelt es sich um kleine Kunststoffhülsen, die zum Auskratzen des Rostes kurze Drahtborsten besitzen.
- Die blanken Stellen müssen einwandfrei trocken und fettfrei sein. Dazu Reparaturstelle sowie umgebenden Lack mit Silikonentferner reinigen.
- Auf die blanke Metallfläche mit einem dünnen Pinsel etwas Lackgrundierung (»Primer«) auftragen. Da das Grundiermittel meist in Sprühdosen erhältlich ist, etwas Grundiermittel in den Deckel der Dose sprühen.
- Nachdem die Grundierung trocken ist, Stelle mit Tupflack ausbessern. Bei den Tupflackdosen ist ein Pinsel bereits im Deckel integriert. Falls nur eine Spraydose mit der entsprechenden Farbe zur Verfügung steht, etwas Farbe in den Deckel der Dose sprühen und Lack mit einem dünnen Wasserfarbenpinsel auftragen. Dabei in einem Arbeitsgang immer nur eine dünne Lackschicht anbringen, damit der Lack nicht herunterlaufen kann. Anschließend Farbe gut trocknen lassen. Vorgang so oft wiederholen, bis der Krater ausgefüllt ist und die ausgebesserte Stelle gegenüber der umgebenden Lackfläche keine Vertiefung mehr bildet.

Werkzeugausrüstung

Langfristig zahlt es sich immer aus, wenn man qualitativ hochwertiges Werkzeug kauft. Neben einer Grundausstattung mit Maul- und Ringschlüsseln in den gängigen Größen und verschiedenen Torxschraubendrehern sowie einem Satz Steckschlüssel empfiehlt sich auch der Kauf eines Drehmomentschlüssels. Darüber hinaus ist bei manchen Arbeitsgängen der Einsatz von Spezialwerkzeug zwingend erforderlich.

Gutes und stabiles Werkzeug wird von der Firma HAZET (42804 Remscheid, Postfach 100461) angeboten. In den Tabellen sind die Werkzeuge mit der HAZET-Bestellnummer aufgeführt. Vertrieben wird das Werkzeug über den Fachhandel.

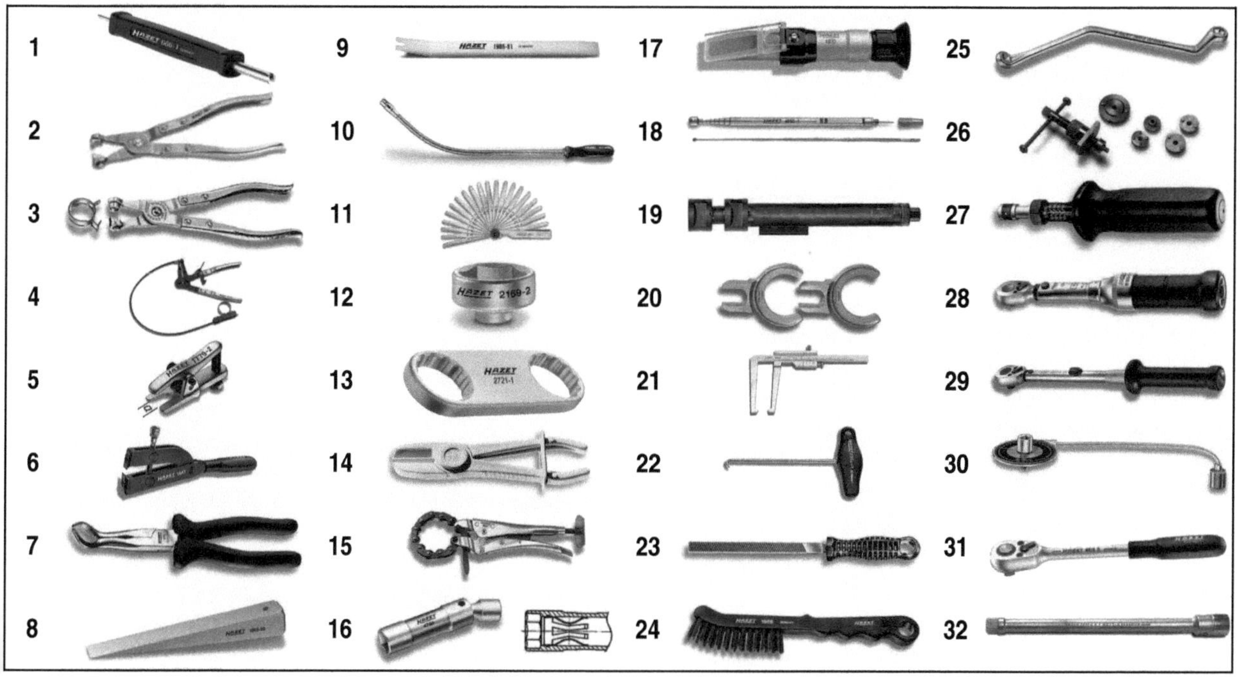

Abb.	Werkzeug	Hazet-Nr.
1	Ventildreher für Reifenventile	666-1
2	Zange für CLIC-Schlauchschellen an Kraftstoffschläuchen	798-3
3	Zange für Spannbandschellen	798-5
4	Zange für Spannbandschellen an schwer zugänglichen Stellen	798-15A
5	Kugelgelenk-Abzieher, Maulweite 20 – 22 mm, 2-stufig	1790-7
6	Spannzange für Schellen an den Achsmanschetten	1847
7	Zündkerzenstecker-Zange	1849
8	Montagekeil	1965-20
9	Montagekeil	1965-21
10	Magnet-Sucher	1976
11	Fühlerblattlehre 0,05 - 1,0 mm	2147
12	Ölfilterschlüssel	2169-27
13	Gegenhalter für untere Federbeinschrauben	2721-1
14	Abklemmzangen-Satz	4590/2
15	Ketten-Abgasrohrschneider	4682
16	Steckschlüsseleinsatz für Zündkerzen 3/8"	4766

Abb.	Werkzeug	Hazet-Nr.
17	Messgerät für Frostschutzanteil	4810 B
18	Spritzdüseneinsteller für Scheibenwaschanlage der Heckscheibe	4850-1
19	Spanngerät für Schraubenfedern an den Achsen	4900-2a
20	Federspanner-Spannplatten-Paar für die A-KLASSE vorn/hinten	4900-17/-35
21	Bremsscheiben-Messschieber	4956-1
22	Montagehaken für Handbremsbacken-Rückzugfeder	4964-1
23	Bremssattelfeile	4968-1
24	Bremssatteldrahtbürste	4968-2
25	Entlüftungsschlüssel Bremse	4968-9/-11
26	Bremskolben-Rücksetzvorrichtung	4970/6
27	Drehmomentschlüssel 1 – 6 Nm	6003 CT
28	Drehmomentschlüssel 4 – 40 Nm	6109-2 CT
29	Drehmomentschlüssel 40 – 200 Nm	6122–1CT
30	Winkelscheibe für drehwinkelgesteuerten Schraubenanzug	6690
31	Ratsche 3/8" für Zündkerzenschlüssel	8816
32	Verlängerung für Zündkerzenschlüssel 3/8"	8821-6

Motorstarthilfe

Sicherheitshinweise
Werden die vorgeschriebenen Anschlusshinweise nicht genau eingehalten, besteht die Gefahr der Verätzung durch austretende Batteriesäure. Außerdem können Verletzungen oder Schäden durch eine Batterieexplosion entstehen oder Defekte an der Fahrzeugelektrik auftreten.

- Batterieflüssigkeit von Augen, Haut, Gewebe und lackierten Flächen fern halten. Die Flüssigkeit ist ätzend. Säurespritzer sofort mit klarem Wasser gründlich abspülen. Gegebenenfalls einen Arzt aufsuchen.
- Keine Funken oder offenen Flammen in Batterienähe, da aus der Batterie brennbare Gase austreten können.
- Augenschutz tragen.
- Darauf achten, dass die Starthilfekabel nicht durch drehende Teile wie zum Beispiel den Kühlerventilator beschädigt werden.

- Die Starthilfekabel sollten einen Leitungsquerschnitt von 25 mm² aufweisen und mit isolierten Kabelzangen ausgestattet sein. In der Regel ist der Leitungsquerschnitt auf der Packung der Starthilfekabel angegeben.
- Bei beiden Batterien muss die Spannung 12 Volt betragen. Die Kapazität der stromgebenden Batterie darf nicht wesentlich unter der der entladenen Batterie liegen.

Hinweis: Die Fahrzeug-Batterie der A-/B-KLASSE befindet sich hinter einer Abdeckung unter dem Beifahrer-Fußraum.

- Abdeckung über der Fahrzeugbatterie öffnen.
- Eine entladene Batterie kann bereits bei –10° C gefrieren. Vor Anschluss der Starthilfekabel muss eine gefrorene Batterie unbedingt aufgetaut werden. Anschließend Batterie auf Gehäuserisse prüfen, gegebenenfalls ersetzen. Es empfiehlt sich, eine einmal gefrorene Batterie auf jeden Fall baldmöglichst zu ersetzen.
- Die entladene Batterie muss ordnungsgemäß am Bordnetz angeklemmt sein.
- Fahrzeuge so weit auseinander stellen, dass kein metallischer Kontakt besteht. Andernfalls könnte bereits beim Verbinden der Pluspole ein Strom fließen.
- Bei beiden Fahrzeugen Handbremse anziehen. Schaltgetriebe in Leerlaufstellung, automatisches Getriebe in Parkstellung »P« schalten.
- Alle Stromverbraucher, auch das Autotelefon, ausschalten.
- Grundsätzlich Motor des Spenderfahrzeuges ca. 1 Minute vor dem Startvorgang und während des Startvorganges mit Leerlaufdrehzahl drehen lassen. Dadurch wird eine Beschädigung des Generators durch Spannungsspitzen beim Startvorgang vermieden.

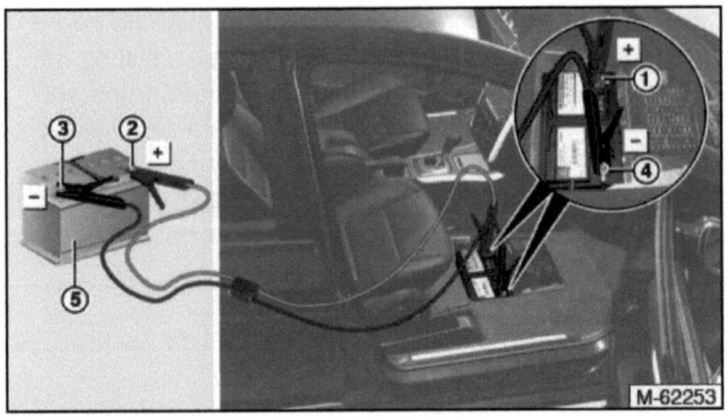

- Abdeckung des Pluspols entfernen und Starthilfekabel in folgender Reihenfolge anschließen:
  1. Rotes Kabel an den Pluspol (+) –1– der entladenen Batterie anklemmen.
  2. Das andere Ende des roten Kabels an den Pluspol (+) –2– der Strom gebenden Batterie –5– anklemmen.
  3. Schwarzes Kabel an den Minuspol (–) –3– der Strom gebenden Batterie –5– anklemmen.
  4. Das andere Ende des schwarzen Kabels an den Minuspol –4– des Empfängerfahrzeuges anschließen.

Achtung: Die Klemmen der Starthilfekabel dürfen bei angeschlossenen Kabeln nicht in Kontakt miteinander kommen, beziehungsweise die Plusklemmen dürfen keine Massestellen (Karosserie oder Rahmen) berühren – Kurzschlussgefahr!

- Motor des Empfängerfahrzeuges (leere Batterie) starten und laufen lassen. Beim Starten Anlasser nicht länger als 10 Sekunden ununterbrochen betätigen, da sich durch die hohe Stromaufnahme Polzangen und Kabel erwärmen. Deshalb zwischendurch eine »Abkühlpause« von mindestens ½ Minute einlegen.
- Bei Startschwierigkeiten nicht unnötig lange den Anlasser betätigen. Während des Anlassens wird permanent Kraftstoff eingespritzt. Fehlerursache ermitteln und beseitigen.
- Nach erfolgreichem Start beide Fahrzeuge mit der »Strombrücke« noch 3 Minuten laufen lassen.
- Um Spannungsspitzen beim Trennen abzubauen, im Fahrzeug mit der leeren Batterie Gebläse und Heckscheibenheizung einschalten. Nicht das Fahrlicht einschalten. Glühlampen brennen bei Überspannung durch.
- **Nach der Starthilfe** Kabel in **umgekehrter** Reihenfolge abklemmen: Zuerst schwarzes Kabel am Minuspol (–) –4– des Empfängerfahrzeugs, dann am Strom gebenden Fahrzeug abklemmen. Danach Rotes Kabel –2– zuerst am Empfängerfahrzeug und dann am Strom gebenden Fahrzeug abklemmen.

Fahrzeug aufbocken

Für viele Wartungs- und Reparaturarbeiten muss das Fahrzeug aufgebockt beziehungsweise hochgehoben werden. Von MERCEDES sind dazu bei der A-/B-Klasse spezielle Anhebepunkte für die Hebebühne und den Werkstattwagenheber vorgesehen. An anderen Stellen darf das Fahrzeug weder angehoben noch mit Unterstellböcken abgestützt werden, da dadurch die Karosserie beschädigt werden kann.

Sofern keine Hebebühne zur Verfügung steht, muss aus Sicherheitsgründen das angebobene Fahrzeug auf vier stabilen Unterstellböcken ruhen, denn man darf sich auf keinen Fall darauf verlassen, dass ein hydraulischer Wagenheber den durch das Fahrzeug ausgeübten Druck über einen längeren Zeitraum hält.

Sicherheitshinweis
Wenn unter dem Fahrzeug gearbeitet werden soll, muss es immer sicher abgestützt werden. Wird das Fahrzeug nur mit Hilfe des Bordwagenhebers oder eines Hydraulikhebers angehoben, darf lediglich ein Radwechsel durchgeführt werden. Arbeiten unter dem Fahrzeug sind verboten. **Lebensgefahr!**

- Das Fahrzeug nur in **unbeladenem** Zustand anheben.
- Fahrzeug nur auf ebener, fester Fläche anheben. Bei weichem Untergrund breite Bretter unter den Wagenheber und die Unterstellböcke legen, damit sich das Gewicht auf eine größere Fläche verteilt.
- Die Räder, die beim Anheben auf dem Boden stehen bleiben, mit Keilen gegen Vor- oder Zurückrollen sichern. Nicht auf die Feststellbremse verlassen, diese muss bei einigen Reparaturen gelöst werden.

Anhebepunkte

Das Fahrzeug darf nur an den dafür bestimmten Punkten angehoben werden, da sonst bleibende Verformungen am Fahrzeug nicht auszuschließen sind.

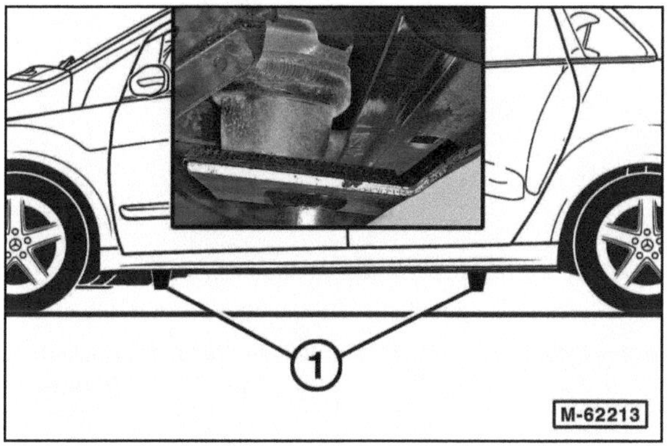

- Die Anhebestellen (Hartgummipuffer) –1– für Wagenheber und Hebebühne sind vorn ca. 26 cm und hinten ca. 23 cm vom Radlauf entfernt.

Anhebepunkt Vorderachse

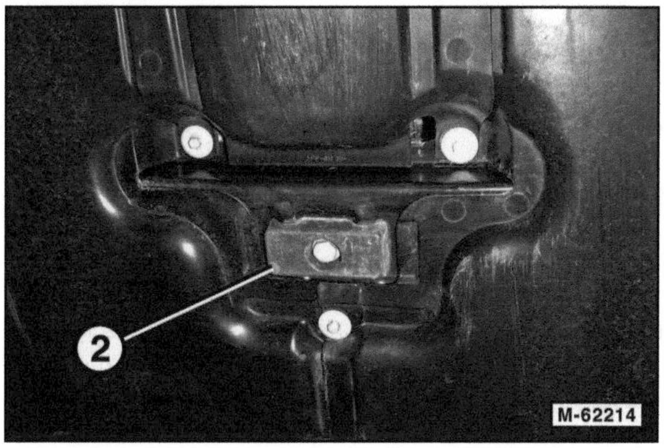

- Vordere Anhebestelle (Hartgummipuffer) –2– am Vorderachsträger. An dieser Stelle kann der Vorderwagen zentral angehoben werden; die Unterstellböcke müssen dann an den Anhebestellen für die Hebebühne positioniert werden.

Anhebepunkt Hinterachse

- Hintere Anhebestelle –3– am Hinterachsträger. An der schraffierten Stelle des Hinterachsträgers kann das Fahrzeug hinten zentral angehoben werden; die Unterstellböcke müssen dann an den Anhebestellen für die Hebebühne positioniert werden.

Elektrische Anlage

Aus dem Inhalt:

- Hupe ausbauen
- Sicherungen auswechseln
- Batterie ausbauen
- Generator prüfen
- Anlasser prüfen
- Scheibenwischer
- Beleuchtungsanlage
- Armaturen/Schalter
- Radioanlage

Stromlaufpläne

In den sechziger Jahren reichte eine Doppelseite aus, um die Stromlaufpläne für ein Fahrzeugmodell abzubilden. Heutzutage sind dazu rund 300 Seiten erforderlich. Aus wirtschaftlichen Gründen wie auch aus Platzgründen ist der Abdruck der Stromlaufpläne im vorliegenden Band nicht machbar.

Jede Mercedes-Werkstatt verfügt über die aktuellen Stromlaufpläne für Ihr Fahrzeugmodell. Gegen Kostenerstattung wird man Ihnen diese sicherlich kopieren.

Steckverbinder trennen

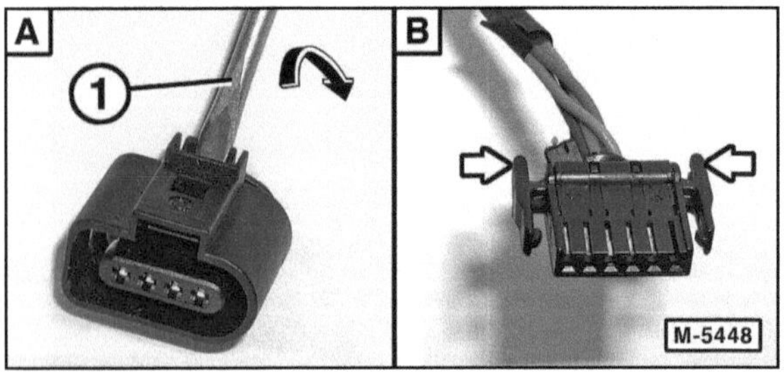

- Mit einem Schraubendreher –1– Verriegelungslasche herunterdrücken –Pfeil A–, Stecker dabei ziehen und Verbindung trennen. **Hinweis:** An schwer zugänglichen Stellen kann es hilfreich sein, zum Entriegeln der Lasche einen abgewinkelten Schraubendreher, zum Beispiel HAZET 818-1, oder ein ähnliches Werkzeug zu verwenden.
- Sicherungslaschen nach innen drücken –Pfeile B– und Steckverbindung trennen.

Achtung: Zum Trennen der Steckverbindung nicht an den Kabeln ziehen, sondern am Stecker.

Lichtwellenleiter

Es kommen vermehrt Lichtwellenleiter als Steuerleitungen für Radios und Navigationsgeräte zum Einsatz, die sich durch verlustarme Datenübertragung sowie eine hohe Bandbreite auszeichnen.

Sicherheitshinweise im Umgang mit Lichtwellenleitern:

- Steckverbindungen für Lichtwellenleiter vorsichtig trennen.
- Die Übergangsstellen des Lichtwellenleiters dürfen nicht verschmutzt oder verkratzt werden.
- Lichtwellenleiter nicht knicken, strecken oder quetschen.
- **Kontaktstellen mit Abdeckkappen und Stopfen schützen.**

Batterie für Funkfernbedienung aus- und einbauen

Ausbau

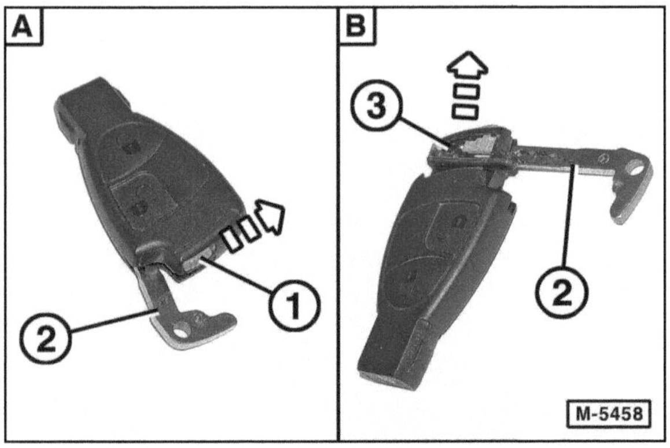

- Entriegelungstaste –1– in Pfeilrichtung –A– schieben und Notschlüssel –2– aus dem Zündschlüssel herausziehen.
- Notschlüssel –2– in Schlitz drücken, dabei Batteriefach –3– in Pfeilrichtung –B– aus dem Zündschlüssel herausziehen.
- Batteriefach umdrehen, 2 Batterien unter der Kontaktfeder vorsichtig herausschieben und aus der Halterung herausnehmen.

Einbau

- Neue Batterien so in die Halterung einsetzen, dass der Pluspol beider Batterien beim Einschieben nach oben zeigt. Die Polarität (+) ist auf den Batterien sowie auf dem Batteriefach gekennzeichnet. **Achtung:** Die Kontaktflächen der Batterien nicht mit bloßen Fingern berühren.
- Batteriefach umdrehen, in den Zündschlüssel hineinschieben und einrasten lassen.
- Notschlüssel in den Zündschlüssel hineinschieben und einrasten lassen.

Sensoren für Einparkhilfe aus- und einbauen

Die Sensoren befinden sich in der vorderen und hinteren Stoßfängerabdeckung.

Ausbau

- Batterie abklemmen. **Achtung:** Hinweise im Kapitel »Batterie aus- und einbauen« beachten.
- Stoßfängerabdeckung ausbauen, siehe Seite 215/218.

Hinweis: Zum Ausbau der vorderen, außen sitzenden Sensoren genügt es, das Vorderteil vom Innenkotflügel auszubauen, siehe Seite 219.

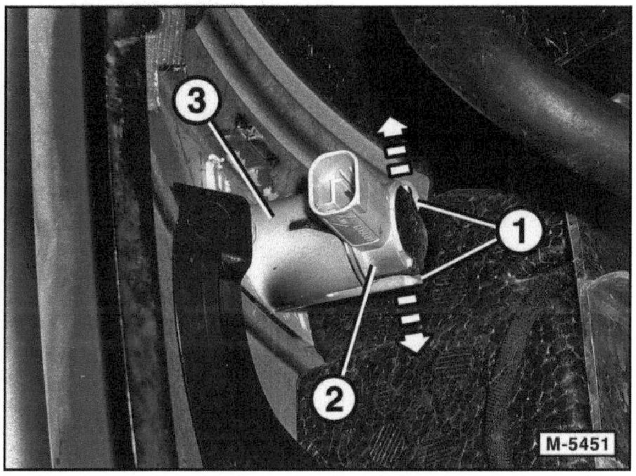

- An der Rückseite der Stoßfängerabdeckung Stecker am Sensor –2– entriegeln und abziehen.
- Haltelaschen –1– auseinander drücken –Pfeile– und Sensor –2– nach hinten aus der Halterung –3– herausziehen.

Achtung: Sensoren so ablegen, dass sie an gleicher Stelle wieder eingebaut werden können.

Einbau

Der Einbau erfolgt in umgekehrter Ausbaureihenfolge. Dabei ist Folgendes zu beachten:

- Der Dichtungsring muss korrekt auf dem Kopf des Sensors sitzen.
- Sensor in die Halterung stecken und einrasten lassen.

Hupe aus- und einbauen

A-KLASSE

Ausbau

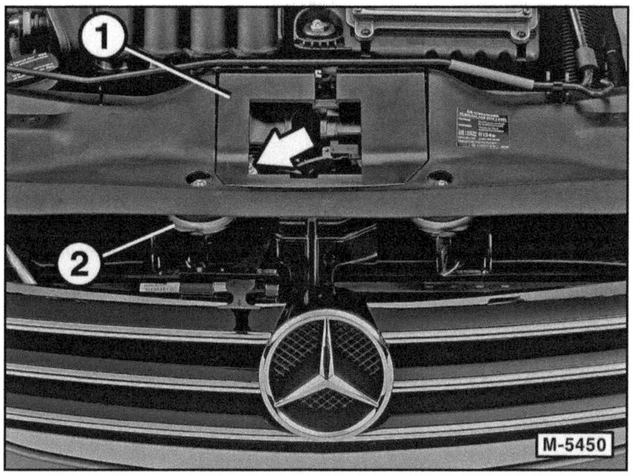

- Motorhaube öffnen. Klappe –1– hinten entriegeln und nach vorne hochklappen.
- Schraube –Pfeil– herausdrehen und Signalhorn –2– nach vorne herausziehen.
- 2 Stecker am Signalhorn abziehen.

Einbau

- Der Einbau erfolgt in umgekehrter Ausbaureihenfolge.

B-KLASSE

Ausbau

Hinweis: In beiden Radkästen befindet sich jeweils ein Signalhorn.

- Vorderteil vom Innenkotflügel ausbauen, siehe Seite 219.

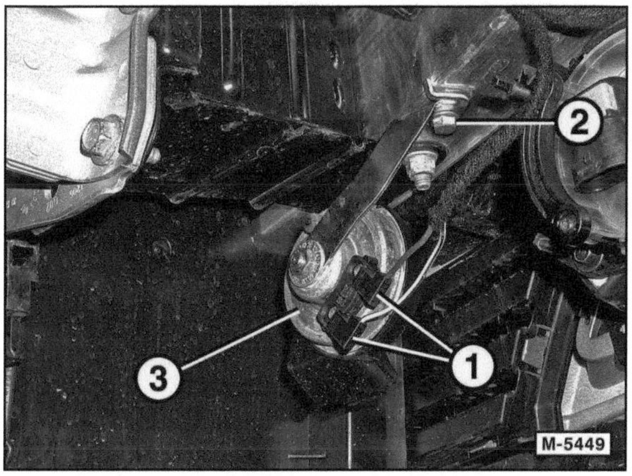

- 2 Stecker –1– am Signalhorn –3– abziehen.
- Schraube –2– herausdrehen und Signalhorn –3– mit Halter abnehmen.

Einbau

- Der Einbau erfolgt in umgekehrter Ausbaureihenfolge.

Sicherungen auswechseln

Um Kurzschluss- und Überlastungsschäden an den Leitungen und Verbrauchern der elektrischen Anlage zu verhindern, sind die einzelnen Stromkreise durch Schmelzsicherungen geschützt. **Hinweis:** Es empfiehlt sich, einige Ersatzsicherungen im Fahrzeug mitzuführen und diese nach Gebrauch zu ersetzen.

Ersatzsicherungen sowie eine **Kunststoffklammer** zum Herausziehen der Sicherungen sind dem Bordwerkzeug beigefügt. Bei der **A-KLASSE** ist das Bordwerkzeug im linken Ablagefach des Laderaums untergebracht; bei der **B-KLASSE** im Ablagefach am linken Radkasten. Zum Entnehmen linke Rückenlehne herunterklappen und Abdeckblende aus der Seitenverkleidung herausnehmen.

Der Hauptsicherungskasten befindet sich unter der Bodenabdeckung im Fußraum auf der Beifahrerseite. Eine Übersicht der aktuellen **Sicherungsbelegung** befindet sich im Steckfach des Sicherungskastens.

- Beifahrersitz ganz nach hinten stellen.
- Vor dem Auswechseln einer Sicherung immer alle Stromverbraucher und die Zündung ausschalten.
- Fußmatte auf der Beifahrerseite herausnehmen.
- Schraube mit einer Münze gegen den Uhrzeigersinn drehen, Bodenklappe anheben, zur Beifahrertür ziehen und abnehmen.

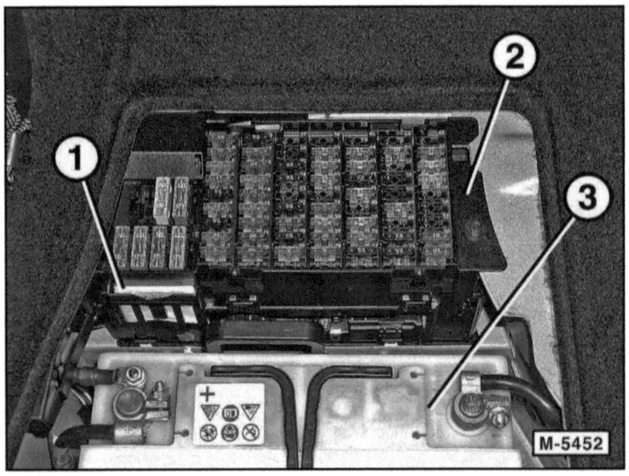

- Zum Entnehmen des Sicherungsplans –1– Abdeckmatte über der Batterie –3– abnehmen. 2 – Sicherungskasten.

Hinweis: Die Sicherungsbelegung ist abhängig von der Ausstattung und vom Baujahr des Fahrzeuges.

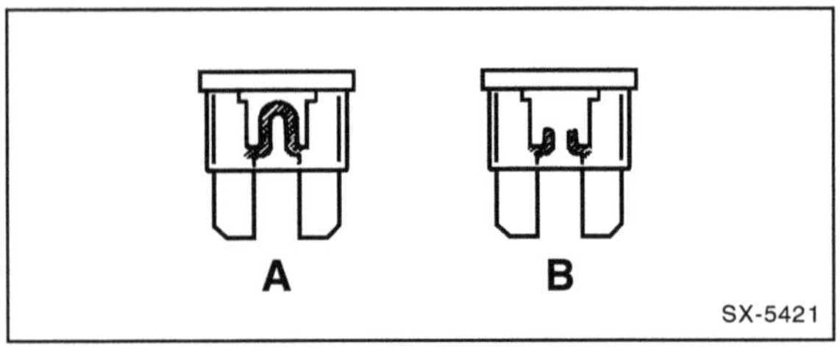

- Eine durchgebrannte Sicherung erkennt man am durchgeschmolzenen Metallstreifen. A – Sicherung in Ordnung, B – Sicherung durchgebrannt.

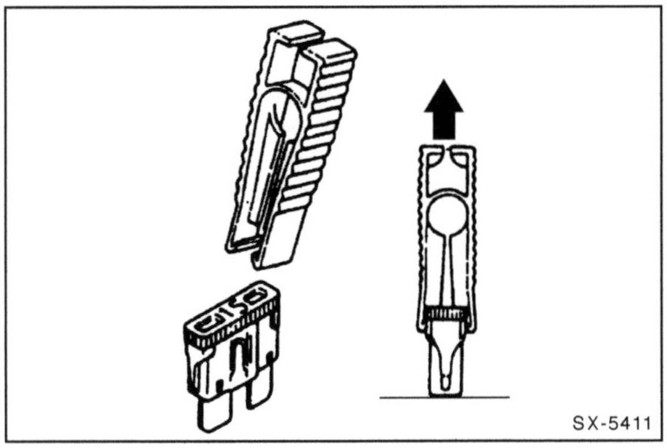

- Defekte Sicherung herausziehen. Eine **Kunststoffklammer** befindet sich bei den Ersatzsicherungen beim Bordwerkzeug.
- Neue Sicherung **gleicher Sicherungsstärke** einsetzen. Die Nennstromstärke der Sicherung ist aufgedruckt. Außerdem ist die Sicherung durch eine Farbe gekennzeichnet, an der ebenfalls die Nennstromstärke zu erkennen ist.

Nennstromstärke in Ampere	Kennfarbe (kleine Sicherung)
5	beige/hellbraun
7,5	braun
10	rot
15	blau
20	gelb
25	weiß
30	grün
40	orange

Achtung: Es werden auch Sicherungen mit höherer Nennstromstärke verwendet; diese Sicherungen sind wesentlich größer. Die Nennstromstärke ist aufgedruckt.

- Brennt eine neu eingesetzte Sicherung nach kurzer Zeit wieder durch, muss der entsprechende Stromkreis überprüft werden.

Achtung: Auf keinen Fall Sicherung durch Draht oder ähnliche Hilfsmittel ersetzen, weil dadurch ernste Schäden an der elektrischen Anlage auftreten können.

Relais- und Sicherungskasten: Der Relais- und Sicherungskasten ist zugänglich nach Ausbau des Handschuhfachs.

Batterie aus- und einbauen

Die Batterie befindet sich unter der Bodenabdeckung im Fußraum auf der Beifahrerseite.

Achtung: Batterie nie bei laufendem Motor abklemmen.

Achtung: Durch das Abklemmen der Batterie werden einige **elektronische Speicher gelöscht**.

Hinweis: Damit die gespeicherten Daten nicht verloren gehen, sollte möglichst ein Ruhestrom-Erhaltungsgerät verwendet werden. Das Gerät wird vor Abklemmen der Batterie nach Herstelleranweisung am Zigarettenanzünder angeschlossen.

- Je nach Ausführung des Radios **Radiocode** vor Abklemmen der Batterie oder Ausbau des Radios feststellen. Ansonsten kann das Radio nur durch den Hersteller wieder in Betrieb genommen werden. Die Code-Nummer ist in der Radio-Bedienungsanleitung angegeben. Sie sollte nicht im Fahrzeug aufbewahrt werden. **Hinweis:** Die serienmäßig eingebauten Radioanlagen werden von der Fahrzeugelektronik erkannt. Daher ist bei diesen Geräten eine Radiocode-Eingabe nicht erforderlich.
- Nach dem Anklemmen der Batterie gegebenenfalls die **Radiosender** neu einprogrammieren.
- Nach dem Anklemmen der Batterie die **Uhr** einstellen.
- Nach dem Anklemmen der Batterie alle elektrischen **Fensterheber** justieren:
  - ◆ Zündung einschalten. Jedes Fenster bis zum Anschlag hochfahren und Fensterheberschalter mindestens 1 Sekunde lang in Schließstellung halten.
- Je nach Ausstattung nach dem Anklemmen der Batterie automatisch aus- und einklappbare **Außenspiegel** einstellen:
  - ◆ Zündung einschalten. Taste zum Aus- und Einklappen der Außenspiegel kurz drücken.
  - ◆ Funktionsprüfung durchführen.

Hinweis: Wird die Autobatterie ersetzt, unbedingt die Altbatterie zum Händler mitnehmen und zurückgeben. Sonst muss Pfand für die neue Batterie bezahlt werden.

Ausbau

- Handbremse anziehen.
- **Automatikgetriebe:** Wählhebel auf Stellung »P« bringen.
- Beifahrersitz ganz nach hinten stellen.
- Alle elektrischen Verbraucher ausschalten. Zündung ausschalten und Zündschlüssel abziehen. Dadurch werden Schäden an elektronischen Steuergeräten vermieden.
- Fußmatte auf der Beifahrerseite herausnehmen.
- Schraube mit einer Münze gegen den Uhrzeigersinn drehen, Bodenklappe anheben, zur Beifahrertür ziehen und abnehmen.
- Abdeckmatte über der Batterie herausnehmen; dabei die Einbaulage beachten.

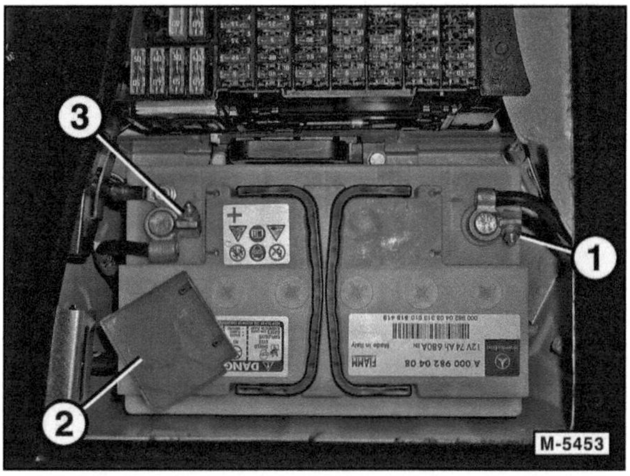

- **Zuerst Massekabel von der Batterie abklemmen.** Dazu Mutter –1– lockern, Klemme vom Minuspol (–) abziehen und Massekabel zur Seite legen.
- Batterie-Minuspol zur Sicherheit abdecken oder abkleben.

Achtung: Niemals die Batterie-Plusklemme ab- oder anschrauben, wenn die Minusklemme angeschlossen ist. Kurzschlussgefahr.

- Abdeckkappe –2– vom Batterie-Pluspol abziehen, Mutter –3– lockern und Klemme vom Pluspol (+) abziehen.

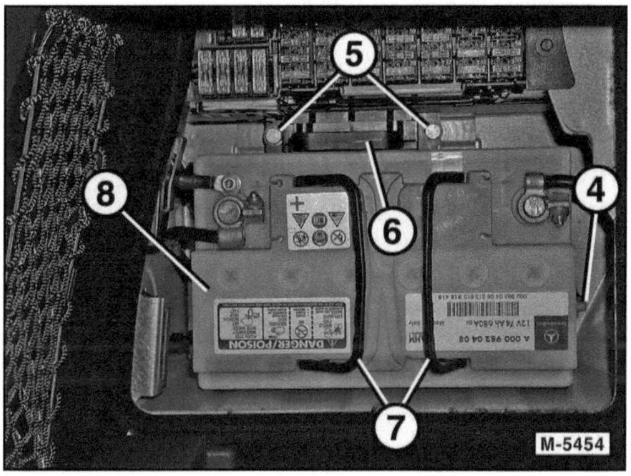

- Entlüftungsstutzen –4– für Zentralentgasung von der Batterie abziehen.
- 2 Schrauben –5– herausdrehen und Batteriehalter –6– herausnehmen.
- Tragebügel –7– hochklappen und Batterie –8– aus dem Batteriekasten im Fahrzeugboden herausheben.

Einbau

- Sicherstellen, dass nur Batterien mit gleichen Abmessungen gegeneinander ausgetauscht werden.
- Sicherheitshinweise an der Batterie beachten. Originalteile-Batterien sind mit Sicherheitshinweisen ausgestattet.
- Batteriepole blank kratzen, geeignet ist dazu eine Messingdrahtbürste. Batteriepole säubern.
- Der Einbau erfolgt in umgekehrter Ausbaureihenfolge.

- Darauf achten, dass der Entlüftungsschlauch nicht geknickt wird. **Hinweis:** Die unter Umständen auf der gegenüberliegenden Batterieseite vorhandene Entlüftungsöffnung muss mit einem Stopfen verschlossen sein.
- Vor dem Anklemmen der Batterie sicherstellen, dass die Zündung und alle Stromverbraucher ausgeschaltet sind.
- **Zuerst Pluskabel** am Pluspol (+) anklemmen, danach Massekabel am Minuspol (–). **Niemals** Batterie-Pluskabel anschließen, wenn die Minusklemme an der Batterie angeschlossen ist.

Hinweis: Durch eine falsch angeschlossene Batterie können erhebliche Schäden am Generator und an der elektrischen Anlage entstehen.

- Batteriepole dünn mit Polfett bestreichen. **Achtung:** Pole **nicht vor** Anklemmen der Batteriekabel fetten.
- Generatorspannung prüfen, siehe Seite 60.

Hinweis: Eine zu hohe Ladespannung des Generators kann die Ursache für den Ausfall der bisherigen Batterie gewesen sein und, falls der Fehler weiter besteht, die neue Batterie schädigen.

- Abdeckkappe über dem Batterie-Plusspol aufsetzen.
- Wenn nötig, Radiocode eingeben.
- Radioprogramme, falls erforderlich, neu eingeben.
- Uhr prüfen und gegebenenfalls neu einstellen.
- Alle elektrischen Fensterheber justieren.

Batterie prüfen

Die Batterie befindet sich unter der Bodenabdeckung im Fußraum auf der Beifahrerseite.

Batterie sichtprüfen

- Gehäuse der Batterie auf Beschädigungen sichtprüfen. Bei beschädigtem Gehäuse kann ätzende Batteriesäure auslaufen und die umliegenden Bauteile beschädigen.
- Bei beschädigtem Gehäuse Batterie schnellstmöglich ersetzen und umliegende Bauteile mit Seifenlauge und viel Wasser abwaschen.

Batterie/Batterieklemmen auf festen Sitz prüfen

Eine lockere Batterie hat eine verkürzte Lebensdauer durch Rüttelschäden und vermindert außerdem die Crash-Sicherheit des Fahrzeuges. Lockere Batterieanschlüsse können einen Kabelbrand oder Funktionsstörungen in der elektrischen Anlage nach sich ziehen.

- Batterie zugänglich machen, siehe Seite 53.

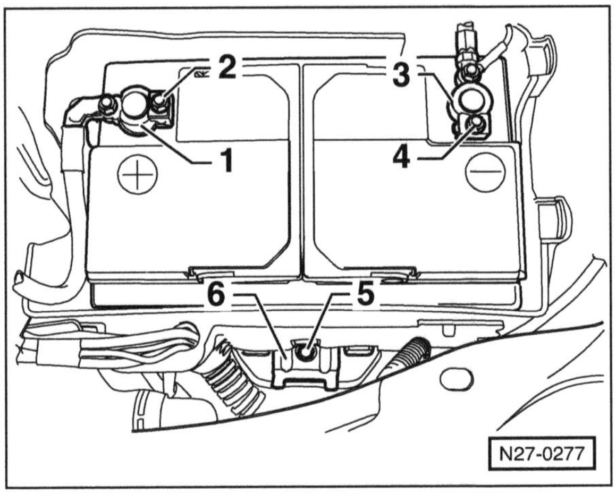

- Batterie kräftig hin- und herbewegen.
- Sitzt die Batterie lose, Batterie-Haltebügel –6– mit Batterie-Befestigungsschraube –5– und **25 Nm** festziehen.
- Batterie-Plusklemme –1– hin- und herbewegen und festen Sitz prüfen.

Achtung: Falls die Batterie-Plusklemme locker ist, muss vor dem Festziehen der Plusklemme wegen Kurzschlussgefahr die Masseklemme an der Batterie abgeklemmt werden. Nachdem die Plusklemme festgezogen ist, Massekabel wieder anklemmen, siehe Seite 67.

- Falls erforderlich, Befestigungsmutter –2– mit **5 Nm** festziehen. Anschließend Batterie-Massekabel anklemmen.
- Batterie-Masseklemme –3– hin- und herbewegen und festen Sitz prüfen, gegebenenfalls Befestigungsmutter –4– nachziehen. Anzugsdrehmoment: **5 Nm**.
- Abdeckkappe, Bodenplatte und Fußmatte einbauen.

Batteriepole reinigen

Batteriepole auf Korrosion überprüfen. Korrosion an den Batteriepolen zeigt sich in Form von weißen oder gelblichen pulverartigen Ablagerungen an den Polen.

- Batterie ausbauen, siehe entsprechendes Kapitel.
- Zur Entfernung von Korrosion Batteriepole mit einer Lösung aus Wasser und Soda bestreichen. Es kommt zu einer chemischen Reaktion mit Blasenbildung und einer braunen Verfärbung an den Polen.
- Gegebenenfalls Batteriepole mit einem Polreiniger oder einer Drahtbürste, zum Beispiel HAZET 4650-4, von Korrosionsrückständen reinigen.
- Nach Abklingen dieser Reaktion Batteriepole und Batterie mit klarem Wasser abwaschen und Batterie abtrocknen.
- Batterie einbauen, siehe entsprechendes Kapitel.

Batterie lagern

Wird das Fahrzeug länger als 2 Monate stillgelegt, Batterie ausbauen und im aufgeladenen Zustand lagern. Die günstigste Lagertemperatur liegt zwischen 0° C und +27° C. Bei diesen Temperaturen hat die Batterie die günstigste Selbstentladungsrate. Spätestens nach 2 Monaten Batterie erneut aufladen, da sie sonst unbrauchbar wird.

- Tiefentladene und sulfatierte Batterie laden, siehe entsprechendes Kapitel.

Batterietypen

Je nach Modell und Ausstattung können technisch recht unterschiedliche Batterietypen im Fahrzeug eingebaut sein. .

Nass-Batterie

Eine Batterie mit flüssigem Elektrolyt wird als Nass-Batterie bezeichnet. Diese Batterie besitzt ein magisches Auge zur Kontrolle von Ladezustand und teilweise Säurestand. Es darf kein destilliertes Wasser nachgefüllt werden, wie bei früheren Ausführungen der Nass-Batterie. Wenn der Säurestand zu niedrig ist, muss die Batterie ersetzt werden. Die Nassbatterie ist nicht für Fahrzeuge mit Start-Stopp-System geeignet.

EFB-Batterie

EFB = **E**nhanced **F**looded **B**attery. Die EFB-Batterie ist eine Weiterentwicklung der Standard-Nass-Batterie und kann auch für Fahrzeuge mit Start-Stopp-System verwendet werden. Allerdings nur, wenn der Fahrzeughersteller nicht ausdrücklich eine AGM-Stromquelle vorschreibt.

AGM-Batterie (Vlies-Batterie)

AGM = **A**bsorbent-**G**lass-**M**att-Battery. Bei der AGM-Batterie ist der Elektrolyt in einem Mikroglasvlies festgelegt; sie gilt dadurch als auslaufsicher. Die Batterie ist mit einem Batteriedeckel verschlossen, Zellverschluss-Stopfen und Entgasungskanal sind im Deckel integriert. Die AGM-Batterie hat kein magisches Auge und bietet folgende Vorteile: hohe Zyklenfähigkeit (Zyklus = abwechselnder Lade- und Entladevorgang), Auslaufsicherheit, wartungsarm, geringe Gasung und gute Kaltstarteigenschaften. Wird häufig bei Fahrzeugen mit Start-Stopp-System verwendet. Hinweis: Bei Ersatz einer AGM- oder Vlies-Batterie unbedingt wieder eine Vlies-Batterie einbauen.

VRLA-Batterie

Bei der **V**alve-**R**egulated-**L**ead-**A**cid-Batterie (VRLA) handelt es sich um einen wartungsfreien Stromspeicher mit festgelegtem Elektrolyt. Die Zellverschluss-Stopfen lassen sich nicht herausschrauben. Wird die Batterie überladen, werden die entstehenden Wasserstoff- und Sauerstoffgase innerhalb der jeweiligen Zelle wieder zu Wasser zurückgewandelt. Bei zu starker Ladung tritt das überschüssige Gas über ein Entspannungsventil aus. Da diese Flüssigkeitsmengen nicht wieder ersetzt werden können, ist eine nachhaltige Beschädigung der Batterie möglich. Deshalb muss beim Laden unbedingt ein Batterieladegerät mit einer Ladebegrenzung von 14,4 Volt eingesetzt werden.

Gel-Batterie

Bei der Gel-Batterie ist der Elektrolyt durch die Zugabe von Kieselsäure zur Schwefelsäure in einer gelartigen Masse eingebunden. Entsprechend ihrem Entgasungsprinzip zählt die Gel-Batterie zu den VRLA-Batterien. Dieser Batterietyp zeichnet sich durch eine hohe Zyklenfestigkeit aus, die Batterie kann also öfters ent- und geladen werden. Eine Gel-Batterie hat kein magisches Auge. Sie ist wartungsfrei und auslaufsicher. Da die Batterie nicht hochtemperaturfähig ist, eignet sie sich nicht für den Einbau im Motorraum.

Ruhespannung prüfen

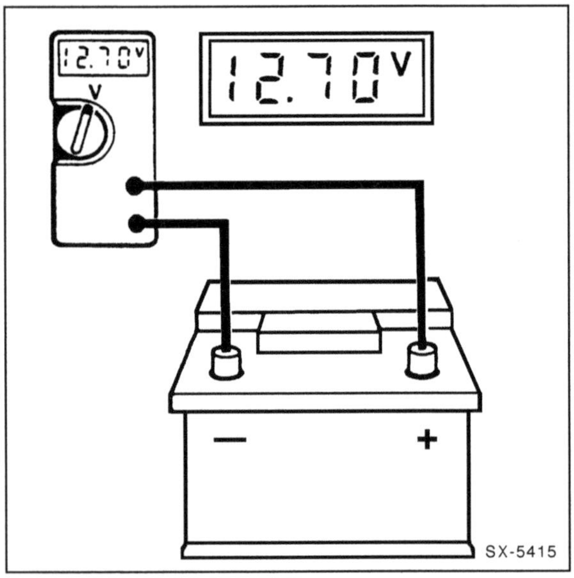

Der Batterie-Zustand wird durch Messen der Spannung mit einem Voltmeter zwischen den Batteriepolen überprüft.

- Batterie vom Stromnetz abklemmen, siehe Kapitel »Batterie aus- und einbauen«.
- Vor der Prüfung muss die Batterie mindestens zwei Stunden abgeklemmt sein.
- Voltmeter an die Batteriepole anschließen und Spannung messen.
- **Beurteilung des Spannungsmesswertes:**

12,7 Volt oder darüber:	Batterie in gutem Zustand.
11,6 – 12,6 Volt:	Batterie laden.
unter 11,6 Volt:	Batterie tiefentladen, Batterie laden oder ersetzen.

- Batterie anklemmen. Zuerst Batterie-Pluskabel (+) und dann Batterie-Massekabel (–) bei ausgeschalteter Zündung anklemmen.

Batterie laden

Sicherheitshinweise:

Vor dem Laden der Batterie Sicherheitshinweise im Kapitel »Batterie aus- und einbauen« durchlesen.

- Batterie **nicht** bei laufendem Motor abklemmen.
- Batterie **niemals kurzschließen,** das heißt Plus- (+) und Minuspol (–) dürfen nicht verbunden werden. Bei Kurzschluss erhitzt sich die Batterie und kann platzen.
- Gefrorene Batterie vor dem Laden auftauen. Eine geladene Batterie gefriert bei ca. –65° C, eine halbentladene bei ca. –30° C und eine entladene bei ca. –12° C. Aufgetaute Batterie vor dem Laden auf Gehäuserisse prüfen, gegebenenfalls ersetzen. Aus Sicherheitsgründen empfiehlt es sich allerdings, eine einmal gefrorene Batterie grundsätzlich zu ersetzen.
- Falls Batteriesäure ausgetreten ist: Batteriesäure ist ätzend und darf nicht in die Augen, auf die Haut oder die Kleidung gelangen. Außerdem beschädigt sie die umliegenden Bauteile. Den Bereich, der mit Batteriesäure in Verbindung geraten ist, mit Seifenlauge und viel Wasser abspülen.
- Batterie nur in gut belüftetem Raum oder im Freien laden. Beim Laden der eingebauten Batterie Motorhaube geöffnet lassen.
- Wenn bei einer Batterie mit optischer Zustandsanzeige das **»magische Auge« farblos** oder **hellgelb** anzeigt, darf die Batterie **nicht geladen** werden. **Explosionsgefahr!** Gegebenenfalls Batterie erneuern.

Zum Laden der Batterie möglichst ein **elektronisch gesteuertes Ladegerät** verwenden. In diesem Fall kann die Batterie im Fahrzeug angeklemmt bleiben.

Wenn die Batterie mit einem **Normal- oder Schnellladegerät** geladen wird: Batterie ausbauen. Zumindest aber Massekabel (–) sowie Pluskabel (+) abklemmen, andernfalls können Teile der Fahrzeugelektronik beschädigt werden.

Beim Laden muss die Batterie eine Temperatur von mindestens +10° C aufweisen.

Laden

- Batterie gegebenenfalls ausbauen, siehe entsprechendes Kapitel.
- Falls am Ladegerät der Ladestrom eingestellt werden kann, Ladestrom für Normalladung auf ca. 10 % der Batteriekapazität einstellen. Bei einer 50-Ah-Batterie also etwa 5,0 A. Als Richtwert für die Ladezeit können dann 10 Stunden genommen werden.
- **Bei ausgeschaltetem Ladegerät** Pluskabel (+) des Ladegerätes an den Pluspol (+) der Batterie anschließen. Minuskabel (–) des Ladegerätes mit dem Minuspol (–) der Batterie verbinden.
- Netzstecker des Ladegerätes in die Steckdose stecken. Falls erforderlich, Ladegerät einschalten.

- So lange laden, bis die Batterie vom Ladegerät als voll angezeigt wird.
- Wird die Batterie mit einem konstanten Ladestrom geladen, Temperatur der Batterie durch Auflegen der Hand prüfen. Die Säuretemperatur darf während des Ladens ca. +55° C nicht überschreiten, gegebenenfalls Ladung unterbrechen oder Ladestrom herabsetzen.
- Nach dem Laden der Batterie Ladegerät ausschalten (wenn möglich) und Netzstecker des Ladegerätes ziehen.
- Anschlusskabel des Ladegerätes von der Batterie abklemmen.
- Geladene Batterie prüfen, siehe entsprechendes Kapitel.
- Falls ausgebaut, Batterie einbauen, siehe entsprechendes Kapitel.

Tiefentladene und sulfatierte Batterie laden

Eine Batterie, die längere Zeit unbenutzt war (zum Beispiel Fahrzeug stillgelegt), entlädt sich allmählich selbst und sulfatiert.

Wenn die Ruhespannung der Batterie unter 11,6 Volt liegt, bezeichnet man sie als tiefentladen. Ruhespannung prüfen, siehe unter »Batterie prüfen«.

Bei einer tiefentladenen Batterie besteht die Batteriesäure (Schwefelsäure-Wassergemisch) fast nur noch aus Wasser. **Achtung:** Bei Minustemperaturen kann diese Batterie einfrieren und das Gehäuse kann dann platzen.

Eine tiefentladene Batterie sulfatiert, das heißt die gesamte Plattenoberfläche der Batterie verhärtet. Die Batteriesäure ist dann nicht klar, sie hat eine schwach weißliche Einfärbung.

Wenn die tiefentladene Batterie unmittelbar nach der Entladung wieder geladen wird, bildet sich die Sulfatierung wieder zurück. Andernfalls verhärten die Batterieplatten weiter und die Ladungsaufnahme bleibt dauerhaft eingeschränkt.

- Eine tiefentladene und sulfatierte Batterie muss mit einem geringen Ladestrom von ca. 5 % der Batteriekapazität geladen werden. Der Ladestrom beträgt dann beispielsweise bei einer 60 Ah-Batterie ca. 3 A.
- Die Ladespannung darf maximal 14,4 Volt betragen.

Achtung: Eine tiefentladene Batterie darf keinesfalls mit einem Schnellladegerät geladen werden.

Batterie entlädt sich selbstständig

Je nach Fahrzeugausstattung addiert sich zur natürlichen Selbstentladung der Batterie auch die Stromaufnahme der verschiedenen Stromverbraucher im Ruhezustand. Daher sollte die Batterie in einem abgestellten Fahrzeug alle 6 Wochen nachgeladen werden. Wenn der Verdacht auf Kriechströme besteht, Bordnetz nach folgender Anleitung prüfen:

- Zur Prüfung eine geladene Batterie verwenden.

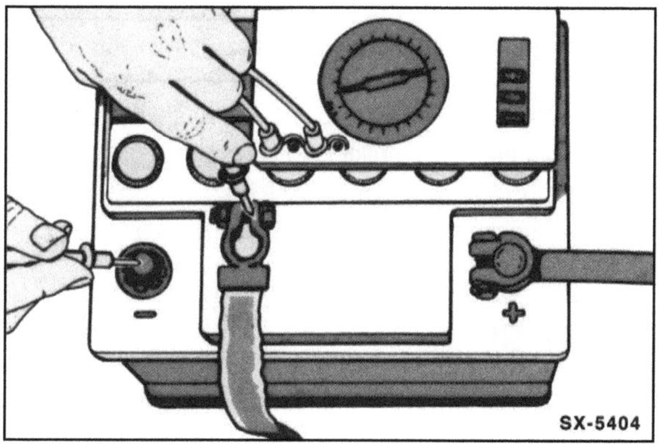

- Am Amperemeter den höchsten Messbereich einstellen.
- Batterie-Massekabel (–) abklemmen. **Achtung:** Hinweise im Kapitel »Batterie aus- und einbauen« beachten.
- Amperemeter zwischen Batterie-Minuspol (–) und Massekabel schalten: Amperemeter-Plus-Anschluss (+) an Massekabel und Minus-Anschluss (–) an Batterie-Minuspol (–).

Achtung: Die Prüfung kann auch mit einer Prüflampe durchgeführt werden. Leuchtet die Lampe zwischen Massekabel und Minuspol der Batterie jedoch nicht auf, ist auf jeden Fall ein Amperemeter zu verwenden.

- Alle Verbraucher ausschalten, vorhandene Zeituhr (und andere Dauerverbraucher) abklemmen, Türen schließen.
- Vom Amperebereich solange auf den Milliamperebereich zurückschalten bis eine ablesbare Anzeige erfolgt (1–3 mA sind zulässig).
- Durch Herausnehmen der Sicherungen nacheinander die verschiedenen Stromkreise unterbrechen. Geht bei einem unterbrochenen Stromkreis die Anzeige auf Null zurück, ist hier die Fehlerquelle zu suchen.
- Fehler können sein: korrodierte und verschmutzte Kontakte, durchgescheuerte Leitungen, interner Kurzschluss in Aggregaten.
- Wird in den abgesicherten Stromkreisen kein Fehler gefunden, so sind die Leitungen an den nicht abgesicherten Aggregaten, wie Generator und Anlasser, abzuziehen.
- Geht beim Abklemmen von einem der ungesicherten Aggregate die Anzeige auf Null zurück, betreffendes Bauteil überholen oder austauschen. Bei Stromverlust in der Anlasser- oder Zündanlage immer auch den Zünd-Anlassschalter nach Schaltplan prüfen.
- Batterie-Massekabel (–) anklemmen. **Achtung:** Hinweise im Kapitel »Batterie aus- und einbauen« beachten.

Batteriepole reinigen

Batteriepole auf Korrosion überprüfen. Korrosion an den Batteriepolen zeigt sich in Form von weißen oder gelblichen pulverartigen Ablagerungen an den Polen.

- Batterie ausbauen, siehe entsprechendes Kapitel.
- Zur Entfernung von Korrosion Batteriepole mit einer Lösung aus Wasser und Soda bestreichen. Es kommt zu einer chemischen Reaktion mit Blasenbildung und einer braunen Verfärbung an den Polen.
- Gegebenenfalls Batteriepole mit einem Polreiniger oder einer Drahtbürste, zum Beispiel HAZET 4650-4, von Korrosionsrückständen reinigen.
- Nach Abklingen dieser Reaktion Batteriepole und Batterie mit klarem Wasser abwaschen und Batterie abtrocknen.
- Batterie einbauen, siehe entsprechendes Kapitel.

Batterie lagern

Wird das Fahrzeug länger als 2 Monate stillgelegt, Batterie ausbauen und im aufgeladenen Zustand lagern. Die günstigste Lagertemperatur liegt zwischen 0° C und +27° C. Bei diesen Temperaturen hat die Batterie die günstigste Selbstentladungsrate. Spätestens nach 2 Monaten Batterie erneut aufladen, da sie sonst unbrauchbar wird.

- Tiefentladene und sulfatierte Batterie laden, siehe entsprechendes Kapitel.

Batterietypen

Je nach Modell und Ausstattung können technisch recht unterschiedliche Batterietypen im Fahrzeug eingebaut sein. .

Nass-Batterie

Eine Batterie mit flüssigem Elektrolyt wird als Nass-Batterie bezeichnet. Diese Batterie besitzt ein magisches Auge zur Kontrolle von Ladezustand und teilweise Säurestand. Es darf kein destilliertes Wasser nachgefüllt werden, wie bei früheren Ausführungen der Nass-Batterie. Wenn der Säurestand zu niedrig ist, muss die Batterie ersetzt werden. Die Nassbatterie ist nicht für Fahrzeuge mit Start-Stopp-System geeignet.

EFB-Batterie

EFB = **E**nhanced **F**looded **B**attery. Die EFB-Batterie ist eine Weiterentwicklung der Standard-Nass-Batterie und kann auch für Fahrzeuge mit Start-Stopp-System verwendet werden. Allerdings nur, wenn der Fahrzeughersteller nicht ausdrücklich eine AGM-Stromquelle vorschreibt.

AGM-Batterie (Vlies-Batterie)

AGM = **A**bsorbent-**G**lass-**M**att-Battery. Bei der AGM-Batterie ist der Elektrolyt in einem Mikroglasvlies festgelegt; sie gilt dadurch als auslaufsicher. Die Batterie ist mit einem Batteriedeckel verschlossen, Zellverschluss-Stopfen und Entgasungskanal sind im Deckel integriert. Die AGM-Batterie hat kein magisches Auge und bietet folgende Vorteile: hohe Zyklenfähigkeit (Zyklus = abwechselnder Lade- und Entladevorgang), Auslaufsicherheit, wartungsarm, geringe Gasung und gute Kaltstart?eigenschaften. Wird häufig bei Fahrzeugen mit Start-Stopp-System verwendet. Hinweis: Bei Ersatz einer AGM- oder Vlies-Batterie unbedingt wieder eine Vlies-Batterie einbauen.

VRLA-Batterie

Bei der **V**alve-**R**egulated-**L**ead-**A**cid-Batterie (VRLA) handelt es sich um einen wartungsfreien Stromspeicher mit festgelegtem Elektrolyt. Die Zellverschluss-Stopfen lassen sich nicht herausschrauben. Wird die Batterie überladen, werden die entstehenden Wasserstoff- und Sauerstoffgase innerhalb der jeweiligen Zelle wieder zu Wasser zurückgewandelt. Bei zu starker Ladung tritt das überschüssige Gas über ein Entspannungsventil aus. Da diese Flüssigkeitsmengen nicht wieder ersetzt werden können, ist eine nachhaltige Beschädigung der Batterie möglich. Deshalb muss beim Laden unbedingt ein Batterieladegerät mit einer Ladebegrenzung von 14,4 Volt eingesetzt werden.

Gel-Batterie

Bei der Gel-Batterie ist der Elektrolyt durch die Zugabe von Kieselsäure zur Schwefelsäure in einer gelartigen Masse eingebunden. Entsprechend ihrem Entgasungsprinzip zählt die Gel-Batterie zu den VRLA-Batterien. Dieser Batterietyp zeichnet sich durch eine hohe Zyklenfestigkeit aus, die Batterie kann also öfters ent- und geladen werden. Eine Gel-Batterie hat kein magisches Auge. Sie ist wartungsfrei und auslaufsicher. Da die Batterie nicht hochtemperaturfähig ist, eignet sie sich nicht für den Einbau im Motorraum.

Störungsdiagnose Batterie

Störung	Ursache	Abhilfe
Abgegebene Leistung ist zu gering, Spannung fällt stark ab.	Batterie entladen.	■ Batterie nachladen.
	Ladespannung zu niedrig.	■ Spannungsregler prüfen, gegebenenfalls austauschen.
	Anschlussklemmen lose oder oxydiert.	■ Anschlussklemmen reinigen, Klemmenmuttern anziehen.
	Masseverbindungen Batterie/Motor/ Karosserie sind schlecht.	■ Masseverbindung überprüfen, gegebenenfalls metallische Verbindungen herstellen oder Schraubverbindungen festziehen. Korrodierte Schrauben durch verzinnte ersetzen.
	Zu große Selbstentladung der Batterie.	■ Batterie austauschen.
	Batterie sulfatiert.*)	■ Batterie mit geringer Stromstärke laden. Falls die abgegebene Leistung immer noch zu gering ist, Batterie austauschen.
	Batterie verbraucht, aktive Masse der Platten ausgefallen.	■ Batterie austauschen.
Nicht ausreichende Ladung der Batterie.	Fehler an Generator, Spannungsregler oder Leitungsanschlüssen.	■ Generator und Spannungsregler überprüfen, gegebenenfalls Generator austauschen.
	Keilrippenriemen locker, Spannvorrichtung defekt.	■ Spannvorrichtung prüfen, gegebenenfalls Keilrippenriemen ersetzen.
	Zu viele Verbraucher angeschlossen.	■ Stärkere Batterie einbauen; eventuell auch leistungsstärkeren Generator verwenden.

Generator aus- und einbauen/ Generator-Ladespannung prüfen

Das Fahrzeug ist mit einem Drehstromgenerator ausgerüstet. Je nach Modell und Ausstattung können Generatoren mit unterschiedlichen Leistungen eingebaut sein. **Achtung:** Wenn nachträglich elektrisches Zubehör mit hohem Stromverbrauch in das Fahrzeug eingebaut wird, sollte überprüft werden, ob die bisherige Generatorleistung noch ausreicht; gegebenenfalls stärkeren Generator einbauen.

Ladespannung prüfen

Wenn die Batterie nicht ausreichend geladen wird, Generatorspannung prüfen:

- Voltmeter zwischen Plus- und Minuspol der Batterie anschließen.
- Motor starten. Die Spannung darf beim Startvorgang bis etwa 8 Volt (bei + 20° C Außentemperatur) absinken.
- Motordrehzahl auf 3.000/min erhöhen. Die Spannung soll dann 13 bis 14,5 Volt betragen. Dies ist ein Beweis, dass Generator und Regler arbeiten. Die Generatorspannung (Bordspannung) muss höher als die Batteriespannung sein, damit die Batterie im Fahrbetrieb wieder aufgeladen wird.
- Regelstabilität prüfen. Dazu Fernlicht einschalten und Messung bei 3.000/min wiederholen. Die gemessene Spannung darf nicht mehr als 0,4 Volt über dem vorher gemessenen Wert liegen.
- Liegen die gemessenen Werte außerhalb der Sollwerte, Generator und Regler von Fachwerkstatt überprüfen lassen.

Sicherheitshinweise

Bei Arbeiten an der elektrischen Anlage im Motorraum grundsätzlich die Batterie abklemmen. **Achtung:** Dadurch werden elektronische Speicher gelöscht, wie zum Beispiel die Daten im Motor-Fehlerspeicher. Vor dem Abklemmen der Batterie bitte Hinweise im Kapitel »Batterie aus- und einbauen« beachten.

- Batterie oder Spannungsregler **nicht** bei laufendem Motor abklemmen.
- Generator **nicht** bei angeschlossener Batterie ausbauen.
- Vor Arbeiten mit einem Elektroschweißgerät Batterie grundsätzlich vom Bordnetz abklemmen.

Benzinmotor

Ausbau

- Batterie abklemmen. **Achtung:** Hinweise im Kapitel »Batterie aus- und einbauen« beachten.
- Unterbodenabdeckung ausbauen, siehe Seite 212.
- Keilrippenriemen ausbauen, siehe Seite 157.

- Steckverbindung –2– für Klimakompressor –1– trennen.
- Schraube –3– am Halter –4– herausdrehen.
- Klimakompressor –1– abstützen und 4 Schrauben –Pfeile– herausdrehen. Dabei die oberen Schrauben noch in den Bohrungen stecken lassen.
- Klimakompressor soweit abnehmen, bis der Leitungsstrang oben aus der Halterung herausgezogen werden kann.
- Obere Befestigungsschrauben für Klimakompressor herausziehen.
- Klimakompressor –1– mit angeschlossenen Kälteleitungen vorsichtig am Unterboden aufhängen.

- Stecker –1– an der Rückseite des Generators entriegeln, abziehen und dünne (D+)-Leitung abnehmen.
- Schutzkappe –2– abziehen, Mutter –3– abschrauben und dicke (B+)-Leitung –4– abnehmen.
- 3 Schrauben –5/6– herausdrehen und Generator vom Unterboden abnehmen.

Einbau

- Der Einbau erfolgt in umgekehrter Ausbaureihenfolge.
  Anzugsdrehmomente:
  3 Schrauben für Generator . . . . **20 Nm**
  Mutter für (B+)-Leitung . . . . **18 Nm**
  4 Schrauben für Klimakompressor . . . . **20 Nm**
  Schraube Klimakompressor an Halter . . . . . . **40 Nm**

Dieselmotor

Ausbau

- Batterie abklemmen. **Achtung:** Hinweise im Kapitel »Batterie aus- und einbauen« beachten.
- Unterbodenabdeckung ausbauen, siehe Seite 212.
- Keilrippenriemen ausbauen, siehe Seite 157.

- Steckverbindung –2– für Klimakompressor –1– trennen.
- Schraube –3– am Halter –4– aus der Ölwanne herausdrehen.
- Klimakompressor –1– abstützen und 4 Schrauben –Pfeile– herausdrehen. Dabei die oberen Schrauben noch in den Bohrungen stecken lassen.
- Klimakompressor soweit abnehmen, bis der Leitungsstrang oben aus der Halterung herausgezogen werden kann.
- Obere Befestigungsschrauben für Klimakompressor herausziehen.
- Klimakompressor –1– mit angeschlossenen Kälteleitungen vorsichtig am Unterboden aufhängen.
- Stecker an der Rückseite des Generators entriegeln, abziehen und dünne (D+)-Leitung abnehmen.
- Schutzkappe abziehen, Mutter abschrauben und dicke (B+)-Leitung abnehmen.
- Obere Schraube für Generator –5– losdrehen und nach hinten ziehen. **Hinweis:** Die Schraube lässt sich nicht ganz herausziehen.
- 2 Schrauben –6– unten herausdrehen und Generator –5– vom Unterboden abnehmen.

Einbau

- Der Einbau erfolgt in umgekehrter Ausbaureihenfolge.
  Anzugsdrehmomente:
  3 Schrauben für Generator . . . . **20 Nm**
  Mutter für (B+)-Leitung . . . . **18 Nm**
  4 Schrauben für Klimakompressor . . . . **20 Nm**
  Schraube Halter an Ölwanne . . . . **20 Nm**

Störungsdiagnose Generator

Störung	Ursache	Abhilfe
Ladekontrolllampe brennt nicht bei eingeschalteter Zündung.	Batterie leer.	■ Laden.
	Anschlusskabel an der Batterie locker oder korrodiert.	■ Kabel auf festen Sitz prüfen, Anschlüsse reinigen.
	Kabel am Generator locker oder korrodiert.	■ Kabel auf einwandfreien Kontakt prüfen, Mutter festziehen.
	Kontrolllampe defekt.	■ Kombiinstrument ersetzen.
	Regler defekt.	■ Regler prüfen, gegebenenfalls austauschen.
	Unterbrechung in der Leitungsführung zwischen Generator, Zündschloss und Kontrolllampe.	■ Mit Ohmmeter nach Schaltplan untersuchen. Leitung gegebenenfalls reparieren beziehungsweise ersetzen.
Ladekontrolllampe erlischt nicht bei Drehzahlsteigerung.	Keilrippenriemen locker, Riemen rutscht durch.	■ Keilrippenriemen prüfen, Spannvorrichtung prüfen, gegebenenfalls ersetzen.
	Verkabelung schadhaft oder locker.	■ Verkabelung überprüfen, gegebenenfalls instand setzen.

Anlasser aus- und einbauen

Hinweis: Zum Ausbau des Anlassers muss der Vorderachsträger mit dem Motor abgesenkt werden. Da dem Heimwerker in der Regel keine Hebebühne zur Verfügung steht, ist diese Ausbauarbeit nicht beschrieben worden.

Ausbau

- Batterie abklemmen. **Achtung:** Hinweise im Kapitel »Batterie aus- und einbauen« beachten.
- Motor mit Vorderachsträger absenken.
- Schutzkappe abziehen, Mutter an Klemme 30 (Batterie +) abschrauben und dickes Pluskabel abnehmen.
- Zweite Mutter an Klemme 50 abschrauben und Steuerleitung abnehmen.
- Leitungsstrang vom Anlasser abnehmen.
- 2 Schrauben herausdrehen und Anlasser vom Getriebeflansch abziehen.

Einbau

- Ritzel am Anlasser sowie Zahnkranz an der Schwungscheibe oder an der Mitnehmerscheibe auf Beschädigung prüfen.
- Der Einbau erfolgt in umgekehrter Ausbaureihenfolge.
  Anzugsdrehmomente:
  Schrauben für Anlasser . . . . **19 Nm**
  Mutter an Klemme 30 . . . . **14 Nm**
  Mutter an Klemme 50 . . . . **6 Nm**

Störungsdiagnose Anlasser

Störung	Ursache	Abhilfe
Anlasser dreht sich nicht beim Betätigen des Zündanlassschalters.	Batterie entladen.	■ Batterie laden.
	Kabel oder Masseanschluss ist unterbrochen,oder die Batterie ist entladen.	■ Batteriekabel und Anschlüsse prüfen. Batteriespannung messen, ggf. laden.
	Ungenügender Stromdurchgang infolge lockerer oder oxydierter Anschlüsse.	■ Batteriepole und -klemmen reinigen. Stromsichere Verbindungen zwischen Batterie, Anlasser und Masse herstellen.
	Keine Spannung an Klemme 50.	■ Leitung unterbrochen, Zündanlassschalter defekt.
Anlasserwelle dreht sich zu langsam und zieht den Motor nicht durch.	Batterie teilentladen.	■ Batterie laden.
	Ungenügender Stromdurchgang infolge lockerer oder oxydierter Anschlüsse.	■ Batteriepole und -klemmen und Anschlüsse am Anlasser reinigen, Anschlüsse festziehen.
	Anlasser-Kollektor riefig oder verbrannt und verschmutzt.	■ Anlasser ersetzen.
	Spannung an Klemme 50 zu niedrig (weniger als 10 Volt).	■ Zündanlassschalter oder Magnetschalter überprüfen.
	Magnetschalter defekt.	■ Magnetschalter auswechseln.
Anlasserritzel spurt ein und zieht an, Motor dreht nicht oder nur ruckweise.	Ritzelgetriebe defekt.	■ Anlasser ersetzen.
	Ritzel verschmutzt.	■ Ritzel reinigen.
	Zahnkranz am Schwungrad defekt.	■ Schwungrad erneuern.
Ritzelgetriebe spurt nicht aus.	Ritzelgetriebe oder Steilgewinde verschmutzt beziehungsweise beschädigt.	■ Anlasser ersetzen.
	Magnetschalter defekt.	■ Magnetschalter ersetzen.
	Rückzugfeder schwach oder gebrochen.	■ Magnetschalter ersetzen.
Anlasserwelle läuft weiter, nachdem der Zündschlüssel losgelassen wurde.	Magnetschalter hängt, schaltet nicht ab.	■ Zündung sofort ausschalten, Magnetschalter ersetzen.
	Zündanlassschalter schaltet nicht ab.	■ Sofort Batterie abklemmen, Zündanlassschalter ersetzen.

Scheibenwischanlage

Sicherheitshinweis
Bei Wartungs- und Reparaturarbeiten an der Scheibenwischanlage besteht Verletzungsgefahr der Hände durch Klemmen oder Quetschen. Im Extremfall durch Abscheren von Gliedmaßen bei Eingriffen in die Scheibenwischermechanik. Vor jeglichen Reparaturarbeiten ist stets der Zündschlüssel abzuziehen.

Scheibenwischergummi ersetzen

Aero-Wischer/Frontscheibe

Bei der A- und B-KLASSE werden vorne Aero-Wischer verwendet. Das Wischerblatt besteht aus einem Wischergummi mit eingearbeiteter Metallversteifung.

Ausbau

- Frontscheibe mit Wasser benetzen und Scheibenwischer laufen lassen. Wenn der Wischerarm beim Durchlaufen senkrecht nach oben gerichtet ist, Scheibenwischer mit dem Zündschlüssel abschalten.
- Wischerarm hochklappen und festhalten.

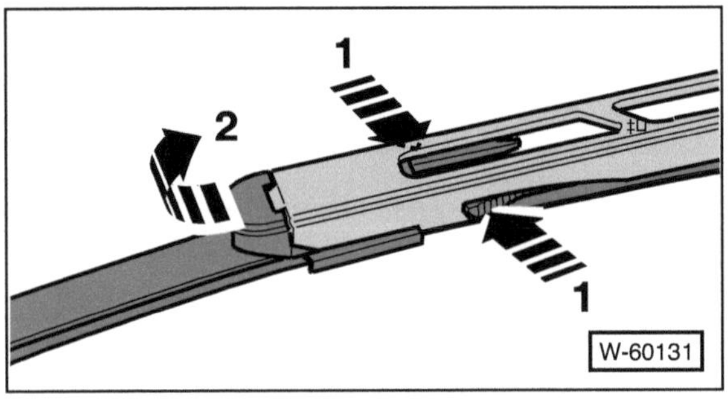

- Halteklammer zusammendrücken –Pfeile 1– und Wischergummi vom Wischerarm schieben –Pfeil 2–.

Einbau

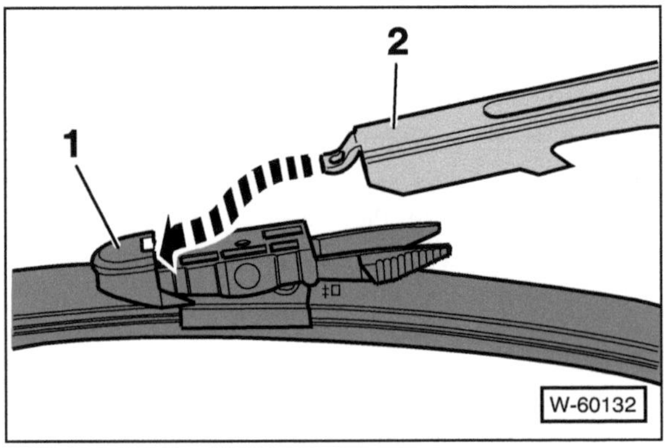

- Nase des Wischerarms –2– in die Aufnahme –1– am Wischergummi einführen.
- Wischergummi zum Wischerarm drücken und einrasten.

Hinweis: Beim Einbau darauf achten, dass das längere Wischergummi auf der Fahrerseite eingesetzt wird.

Wischer/Heckscheibe

Ausbau

- Wischerarm hochklappen.

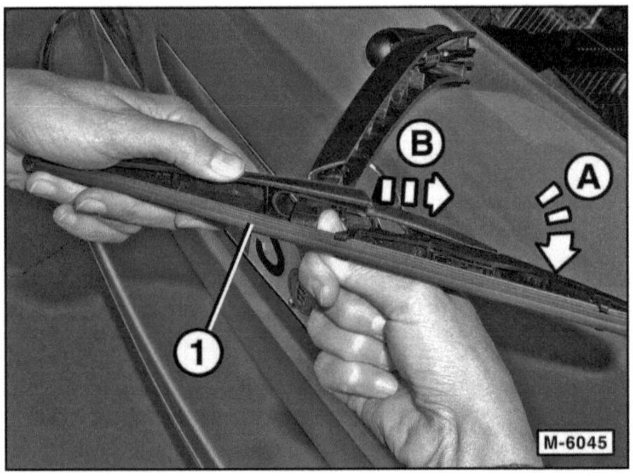

- Wischerblatt –1– umklappen –Pfeil A–.
- Steg des Wischerblattes aus der Halterung in der Mitte des Wischerarms herausdrücken –Pfeil B–.
- Wischerblatt vom Wischerarm abziehen.

Einbau

- Wischerblatt über den Wischerarm schieben und Steg in die Halterung drücken.
- Wischerblatt und Wischerarm zurückklappen.

Spritzdüse für Frontscheibe aus- und einbauen/einstellen

Ausbau

- Zündung ausschalten und Zündschlüssel abziehen.
- Motorhaube öffnen.
- Lüftungsgitter in der Motorhaube ausbauen, siehe Seite 214.

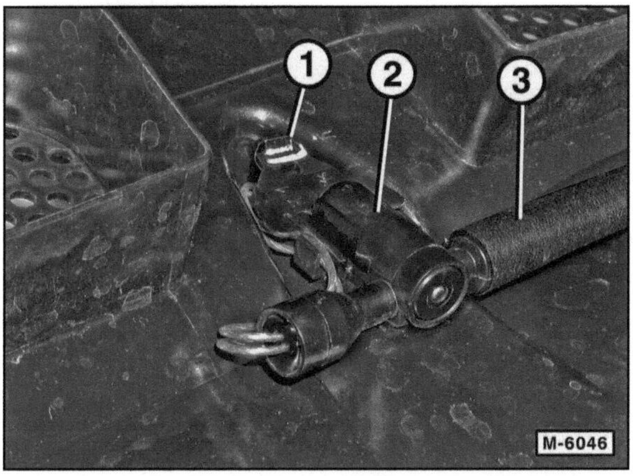

- Auf der Rückseite des Lüftungsgitters Rasthaken –1– wegdrücken und Spritzdüse –2– vom Lüftungsgitter lösen.
- Wasserschlauch –3– von der Spritzdüse abziehen.

Einbau

- Wenn nötig, Spritzdüse reinigen. Dabei Spritzdüse mit Wasser entgegen der Spritzrichtung durchspülen. Dann Düse mit Druckluft in beiden Richtungen durchblasen.
- Der Einbau erfolgt in umgekehrter Ausbaureihenfolge.

Einstellen

Achtung: Die Spritzdüsen dürfen nicht mit einem Dorn, zum Beispiel einer Nadel, eingestellt werden.

- Spritzdüse mit einem Schraubendreher nach oben oder unten schwenken, so dass der Wasserstrahl in der Mitte der Frontscheibe auftritt.

Spritzdüse für Heckscheibe aus- und einbauen/einstellen

Ausbau

- Heckwischer in Endstellung laufen lassen. Dazu Heckscheibe mit Wasser benetzen, Heckwischer kurze Zeit laufen lassen und mit dem Wischerschalter ausschalten.
- Zündung ausschalten und Zündschlüssel abziehen.

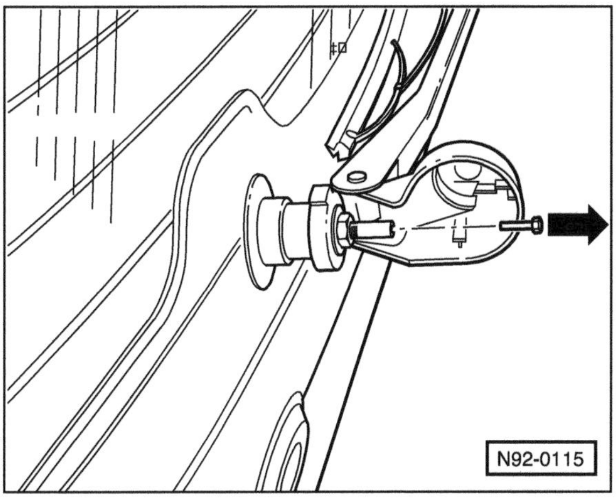

- Abdeckkappe am Wischerarm hochklappen und Spritzdüse vorsichtig mit einer Spitzzange herausziehen –Pfeil–.

Hinweis: Falls die Spritzdüse abgebrochen ist, eine geeignete Blechschraube vorsichtig in das festsitzende Düsenrohr-Stück eindrehen und dieses an der Schraube herausziehen.

Einbau

- Wenn nötig, Spritzdüse reinigen. Dabei Spritzdüse mit Wasser entgegen der Spritzrichtung durchspülen. Dann Düse mit Druckluft in beiden Richtungen durchblasen.
- Spritzdüse mit einem Holzkeil bis zum Anschlag so in die Wischerwelle schieben, dass die Spritzdüsenöffnung in einem Winkel von etwa 15° nach rechts oben zeigt.

Achtung: Spritzdüse nicht verkanten.

- Spritzdüse gegebenenfalls einstellen, siehe entsprechenden Abschnitt.
- Abdeckkappe zurückklappen und hörbar einrasten.

Einstellen

- Abdeckkappe am Wischerarm hochklappen.
- Spritzrichtung der Spritzdüse mit einem Dorn, ∅ 0,8 mm, zum Beispiel HAZET 4850-1, einstellen. Dazu Dorn in die Düse einführen und Zielpunkt in der Mitte des Wischfelds anpeilen, in einem Winkel von etwa 15° rechts neben der Senkrechten.
- Abdeckkappe zurückklappen und hörbar einrasten.

Spritzdüse für Scheinwerfer-Reinigungsanlage aus- und einbauen

Ausbau

- **Ausbau beider Spritzdüsen:** Stoßfängerabdeckung vorn ausbauen, siehe Seite 215.
- **Ausbau einer Spritzdüse:** Fahrzeug vorn anheben. Stoßfängerabdeckung an der entsprechenden Seite lösen und so weit nach vorne ziehen, bis die Spritzdüse zugänglich ist, siehe Seite 215.

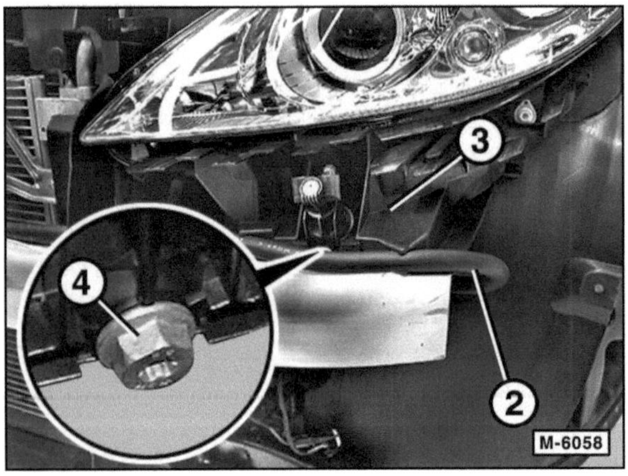

- Wasserschlauch –2– unter dem Scheinwerfer vom Scheinwerfergehäuse –3– aushängen und zur Seite drücken.
- Schraube –4– unter dem Scheinwerfer herausdrehen.

- Wasserschlauch mit einer Schlauchklemme abklemmen.

- Wasserschlauch –1– an der Kupplung –2– entriegeln und vom Hubzylinder –3– der Spritzdüse abziehen.

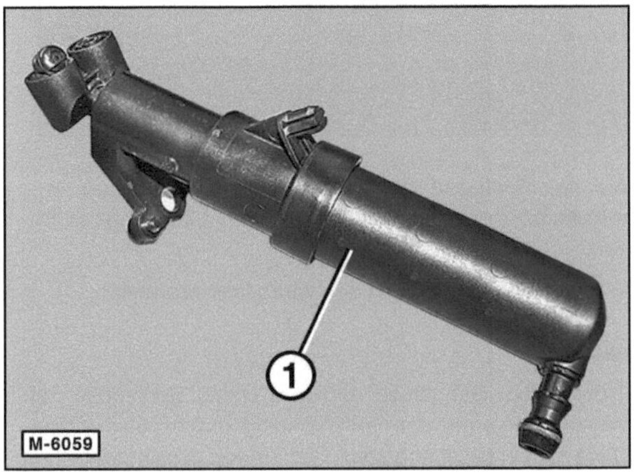

- Spritzdüse –1– nach vorne aus dem Scheinwerfergehäuse herausziehen.

Einbau

- Der Einbau erfolgt in umgekehrter Ausbaureihenfolge.

Hinweis: Vor Einbau der Stoßfängerabdeckung eine Funktionsprüfung der Spritzdüsen durchführen.

Scheibenwaschbehälter aus- und einbauen

Ausbau

- Motorhaube öffnen und Waschbehälter entleeren.
- Zündung ausschalten und Zündschlüssel abziehen.
- Halterung für Schläuche und Leitungen am Federbeindom herausdrücken.

- **Modell mit Wasserheizung:** Heizschläuche –4– aus der Halterung an der Spritzwand herausziehen. Deckel –3– mit einem Kunststoffkeil aus dem Waschbehälter herauslösen. Deckel zusammen mit der Wasserheizung aus dem Waschbehälter herausziehen und seitlich ablegen. **Hinweis:** Die Wasserheizung muss beim Herausziehen etwas gedreht werden.
- Verriegelungsstift –1– gegen den Uhrzeigersinn drehen und Stift herausdrücken. 2 – Haltebügel.
- Waschbehälter nach oben ziehen –Pfeil– und seitlich ablegen. **Hinweis:** Dabei löst sich der Schlauch für Scheinwerfer-Reinigungsanlage aus der Halterung an der Unterseite des Waschbehälters.

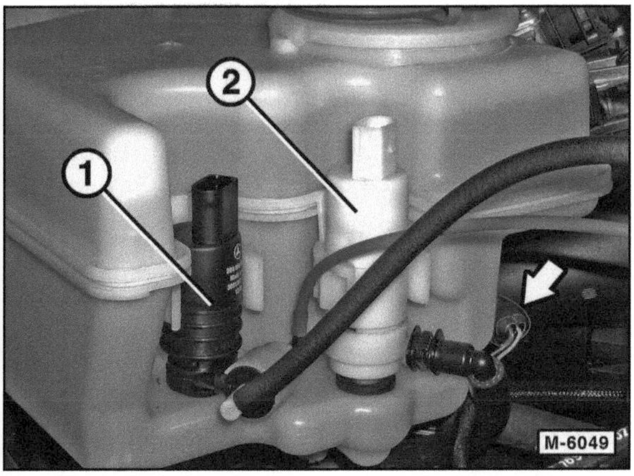

- **A-KLASSE:** Haltelasche vor der Scheibenwaschpumpe –1– an einer Seite lösen und wegdrücken. **Hinweis:** In der Abbildung ist der Waschbehälter der B-KLASSE dargestellt.
- Stecker von den Wasserpumpen –1/2– abziehen. Dazu mit einem Schraubendreher Verriegelungslasche vom Stecker wegdrücken und Stecker gleichzeitig von der Pumpe ziehen.
- Auffangbehälter für ausfließende Flüssigkeit unterstellen.
- Wasserpumpen –1/2– aus den Halterungen herausdrücken und nach oben aus dem Waschbehälter herausziehen.
- Wenn eingebaut, Stecker für Wasserstandsgeber –Pfeil– entriegeln und abziehen.
- Waschbehälter nach oben aus dem Motorraum herausziehen.

Einbau

- Dichtungsgummis für Wasserpumpen aus dem Waschbehälter herausziehen und ersetzen.

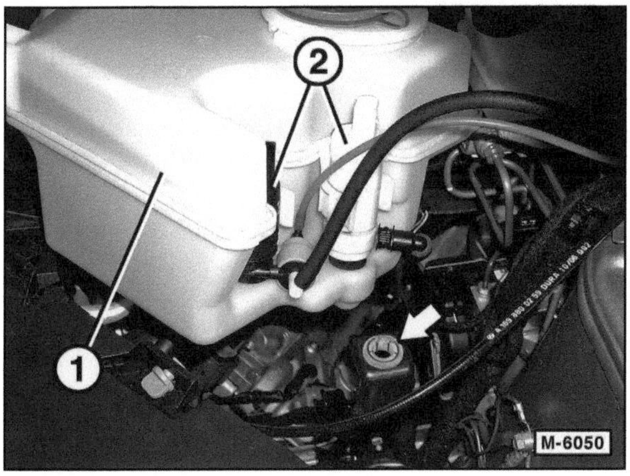

- Wasserpumpen –2– in die Halterungen einsetzen.
- Stecker für Wasserpumpen und Wasserstandsgeber aufschieben und einrasten.
- **A-KLASSE:** Haltelasche vor der Scheibenwaschpumpe verriegeln.
- Waschbehälter anheben und an der Unterseite Schlauch für Scheinwerfer-Reinigungsanlage in die Halterung drücken.
- Waschbehälter –1– von oben in den Motorraum einsetzen, so dass die Führungsnase an der Unterseite in die Gummiaufnahme –Pfeil– eingeführt wird. **Achtung:** Leitungen und Schläuche nicht quetschen oder knicken.
- Darauf achten, dass der Haltebügel –2– des Waschbehälters korrekt in die Aufnahme am Schlossträger eingreift, siehe Abbildung M-6048.
- Der weitere Einbau erfolgt in umgekehrter Ausbaureihenfolge.
- Waschbehälter befüllen und Waschanlage auf Funktion prüfen.

Wasserpumpe

- Waschbehälter ausbauen und seitlich ablegen, siehe entsprechenden Abschnitt. **Hinweis:** Die Heizschläuche brauchen nicht herausgezogen werden.

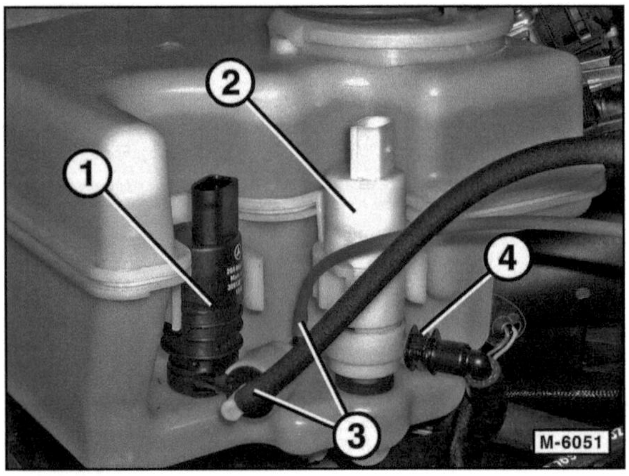

- Wasserpumpen –1/2– aus den Halterungen herausdrücken und nach oben aus dem Waschbehälter herausziehen.
- Mit einem Schraubendreher Wasserschläuche –3– von den Anschlussstutzen der Scheibenwaschpumpe –1– abdrücken.
- Wasserschlauch an der Kupplung –4– entriegeln und von der Pumpe für Scheinwerfer-Reinigungsanlage –2– abziehen.

Hinweis: Dichtungsgummi für Wasserpumpe ersetzen.

Wischerarm an der Frontscheibe aus- und einbauen

Ausbau

- Scheibe mit Wasser benetzen, Scheibenwischer kurze Zeit laufen lassen und über den Wischerschalter abschalten. Dadurch laufen die Wischer in die Endstellung.
- Zündung ausschalten und Zündschlüssel abziehen.
- Stellung der Wischergummis auf der Frontscheibe markieren. Dazu Klebeband neben den Wischergummis auf die Scheibe kleben.
- Wenn eingebaut, mit einem Schraubendreher Abdeckkappe am Wischerarm abhebeln.
- Motorhaube öffnen.

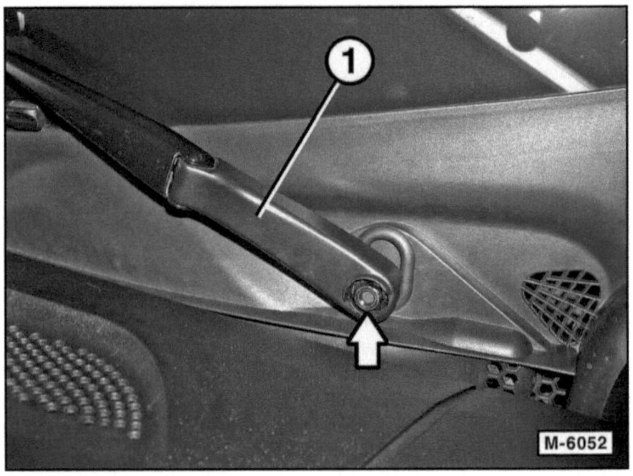

- Mutter –Pfeil– ca. 2 Umdrehungen lockern, noch nicht ganz abschrauben.
- Wischerarm –1– leicht hin und her bewegen, bis er sich von der Welle löst.
- Mutter ganz abschrauben und Wischerarm von der Welle abziehen.

Hinweis: Falls der Wischerarm schwer abzuziehen ist, geeignetes Abziehwerkzeug verwenden, zum Beispiel Abziehspindel 4855-8 mit Abziehkopf 4855-1 von HAZET.

Einbau

- Sicherstellen, dass der Scheibenwischermotor in Endstellung steht. Gegebenenfalls Motor kurz laufen lassen und mit Wischerschalter abschalten.
- Wischerarm auf die Wischerwelle aufsetzen und anhand der beim Ausbau angebrachten Klebeband-Markierung ausrichten.

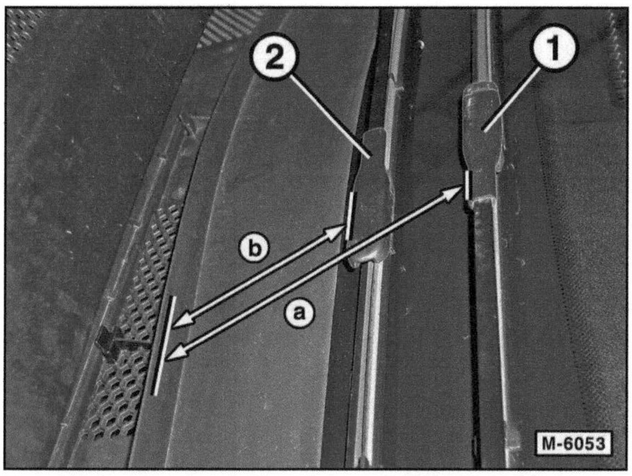

Einstellmaße für Abstand Wischerarm – Knickkante des Windlaufgrills an der mittleren Markierung:
Wischer links –1– . . . . Abstand –a– = 170 mm.
Wischer rechts –2– . . . . Abstand –b– = 110 mm.

- Mutter aufschrauben und handfest anziehen.
- Endstellung der Wischerarme überprüfen. Dazu Motorhaube schließen, Scheibe mit Wasser benetzen und Scheibenwischer kurz laufen lassen. Die Wischerarme müssen in die eingestellte Endstellung zurückkehren und dürfen sich beim Wischen nicht über den Scheibenrand hinausbewegen. Gegebenenfalls Mutter lösen und Einstellung erneut vornehmen.
- Mutter mit **20 Nm** festziehen. Abdeckkappe aufdrücken.

Wischermotor an der Frontscheibe aus- und einbauen

Ausbau

- Sicherstellen, dass sich die Scheibenwischer in Endstellung befinden, siehe Kapitel »Wischerarm aus- und einbauen«.
- Batterie abklemmen. **Achtung:** Hinweise im Kapitel »Batterie aus- und einbauen« beachten.
- Wischerarme ausbauen, siehe entsprechendes Kapitel.
- Windlaufabdeckung ausbauen, siehe Seite 214.
- **A-KLASSE:** An beiden Seiten des Wischergestänges Gummiablauftrichter aus der Abflussbohrung herausziehen.

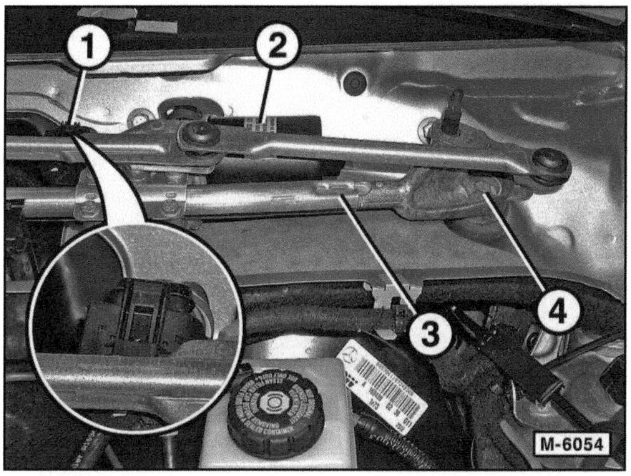

- Stecker –1– entriegeln und vom Wischermotor –2– abziehen.
- Linke Schraube –4– für Wischergestänge –3– herausdrehen.

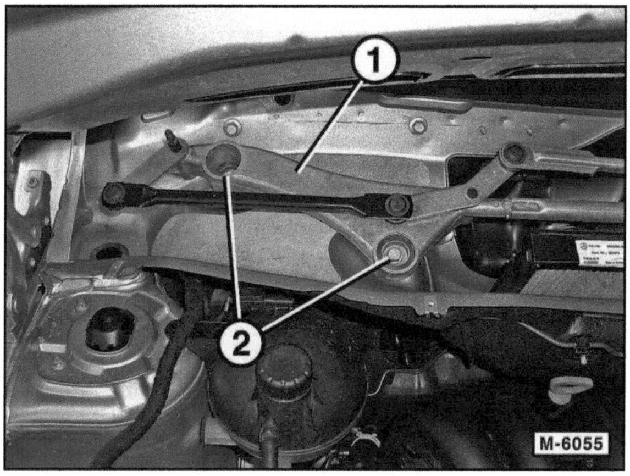

- Rechte Schrauben –2– für Wischergestänge –1– herausdrehen.
- Wischergestänge –1– mit Wischermotor nach vorne aus dem Wasserkasten herausziehen.

Einbau

Achtung: Vor dem Einbau prüfen, ob sich der Wischermotor in Endstellung befindet. Dazu kurzzeitig Anschlussstecker aufschieben und Batterie anklemmen. Motor kurz laufen lassen und anschließend mit Wischerschalter ausschalten.

- Wischergestänge mit Motor einsetzen und mit **20 Nm** an der Karosserie festschrauben.
- Stecker am Wischermotor aufschieben.
- Der weitere Einbau erfolgt in umgekehrter Ausbaureihenfolge.
- Endstellung der Wischerarme überprüfen.

Wischerarm an der Heckscheibe aus- und einbauen

Ausbau

- Scheibenwischer in Endstellung bringen, siehe Kapitel »Wischerarm an der Frontscheibe aus- und einbauen«.
- Zündung ausschalten und Zündschlüssel abziehen.

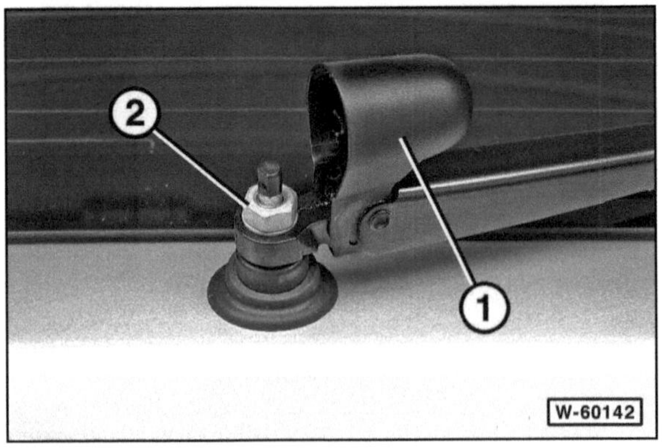

- Abdeckkappe –1– am Wischerarm hochklappen und Mutter –2– lockern. **Hinweis:** Die Abbildung zeigt nicht den Wischerarm der A- oder B-KLASSE.
- Wischerarm –1– von der Heckscheibe hochklappen und leicht hin und her bewegen, bis er sich von der Welle löst.

Hinweis: Falls der Wischerarm schwer abzuziehen ist, mit einem Gabelschlüssel unter den Wischerarm greifen und diesen vorsichtig abhebeln. Oder Abziehwerkzeug verwenden, zum Beispiel Schlagabzieher 4855-9 mit Abziehkopf 4855-3 von HAZET.

Achtung: Falls ein Abzieher mit Spindel benutzt wird, geeignete Stecknuss, zum Beispiel SW-8, über die Wischerwelle auf die Mutter setzen, damit die Spritzdüse nicht beschädigt wird.

- Mutter abschrauben, Abdeckkappe zurückklappen und Wischerarm von der Welle abnehmen.

Einbau

- Sicherstellen, dass der Scheibenwischermotor in Endstellung steht. Gegebenenfalls Motor kurz laufen lassen und mit Wischerschalter abschalten.
- Wischerarm auf die Wischerwelle aufsetzen und anhand der Markierung im Bereich des Wischerblattendes ausrichten.

Hinweis: Falls die Markierung fehlt, vor Ausbau des Wischerarms Einbaulage mit Klebeband auf der Heckscheibe kennzeichnen und daran ausrichten.

- Mutter aufschrauben und handfest anziehen.
- Endstellung des Wischerarms überprüfen, gegebenenfalls erneut ausrichten.
- Mutter mit **13 Nm** festziehen.
- Abdeckkappe aufdrücken. Dabei auf korrekten Sitz der Abdeckkappe achten.

Wischermotor an der Heckklappe aus- und einbauen

Ausbau

- Scheibenwischer in Endstellung bringen, siehe Kapitel »Wischerarm an der Frontscheibe aus- und einbauen«.
- Batterie abklemmen. **Achtung:** Hinweise im Kapitel »Batterie aus- und einbauen« beachten.
- Wischerarm ausbauen, siehe entsprechendes Kapitel.
- Heckklappe öffnen.
- Mit einem Kunststoffkeil Blende über dem Wischermotor vorsichtig aus der Heckklappenverkleidung heraushebeln.

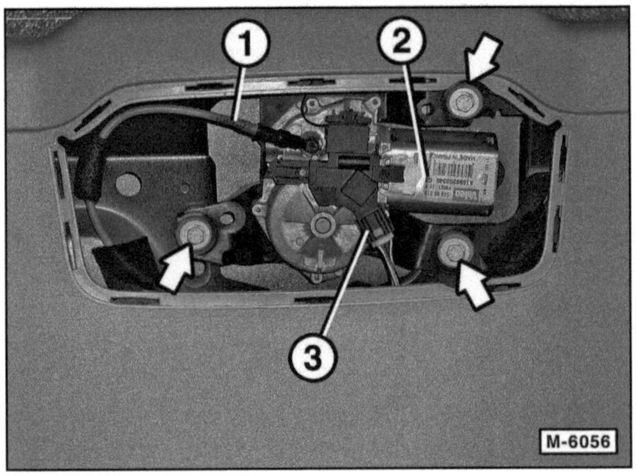

- Stecker –3– vom Wischermotor abziehen.
- Auffangbehälter für ausfließende Flüssigkeit unterstellen.
- Mit einem Schraubendreher Wasserschlauch –1– vom Anschlussstutzen abdrücken.
- Schrauben –Pfeile– herausdrehen und Wischermotor –2– vorsichtig aus der Heckklappe herausziehen.

Einbau

Achtung: Vor dem Einbau prüfen, ob sich der Wischermotor in Endstellung befindet. Dazu kurzzeitig Anschlussstecker aufschieben und Batterie anklemmen. Motor kurz laufen lassen und anschließend mit Wischerschalter ausschalten.

- Dichtungstülle der Wischerwelle auf Beschädigungen und richtigen Sitz in der Heckklappe prüfen.
- Wischermotor ansetzen und Wischerwelle durch die Dichtungstülle führen.
- Wischermotor mit **10 Nm** festschrauben.
- Der weitere Einbau erfolgt in umgekehrter Ausbaureihenfolge.
- Endstellung des Wischerarms überprüfen.

Regensensor aus- und einbauen

Ausbau

- Zündung ausschalten und Zündschlüssel abziehen.
- Abdeckung am Spiegelfuß abbauen, siehe Kapitel »Innenspiegel aus- und einbauen«, Seite 195.

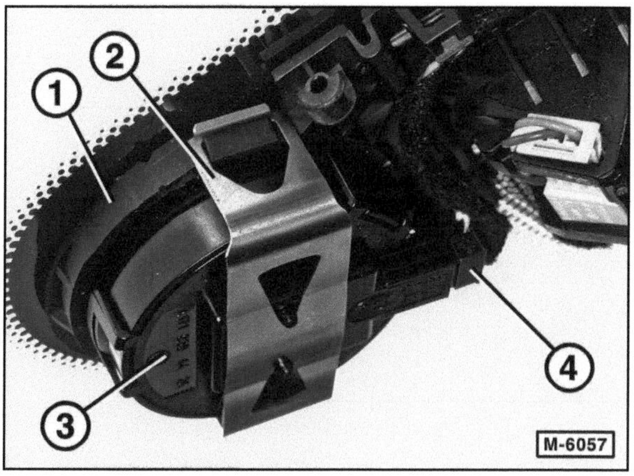

- Mit einem Schraubendreher Federbügel –2– vom Haltering –1– abhebeln.

Achtung: Bei Reparaturarbeiten an der Frontscheibe äußerst vorsichtig vorgehen, um die Scheibe oder die Beschichtung an der Frontscheibe nicht zu beschädigen.

- Regensensor –3– nach unten aus dem Haltering herausnehmen.

Achtung: Vor dem Trennen der Steckverbindung elektrostatische Aufladung abbauen, dazu kurz den Schließbügel der Tür oder die Karosserie anfassen.

- Stecker –4– vom Regensensor –3– abziehen.

Hinweis: Regensensor nach dem Ausbau immer ersetzen.

Einbau

- Anlagefläche auf der Frontscheibe säubern.
- Stecker am Regensensor aufschieben und Regensensor in den Haltering an der Frontscheibe einsetzen.

Hinweis: Gel-Auftrag auf der Anlagefläche des neuen Regensensors nicht berühren.

- Federbügel über den Regensensor legen, am Haltering einhängen und einrasten.
- Abdeckung am Spiegelfuß einbauen.

Hinweis: In der Fachwerkstatt wird der Regensensor mit einem Diagnosegerät auf die Frontscheibe angepasst.

Störungsdiagnose Scheibenwischergummi

Wischbild	Ursache	Abhilfe
Schlieren.	Wischergummi verschmutzt.	■ Wischergummi mit harter Nylonbürste und einer Waschmittellösung oder Spiritus reinigen.
	Ausgefranste Wischlippe, Gummi ausgerissen oder abgenutzt.	■ Wischergummi erneuern.
	Wischergummi gealtert, rissige Oberfläche.	■ Wischergummi erneuern.
Im Wischfeld verbleibende Wasserreste ziehen sich sofort zu Perlen zusammen.	Frontscheibe durch Lackpolitur oder Öl verschmutzt.	■ Frontscheibe mit sauberem Putzlappen und einem Fett-Öl-Silikonentferner reinigen.

Beleuchtungsanlage

Lampentabelle

12-V-Glühlampe für	Typ	Leistung
Abblendlicht (Halogen)	H7	55 W
Fernlicht (Halogen-Scheinwerfer)	H7	55 W
Standlicht (A-Klasse: Halogen-Scheinw.)	W	5 W
Standlicht (B-Klasse)	W	5 W
Abblendlicht/Fernlicht (Xenon) [1]	D2S	35 W
Fernlicht/Lichthupe (Xenon-Scheinwerfer)	H7	55 W
Standlicht (A-Klasse: Xenon-Scheinwerfer)	H	6 W
Vordere Blinkleuchte	PY	21 W
Nebelscheinwerfer	H11	55 W
Schlussleuchte rechts (A-Klasse)	P	21/4 W [2]
Nebelschluss-/Schlussleuchte links (A-Klasse)	P	21/4 W
Schlussleuchte (B-Klasse)	P	21/5 W [2]
Nebelschlussleuchte links (B-Klasse)	P	21 W
Hintere Blinkleuchte	PY	21 W
Bremsleuchte	P	21 W
Rückfahrleuchte	P	21 W
Kennzeichenleuchte	C	5 W

H/H7/H11: Halogenlampen; P: Bajonett-Sockel; W: Glassockel; C: Soffitte; Y: Leuchtenfarbe orange.

[1]) Bi-Xenonlampe.

[2]) Schlusslicht – 4 oder 5 W; Ersatzlicht – 21 W: Übernimmt bei Ausfall einer anderen Rückleuchte deren Funktion.

Hinweis: Glühlampen grundsätzlich nur durch solche gleicher Ausführung ersetzen. Vor einem Lampenwechsel sicherstellen, dass der betreffende Schalter ausgeschaltet ist.

Achtung: Den Glaskolben einer leistungsstarken Glühlampe nicht mit bloßen Fingern berühren. Am besten ein sauberes Stofftuch dazwischen legen oder Baumwollhandschuhe tragen. Verdampft der durch die Berührung verursachte Fingerabdruck, setzen sich Rückstände auf dem Reflektor ab, die den den Scheinwerfer matt werden lassen. Dies gilt insbesondere für die Haupt- und Nebelscheinwerfer. Versehentlich entstandene Berührungsflecken auf dem Glaskolben mit einem sauberen, nicht fasernden Tuch und etwas Spiritus abwischen.

Achtung: Die mit einem Schutzlack beschichteten Kunststoffscheiben der Hauptscheinwerfer dürfen auf keinen Fall mit einem trockenen oder gar scheuernden Lappen gesäubert werden. Es dürfen auch keine Reinigungs- oder Lösungsmittel benutzt werden. Die Scheiben nur mit einem weichen, feuchten Tuch reinigen.

Glühlampen für Halogen-Scheinwerfer auswechseln

A-KLASSE

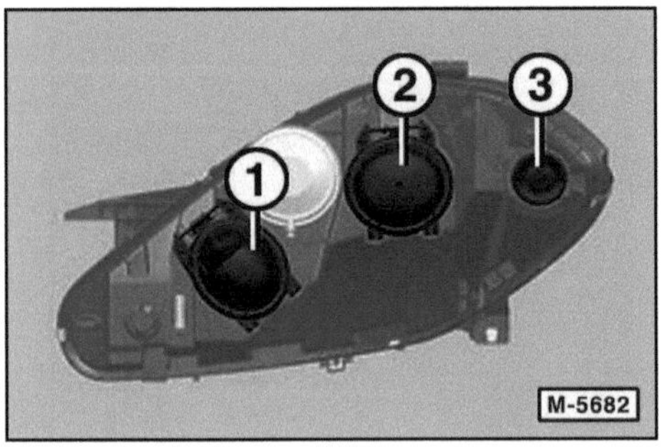

B-KLASSE

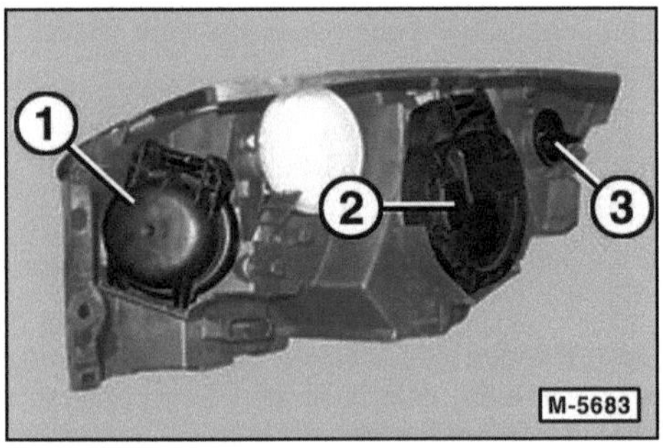

1 – Deckel für Fernlicht und Standlicht
2 – Deckel für Abblendlicht
3 – Fassung für Blinklicht

Hinweis: Die Abbildungen zeigen die Rückseite des rechten Scheinwerfers.

Achtung: Halogen-Lampen stehen unter Druck und können platzen. Deshalb beim Lampenwechsel Schutzbrille und Handschuhe tragen.

Sofern nicht besonders erwähnt, erfolgt der Lampenwechsel am einfachsten über den Radkasten. Dazu vorher das Vorderteil des Innenkotflügels ausbauen, siehe Seite 219.

Soll die Glühlampe für Abblendlicht und Fernlicht über den Motorraum ausgetauscht werden, muss unter Umständen auf der linken Seite vorher der Scheibenwaschbehälter ausgebaut und mit angeschlossenen Leitungen zur Seite gelegt werden, siehe Seite 67.

- Schalter des Scheinwerfers ausschalten.
- Zündung ausschalten.
- Batterie abklemmen. **Achtung:** Hinweise im Kapitel »Batterie aus- und einbauen« beachten.
- **Linker Scheinwerfer:** Damit die Lampen zugänglich werden, Scheibenwaschbehälter ausbauen. Dazu Halteschraube herausdrehen und Waschwasserbehälter aus der Halterung herausnehmen.

- Waschwasserbehälter mit angeschlossenen Schläuchen zur Seite legen. Dabei darauf achten, dass kein Waschwasser ausläuft.
- Beim Einbau durch einen Blick vorne in den Scheinwerfer die korrekte Einbauposition der Glühlampe überprüfen.
- Beim Einbau auf richtigen Sitz des Deckels an der Rückseite des Scheinwerfers achten, damit kein Wasser eintreten kann.
- Nach dem Einbau neue Glühlampe auf Funktion überprüfen. Gegebenenfalls Scheinwerfer-Einstellung von einer Werkstatt kontrollieren und einstellen lassen.

Abblendlicht/Fernlicht

Ausbau

- An der Rückseite des Scheinwerfers entsprechenden Deckel abnehmen: Dazu obere Lasche herunterdrücken und Deckel entriegeln. Deckel unten aus 2 Haltelaschen herausziehen und nach oben herausfädeln.

Achtung: Die Halogen-Glühlampen sind auf unterschiedliche Weise im Reflektor eingesetzt.

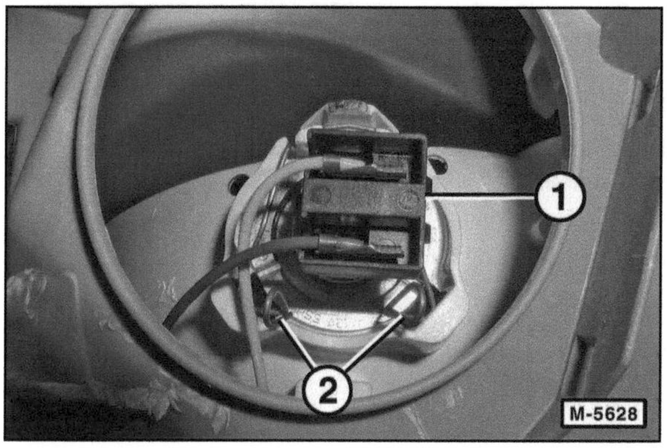

- **Federbügel:** Stecker –1– von der Glühlampe abziehen. Federbügel –2– aushängen und Glühlampe aus dem Reflektor herausziehen.

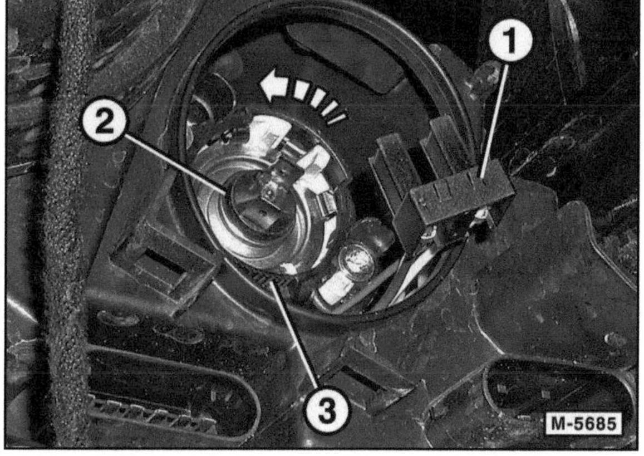

- **Haltering:** Stecker –1– von der Glühlampe –2– abziehen. Haltering –3– gegen den Uhrzeigersinn drehen –Pfeil–. Dadurch wird die Glühlampe entriegelt. Glühlampe aus dem Reflektor herausziehen.

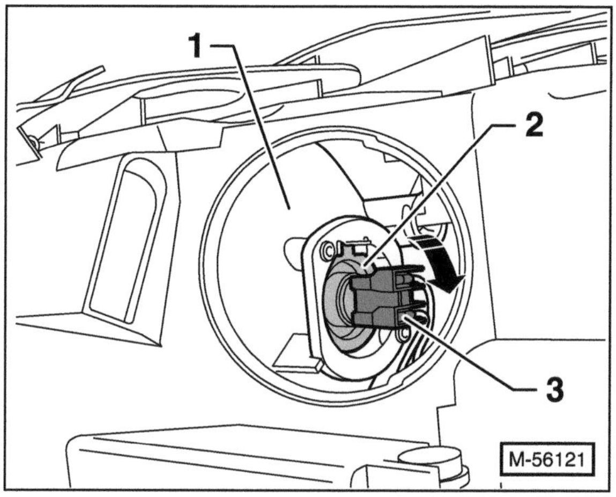

- **Klemmhalterung:** Glühlampe –2– am Stecker –3– nach unten drücken –Pfeil–, bis sie aus den Klemmfedern herausgleitet. Glühlampe am Stecker aus dem Reflektor –1– herausziehen. Stecker von der Glühlampe abziehen. **Hinweis:** Die Abbildung zeigt nicht den Scheinwerfer der A- oder B-KLASSE.

Einbau

- **Federbügel:** Neue Glühlampe so in den Reflektor einsetzen, dass die Rastnasen in die entsprechenden Aussparungen passen. Federbügel einhängen. Stecker aufschieben.
- **Haltering:** Glühlampe so in die Halterung setzen, dass die Rastnasen in die entsprechenden Aussparungen im Reflektor passen. Haltering im Uhrzeigersinn drehen und hörbar einrasten. Stecker an der Glühlampe aufschieben.
- **Klemmhalterung:** Stecker auf die neue Glühlampe schieben. Glühlampe unten in die Halterung setzen, nach oben drücken und in den Klemmfedern einrasten. Dabei darauf achten, dass die Rastnase an der Glühlampe in die entsprechende Aussparung passt.
- An der Rückseite des Scheinwerfers Deckel in die unteren Haltelaschen stecken, nach oben drücken und hörbar einrasten.

Standlicht

Ausbau

- An der Rückseite des Scheinwerfers Deckel für Fernlicht und Standlicht abnehmen.

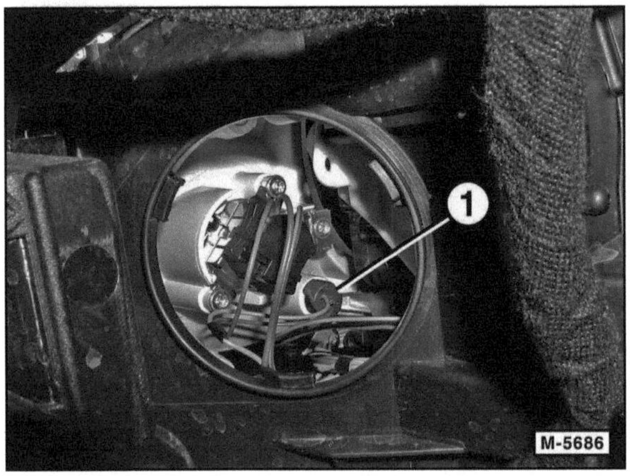

- Lampenfassung –1– mit 2 Fingern greifen und zusammen mit der Glühlampe aus dem Reflektor herausziehen.
- Glühlampe aus der Fassung herausziehen.

Einbau

- Glühlampe in die Fassung eindrücken, Fassung mit Glühlampe bis zum Anschlag in den Reflektor einsetzen und einrasten.
- An der Rückseite des Scheinwerfers Deckel aufsetzen und festdrücken.

Blinklicht

Hinweis: Die Glühlampe wird bei der A-KLASSE über den Radkasten und bei der B-KLASSE über den Motorraum ausgetauscht.

Ausbau

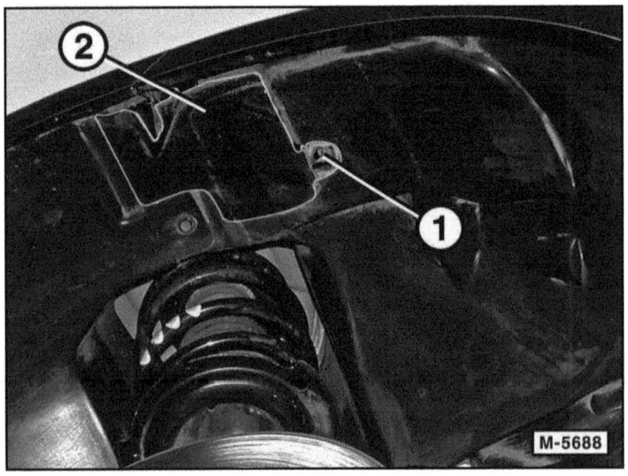

- **A-KLASSE:** Verschlussschraube –1– oben drehen und Serviceklappe –2– im Innenkotflügel öffnen. **Hinweis:** Die Abbildung zeigt den Radkasten auf der rechten Seite.
- **B-KLASSE:** Motorhaube öffnen.

- Fassung für Blinklicht –1– gegen den Uhrzeigersinn drehen und zusammen mit der Glühlampe aus dem Scheinwerfer herausziehen. **Hinweis:** Die Lampe für das Blinklicht sitzt ganz außen am Scheinwerfer.
- Glühlampe in die Fassung eindrücken, gegen den Uhrzeigersinn drehen und aus der Fassung herausziehen.

Einbau

- Neue Glühlampe in die Fassung einsetzen, im Uhrzeigersinn drehen und einrasten.
- Fassung mit Glühlampe in den Scheinwerfer einsetzen, im Uhrzeigersinn drehen und einrasten.
- **A-KLASSE:** Serviceklappe im Radkasten verschließen.

Glühlampen für Xenon-Scheinwerfer auswechseln

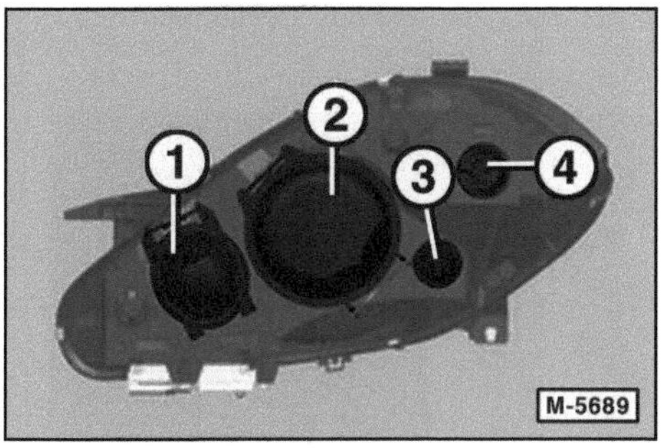

1 – Deckel für Halogen-Fernlicht (bis 5/08) beziehungsweise Abbiegelicht (seit 6/08).
2 – Deckel für Xenon-Abblendlicht (bis 5/08) beziehungsweise Bi-Xenonlicht (seit 6/08).
3 – Fassung für Standlicht
4 – Fassung für Blinklicht

Hinweis: Die Abbildung zeigt die Rückseite des rechten Scheinwerfers der A-KLASSE. Die Scheinwerfer-Rückansicht bei der B-KLASSE ist im Prinzip wie bei Fahrzeugen mit Halogen-Lampen, siehe Abbildung M-5683, Seite 72.

Sicherheitshinweis/Xenon-Scheinwerfer
Vorsicht beim Lampenwechsel an Xenon-Scheinwerfern. Verletzungsgefahr durch Hochspannung! Personen mit Herzschrittmacher dürfen keine Arbeiten an Xenon-Scheinwerfern vornehmen. **Auf jeden Fall Scheinwerfer ausschalten, Zündschlüssel abziehen und Batterie vom Stromnetz abklemmen.** Danach Scheinwerferschalter kurz ein- und wieder ausschalten, um Restspannungen abzubauen. Sicherheitshalber Schutzbrille, Handschuhe sowie Schuhe mit Gummisohlen tragen.

Sofern nicht besonders erwähnt, erfolgt der Lampenwechsel am einfachsten über den Radkasten. Dazu vorher das Vorderteil des Innenkotflügels ausbauen, siehe Seite 219.

Falls die Glühlampe für Abblendlicht und Fernlicht über den Motorraum ausgetauscht wird, muss unter Umständen auf der linken Seite vorher der Scheibenwaschbehälter ausgebaut und mit angeschlossenen Leitungen zur Seite gelegt werden, siehe Seite 67.

- Schalter des Scheinwerfers ausschalten.
- Zündung ausschalten und Zündschlüssel abziehen.
- Batterie abklemmen. **Achtung:** Hinweise im Kapitel »Batterie aus- und einbauen« beachten.
- Beim Einbau durch einen Blick vorne in den Scheinwerfer die korrekte Einbauposition der Glühlampe überprüfen.
- Beim Einbau auf richtigen Sitz des Deckels an der Rückseite des Scheinwerfers achten, damit kein Wasser eintreten kann.
- Nach dem Einbau neue Glühlampe auf Funktion überprüfen. Gegebenenfalls Scheinwerfer-Einstellung von einer Werkstatt kontrollieren und einstellen lassen.

Xenonlampe/A-KLASSE

Ausbau

- An der Rückseite des Scheinwerfers Deckel abnehmen, siehe Seite 73.

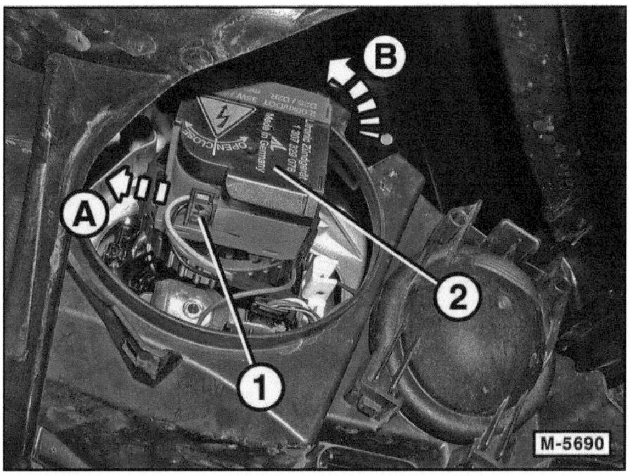

- Stecker –1– vom Zündgerät –2– abziehen –Pfeil A–.
- Zündgerät gegen den Uhrzeigersinn drehen –Pfeil B– und von der Lampe abnehmen. **Hinweis:** Einbaulage des Zündgerätes merken.

- Haltering –1– gegen den Uhrzeigersinn drehen –Pfeil– und Lampe –2– entriegeln.
- Xenonlampe –2– aus dem Reflektor herausziehen.

Einbau

- Xenonlampe in den Reflektor einsetzen, Haltering einsetzen, im Uhrzeigersinn drehen und einrasten.
- Zündgerät so auf die Lampe aufstecken, dass die Führungslaschen in die Aussparungen im Haltering eingreifen.
- Zündgerät im Uhrzeigersinn drehen und verriegeln.
- Stecker am Zündgerät aufschieben.
- An der Rückseite des Scheinwerfers Deckel einsetzen.

Fernlicht/A-KLASSE bis 5/08

Ausbau

- An der Rückseite des Scheinwerfers Deckel abnehmen, siehe Seite 73.
- **Haltering:** Stecker von der Glühlampe abziehen. Haltering gegen den Uhrzeigersinn drehen. Dadurch wird die Glühlampe entriegelt. Glühlampe aus dem Reflektor herausziehen, siehe Seite 73.

Einbau

- **Haltering:** Glühlampe so in die Halterung setzen, dass die Rastnasen in die entsprechenden Aussparungen im Reflektor passen. Haltering im Uhrzeigersinn drehen und hörbar einrasten. Stecker an der Glühlampe aufschieben.
- An der Rückseite des Scheinwerfers Deckel einsetzen.

Standlicht/A-KLASSE

Ausbau

- Scheinwerfer ausbauen, siehe entsprechendes Kapitel.

Hinweis: Um den Ausbau des Scheinwerfers zu vermeiden, Deckel für Abblendlicht ausbauen und an der Öffnung vorbei die Fassung für Standlichtlampe greifen. Aufgrund der beengten Platzverhältnisse kann man die Fassung der Standlichtlampe praktisch nicht sehen.

- Fassung für Standlicht gegen den Uhrzeigersinn drehen und zusammen mit der Glühlampe aus dem Scheinwerfer herausziehen.
- Glühlampe aus der Fassung herausziehen.

Einbau

- Neue Glühlampe in die Fassung einsetzen.
- Fassung mit Glühlampe in den Scheinwerfer einsetzen, im Uhrzeigersinn drehen und einrasten.
- Falls ausgebaut, Scheinwerfer einbauen, siehe entsprechendes Kapitel.

Blinklicht/A-KLASSE

Die Glühlampe wird bei der A-KLASSE über den Radkasten ausgetauscht. Der Aus- und Einbau erfolgt wie beim Halogen-Scheinwerfer, siehe entsprechendes Kapitel.

Xenonlampe/B-KLASSE

Ausbau

- An der Rückseite des Scheinwerfers Deckel abnehmen, siehe Seite 73.

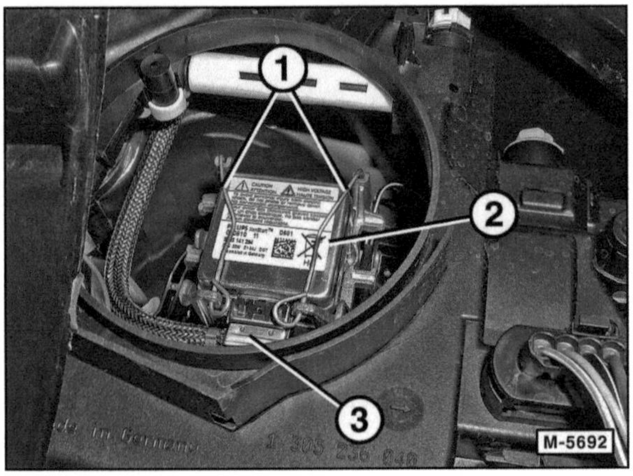

- Federbügel –1– aushängen und Zündgerät –2– zusammen mit der Xenonlampe aus dem Reflektor herausziehen. **Hinweis:** Xenonlampe und Zündgerät bilden eine Einheit und können nicht getrennt werden.
- Stecker –3– vom Zündgerät abziehen.

Einbau

- Stecker am Zündgerät aufschieben.
- Zündgerät zusammen mit der Xenonlampe in den Reflektor einsetzen. Dabei auf korrekten Sitz des Zündgerätes achten.
- Federbügel einhängen.
- An der Rückseite des Scheinwerfers Deckel einsetzen.

Fernlicht/B-KLASSE

Ausbau

- An der Rückseite des Scheinwerfers Deckel gegen den Uhrzeigersinn drehen und abnehmen.

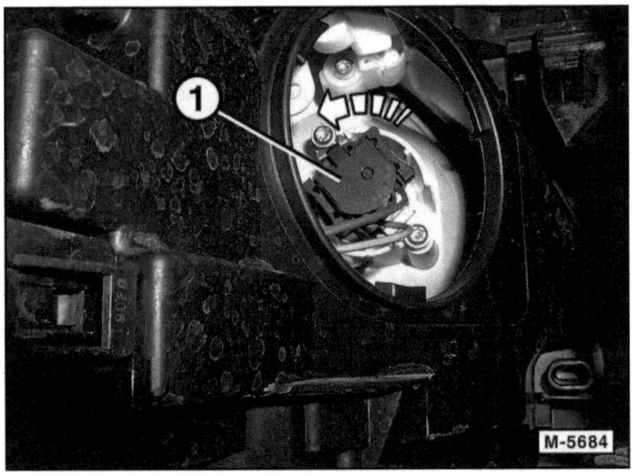

- **Bajonettverschluss:** Fassung –1– gegen den Uhrzeigersinn drehen –Pfeil– und mit der Glühlampe herausnehmen. Glühlampe aus der Fassung herausziehen.

Einbau

- **Bajonettverschluss:** Neue Glühlampe in die Fassung stecken. Glühlampe in den Reflektor einsetzen, Fassung im Uhrzeigersinn drehen und einrasten.
- An der Rückseite des Scheinwerfers Deckel einsetzen und festschrauben.

Standlicht/B-KLASSE

Ausbau

- An der Rückseite des Scheinwerfers Deckel für Fernlicht und Standlicht gegen den Uhrzeigersinn drehen und abnehmen.
- Lampenfassung mit 2 Fingern greifen und zusammen mit der Glühlampe aus dem Reflektor herausziehen.
- Glühlampe aus der Fassung herausziehen.

Einbau

- Glühlampe in die Fassung eindrücken, Fassung mit Glühlampe bis zum Anschlag in den Reflektor einsetzen und einrasten.
- An der Rückseite des Scheinwerfers Deckel einsetzen und festschrauben.

Blinklicht/B-KLASSE

Die Glühlampe wird bei der B-KLASSE über den Motorraum ausgetauscht. Der Aus- und Einbau erfolgt wie beim Halogen-Scheinwerfer, siehe entsprechendes Kapitel.

Abbiegelicht/A-/B-KLASSE

Seit 6/08

Ausbau

- Deckel –1– abnehmen, siehe Abbildung M-5689 auf Seite 75.

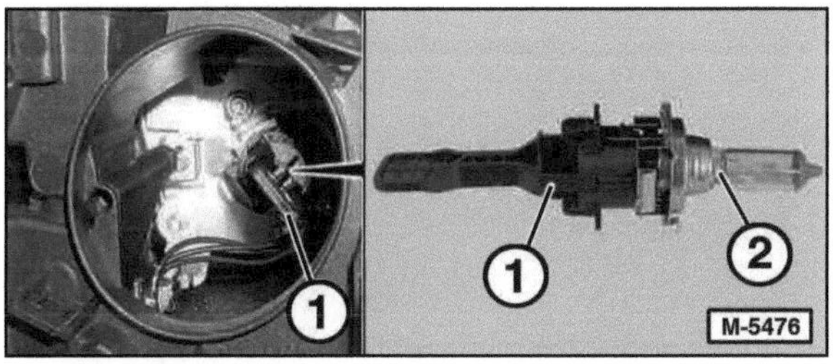

- **A-KLASSE:** Griff –1– der Lampenfassung nach links drehen und mit Lampe herausnehmen.
- Lampe –2– aus der Fassung herausziehen.
- **B-KLASSE:** Stecker mit Lampenfassung für Abbiegelicht nach links drehen und mit Lampe herausnehmen. Lampe aus der Fassung herausziehen.
- Der Einbau erfolgt in umgekehrter Ausbaureihenfolge.

Scheinwerfer aus- und einbauen

Ausbau

> **Sicherheitshinweis/Xenon-Scheinwerfer**
> Vorsicht bei Arbeiten an Xenon-Scheinwerfern. Verletzungsgefahr durch Hochspannung! Hinweise beachten, siehe Seite 75.

- Schalter des Scheinwerfers ausschalten.
- Zündung ausschalten und Zündschlüssel abziehen.
- Motorhaube öffnen.
- Batterie abklemmen. **Achtung:** Hinweise im Kapitel »Batterie aus- und einbauen« beachten.
- **Ausbau beider Scheinwerfer:** Stoßfängerabdeckung vorn ausbauen, siehe Seite 215.

Ausbau nur eines Scheinwerfers

- Fahrzeug vorn anheben und Stoßfängerabdeckung an der entsprechenden Seite losschrauben, siehe Seite 215.
- Stoßfängerabdeckung unter dem Scheinwerfer etwas nach vorne ziehen. Zum Schutz vor Beschädigungen ein Klebeband an der oberen Kante der Stoßfängerabdeckung anbringen.
- Stoßfängerabdeckung so weit nach vorne ziehen, bis die untere Scheinwerferschraube zugänglich ist.

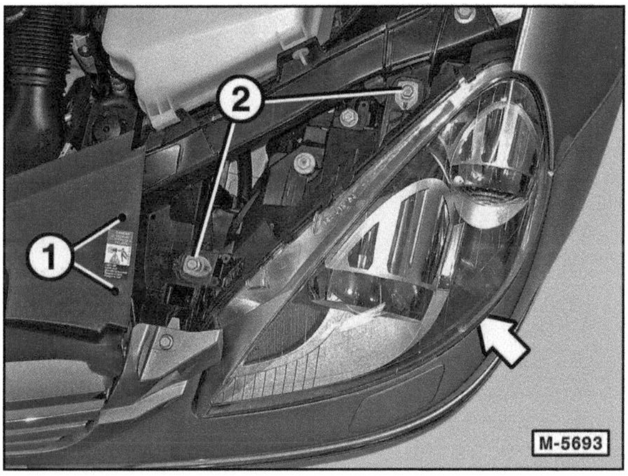

- **B-KLASSE:** Abdeckung über dem Scheinwerfer abnehmen. Dazu 2 Spreizclips –1– aus der Abdeckung über dem Schlossträger herausziehen und an der Außenseite einen Stopfen herausziehen.
- 2 Schrauben –2– oben am Scheinwerfer herausdrehen.
- Schraube –Pfeil– unter dem Scheinwerfer herausdrehen.
- An der Rückseite des Scheinwerfers Steckverbindung entriegeln und trennen.
- **Halogen-Scheinwerfer:** An der Rückseite des Scheinwerfers Pneumatik-Leitung für Leuchtweitenregulierung abziehen.
- Scheinwerfer nach vorne herausziehen.

Einbau

Der Einbau erfolgt in umgekehrter Ausbaureihenfolge. Dabei ist Folgendes zu beachten:

- Die Steckverbindung an der Rückseite des Scheinwerfers muss hörbar einrasten.
- **Halogen-Scheinwerfer:** Auf korrekten Sitz der Pneumatik-Leitung achten.
- Scheinwerfer zu den umliegenden Karosserieteilen ausrichten, dabei auf gleichmäßige Spaltmaße achten.
  Spaltmaße, Sollwerte/A-KLASSE:
  Scheinwerfer – Motorhaube/Kotflügel: . . . . . . $4{,}0^{\pm 1{,}0}$ mm
  Scheinwerfer – Stoßfängerabdeckung: . . . . . $3{,}0^{\pm 1{,}0}$ mm
  Spaltmaße, Sollwerte/B-KLASSE:
  Scheinwerfer – Motorhaube/Kotflügel: . . . . . . $4{,}0^{\pm 1{,}0}$ mm
  Scheinwerfer – Stoßfängerabdeckung: . . . . . $4{,}0^{\pm 1{,}0}$ mm
- Batterie anklemmen. **Achtung:** Hinweise im Kapitel »Batterie aus- und einbauen« beachten.
- Scheinwerfer auf Funktion überprüfen.
- Scheinwerfer-Einstellung so bald wie möglich von einer Werkstatt kontrollieren und gegebenenfalls einstellen lassen.

Achtung: Für die Verkehrssicherheit ist die exakte Einstellung der Scheinwerfer von großer Bedeutung.

Scheinwerfer einstellen

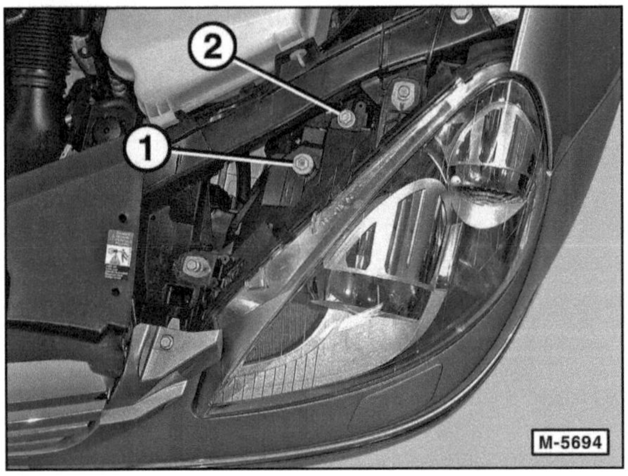

- Seiteneinstellung des Scheinwerfers mit Schraube –1–.
- Höheneinstellung des Scheinwerfers mit Schraube –2–.

Hinweis: Die exakte Einstellung der Scheinwerfer ist nur mit einem Spezialgerät möglich (Werkstattarbeit).

Achtung: Bei Scheinwerfern mit Xenonlampen muss in der Fachwerkstatt vorher eine Grundeinstellung vorgenommen werden.

Nebelscheinwerfer aus- und einbauen/ Glühlampe wechseln

Ausbau

- Zündung und Schalter der Leuchte ausschalten.
- Batterie abklemmen. **Achtung:** Hinweise im Kapitel »Batterie aus- und einbauen« beachten.
- Vorderteil vom Innenkotflügel ausbauen, siehe Seite 219.

Hinweis: Es ist auch möglich, den Innenkotflügel an der Seite und unten von der Stoßfängerabdeckung zu lösen und mit einem Kunststoffkeil so weit umzuschlagen, bis die Leuchte zugänglich ist. Zuvor muss das Vorderrad vollständig eingeschlagen werden.

A-KLASSE

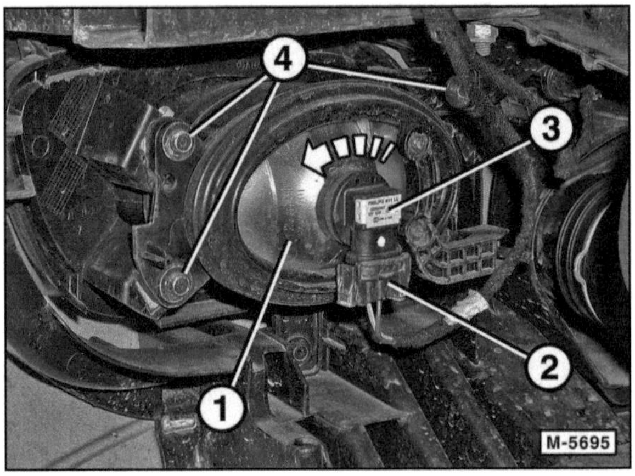

B-KLASSE

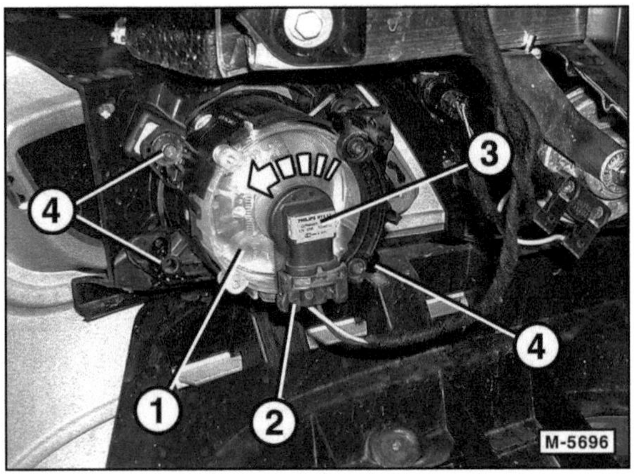

- Stecker –2– entriegeln und von der Lampenfassung –3– abziehen.
- Schrauben –4– herausdrehen, Nebelscheinwerfer –1– nach hinten von der Stoßfängerabdeckung abnehmen und aus dem Radkasten herausziehen.

Einbau

- Der Einbau erfolgt in umgekehrter Ausbaureihenfolge.
- Scheinwerfer-Einstellung von einer Werkstatt kontrollieren und einstellen lassen.

Glühlampe wechseln

- Vorderteil vom Innenkotflügel ausbauen, siehe Seite 219.
- Stecker –2– entriegeln und abziehen.
- Lampenfassung –3– gegen den Uhrzeigersinn drehen –Pfeil– und mit Glühlampe aus dem Nebelscheinwerfer herausziehen, siehe Abbildung M-5695/M-5696.

Hinweis: Die Halogen-Glühlampe kann nicht aus der Fassung herausgezogen werden.

- Neue Glühlampe mit der Fassung einsetzen und im Uhrzeigersinn drehen, bis sie einrastet.
- Glühlampe auf Funktion überprüfen.

Seitliche Blinkleuchte aus- und einbauen

Die seitliche Blinkleuchte sitzt im Außenspiegel. Die Leuchtdioden der Blinkleuchte können nicht einzeln ersetzt werden. Bei einem Defekt muss die komplette Blinkleuchte ausgetauscht werden.

Ausbau

- Zündung und Schalter der Leuchte ausschalten.
- Spiegelverkleidung ausbauen, siehe Seite 239.

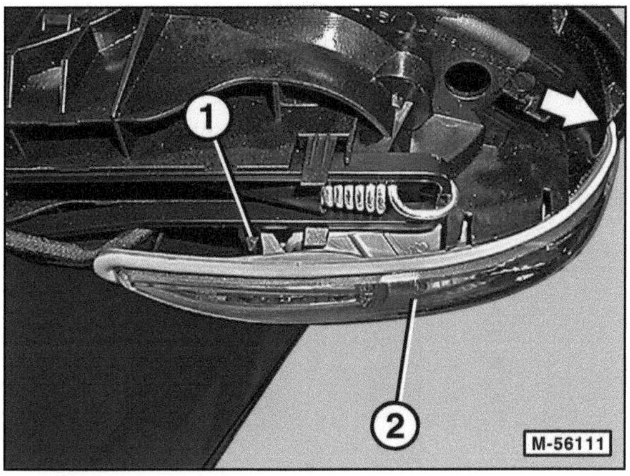

- Rasthaken –1– entriegeln und Blinkleuchte –2– aus dem Spiegelgehäuse herausziehen.

Hinweis: Beim Einbau Blinkleuchte zuerst in das Gehäuse einsetzen –Pfeil– und danach am Rasthaken einrasten.

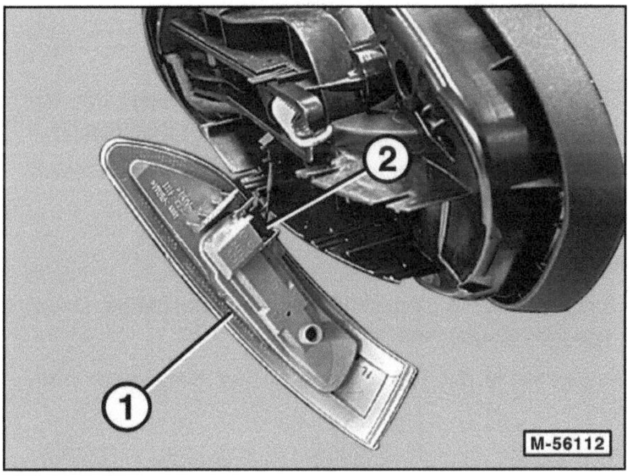

- Stecker –2– entriegeln und von der Blinkleuchte –1– abziehen.
- Blinkleuchte vom Außenspiegel abnehmen.

Einbau

- Der Einbau erfolgt in umgekehrter Ausbaureihenfolge.
- Blinkleuchte auf Funktion überprüfen.

Heckleuchte aus- und einbauen/ Glühlampe wechseln

A-KLASSE

Ausbau

- Zündung und Schalter der Leuchte ausschalten.
- Batterie abklemmen. **Achtung:** Hinweise im Kapitel »Batterie aus- und einbauen« beachten.
- Heckklappe öffnen.
- Mit einem Kunststoffkeil Dreieckblende über der Heckleuchte von der Seitenwand abclipsen.
- Klappe in der Seitenverkleidung entriegeln und herunterklappen. Klappe gegebenenfalls aus der Seitenverkleidung herausziehen.
- **Linke Seite:** Verbandkasten und elektrische Luftpumpe aus dem Ablagefach herausziehen.
- **Rechte Seite:** Ablageschale herausklappen.

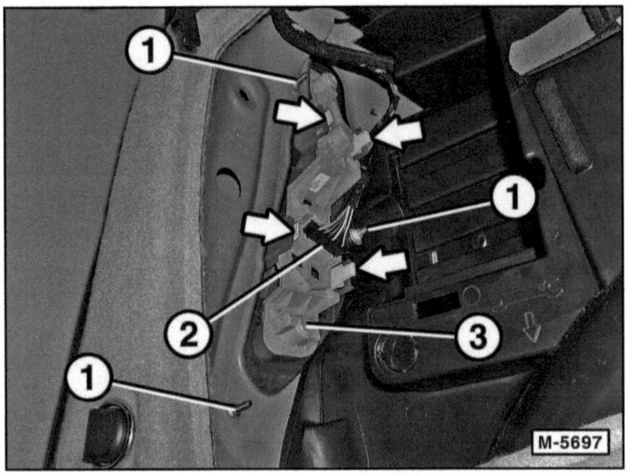

- Stecker –2– entriegeln und abziehen. **Hinweis:** Die Abbildung zeigt die Heckleuchte an der linken Seitenwand.
- 3 Muttern –1– abschrauben und Heckleuchte nach hinten aus der Seitenwand herausziehen.

Einbau

Der Einbau erfolgt in umgekehrter Ausbaureihenfolge. Dabei ist Folgendes zu beachten:

- Auflagefläche der Heckleuchte an der Karosserie reinigen.
- Heckleuchte an der Seitenwand ansetzen, ausrichten und festschrauben.
- Auf gleichmäßige Fugenmaße und Bündigkeit zu den anschließenden Karosserieteilen achten.
- Heckleuchte auf Funktion prüfen.

Glühlampe wechseln

- Klappe in der Seitenverkleidung öffnen beziehungsweise herausnehmen.
- Stecker –2– entriegeln und abziehen.
- Sicherungslaschen zusammendrücken –Pfeile– und entriegeln, siehe Abbildung M-5697.
- Lampenträger –3– aus der Heckleuchte herausziehen.

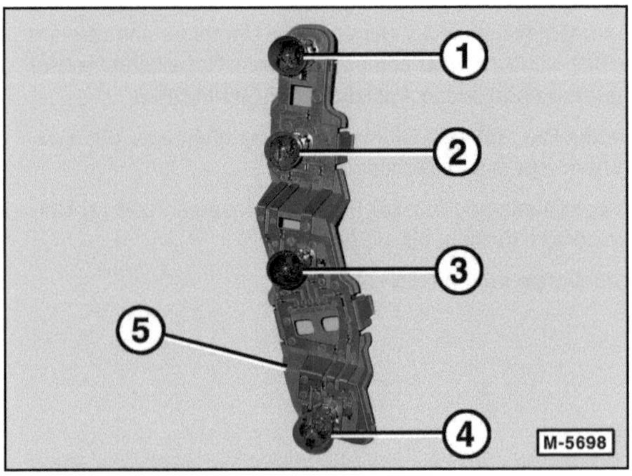

1 – Glühlampe für Bremsleuchte
2 – Glühlampe für Rückfahrleuchte
3 – Glühlampe für Blinkleuchte
4 – Glühlampe für Schlussleuchte und Nebelschlussleuchte (nur links)
5 – Lampenträger/Fassung

Hinweis: Bei Fahrzeugen mit »Exterieur Licht- und Sichtpaket« wird die Funktion einer ausgefallenen Glühlampe gegebenenfalls durch die Nebelschlussleuchte übernommen. Deshalb befindet sich auch auf der rechten Seite eine Glühlampe in der entsprechenden Fassung.

- Glühlampe eindrücken, gegen den Uhrzeigersinn drehen und aus der Fassung –5– herausziehen.
- Neue Glühlampe einsetzen und auf Funktion überprüfen.

Hinweis: Die Sicherungslaschen müssen beim Einbau hörbar einrasten.

Heckleuchte aus- und einbauen/ Glühlampe wechseln

B-KLASSE

Die Heckleuchte ist geteilt. Ein Leuchtensegment ist im hinteren Karosserie-Seitenteil des Fahrzeugs eingesetzt, das andere ist in der Heckklappe integriert.

Leuchte im hinteren Seitenteil

Ausbau

- Zündung und Schalter der Leuchte ausschalten.
- Batterie abklemmen. **Achtung:** Hinweise im Kapitel »Batterie aus- und einbauen« beachten.
- Heckklappe öffnen.
- Klappe in der Seitenverkleidung entriegeln und herunterklappen. Klappe gegebenenfalls aus der Seitenverkleidung herausziehen.
- **Linke Seite:** Verbandkasten und elektrische Luftpumpe aus dem Ablagefach herausziehen.
- **Rechte Seite:** Ablageschale herausklappen.

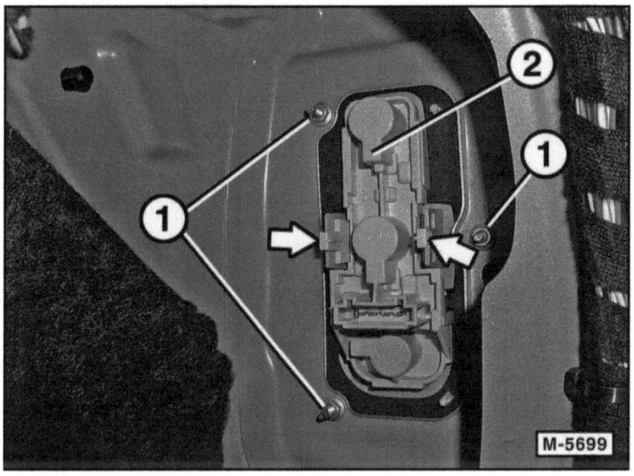

- Stecker entriegeln und abziehen. **Hinweis:** Die Abbildung zeigt die Heckleuchte an der rechten Seitenwand.
- 3 Muttern –1– abschrauben und Heckleuchte nach hinten aus der Seitenwand herausziehen.

Hinweis: Die Heckleuchte ist an der Rückseite mit einer Aufnahme für einen Führungsstift ausgestattet. Deshalb darf die Heckleuchte an der Fahrzeugseite nicht seitlich weggezogen werden, sondern nur nach hinten.

Einbau

Der Einbau erfolgt in umgekehrter Ausbaureihenfolge. Dabei ist Folgendes zu beachten:

- **Modell bis zum Produktionszeitpunkt Mai 2005:** Aufnahme der neuen Heckleuchte mit einem Messer vorsichtig abschneiden, da die Position der Aufnahme an der Rückseite bei späteren Austausch-Heckleuchten verschoben wurde. **Hinweis:** Der Führungsstift an der Fahrzeugseite kann nicht entfernt werden.
- Auflagefläche der Heckleuchte an der Karosserie reinigen.
- Heckleuchte ansetzen und so von hinten aufschieben, dass der Führungsstift an der Fahrzeugseite in die Aufnahme an der Rückseite der Heckleuchte eingreift.
- Auf gleichmäßige Fugenmaße und Bündigkeit zu den anschließenden Karosserieteilen achten.
- Heckleuchte auf Funktion prüfen.

Glühlampe wechseln

- Klappe in der Seitenverkleidung öffnen beziehungsweise herausnehmen.
- Stecker entriegeln und abziehen.
- Sicherungslaschen zusammendrücken –Pfeile– und entriegeln, siehe Abbildung M-5699.
- Lampenträger –2– aus der Heckleuchte herausziehen.

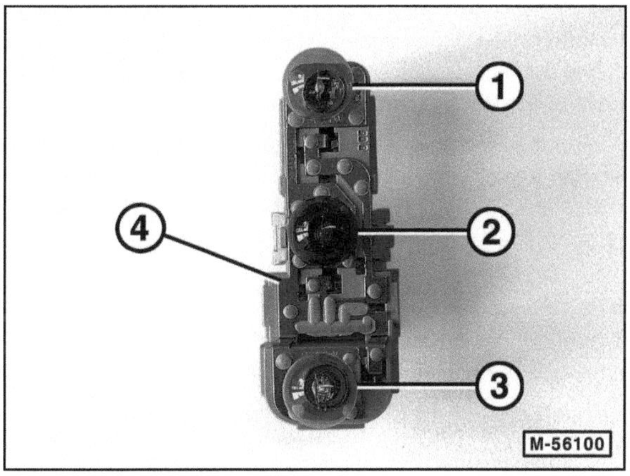

1 – Glühlampe für Bremsleuchte
2 – Glühlampe für Blinkleuchte
3 – Glühlampe für Schlussleuchte
4 – Lampenträger/Fassung

- Glühlampe eindrücken, gegen den Uhrzeigersinn drehen und aus der Fassung –4– herausziehen.
- Neue Glühlampe einsetzen und auf Funktion überprüfen.

Hinweis: Die Sicherungslaschen müssen beim Einbau hörbar einrasten.

Leuchte in der Heckklappe

Ausbau

- Zündung und Schalter der Leuchte ausschalten.
- Batterie abklemmen. **Achtung:** Hinweise im Kapitel »Batterie aus- und einbauen« beachten.
- Heckklappenverkleidung ausbauen, siehe Seite 227.

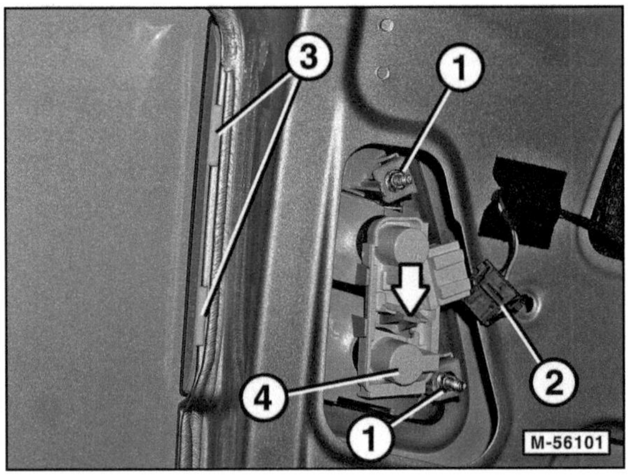

- An der Rückseite der Heckklappe Stecker –2– entriegeln und von der Heckleuchte abziehen. **Hinweis:** Die Abbildung zeigt die Heckleuchte an der rechten Kante der Heckklappe.
- 2 Muttern –1– abschrauben, Haltekrallen an der Heckklappe aushängen und abnehmen. **Hinweis:** Auf die Einbaulage der Haltekrallen achten.
- Heckleuchte mit einer Drehbewegung zur Fahrzeugseite von der Heckklappe abnehmen. Dabei werden die umgreifenden Haltewinkel –3– von der Kante der Heckklappe gezogen.

Einbau

Der Einbau erfolgt in umgekehrter Ausbaureihenfolge. Dabei ist Folgendes zu beachten:

- Auflagefläche der Heckleuchte an der Heckklappe reinigen.
- Heckleuchte so ansetzen, dass die Haltewinkel –3– die Kante der Heckklappe umgreifen.
- Haltekrallen in der Öffnung der Heckklappe einhängen und in die Heckleuchte einsetzen. Auf korrekten Sitz der Haltekrallen an der Heckklappe und in der Halterung der Heckleuchte achten.
- Heckleuchte auf Funktion prüfen.

Glühlampe wechseln

- Heckklappenverkleidung ausbauen, siehe Seite 227.
- Stecker –2– entriegeln und abziehen.
- Sicherungslasche drücken –Pfeil– und entriegeln, siehe Abbildung M-56101.
- Lampenträger –4– aus der Heckleuchte herausziehen.

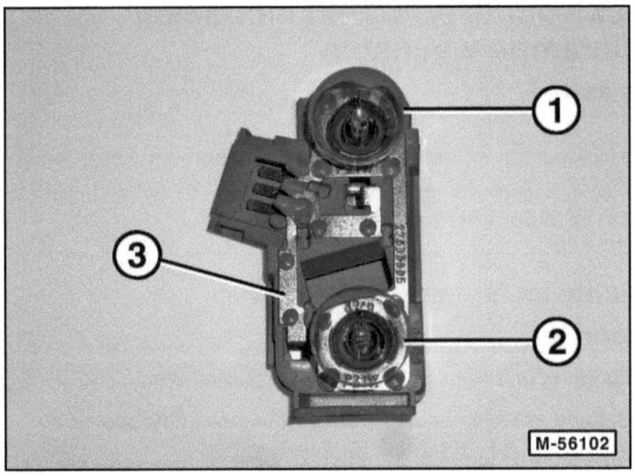

1 – Glühlampe für Rückfahrleuchte
2 – Glühlampe für Nebelschlussleuchte (nur links)
3 – Lampenträger/Fassung

Hinweis: Bei Fahrzeugen mit »Exterieur Licht- und Sichtpaket« wird die Funktion einer ausgefallenen Glühlampe gegebenenfalls durch die Nebelschlussleuchte übernommen. Deshalb befindet sich auch auf der rechten Seite eine Glühlampe in der entsprechenden Fassung.

- Glühlampe eindrücken, gegen den Uhrzeigersinn drehen und aus der Fassung –3– herausziehen.
- Neue Glühlampe einsetzen und auf Funktion überprüfen.

Hinweis: Die Sicherungslasche muss beim Einbau hörbar einrasten.

Glühlampe für Kennzeichenleuchte wechseln

Ausbau

- Zündung und Lichtschalter ausschalten.

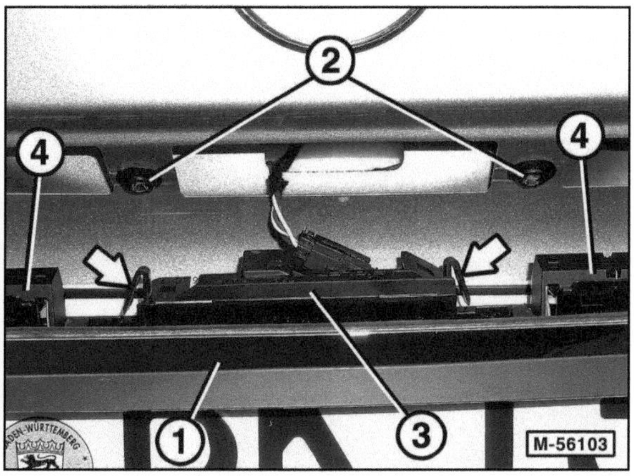

- Heckklappe öffnen und in halb geöffneter Position halten.
- Griffleiste –1– von der Heckklappe abschrauben. Dazu 4 Schrauben außen herausdrehen. 2 – Bohrungen in der Heckklappe für die Schrauben.
- Griffleiste ein Stück von der Heckklappe ziehen. Mit einem Schraubendreher 2 Sicherungshaken so weit nach innen drücken –Pfeile–, bis sich die Griffleiste von der Heckklappe löst.
- Stecker am Heckklappenöffner –3– entriegeln und abziehen.
- Griffleiste zusammen mit den eingesetzten Kennzeichenleuchten –4– von der Heckklappe abnehmen.

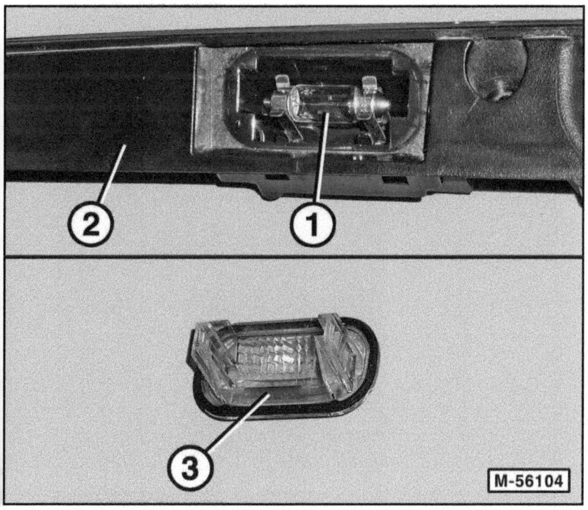

- Leuchtenglas –3– mit einem Kunststoffkeil und einem Schraubendreher vorsichtig aus der Griffleiste –2– heraushebeln. **Achtung:** Der Einbauspalt ist sehr eng.
- Soffitten-Glühlampe –1– aus der Klemmfassung herausnehmen und ersetzen.

Einbau

- Der Einbau erfolgt in umgekehrter Ausbaureihenfolge. Dabei Leuchtenglas so einrasten, dass keine Feuchtigkeit eindringen kann.

Zusatzbremsleuchte aus- und einbauen

Die Zusatzbremsleuchte ist mit Leuchtdioden bestückt. Bei einem Defekt Zusatzbremsleuchte komplett austauschen.

A-KLASSE

Ausbau

- Zündung ausschalten.
- Batterie abklemmen. **Achtung:** Hinweise im Kapitel »Batterie aus- und einbauen« beachten.
- Heckklappenverkleidung ausbauen, siehe Seite 227.

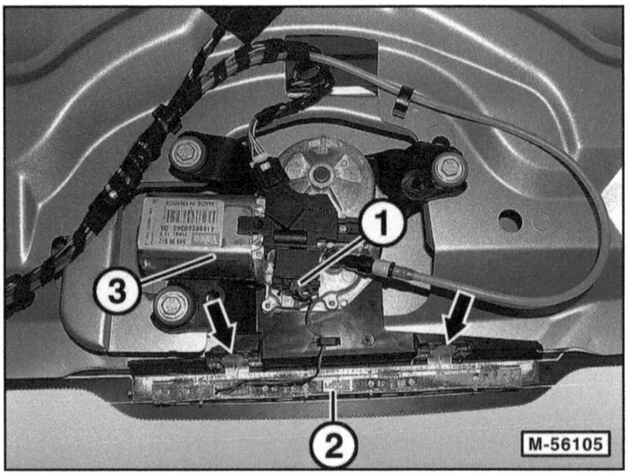

- Stecker –1– abziehen.
- Leitung für die Zusatzbremsleuchte aus der Halterung am Heckwischermotor –3– herausziehen.
- Mit einem Schraubendreher Zusatzbremsleuchte –2– entriegeln –Pfeile– und aus der Halterung herausziehen.

Einbau

Der Einbau erfolgt in umgekehrter Ausbaureihenfolge. Dabei ist Folgendes zu beachten:

- Auf korrekten Sitz der Zusatzbremsleuchte an der Halterung am Heckwischermotor achten.
- Zusatzbremsleuchte auf Funktion überprüfen.

B-KLASSE

Ausbau

- Zündung ausschalten.
- Batterie abklemmen. **Achtung:** Hinweise im Kapitel »Batterie aus- und einbauen« beachten.
- Heckklappenverkleidung ausbauen, siehe Seite 227.

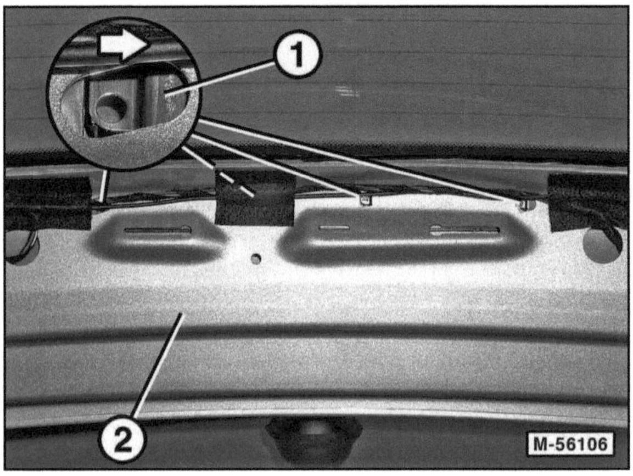

- Mit einem Schraubendreher Riegel –1– in Pfeilrichtung drücken.
- Schraubendreher durch die Aussparungen in der Heckklappe führen und Zusatzbremsleuchte nach außen herausdrücken.
- Zusatzbremsleuchte aus der Heckklappe –2– herausziehen und Stecker abziehen.

Einbau

- Der Einbau erfolgt in umgekehrter Ausbaureihenfolge. Vorher alle Riegel wieder zurückdrücken.
- Zusatzbremsleuchte auf Funktion überprüfen.

Glühlampen für Innenleuchten auswechseln

Hinweis: Zum Ausbau einiger Abdeckungen muss ein Kunststoffkeil verwendet werden, zum Beispiel HAZET 1965-20.

- Zündung und Schalter der Leuchte ausschalten.
- Batterie abklemmen. **Achtung:** Hinweise im Kapitel »Batterie aus- und einbauen« beachten.
- Nach dem Einbau Glühlampe auf Funktion überprüfen.

Deckenleuchte vorn

- Zündschlüssel abziehen.

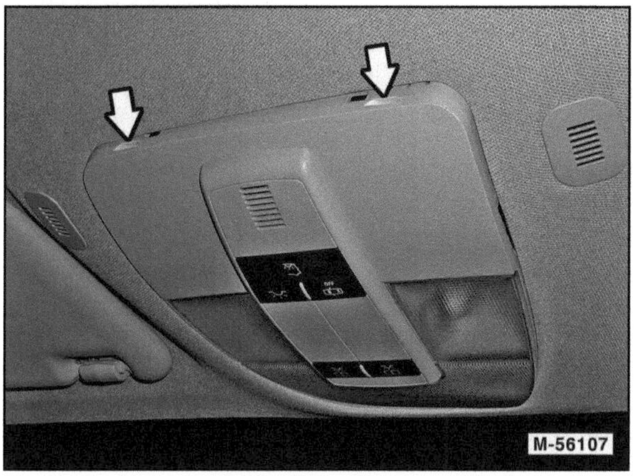

- Mit einem Kunststoffkeil beziehungsweise einem Schraubendreher Deckenleuchte hinten –Pfeile– aus dem Dachhimmel heraushebeln und nach unten ziehen.

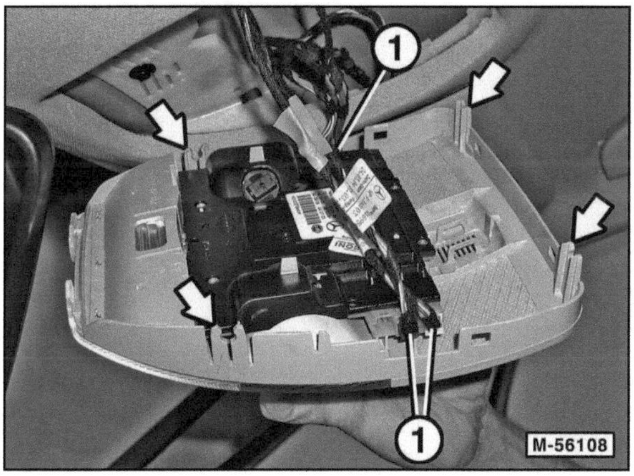

- Deckenleuchte herausziehen, dabei Haltelaschen –Pfeile– aus den Aufnahmen am Dachhimmelrahmen lösen.

Hinweis: Beim Einbau müssen die Haltelaschen in den Aufnahmen einrasten.

Achtung: Da in der Deckenleuchte ein Steuergerät eingesetzt ist, vor dem Trennen der Steckverbindungen elektrostatische Aufladung abbauen. Dazu kurz den Schließbügel der Tür oder die Karosserie anfassen.

- Stecker –1– entriegeln und von der Deckenleuchte abziehen.

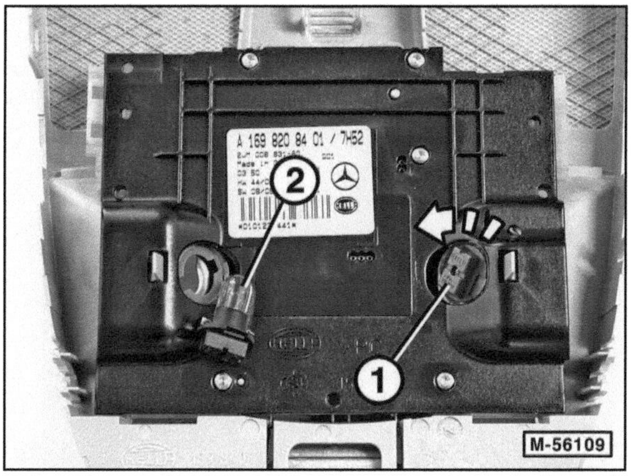

- Fassung –1– an der Rückseite der Deckenleuchte gegen den Uhrzeigersinn drehen –Pfeil– und zusammen mit der Glühlampe für Leseleuchte herausziehen.
- Glühlampe –2– aus der Fassung herausziehen und ersetzen.

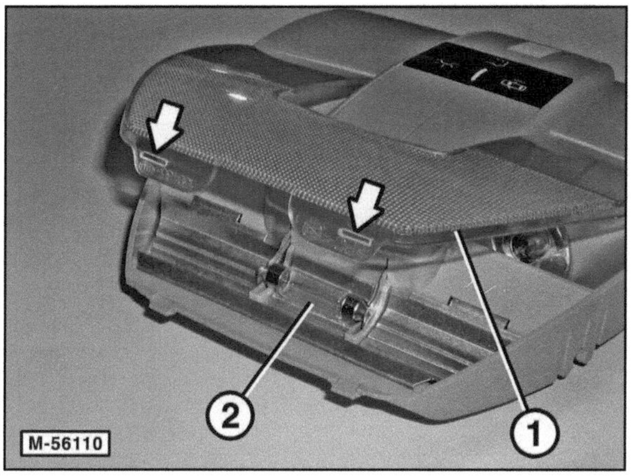

- Leuchtenglas –1– an den Einraststellen –Pfeile– von der Deckenleuchte lösen und nach oben klappen.
- Soffitten-Glühlampe –2– aus der Klemmfassung herausnehmen und ersetzen.

Hinweis: In der Fachwerkstatt werden bei Austausch der Deckenleuchte die Grunddaten des Steuergerätes auf ein Diagnosegerät überspielt und danach auf die neue Deckenleuchte übertragen.

Deckenleuchte am Dachhaltegriff

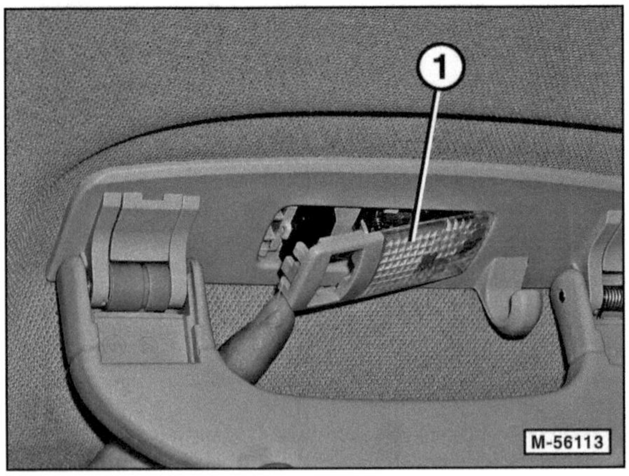

- Haltegriff herunterklappen, Leuchtenglas –1– an der Schmalseite vorsichtig ausrasten und abziehen.
- Glühlampe drehen, aus der Fassung herausnehmen und ersetzen.

Deckenleuchte hinten

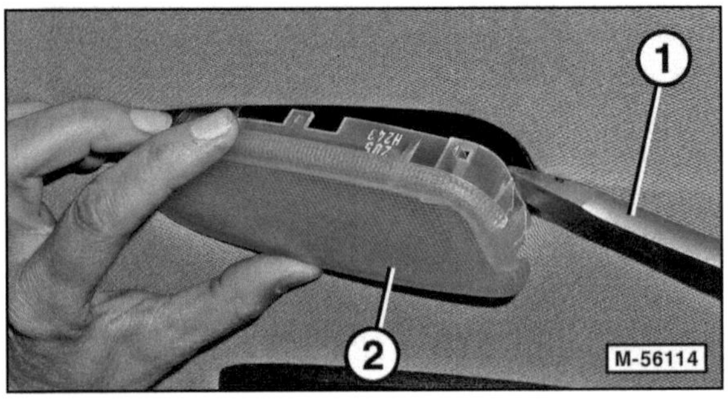

- Mit einem dicken Schraubendreher –1– oder dem Montagekeil HAZET 1965-20 die Deckenleuchte –2– an der linken Schmalseite aus dem Dachhimmel heraushebeln und herausziehen.
- Stecker entriegeln und von der Deckenleuchte abziehen.

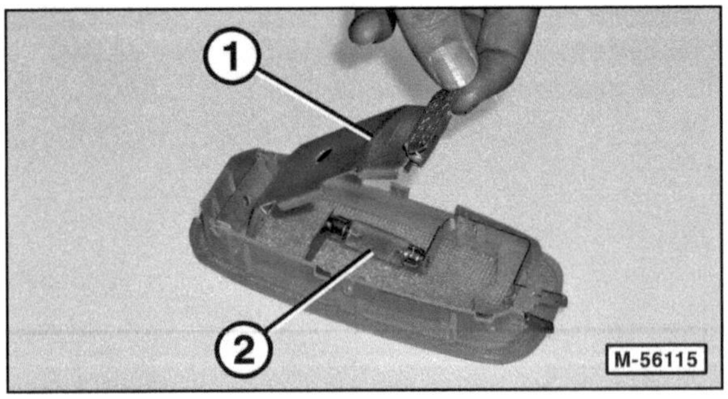

- Abdeckblech –1– hochklappen.
- Soffitten-Glühlampe –2– aus der Klemmfassung herausnehmen und ersetzen.

Spiegelleuchte

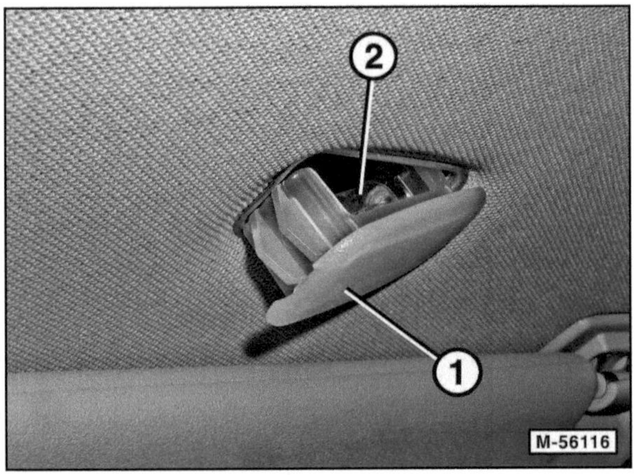

- Mit einem Kunststoffkeil Leuchte –1– für Make-up-Spiegel aus dem Dachhimmel heraushebeln und herausziehen.
- Soffitten-Glühlampe –2– aus der Klemmfassung herausnehmen und ersetzen.

Laderaumleuchte/A-KLASSE

- Klappe in der rechten Seitenverkleidung entriegeln und herunterklappen. Ablageschale herausklappen.

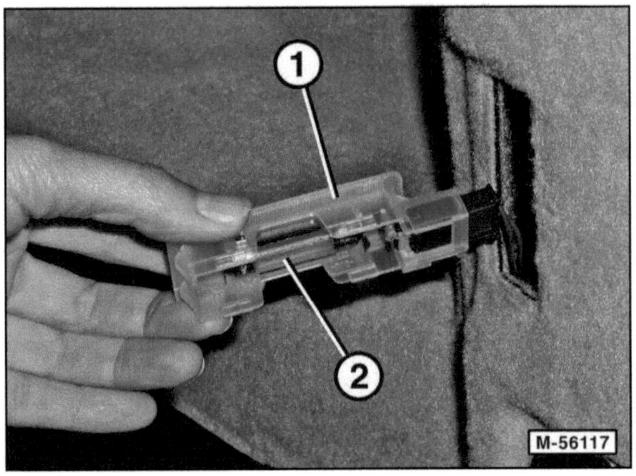

- Leuchte –1– von innen aus der Seitenverkleidung herausdrücken.
- Soffitten-Glühlampe –2– aus der Klemmfassung herausnehmen und ersetzen.

Handschuhfachleuchte

- Handschuhfach öffnen.

- Mit einem Kunststoffkeil Leuchte –1– aus dem Handschuhfach heraushebeln und herausziehen.
- Soffitten-Glühlampe aus der Klemmfassung herausnehmen und ersetzen.

Fußraumleuchte

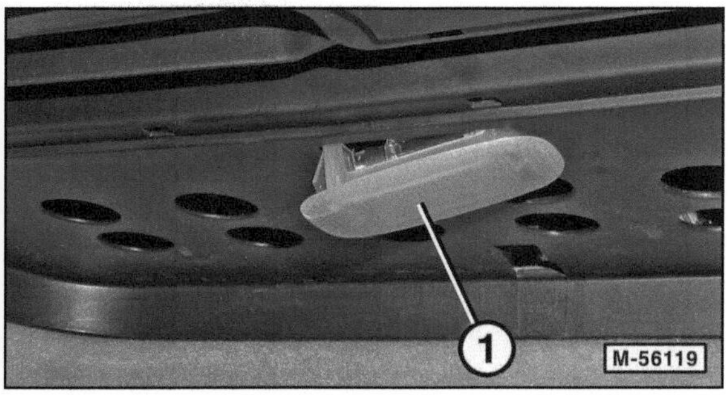

- Mit einem Kunststoffkeil Leuchte –1– aus der Abdeckung oben im Fußraum heraushebeln und herausziehen.
- Soffitten-Glühlampe aus der Klemmfassung herausnehmen und ersetzen.

Heckklappenleuchte

- Heckklappe öffnen.
- Schraubendreher in das Heckklappenschloss einführen und Schloss verriegeln. Dabei erlischt die Heckklappenleuchte.

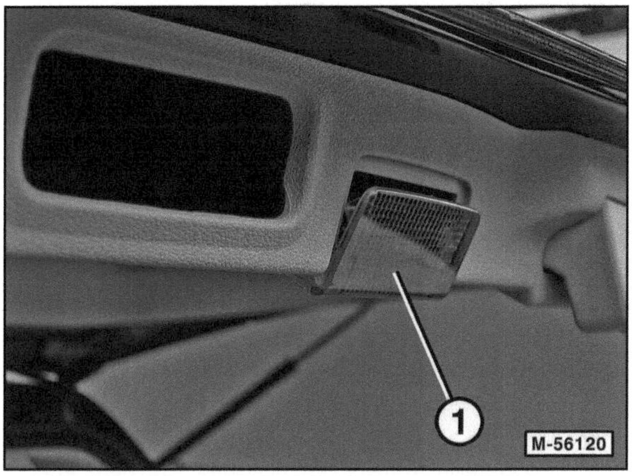

- Heckklappenleuchte –1– von oben nach unten drücken und aus der Heckklappenverkleidung herausziehen.
- Stecker entriegeln und von der Leuchte abziehen.
- An der Rückseite der Leuchte Abdeckblech aufklappen.
- Soffitten-Glühlampe aus der Klemmfassung herausnehmen und ersetzen.

Achtung: Vor dem Trennen der Steckverbindungen elektrostatische Aufladung abbauen, dazu kurz den Schließbügel der Tür oder die Karosserie anfassen.

Hinweis: Zum Abhebeln von Verkleidungen und Blenden Kunststoffkeil verwenden, zum Beispiel HAZET 1965-20. Angrenzende Bereiche zum Schutz vor Beschädigungen gegebenenfalls mit Klebeband abdecken.

Kombiinstrument aus- und einbauen

Hinweis: In den Kontrollleuchten des Kombiinstrumentes sind Leuchtdioden eingesetzt. Bei einem Defekt einer Leuchte muss das Kombiinstrument komplett ausgetauscht werden.

Ausbau

- Wird das Kombiinstrument ausgetauscht, vor dem Ausbau die gespeicherten Daten, zum Beispiel Service-Intervallanzeige und Wegstreckenzähler, mit einem Diagnosegerät auslesen lassen (Werkstattarbeit).
- Zündung ausschalten und Zündschlüssel abziehen.
- Batterie abklemmen. **Achtung:** Hinweise im Kapitel »Batterie aus- und einbauen« beachten.
- Lenksäulenverstellung entriegeln. Lenksäule ganz herausziehen und in unterster Position verriegeln.

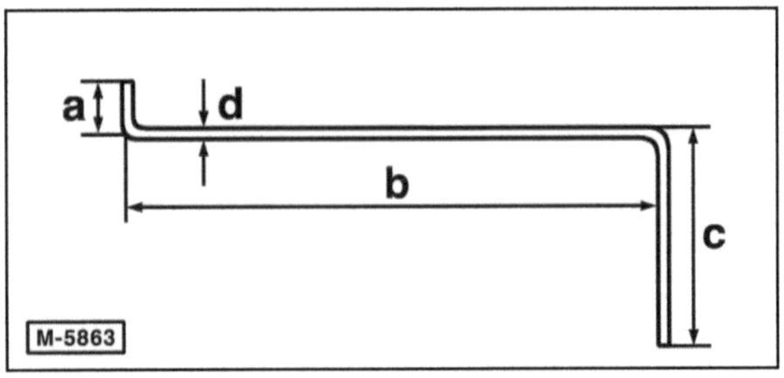

a = 1 cm	c = ca. 7 cm
b = 10 cm	d = 2 – 2,5 mm

Hinweis: Die Fachwerkstatt verwendet zum Entriegeln und Herausziehen des Kombiinstruments die MERCEDES-Ausziehhaken 140 589 02 33 00. Die Ausziehhaken können aus nicht verbiegendem Draht gefertigt werden.

- 2 Ausziehhaken bis zum Anschlag in die Schlitze –Pfeile– rechts und links am Kombiinstrument –1– einführen. Dabei müssen die Haken senkrecht stehen.

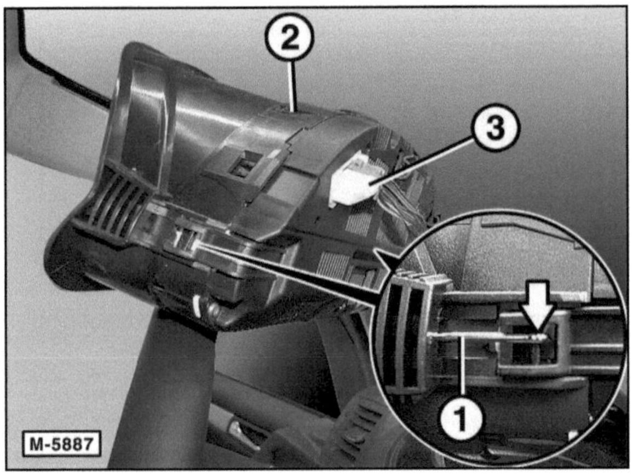

- Ausziehhaken –1– hinter den Rasthaken –Pfeil– drücken und beide um 90° nach innen drehen; dadurch werden die Rasthaken entriegelt.
- Kombiinstrument –2– mit den Ausziehhaken aus der Armaturentafel herausziehen. **Achtung:** Wenn die Rasthaken nicht korrekt entriegelt sind, kann das Gehäuse des Kombiinstrumentes beschädigt werden.
- Stecker –3– an der Rückseite des Kombiinstrumentes entriegeln und abziehen. Kabel aus den Halterungen ziehen.
- Ausziehhaken aus dem Kombiinstrument herausziehen.

Einbau

Der Einbau erfolgt in umgekehrter Ausbaureihenfolge. Dabei ist Folgendes zu beachten:

- Das Kombiinstrument muss hörbar in der Armaturentafel einrasten.
- Wurde das Kombiinstrument ausgetauscht, Service-Intervallanzeige, Wegstreckenzähler sowie spezifische Ausstattungsmerkmale mit einem Diagnosegerät anpassen lassen (Werkstattarbeit).
- Zündung einschalten und Kontrollleuchten sowie Anzeigeinstrumente im Kombiinstrument auf Funktion prüfen.

Lenkstockschalter aus- und einbauen

Der Lenkstockschalter vereint an der Lenksäule die Schalter für Blinker, Fernlicht und Scheibenwischer.

Ausbau

- Batterie abklemmen. **Achtung:** Hinweise im Kapitel »Batterie aus- und einbauen« beachten.

Achtung: Unbedingt Airbag-Sicherheitshinweise befolgen, siehe Seite 125.

- Airbag-Einheit am Lenkrad ausbauen, siehe Seite 126.
- Räder in Geradeausstellung bringen und Lenkrad ausbauen, siehe Seite 126.

Achtung: Die Drehkontaktspirale nicht aus der Mittelstellung verdrehen; gegebenenfalls mit einem Klebestreifen fixieren.

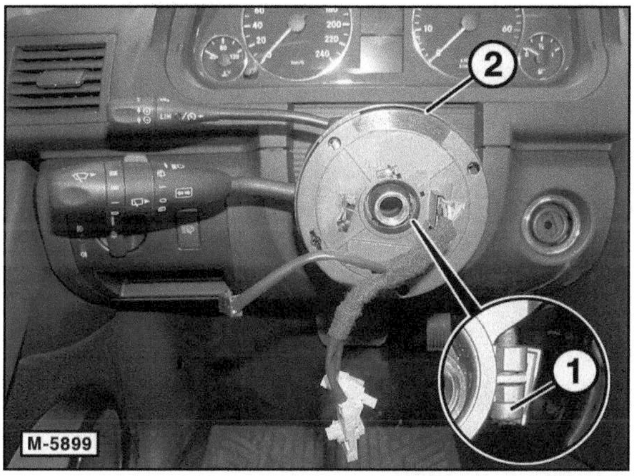

- Klemmschraube –1– an der Lenksäule herausdrehen und Lenkstockeinheit –2– von der Lenksäule abziehen. **Hinweis:** Die Lenkstockeinheit besteht aus Lenkstockschalter, Drehkontaktspirale und gegebenenfalls Schalter für Tempomat.

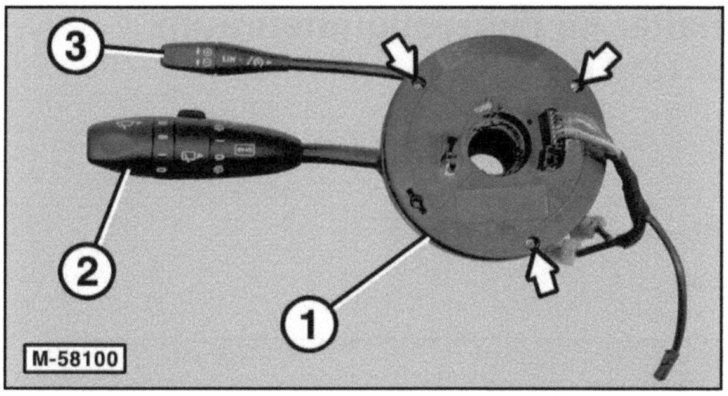

- 3 Schrauben –Pfeile– herausdrehen und Drehkontaktspirale von der Lenkstockeinheit –1– abnehmen. **Hinweis:** Falls nötig, Drehkontaktspirale in Mittelstellung verdrehen, so dass die Schrauben zugänglich sind.
- Je nach Ausstattung Abdeckung über dem Schalter für Tempomat –3– abnehmen und Schalter aus der Lenkstockeinheit herausnehmen.
- Distanzhülse aus der Lenkstockeinheit herausnehmen.
- An der Rückseite der Lenkstockeinheit 3 Schrauben herausdrehen und Lenkstockschalter –2– herausnehmen.

Einbau

Der Einbau erfolgt in umgekehrter Ausbaureihenfolge. Dabei ist Folgendes zu beachten:

- Klemmschraube für Lenkstockeinheit mit **4 Nm** festziehen.
- Schalter auf Funktion prüfen.
- Wenn nötig, Drehkontaktspirale in Mittelstellung bringen.

Drehkontaktspirale in Mittelstellung bringen

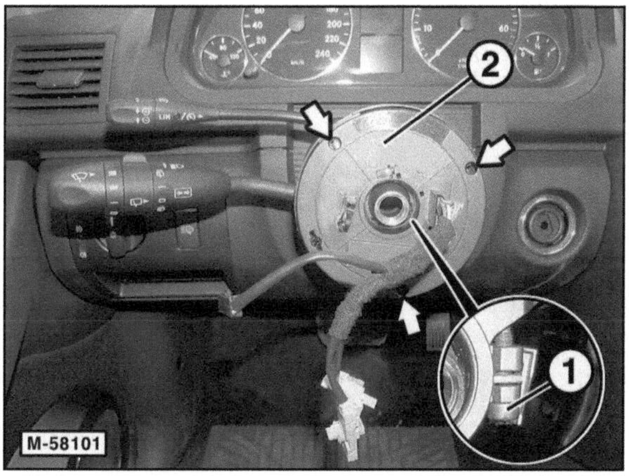

- Drehkontaktspirale –2– vorsichtig bis zu einem leicht spürbaren Anschlag gegen den Uhrzeigersinn drehen. Danach etwa 2½ Umdrehungen zurückdrehen, bis die 3 Schraubenlöcher –Pfeile– mit den Befestigungsschrauben fluchten. 1 – Klemmschraube.

Hinweis: Die Drehkontaktspirale lässt sich von Anschlag zu Anschlag etwa 5¾ Umdrehungen verdrehen. Die Drehkontaktspirale muss in Mittelstellung stehen, damit die Schalter im Lenkrad, inklusive Hupe, ESP und Fahrerairbag störungsfrei funktionieren.

Schalter im Fahrzeuginnenraum aus- und einbauen

- Zündung ausschalten und Zündschlüssel abziehen.

Lichtschalter/A-KLASSE

Ausbau

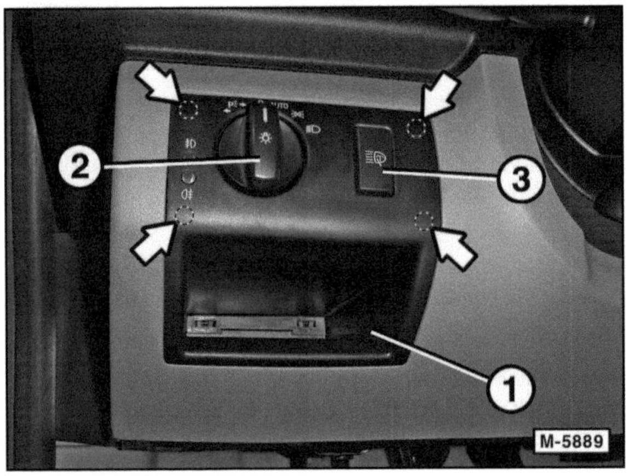

- Mit einem Kunststoffkeil Blende am Lichtschalter an den 4 Rasthaken –Pfeile– von der Armaturentafel lösen.
- Blende zusammen mit Ablagefach –1– nach hinten aus der Armaturentafel ziehen und mit angeschlossenen Leitungen hängen lassen. **Achtung:** Der Leuchtweitenregler beziehungsweise der Schalter für Scheinwerferreinigung –3– ist an der Rückseite der Blende montiert.
- Lichtschalter –2– nach rechts schieben und durch die obere Öffnung nach vorne in die Armaturentafel drücken.
- Lichtschalter schwenken und durch die Öffnung des Ablagefachs –1– aus der Armaturentafel herausziehen.
- Stecker an der Rückseite des Lichtschalters entriegeln und abziehen.

Einbau

Der Einbau erfolgt in umgekehrter Ausbaureihenfolge. Dabei ist Folgendes zu beachten:

- Auf korrekten Sitz der Blende und des Ablagefachs in der Armaturentafel achten.
- Zündung einschalten und Schalter auf Funktion prüfen.

Lichtschalter/B-KLASSE

Ausbau

- Abdeckung oben im Fußraum auf der Fahrerseite ausbauen, siehe Seite 198.

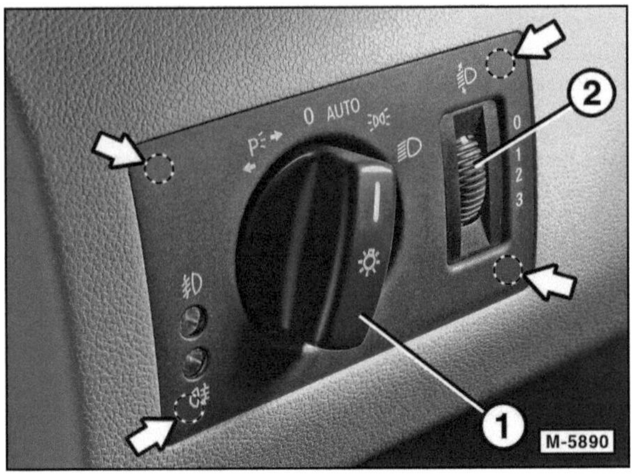

- Mit einem Kunststoffkeil Blende am Lichtschalter an den 4 Rasthaken –Pfeile– von der Armaturentafel lösen.
- Blende nach hinten aus der Armaturentafel ziehen und mit angeschlossenen Leitungen hängen lassen. **Achtung:** Der Leuchtweitenregler –2– beziehungsweise der Schalter für Scheinwerferreinigung ist an der Rückseite der Blende montiert.
- Lichtschalter –1– nach rechts schieben und durch die Öffnung nach vorne in die Armaturentafel drücken.
- Lichtschalter schwenken und nach unten durch die Öffnung im Fußraum herausziehen.
- Stecker an der Rückseite des Lichtschalters entriegeln und abziehen.

Einbau

Der Einbau erfolgt in umgekehrter Ausbaureihenfolge. Dabei ist Folgendes zu beachten:

- Auf korrekten Sitz der Blende in der Armaturentafel achten.
- Zündung einschalten und Schalter auf Funktion prüfen.

Leuchtweitenregler/ Schalter für Scheinwerferreinigung

Ausbau

- Blende am Lichtschalter aus der Armaturentafel ziehen, siehe Abschnitt »Lichtschalter«.
- **Leuchtweitenregler** –2– an der Rückseite der Blende aus der Halterung lösen. Bei Ausbau des Reglers Unterdruckschläuche durchschneiden, siehe Abbildung M-5890.
- **Schalter für Scheinwerferreinigung** –3– an der Rückseite der Blende aus der Halterung lösen. Dazu mit einem Schraubendreher Schalter oben und unten an der Halterung entriegeln. Stecker vom Schalter abziehen, siehe Abbildung M-5889.

Einbau

Der Einbau erfolgt in umgekehrter Ausbaureihenfolge. Dabei ist Folgendes zu beachten:

- **Leuchtweitenregler** in die Halterung einclipsen. Unterdruckschläuche mit Reparaturschläuchen verbinden.
- **Schalter für Scheinwerferreinigung** in die Halterung einclipsen. Stecker am Schalter aufschieben.
- Auf korrekten Sitz der Blende und des Ablagefaches in der Armaturentafel achten.
- Zündung einschalten. Leuchtweitenregler beziehungsweise Schalter auf Funktion prüfen.

Schaltereinheit der Radio-/Heizungskonsole

Je nach Ausstattung sind die Schalter für Sitzheizung, Diebstahl-Warnanlage und Einparksensoren in der Blende für die Klimabedieneinheit eingesetzt.

Ausbau

- Zündung ausschalten und Zündschlüssel abziehen.
- Blende für Klimabedieneinheit ausbauen, siehe Kapitel »Klimabedieneinheit aus- und einbauen«, Seite 97.

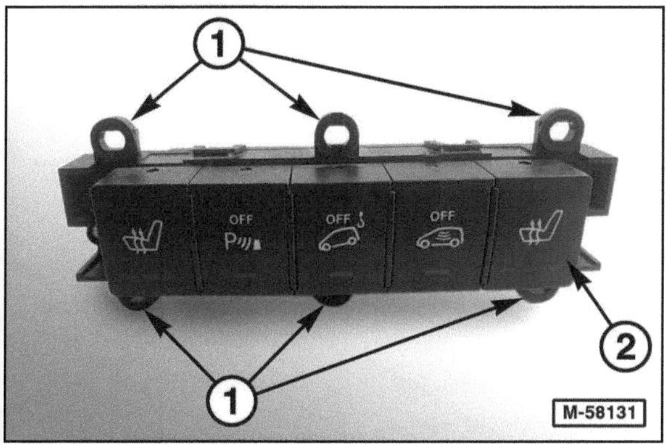

- An der Rückseite der Blende 6 Schrauben aus den Bohrungen –1– der Schaltereinheit –2– herausdrehen und Schaltereinheit von der Blende abnehmen.
- Mehrfachstecker von der Schaltereinheit abziehen.

Einbau

- Der Einbau erfolgt in umgekehrter Ausbaureihenfolge.
- Zündung einschalten. Schalter auf Funktion prüfen.

Schalter für Warnblinkanlage

Ausbau

- Mittlere Luftaustrittsdüse ausbauen, siehe Seite 99.
- An der Rückseite der Düse Schalter an beiden Seiten entriegeln und aus der Halterung herausnehmen.

Einbau

- Der Einbau erfolgt in umgekehrter Ausbaureihenfolge.
- Schalter auf Funktion prüfen.

Schalterfeld in der Vordertür

Hinweis: Hier wird der Ausbau an der Fahrertür beschrieben. An der Beifahrertür in gleicher Weise vorgehen.

Ausbau

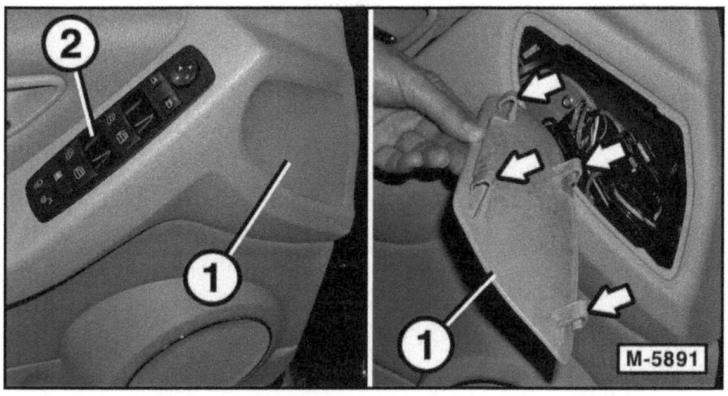

- Mit einem Kunststoffkeil Blende –1– aus der Türverkleidung abhebeln. 2 – Schalterfeld, Pfeile – Haltefedern.

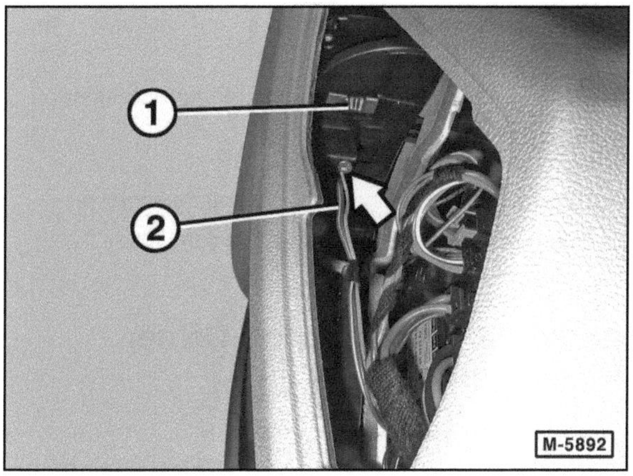

- Schraube –Pfeil– mit Torxschraubendreher T20 herausdrehen.
- Rasthaken –1– entriegeln und Schalterfeld aus der Türverkleidung herausziehen.
- Stecker –2– unten am Schalterfeld abziehen.

Einbau

- Der Einbau erfolgt in umgekehrter Ausbaureihenfolge.
- Zündung einschalten. Schalter auf Funktion prüfen.

Schalter in der Hintertür

Ausbau

- Türverkleidung ausbauen, siehe Seite 233.

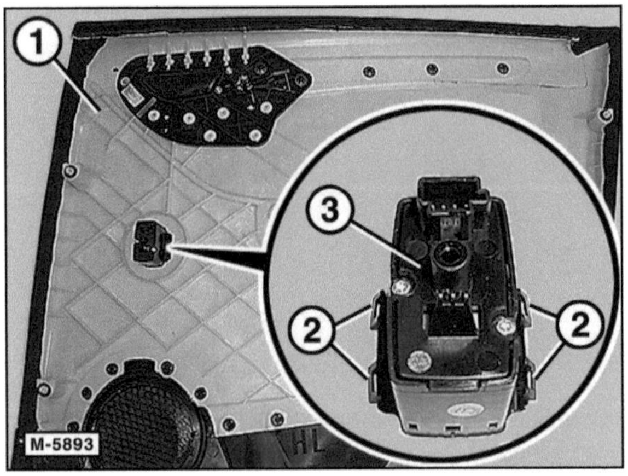

- Rasthaken –2– zusammendrücken und Schalter –3– entriegeln.
- Schalter –3– aus der Türverkleidung –1– herausziehen.

Einbau

- Der Einbau erfolgt in umgekehrter Ausbaureihenfolge.
- Zündung einschalten. Schalter auf Funktion prüfen.

Schalter am Heckklappen-Öffner aus- und einbauen

Ausbau

- Zündung ausschalten und Zündschlüssel abziehen.
- Griffleiste von der Heckklappe abschrauben, siehe Kapitel »Glühlampe für Kennzeichenleuchte wechseln«, Seite 83.

Hinweis: Der Schalter ist in der Griffleiste integriert.

Einbau

- Der Einbau erfolgt in umgekehrter Ausbaureihenfolge.
- Zündung einschalten und Heckklappen-Öffner auf Funktion prüfen.

Schalter für Rückfahrlicht aus- und einbauen

A-KLASSE/Fahrzeuge mit Schaltgetriebe

Ausbau

- Rückwärtsgang einlegen.
- Zündung ausschalten und Zündschlüssel abziehen.
- **Benzinmotor:** Luftfiltergehäuse ausbauen, siehe Seite 183.

Hinweis: Der Schalter sitzt oben am Getriebe zwischen den Schaltzügen.

- Stecker –1– vom Schalter –3– abziehen.
- **Getriebe 716.5xx:** Halteclip –2– aus dem Schaltmodul herausziehen.
- Mit einem offenen Ringschlüssel Schalter –3– aus dem Getriebe herausschrauben.

Einbau

Der Einbau erfolgt in umgekehrter Ausbaureihenfolge. Dabei ist Folgendes zu beachten:

- Rückwärtsgang einlegen.
- Dichtring austauschen.
- Schalter mit **20 Nm** festschrauben.
- Zündung einschalten. Schalter auf Funktion prüfen.

Radio/Navigationsgerät aus- und einbauen

Achtung: Bei einem Radio mit **Anti-Diebstahl-Codierung** vor dem Abklemmen der Batterie oder dem Ausbau des Radios Diebstahlcode feststellen. Ansonsten kann das Radio nur durch den Hersteller wieder in Betrieb genommen werden. Die Code-Nummer ist in der Radio-Bedienungsanleitung angegeben. Sie sollte nicht im Fahrzeug aufbewahrt werden.

Hinweis: Die ab Werk eingebauten Geräte benötigen keinen Diebstahlcode; sie werden von der Fahrzeug-Elektronik erkannt.

Achtung: Durch den Ausbau des Radios beziehungsweise des Navigationsgerätes werden einige **elektronische Speicher gelöscht**. Nach dem Einbau gegebenenfalls die **Radiosender** neu einprogrammieren.

Wird das Radio beziehungsweise das Navigationsgerät ausgetauscht, werden in der Fachwerkstatt vor dem Ausbau die gespeicherten Daten mit einem Diagnosegerät ausgelesen und auf das neue Gerät überspielt.

Ausbau

- Batterie abklemmen. **Achtung:** Hinweise im Kapitel »Batterie aus- und einbauen« beachten.
- Mittlere Luftaustrittsdüse ausbauen, siehe Seite 99.
- Blende für Klimabedieneinheit ausbauen, siehe Kapitel »Klimabedieneinheit aus- und einbauen«, Seite 97.

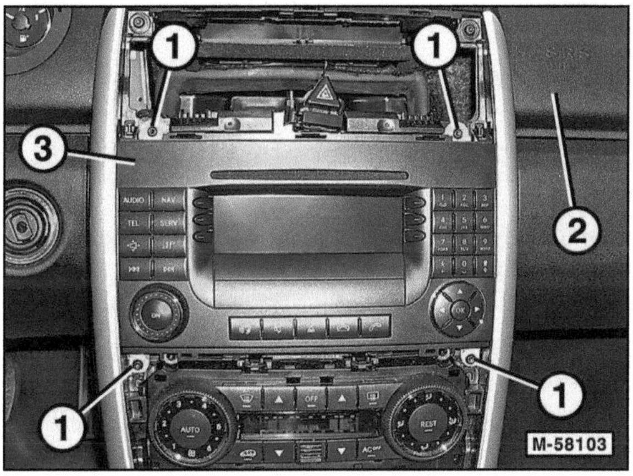

- Jeweils 2 Schrauben –1– oben und unten am Radio/Navigationsgerät –3– herausdrehen. 2 – Armaturentafel.
- **Radiomodell »Audio 5 CD«:** Rasthaken oben an der Klimabedieneinheit entriegeln.

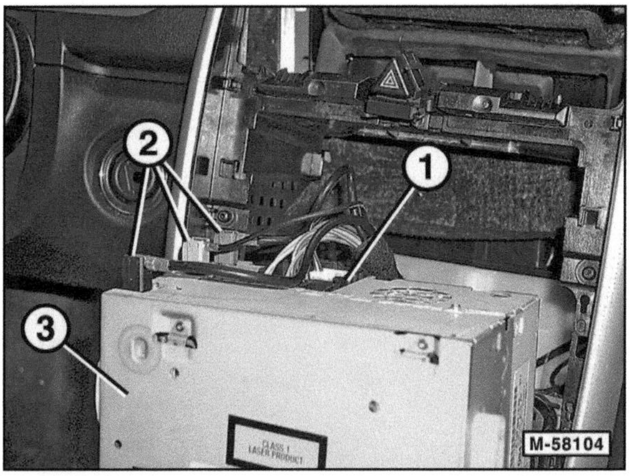

- Radio/Navigationsgerät –3– ein Stück aus dem Einbauschacht herausziehen.
- An der Rückseite Stecker –2– entriegeln und abziehen. **Achtung:** Vor dem Trennen der Steckverbindungen elektrostatische Aufladung abbauen, dazu kurz den Schließbügel der Tür oder die Karosserie anfassen.
- Wenn vorhanden, Lichtwellenleiter –1– vom Radio/Navigationsgerät abziehen, dabei unbedingt Hinweise beachten, siehe Seite 50.
- Radio/Navigationsgerät –3– aus der Armaturentafel herausziehen.

Einbau

- Der Einbau erfolgt in umgekehrter Ausbaureihenfolge.

CD-Wechsler aus- und einbauen

Ausbau

- Batterie abklemmen. **Achtung:** Hinweise im Kapitel »Batterie aus- und einbauen« beachten.
- Handschuhfach öffnen und CD-Wechsler zusammen mit der Konsole herausziehen.
- Konsole so drehen, dass die Anschlüsse hinten zugänglich sind. Stecker vom CD-Wechsler abziehen.
- Lichtwellenleiter vom CD-Wechsler abziehen, dabei unbedingt Hinweise beachten, siehe Seite 50.
- CD-Wechsler zusammen mit der Konsole aus dem Handschuhfach herausnehmen.
- An der Rückseite der Konsole Stecker aus der Halterung lösen und Kabelstrang abnehmen. **Hinweis:** Auf die Verlegung des Kabelstrangs an der Konsole achten.
- Schrauben an beiden Seiten der Konsole sowie an der Unterseite herausdrehen.
- CD-Wechsler aus der Konsole herausziehen.

Einbau

- Der Einbau erfolgt in umgekehrter Ausbaureihenfolge. Auf korrekten Sitz der Konsole im Handschuhfach achten.

Lautsprecher aus- und einbauen

Lautsprecher in der Tür

Ausbau

- Zündung ausschalten und Zündschlüssel abziehen.
- Türverkleidung ausbauen, siehe Seite 233.

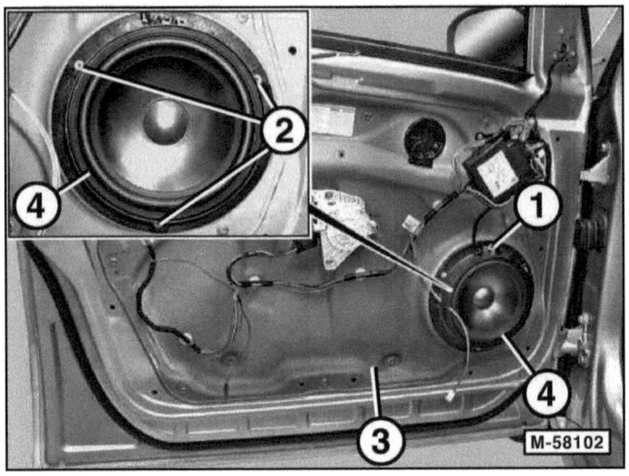

- Stecker –1– am Lautsprecher –4– abziehen.
- Nieten –2– mit einem Bohrer ∅ 4,5 mm ausbohren, siehe Seite 212.
- Lautsprecher vom Tür-Aggregateträger –3– abnehmen.
- Sämtliche Bohrspäne aus der Tür entfernen. Eventuell entstandene Lackschäden ausbessern.

Einbau

- Lautsprecher mit handelsüblichen Blindnieten befestigen.
- Stecker für Lautsprecher aufschieben.
- Türverkleidung einbauen, siehe Seite 233.

Lautsprecher in der Seitenverkleidung hinten/ 3-Türer

Ausbau

- Zündung ausschalten und Zündschlüssel abziehen.
- Seitenverkleidung hinten ausbauen, siehe Seite 203.
- 2 Sicherungsringe am Lautsprecher abziehen und Lautsprecher von der Rückseite der Seitenverkleidung abnehmen.

Einbau

- Lautsprecher mit Sicherungsringen an der Seitenverkleidung befestigen. Wenn nötig, Sicherungsringe erneuern.
- Seitenverkleidung hinten einbauen, siehe Seite 203.

Hochtonlautsprecher vorn

Hinweis: Der Hochtonlautsprecher ist in der A-Säulen-Verkleidung eingesetzt.

Ausbau

- Zündung ausschalten und Zündschlüssel abziehen.
- A-Säulen-Verkleidung ausbauen, siehe Seite 203.

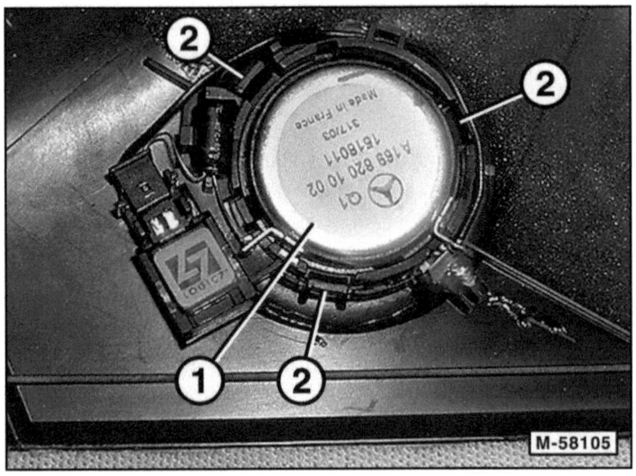

- Mit einem Schraubendreher 3 Rasthaken –2– entriegeln und Hochtonlautsprecher –1– aus der Halterung an der Rückseite der A-Säulen-Verkleidung herausnehmen.

Einbau

- Lautsprecher einsetzen, dabei auf korrekten Sitz in der Halterung achten.
- A-Säulen-Verkleidung einbauen, siehe Seite 203.

Zusatzlautsprecher in der Armaturentafel

Ausbau

Hinweis: Der Lautsprecher ist in unter der Abdeckung in der Mitte der Armaturentafel eingesetzt.

- Zündung ausschalten und Zündschlüssel abziehen.
- Abdeckung in der Armaturentafel ausbauen, siehe Seite 197.
- Je nach Modell Abdeckung mit angeschlossenen Kabeln zur Seite legen.
- 2 Schrauben herausdrehen und Lautsprecher aus der Armaturentafel herausziehen.
- Stecker am Lautsprecher abziehen.

Einbau

- Der Einbau erfolgt in umgekehrter Ausbaureihenfolge.

Antennen-Komponenten aus- und einbauen

Achtung: Vor dem Trennen der Steckverbindungen elektrostatische Aufladung abbauen, dazu kurz den Schließbügel der Tür oder die Karosserie anfassen.

Antennenverstärker für Heckscheibenantenne

Hinweis: Je nach Modell sind 2 Antennenverstärker rechts und links am Fensterrahmen der Heckklappe eingebaut.

Ausbau

- Zündung ausschalten und Zündschlüssel abziehen.
- Obere Verkleidung am Fensterrahmen der Heckklappe ausbauen, siehe Seite 227.

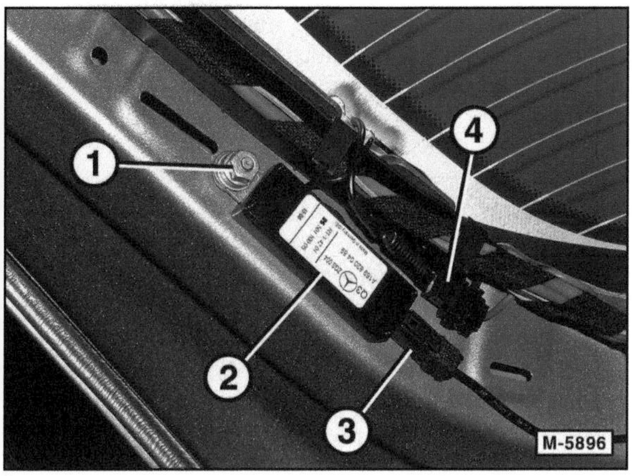

- Stecker –3– vorsichtig vom Antennenverstärker –2– abziehen.
- Mit einem Kunststoffkeil Steckverbindung –4– trennen. **Hinweis:** Beim Einbau auf korrekte Verlegung des Kabels achten, da es sonst durchscheuern kann.
- Mutter –1– abschrauben und Antennenverstärker –2– von der Heckklappe abnehmen.

Einbau

Der Einbau erfolgt in umgekehrter Ausbaureihenfolge. Dabei ist Folgendes zu beachten:

- Auf korrekten Sitz des Antennenverstärkers an der Heckklappe achten.
- Mutter mit **8 Nm** festziehen.

Antennenweiche

Ausbau

- Zündung ausschalten und Zündschlüssel abziehen.
- Heckklappe zum Laderaum öffnen.
- Klappe in der rechten Seitenverkleidung entriegeln und herunterklappen. Klappe gegebenenfalls aus der Seitenverkleidung herausziehen.
- Ablageschale herausklappen.
- Wenn vorhanden, Anhängerkupplung aus dem Seitenfach herausnehmen.

- Schraube –2– herausdrehen und Antennenweiche –1– von der Seitenwand abnehmen.
- Stecker von der Antennenweiche abziehen.

Einbau

- Der Einbau erfolgt in umgekehrter Ausbaureihenfolge. Dabei auf korrekten Sitz der Arretierung an der Rückseite der Antennenweiche in der Aufnahme an der Seitenwand achten.

Antennenfuß für Dachantenne

Ausbau

- Zündung ausschalten und Zündschlüssel abziehen.
- Hintere Deckenleuchte aus dem Dachhimmel ausbauen, siehe Seite 85.

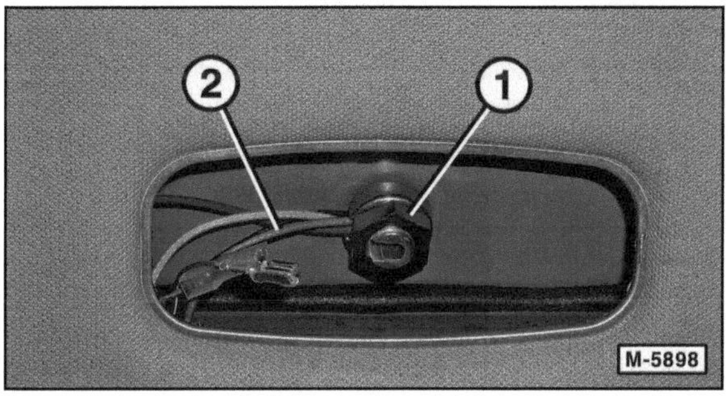

- Steckverbindungen für Antennenkabel –2– trennen.
- Mutter –1– abschrauben und Antennenfuß nach außen aus der Bohrung im Dach herausziehen.

Einbau

- Antennenfuß von außen in die Bohrung im Dach einführen.
- Der weitere Einbau erfolgt in umgekehrter Ausbaureihenfolge.

Heizung/Klimatisierung

Aus dem Inhalt:

- **Klimaanlage**
- **Klimabedieneinheit**
- **Luftaustrittsdüsen**
- **Gebläsemotor**
- **Vorwiderstand**
- **Gebläseregler**
- **Stellmotoren**
- **Außentemperaturfühler**
- **Zusatzheizung**

Achtung: Wenn im Rahmen von Arbeiten an der Heizung auch Arbeiten an der elektrischen Anlage durchgeführt werden, **grundsätzlich** die Batterie vom Bordnetz abklemmen. Dazu unbedingt Hinweise im Kapitel »Batterie aus- und einbauen« beachten.

Die Frischluft für die Heizungs- und Belüftungsanlage wird von einem elektrischen Gebläse angesaugt. Bevor die Luft in den Innenraum gelangt, wird sie von einem Staub- und Pollenfilter gereinigt.

Erwärmt wird die Luft für den Fahrzeuginnenraum über den Wärmetauscher oder sie wird im Verdampfer der Klimaanlage abgekühlt und dann auf die Luftaustrittsdüsen im Fahrzeuginnenraum verteilt.

Der Wärmetauscher wird ständig von der heißen Motorkühlflüssigkeit durchströmt, so dass er die Wärme für den Fahrzeuginnenraum schnell an die vorbeiströmende Frischluft abgibt. Um den Luftdurchsatz im Fahrzeuginnenraum zu erhöhen, kann das integrierte Frischluftgebläse in mehreren Leistungsstufen betrieben werden.

Bei eingeschalteter Klimaanlage wird die einströmende Luft stets zuerst abgekühlt und entfeuchtet, so dass die Scheiben nicht beschlagen. Danach wird die Luft auf die gewünschte Temperatur erwärmt.

Soll keine Frischluft von außen angesaugt werden, zum Beispiel bei schlechter Außenluft, kann auf Umluftbetrieb umgeschaltet werden. In dieser Betriebsart wird nur die im Fahrzeug befindliche Luft umgewälzt. Geschieht das über einen längeren Zeitraum, können die Scheiben innen beschlagen. Wird der entsprechende Taster etwa 2 bis 3 Sekunden gedrückt, werden automatisch alle noch geöffneten Fenster sowie das Schiebedach geschlossen.

Wird das Fahrzeug von einem Dieselmotor angetrieben, ist zusätzlich ein **PTC-Zuheizelement** (Positive Temperature Coefficient) vorhanden, um bei tiefen Außentemperaturen das Heizungsdefizit zu verbessern. Nach dem Start des Motors erwärmt sich die vorbeiströmende kalte Luft direkt an den elektrisch beheizbaren Heizsträngen der Zusatzheizung. In Abhängigkeit von der Außentemperatur wird die warme Luft in den Fahrzeuginnenraum geleitet. Die PTC-Zusatzheizung funktioniert im Prinzip wie ein elektrischer Heizkörper. Die Zusatzheizung sitzt hinter dem Wärmetauscher.

Tritt ein Fehler in der Heizungs- oder Klimaanlage auf, wird er in einem elektronischen Speicher abgelegt. Über ein Fehlerauslesegerät kann der entsprechende Speicher ausgelesen werden. Eine exakte Fehlerdiagnose ohne Auslesegerät ist nicht möglich.

Klimaanlage

Die A-/B-KLASSE ist serienmäßig mit einer Klimaanlage ausgestattet. Die Klimaanlage ist eine kombinierte Kühl- und Heizanlage. Im Kühlbetrieb arbeitet die Klimaanlage im Prinzip wie ein Kühlschrank. Der Kompressor verdichtet das dampfförmige FCKW-freie Kältemittel R 134 A. Dieses erhitzt sich dabei und wird in den Kondensator geleitet. Dort wird das Kältemittel abgekühlt und verflüssigt sich. Über das Expansionsventil wird das Kältemittel entspannt und in den Verdampfer eingespritzt, wo es auf Grund seines niedrigen Druckes verdampft. Es kühlt dabei stark ab.

Durch diesen Verdampfungs- und Abkühlungsprozess wird der von außen vorbeistreichenden Luft Wärme entzogen. Die Luft kühlt sich ab und mitgeführte Luftfeuchtigkeit wird zu Kondenswasser, das ins Freie geleitet wird. Die Intensität der Kühlung ist abhängig von der eingestellten Temperatur und von der Gebläseschalterstellung.

Durch das Abschalten der Kühlanlage läuft der Klimakompressor nicht mit, so dass Kraftstoff eingespart wird.

Sicherheitshinweis
Der Kältemittelkreislauf der Klimaanlage darf nicht geöffnet werden, da das Kältemittel bei Hautberührung Erfrierungen hervorrufen kann. Bei versehentlichem Hautkontakt ist die betroffene Stelle sofort mindestens 15 Minuten lang mit kaltem Wasser zu spülen. Kältemittel ist farb- und geruchlos sowie schwerer als Luft. Bei austretendem Kältemittel besteht am Boden beziehungsweise in unteren Räumen (Gruben) Erstickungsgefahr. Das Kältemittelgas ist nicht wahrnehmbar.

Hinweis: Die Klimaanlage sollte, vor allem in der kalten Jahreszeit, einmal im Monat für einige Zeit bei höchster Gebläsestufe eingeschaltet werden, und zwar bei normaler und gleichmäßiger Fahrzeuggeschwindigkeit und bei betriebswarmem Motor. Dadurch wird sichergestellt, dass das im Kältemittel enthaltene Schmieröl in Umlauf gebracht wird, die beweglichen Teile der Klimaanlage regelmäßig geschmiert werden und die Dichtungen nicht porös werden.

Achtung: Arbeiten an der Klimaanlage dürfen nur von einer Fachwerkstatt durchgeführt werden. Deshalb werden Reparaturen an der Klimaanlage nicht beschrieben.

Optional gibt es für die A-/B-KLASSE eine **elektronisch gesteuerte Klimaanlage (Klimaautomatik)**. Der Automatikmodus sorgt für konstante Temperaturen im Innenraum. Außerdem werden Lufttemperatur, Luftmenge und Luftverteilung automatisch geregelt und Schwankungen der Außentemperatur ausgeglichen. Nach Ausschalten der Kühlfunktion wird die Heizungs- und Belüftungsanlage dennoch automatisch geregelt.

Klimabedieneinheit aus- und einbauen

Achtung: Vor dem Trennen der Steckverbindungen elektrostatische Aufladung abbauen, dazu kurz den Schließbügel der Tür oder die Karosserie anfassen.

Wird das Klimabedieneinheit ausgetauscht, werden in der Fachwerkstatt vor dem Ausbau die gespeicherten Daten mit einem Diagnosegerät ausgelesen und auf das neue Gerät überspielt.

Blende für Klimabedieneinheit

Ausbau

- **Modell mit Schalterfeld in der Blende:** Zündung ausschalten und Zündschlüssel abziehen.

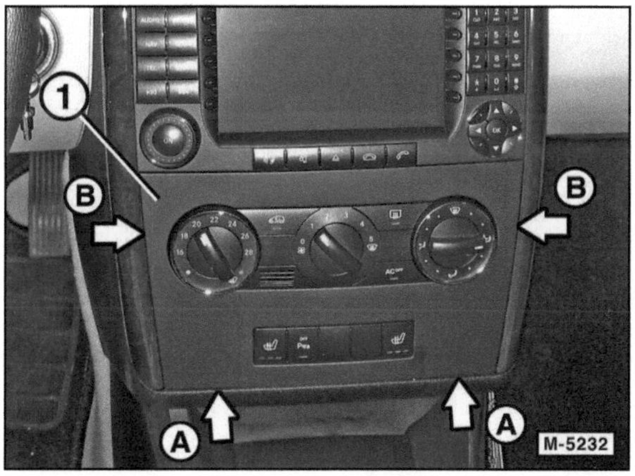

- Mit einem Kunststoffkeil Blende –1– erst unten –Pfeile A– und danach an den Seiten –Pfeile B– aus der Radio-/Heizungskonsole heraushebeln.
- Blende herausziehen.
- An der Rückseite gegebenenfalls Stecker von den Schaltern abziehen.

Einbau

- Der Einbau erfolgt in umgekehrter Ausbaureihenfolge. Dabei auf korrekten Sitz der Blende in der Radio-/Heizungskonsole achten.

Bedieneinheit für Klimaanlage

Ausbau

- Batterie abklemmen. **Achtung:** Hinweise im Kapitel »Batterie aus- und einbauen« beachten.
- Mittlere Luftaustrittsdüse ausbauen, siehe entsprechendes Kapitel.
- Blende für Klimabedieneinheit ausbauen, siehe entsprechenden Abschnitt.
- Radio/Navigationsgerät ausbauen, siehe Seite 93.
- **Modell ohne Mercedes-Radio/Navigationsgerät:** Befestigungsschrauben des Trägerrahmens der Radioblende herausdrehen und Trägerrahmen von der Radio-/Heizungskonsole abnehmen.

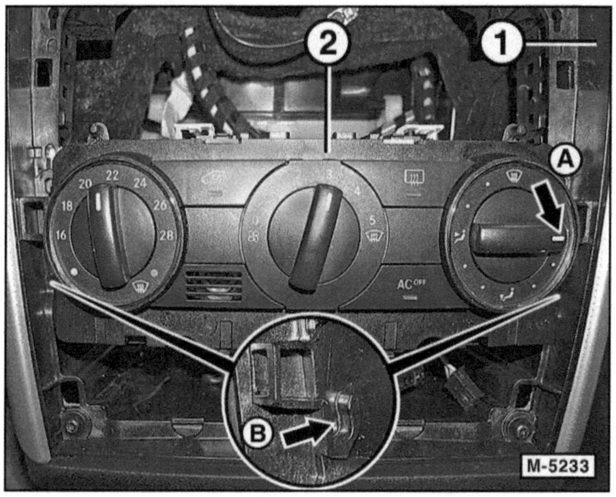

- Rechten Drehknopf für Luftverteilung auf Gesamtbelüftung stellen –Pfeil A–. Dadurch werden die Stellhebel für die Bowdenzüge an der Rückseite der Klimabedieneinheit in eine bestimmte Ausbauposition gebracht.
- **Modell mit Mercedes-Radio/Navigationsgerät, außer Radio »Audio 5 CD«:** Klimabedieneinheit –2– oben nach vorne kippen – in Fahrtrichtung gesehen – und aus den Aufnahmen an beiden Seiten –Pfeil B– herausheben.
- **Modell ohne Mercedes-Radio/Navigationsgerät oder mit Radio »Audio 5 CD«:** Mit einem Schraubendreher Rastnasen an beiden Seiten der Klimabedieneinheit eindrücken und Klimabedieneinheit entriegeln.
- Klimabedieneinheit –2– auf der linken Seite nach vorne schwenken – in Fahrtrichtung gesehen – und auf der rechten Seite aus der Radio-/Heizungskonsole –1– herausziehen.

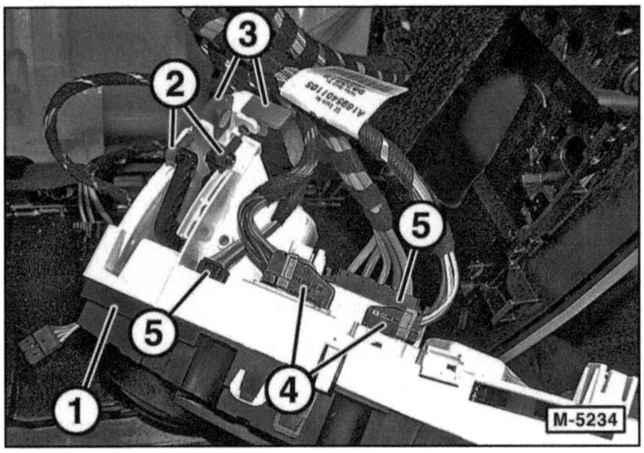

- Klimabedieneinheit –1– so drehen, dass die Bowdenzüge und Stecker an der Rückseite zugänglich sind.
- Halteklammern –3– vorsichtig entriegeln. **Achtung:** Halteklammern nicht abbrechen.
- Mit einem Schraubendreher Bowdenzüge –2– von den Stellhebeln abdrücken.
- Stecker –4/5– von der Klimabedieneinheit abziehen.
- Klimabedieneinheit –1– abnehmen.

Einbau

- Der Einbau erfolgt in umgekehrter Ausbaureihenfolge. Dabei auf korrekten Sitz der Klimabedieneinheit in der Radio-/Heizungskonsole achten.

Hinweis: Der Aus- und Einbau der Bedieneinheit für **Klimaautomatik** erfolgt im Prinzip auf die gleiche Weise. Da hier die Bowdenzüge für Luftverteilklappen fehlen, entfallen die entsprechenden Arbeitsschritte.

Außentemperaturfühler aus- und einbauen

Hinweis: Der Außentemperaturfühler sitzt neben dem linken Nebelscheinwerfer im Lüftungsgitter der Stoßfängerabdeckung.

Ausbau

- Vorderteil vom Innenkotflügel auf der Fahrerseite ausbauen, siehe Seite 219.

Hinweis: Es ist auch möglich, den Innenkotflügel an der Seite und unten von der Stoßfängerabdeckung zu lösen und mit einem Kunststoffkeil so weit umzuschlagen, bis der Temperaturfühler zugänglich ist. Zuvor muss das Vorderrad vollständig eingeschlagen werden.

- Außentemperaturfühler am Stecker –1– nach hinten aus der Halterung in der Stoßfängerabdeckung herausziehen –Pfeil–.

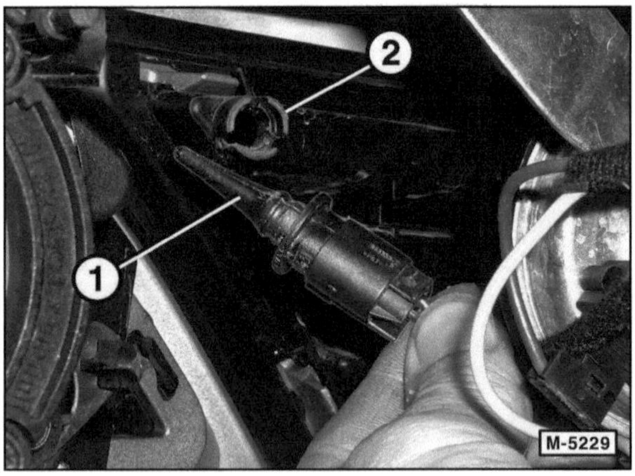

- Stecker entriegeln und vom Außentemperaturfühler –1– abziehen. 2 – Halterung.

Einbau

Der Einbau erfolgt in umgekehrter Ausbaureihenfolge. Dabei ist Folgendes zu beachten:

- Der Außentemperaturfühler muss hörbar in der Halterung einrasten. Auf korrekten Sitz achten.

Luftaustrittsdüsen aus- und einbauen

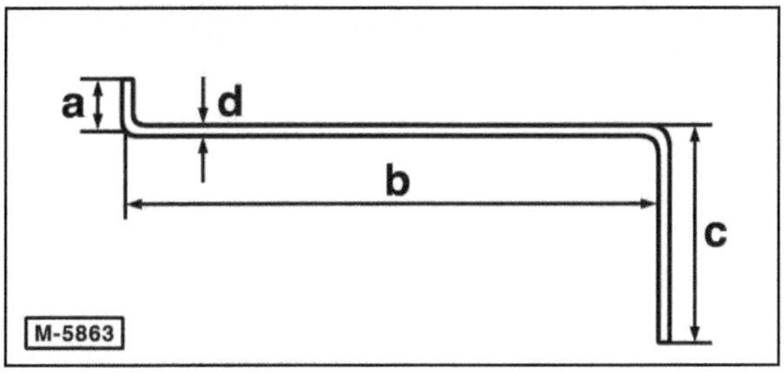

a = 1 cm
b = 10 cm
c = ca. 7 cm
d = 2 – 2,5 mm

Hinweis: Die Fachwerkstatt verwendet zum Entriegeln der Luftaustrittsdüsen den MERCEDES-Ausziehhaken 140 589 02 33 00. Der Ausziehhaken kann aus nicht verbiegendem Draht gefertigt werden.

Luftaustrittsdüse links und rechts

Ausbau

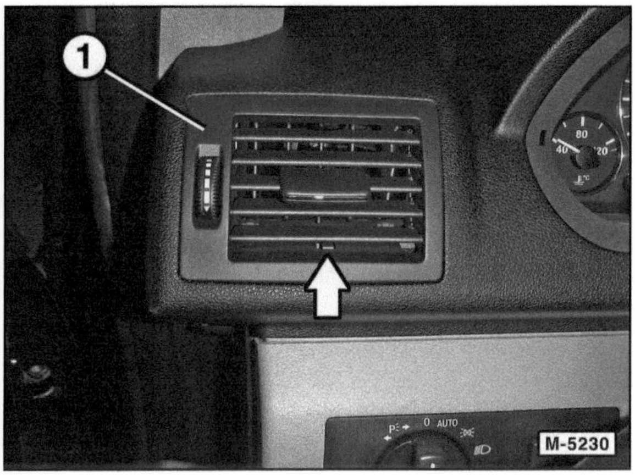

- Ausziehhaken in die Mitte des untersten Schlitzes einführen –Pfeil–. Dabei muss der Haken waagerecht stehen.
- Rasthaken mit dem Ausziehhaken entriegeln und Luftaustrittsdüse –1– nach hinten aus der Armaturentafel herausziehen.

Einbau

- Luftaustrittsdüse in die Armaturentafel einsetzen und einrasten.

Luftaustrittsdüse Mitte

Ausbau

- Zündung ausschalten und Zündschlüssel abziehen.

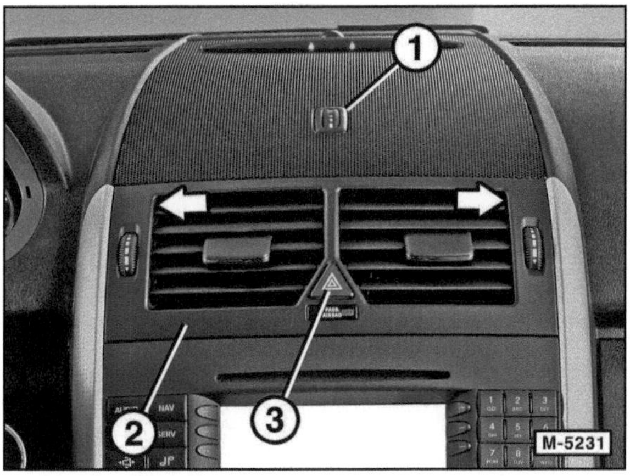

- **Modelle mit Klimaautomatik:** Mit dem Stellrad –1– obere Luftaustrittsdüse in der Armaturentafel schließen. **Achtung:** Bei nicht geschlossener oberer Luftaustrittsdüse kann die Luftführung oder die mittlere Luftaustrittsdüse –2– beschädigt werden.
- 2 Ausziehhaken an beiden Seiten jeweils in den obersten Schlitz einführen –Pfeile–. Dabei muss der Haken am Ende waagerecht stehen und sich unterhalb des Rasthakens befinden.
- Ausziehhaken um 90° nach oben drehen; dadurch wird der Rasthaken nach innen gedrückt und entriegelt. **Hinweis:** Der Haken sitzt nun in einer Aussparung des Rasthakens.
- Mit beiden Ausziehhaken Luftaustrittsdüse –2– vorsichtig aus der Armaturentafel herausziehen.
- Stecker an der Rückseite der Luftaustrittsdüse vom Schalter für Warnblinkanlage –3– abziehen.
- Luftaustrittsdüse gänzlich aus der Armaturentafel herausziehen.
- Ausziehhaken aus der Luftaustrittsdüse herausziehen.

Einbau

- Luftaustrittsdüse in die Armaturentafel einsetzen und Stecker an der Rückseite der Luftaustrittsdüse am Schalter für Warnblinkanlage aufschieben.
- Luftaustrittsdüse einrasten, dabei auf korrekten Sitz in der Armaturentafel achten.
- Luftaustrittsdüse und Schalter für Warnblinkanlage auf Funktion prüfen.

Stellmotoren am Heiz- und Klimagerät aus- und einbauen

Stellmotor für Mischluftklappe

Ausbau

- Batterie abklemmen. **Achtung:** Hinweise im Kapitel »Batterie aus- und einbauen« beachten.
- Abdeckung oben im Fußraum rechts ausbauen, siehe Seite 198.
- Teppichboden im Fußraum hinter der Armaturentafel und der Radio-/Heizungskonsole hervorziehen und zur Seite umschlagen.
- Dämmmatte unter der Armaturentafel vorsichtig zur Seite drücken.

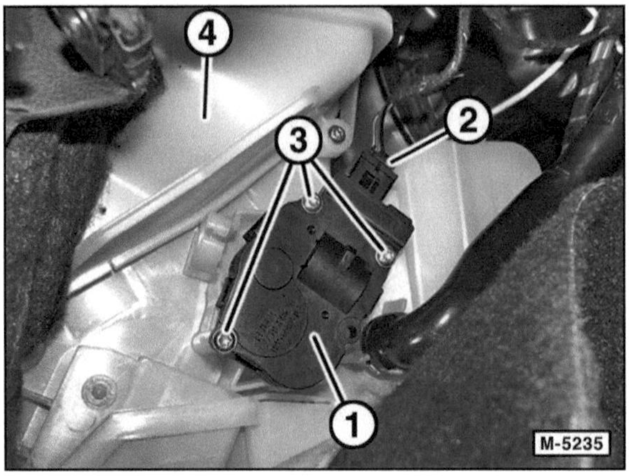

- Stecker –2– vom Stellmotor –1– abziehen.
- 3 Schrauben –3– herausdrehen; dabei darauf achten, dass die Schrauben nicht herabfallen.
- Stellmotor –1– vom Gehäuse –4– der Klimaanlage abnehmen.

Einbau

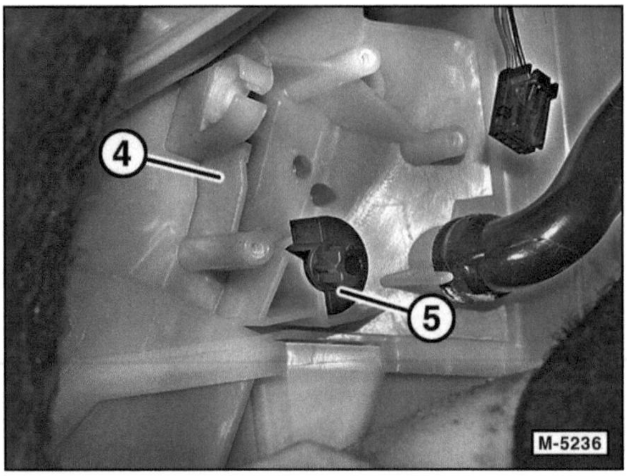

- Antriebswelle für Mischluftklappe am Adapterstück –5– so verdrehen, dass der Stellmotor am Gehäuse –4– aufgesetzt werden kann.

Der Einbau erfolgt in umgekehrter Ausbaureihenfolge. Dabei ist Folgendes zu beachten:

- Auf korrekte Verlegung des Teppichbodens im Fußraum achten.

Hinweis: In der Fachwerkstatt wird der Stellmotor mit einem Diagnosegerät auf die Anschlagpositionen gefahren und dadurch normiert.

Stellmotor für Frischluft-/Umluftklappe

Ausbau

- Heizung auf Frischluftbetrieb stellen.
- Batterie abklemmen. **Achtung:** Hinweise im Kapitel »Batterie aus- und einbauen« beachten.
- Abdeckung oben im Fußraum links ausbauen, siehe Seite 198.
- Trägerplatte vom Gehäuse der Klimaanlage abschrauben und zusammen mit Stellmotor herausziehen.
- Stecker vom Stellmotor abziehen.
- 3 Schrauben herausdrehen und Stellmotor von der Trägerplatte abnehmen.
- Beim Austausch des Stellmotors Antriebsadapter vom Stellmotor abnehmen.

Einbau

- Vor Einbau der Trägerplatte am Gehäuse Umluftklappe schließen.
- Der Einbau erfolgt in umgekehrter Ausbaureihenfolge.

Hinweis: In der Fachwerkstatt wird der Stellmotor mit einem Diagnosegerät auf die Anschlagpositionen gefahren und dadurch normiert.

Gebläsemotor für Heizung und Klimaanlage aus- und einbauen

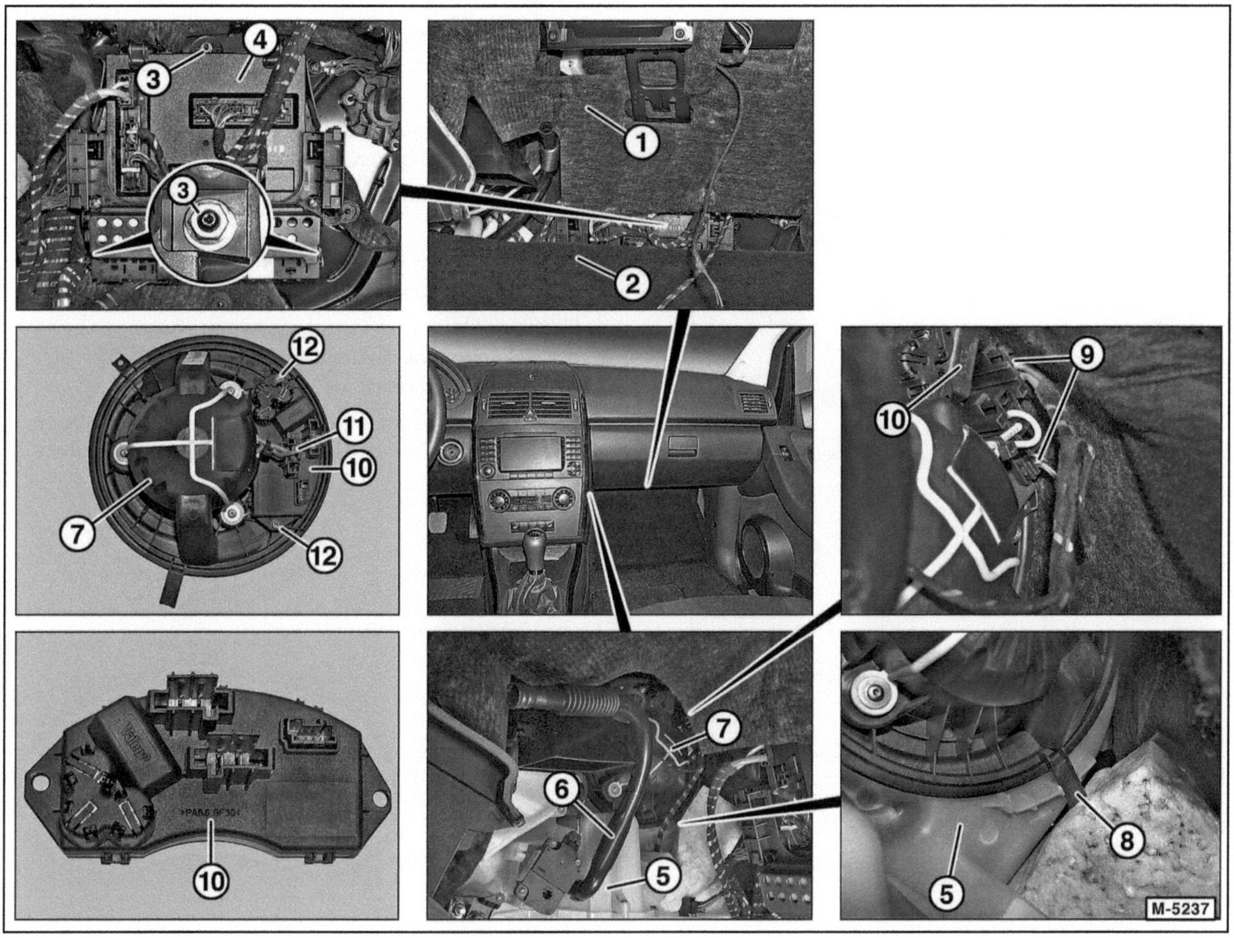

1 – **Dämmmatte**
2 – **Teppichboden Fußraum rechts**
3 – **Muttern**
4 – **Steuergerät**
5 – **Heiz- und Klimagerät**
6 – **Luftkanal für Handschuhfachkühlung**
7 – **Gebläsemotor**
8 – **Sicherungslasche**
9 – **Stecker** (nur Klimaautomatik)
10 – **Gebläseregler** (nur Klimaautomatik)
11 – **Stecker am Gebläseregler**
12 – **Schrauben für Gebläseregler**

Hinweis: Die Abbildung zeigt den Gebläsemotor bei Modellen mit Klimaautomatik. Das Gebläse wird hier durch einen elektronischen Regler gesteuert. Bei der serienmäßig eingebauten Klimaanlage wird die Gebläseleistung über eine Vorwiderstandsgruppe reguliert.

Ausbau

- Batterie abklemmen. **Achtung:** Hinweise im Kapitel »Batterie aus- und einbauen« beachten.
- Abdeckung oben im Fußraum rechts ausbauen, siehe Seite 198.
- Handschuhfach ausbauen, siehe Seite 199.
- Dämmmatte –1– unter der Armaturentafel vorsichtig nach hinten – in Gegenfahrtrichtung – umschlagen. Darauf achten, dass die Dämmmatte nicht einreißt.
- Teppichboden –2– im Fußraum hinter der Armaturentafel und der Radio-/Heizungskonsole hervorziehen, an beiden Seiten nach innen ziehen und vorsichtig nach hinten umschlagen.
- 3 Muttern –3– abschrauben, Steuergerät –4– mit Halter abnehmen und zur Seite legen.
- Luftkanal für Handschuhfachkühlung –6– vom Heiz- und Klimagerät –5– abziehen. **Hinweis:** Beim Einbau auf richtigen Sitz des Luftkanals achten.
- Sicherungslasche –8– vorsichtig anheben, Gebläsemotor –7– im Uhrzeigersinn drehen und aus dem Heiz- und Klimagerät –5– herausziehen. **Achtung**: Die Lasche darf nicht beschädigt werden.
- Stecker vom Gebläsemotor abziehen. **Hinweis:** Bei Modellen mit Klimaautomatik Stecker –9– vom Gebläseregler –10– abziehen.
- Gebläsemotor –7– aus dem Fahrzeug herausnehmen.

Einbau

- Der Einbau erfolgt in umgekehrter Ausbaureihenfolge. Dabei auf richtigen Sitz des Gebläsemotors im Heiz- und Klimagerät achten.

Gebläseregler aus- und einbauen

Modell mit Klimaautomatik

Ausbau

- Batterie abklemmen. **Achtung:** Hinweise im Kapitel »Batterie aus- und einbauen« beachten.
- Gebläsemotor ausbauen, siehe entsprechendes Kapitel.

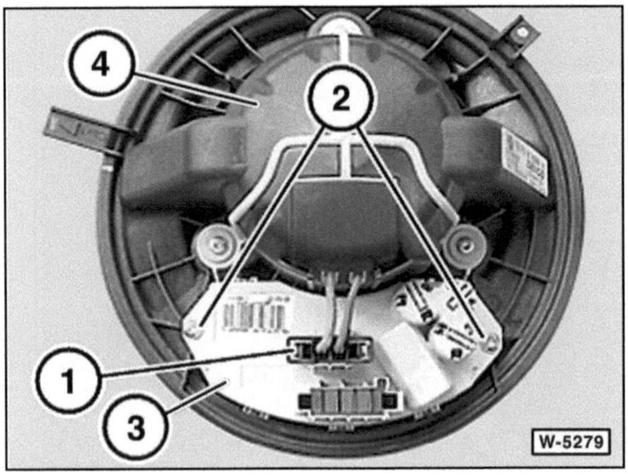

- Stecker –1– entriegeln und vom Gebläseregler –3– abziehen.
- Schrauben –2– herausdrehen und Regler –3– vom Gebläsemotor –4– abnehmen.

Einbau

- Der Einbau erfolgt in umgekehrter Ausbaureihenfolge.

Vorwiderstand für Gebläsemotor aus- und einbauen

Modell mit Klimaanlage

Ausbau

- Batterie abklemmen. **Achtung:** Hinweise im Kapitel »Batterie aus- und einbauen« beachten.
- Abdeckung oben im Fußraum rechts ausbauen, siehe Seite 198.
- Teppichboden im Fußraum hinter der Armaturentafel und der Radio-/Heizungskonsole hervorziehen und zur Seite umschlagen.
- Stecker vom Vorwiderstand abziehen. **Hinweis:** Der Vorwiderstand sitzt seitlich am Heiz- und Klimagerät.
- Vorwiderstand unten am Rasthaken nach oben schieben und zur Seite aus dem Heiz- und Klimagerät herausnehmen.

Einbau

- Der Einbau erfolgt in umgekehrter Ausbaureihenfolge. Dabei auf korrekten Sitz des Vorwiderstands im Heiz- und Klimagerät achten.

Zusatzheizung aus- und einbauen

PTC-Zuheizer/Dieselmotor

Ausbau

- Batterie abklemmen. **Achtung:** Hinweise im Kapitel »Batterie aus- und einbauen« beachten.
- Abdeckung oben im Fußraum rechts ausbauen, siehe Seite 198.
- Teppichboden im Fußraum hinter der Armaturentafel und der Radio-/Heizungskonsole hervorziehen und zur Seite umschlagen.

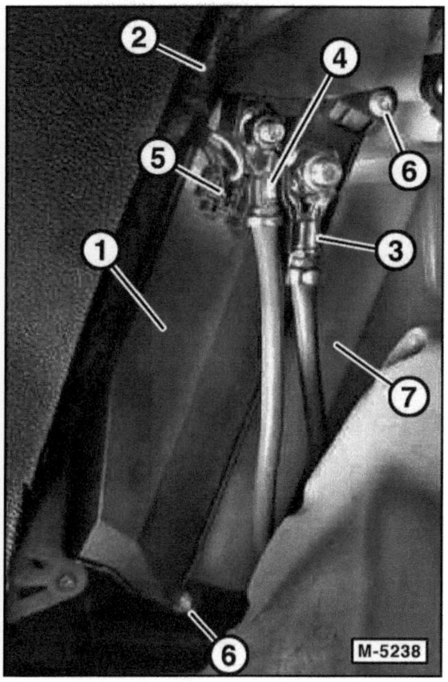

- Dämmmatte –2– im Bereich der Zusatzheizung hinter die Armaturentafel drücken. **Hinweis:** Die Zusatzheizung ist auf der rechten Seite oben im Fußraum zugänglich.
- Zuerst dicke Mutter abschrauben und Massekabel –3– von der Zusatzheizung –1– abnehmen.
- Anschließend zweite Mutter abschrauben und Pluskabel –4– von der Zusatzheizung –1– abnehmen.
- Stecker – 5– von der Zusatzheizung –1– abziehen.
- 2 Schrauben –6– oben und unten an der Zusatzheizung herausdrehen. Dabei darauf achten, dass die Schrauben nicht herabfallen.
- Zusatzheizung –1– aus dem Heiz- und Klimagerät –7– herausziehen.

Einbau

Der Einbau erfolgt in umgekehrter Ausbaureihenfolge. Dabei ist Folgendes zu beachten:

- Auf korrekten Sitz der Zusatzheizung im Heiz- und Klimagerät achten; die Leitungsanschlüsse befinden sich oben an der Zusatzheizung.
- Zuerst Pluskabel anschließen und Mutter mit **8 Nm** festziehen.
- Danach Massekabel anschließen und Mutter mit **15 Nm** festziehen.

Störungsdiagnose Heizung

Störung	Ursache	Abhilfe
Heizgebläse läuft nicht.	Sicherung für Gebläsemotor defekt.	■ Sicherung für Gebläse prüfen, gegebenenfalls ersetzen.
	Gebläseschalter defekt.	■ Klimabedieneinheit ausbauen und ersetzen.
	Gebläseregler/Vorwiderstand defekt.	■ Gebläseregler/Vorwiderstand ausbauen und Spannung am Kontakt des Gebläsemotors bei eingeschalteter Zündung und betätigtem Gebläseschalter messen. Falls keine oder zu geringe Spannung anliegt, Gebläseregler/Vorwiderstand ersetzen.
	Gebläsemotor defekt.	■ Gebläseregler/Vorwiderstand ausbauen und Spannung am Kontakt des Gebläsemotors bei eingeschalteter Zündung und betätigtem Gebläseschalter messen. Wenn Spannung anliegt, Gebläsemotor auswechseln.
Heizleistung zu gering.	Kühlmittelstand zu niedrig.	■ Kühlmittelstand prüfen, gegebenenfalls Kühlmittel auffüllen.
	Staubfilter verstopft.	■ Staubfilter ersetzen.
	PTC-Zusatzheizung defekt.	■ PTC-Zusatzheizung prüfen (Werkstattarbeit).
	Wärmetauscher undicht oder verstopft.	■ Wärmetauscher ersetzen (Werkstattarbeit).
Heizgebläse läuft nur mit einer Geschwindigkeit.	Gebläseregler/Vorwiderstand defekt.	■ Gebläseregler/Vorwiderstand ersetzen.
Geräusche im Bereich des Heizgebläses.	Eingedrungener Schmutz, Laub.	■ Gebläse ausbauen, reinigen, Luftkanal säubern.
	Lüfterrad hat Unwucht, Lager defekt.	■ Gebläsemotor ausbauen und auf leichten Lauf prüfen.
Heizluft riecht süßlich, Scheiben beschlagen, wenn Heizung eingeschaltet wird.	Wärmetauscher undicht.	■ Kühlsystem abdrücken (Werkstattarbeit). Wenn Kühlflüssigkeit aus dem Heizungskasten austritt, Wärmetauscher erneuern lassen.
Im Innenraum riecht es nach faulen Eiern.	Spannungsregler am Generator defekt. Batterie wird zu stark geladen und beginnt zu gasen. Dabei bildet sich Schwefelwasserstoff (H_2S).	■ Ladespannung bzw. Spannungsregler des Generators prüfen, ggf. Spannungsregler ersetzen.

Fahrwerk

Aus dem Inhalt:

- **Vorderachse**
- **Federbein**
- **Stoßdämpfer**
- **Schraubenfeder**
- **Gelenkwelle**
- **Hinterachse**
- **Lenkung/Airbag**
- **Spurstangenkopf**
- **Räder und Reifen**

Die wichtigsten Fahrwerkskomponenten der A-/B-KLASSE sind die McPherson-Vorderachse mit starren Dreieckslenkern sowie die Hinterachse mit voneinander getrennten Stoßdämpfern und Schraubenfedern. Die Vorderachse ist an einem Hilfsrahmen befestigt.

Optimale Fahreigenschaften und geringster Reifenverschleiß sind nur dann zu erzielen, wenn die Stellung der Räder einwandfrei ist. Bei unnormaler Reifenabnutzung sowie mangelhafter Straßenlage sollte die Werkstatt aufgesucht werden, um den Wagen optisch vermessen zu lassen. Die Fahrwerkvermessung kann ohne eine entsprechende Messanlage nicht durchgeführt werden.

Sicherheitshinweis
Schweiß- und Richtarbeiten an tragenden und radführenden Bauteilen der Vorder- und Hinterradaufhängung **sind nicht zulässig. Selbstsichernde Schrauben/Muttern** sowie korrodierte Schrauben/Muttern sind im Reparaturfall **immer zu ersetzen.**

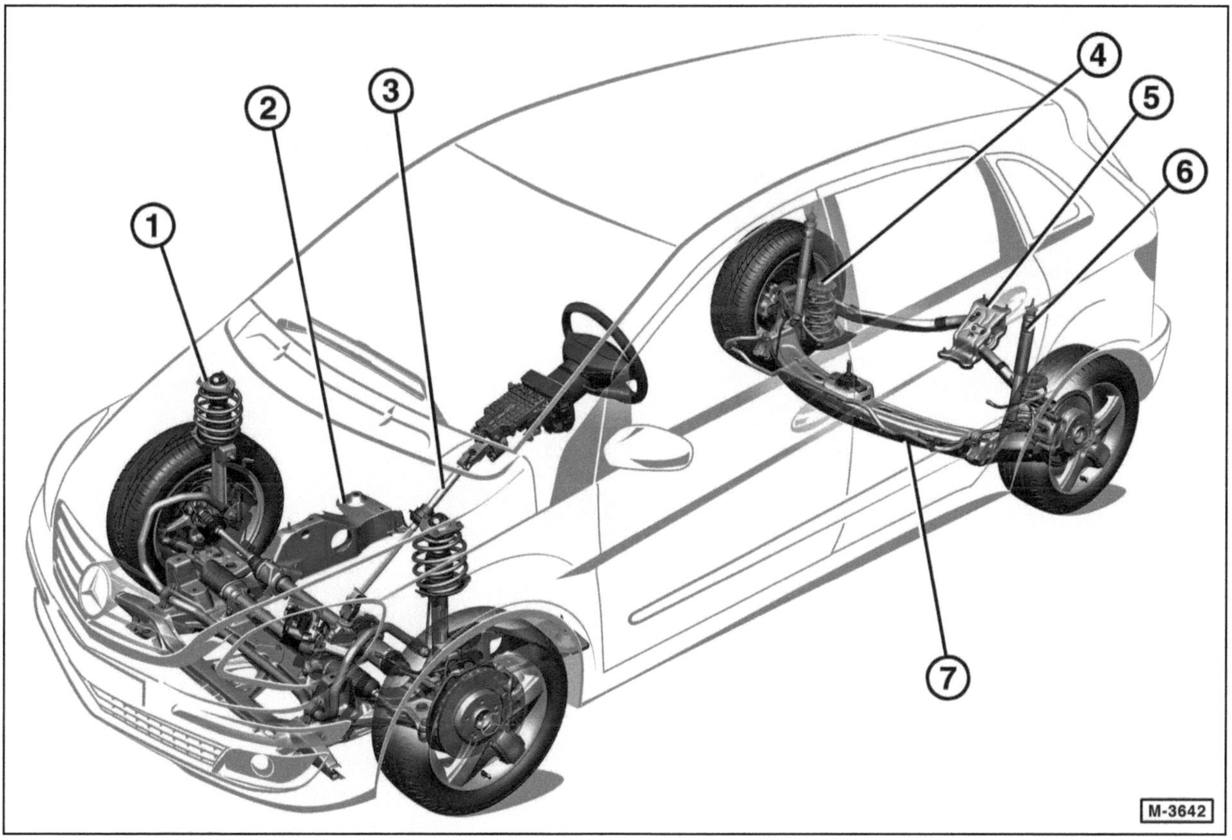

1 – Federbein mit Stoßdämpfer und Schraubenfeder
2 – Vorderachsträger
3 – Lenksäule
4 – Schraubenfeder
5 – Koppelgelenk für Stützstreben
6 – Stoßdämpfer
7 – Hinterachskörper

Vorderachse

Tragendes Element der McPherson-Vorderachse ist der mit der Bodengruppe des Fahrzeuges verschraubte Vorderachsträger.

Schraubenfeder und Zweirohr-Stoßdämpfer sind zu einem platzsparenden Federbein zusammengefasst. Beide Federbeine sind oben mit der Karosserie und unten mit den Achsschenkeln verschraubt.

Die Achsschenkel werden jeweils über ein Gelenk von einem Dreiecksquerlenker geführt. Die Querlenker sind über Gummimetalllager mit dem Vorderachsträger verbunden.

Der quer liegende und über 2 Koppelstangen mit den Federbeinen verbundene Stabilisator wirkt bei Kurvenfahrt der Karosserieneigung entgegen und sorgt für bessere Bodenhaftung der Vorderräder.

Das Radlager ist in den Achsschenkel eingepresst. Das Lagerspiel muss nicht eingestellt werden.

Die Antriebskraft des Motors wird über zwei Gelenkwellen auf die Vorderräder übertragen. Die Vorderachse ist wartungsfrei.

Der Achseinstellwert für die Gesamtspur der Vorderachse beträgt bei der A- und B-KLASSE: 0°12' ± 10'.

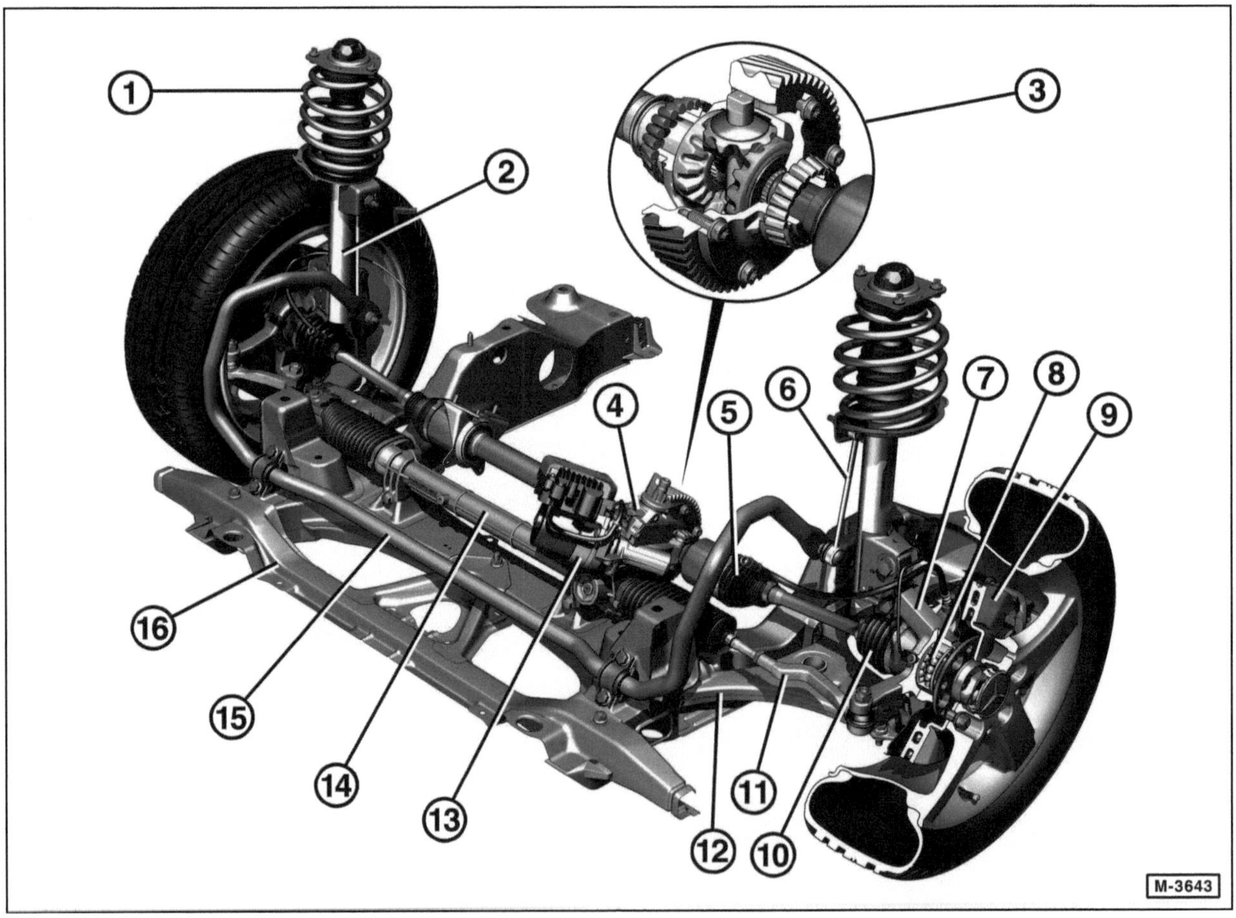

1 – Schraubenfeder
2 – Federbeinstützrohr
3 – Ausgleichsgetriebe (Differenzial)
4 – Gehäuse für Lenkspindel
5 – Innengelenk der Achswelle
6 – Koppelstange
7 – Achsschenkel
8 – Radlager
9 – Bremsscheibe
10 – Außengelenk der Achswelle
11 – Spurstange
12 – Querlenker
13 – Servomotor
14 – Lenkgetriebe
15 – Querstabilisator
16 – Vorderachsträger

Nabenmutter/Nabenschraube aus- und einbauen

Hinweis: Seit 03/05 wird zur Verschraubung der Gelenkwelle im Achsschenkel eine Nabenmutter verwendet. Die Mutter darf nicht verstemmt werden. Bis 03/05 wurde eine Schraube benutzt.

Ausbau

- Schaltgetriebe in Leerlaufstellung bringen; Automatikgetriebe auf Stellung »N«. Handbremse anziehen.
- Fahrzeug mit Stahlfelge: Radkappe vom Rad abziehen, siehe Seite 132.
- Reifen-Laufrichtung mit Pfeil am Reifen markieren. Radschrauben lösen. Fahrzeug aufbocken und Rad abnehmen. **Achtung:** Unbedingt Hinweise im Kapitel »Rad aus- und einbauen« beachten.
- Fahrzeug mit Leichtmetallfelge: Abdeckkappe mit Mercedesstern vorsichtig aus der Felge herausdrücken.

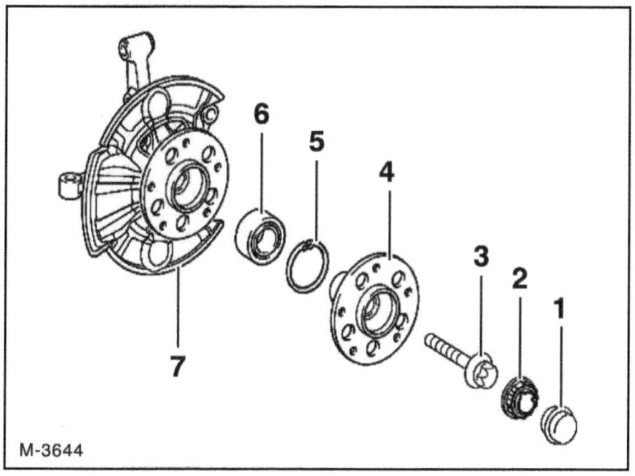

1 – Nabenkappe
2 – Nabenmutter
3 – Nabenschraube
4 – Achswellenflansch
5 – Lagerinnenring
6 – Radlager
7 – Achsschenkel mit Radlager und Achswellenflansch

- Wenn eingebaut, Nabenkappe –1– vorsichtig mit einem Kunststoffhammer abschlagen.

Achtung: Hohes Löse- und Anzugsdrehmoment der Nabenmutter beziehungsweise der Nabenschraube! Ich empfehle, die Mutter/Schraube nur zu lockern, wenn das Fahrzeug auf dem Boden steht. Zum Gegenhalten Bremspedal durch Helfer betätigen lassen.

- Rad wieder montieren und Fahrzeug ablassen.
- Bremse durch Helfer betätigen lassen. Gegebenenfalls davor den Motor anlassen, damit der Bremskraftverstärker in Betrieb ist.
- Nabenmutter/Nabenschraube –1/2– **um höchstens 90°** losdrehen.

Achtung: Nabenmutter/Nabenschraube nicht ganz herausdrehen. Das Radlager darf nicht durch das Gewicht des Fahrzeugs belastet werden.

Sicherheitshinweis
Beim Aufbocken des Fahrzeugs besteht Unfallgefahr! Hinweise im Kapitel »Fahrzeug aufbocken« beachten.

- Fahrzeug so weit anheben, bis das Rad frei hängt.
- Bremse durch Helfer betätigen lassen und Nabenmutter/Nabenschraube –1/2– von der Gelenkwelle abschrauben.

Achtung: Wird die Gelenkwelle aus dem Radlager herausgezogen, darf das Fahrzeug **nicht** bewegt werden, da sonst das Radlager beschädigt wird.

Hinweis: Soll das Fahrzeug dennoch bewegt werden, ein altes Außengelenk ins Radlager einsetzen und mit **80 Nm** festschrauben.

Einbau

Achtung: Hohes Anzugsdrehmoment!

- Bei Verwendung einer **Nabenschraube** Gewinde in der Gelenkwelle nachschneiden und säubern.
- **Neue selbstsichernde Nabenmutter/Nabenschraube** aufschrauben und zunächst mit **50 Nm** voranziehen, dabei die Fußbremse durch Helfer betätigen lassen. **Achtung:** Beim ersten Anziehen der Nabenmutter/Nabenschraube darf das Rad den Boden noch nicht berühren.
- Reifen-Laufrichtung beachten, Rad montieren und Fahrzeug ablassen.
- Nabenmutter/Nabenschraube in **2 Stufen** festziehen, dabei Fußbremse durch Helfer betätigen lassen:
  Nabenmutter mit **100 Nm** anziehen, dann mit starrem Schlüssel um **60°** weiterdrehen.
  Nabenschraube mit **80 Nm** anziehen, dann mit starrem Schlüssel um **90°** weiterdrehen.
- Gegebenenfalls Nabenkappe aufsetzen.
- Radschrauben über Kreuz mit **130 Nm** festziehen. **Achtung:** Unbedingt Hinweise im Kapitel »Rad aus- und einbauen« beachten.
- Fahrzeug mit Leichtmetallfelge: Abdeckkappe mit Mercedesstern vorsichtig in die Felge drücken.
- Fahrzeug mit Stahlfelge: Radkappe aufdrücken, siehe Seite 132.

Fahrzeug in Normallage bringen

Hinweis: Werden die Schraubverbindungen der Gummilager am Fahrwerk festgezogen, wenn das Fahrzeug aufgebockt ist und die Räder ausgefedert sind, werden sie stark vorgespannt, sobald das Fahrzeug wieder auf den Rädern steht.

Damit die Gummilager am Fahrwerk, zum Beispiel die Gummilager des Querlenkers, nicht beschädigt werden, muss das Fahrzeug vor Anziehen der Schraubverbindungen der Lager in die so genannte Normallage gebracht werden.

- Fahrzeug volltanken oder mit entsprechenden Zusatzgewichten beladen.
- Fahrzeug auf die Räder stellen. Dies entspricht der normalen Position im Fahrbetrieb.

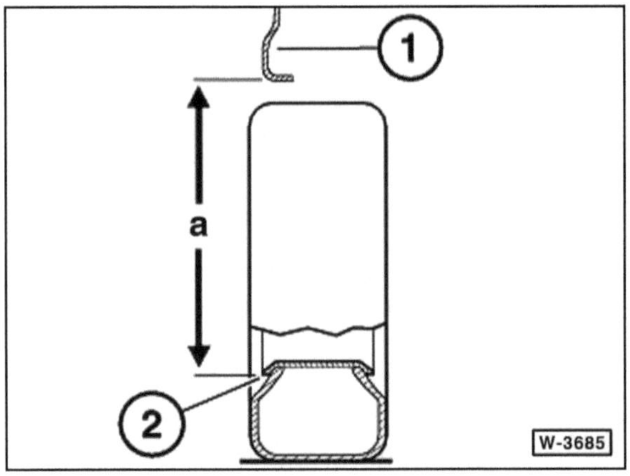

Hinweis: Man kann vor den Reparaturarbeiten am vollgetankten Fahrzeug das Maß –a– zwischen der unteren Felgenkante –2– und der Unterkante des Radkastens –1– messen und notieren. Vor Anziehen der Gummilager Radlager des aufgebockten Fahrzeugs in die Normallage bringen. Dazu Achsschenkel mit einem zweiten Montageheber so weit anheben, bis das Maß –a– eingestellt ist.

Federbein aus- und einbauen

Ausbau

- Reifen-Laufrichtung mit Pfeil am Reifen markieren. Radschrauben lösen. Fahrzeug aufbocken und Rad abnehmen. **Achtung:** Unbedingt Hinweise im Kapitel »Rad aus- und einbauen« beachten.

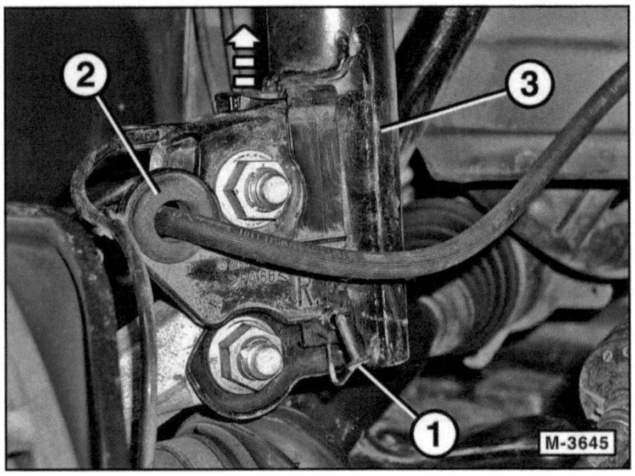

- Halter –2– für Bremsschlauch am Federbeinstützrohr –3– abbauen. Dazu 2 Sicherungssplinte –1– herausziehen und Halter nach oben vom Federbein abziehen –Pfeil–. Bremsschlauch mit Halter vom Federbeinstützrohr wegdrücken. **Hinweis:** Die Abbildung zeigt das Federbein auf der rechten Seite.

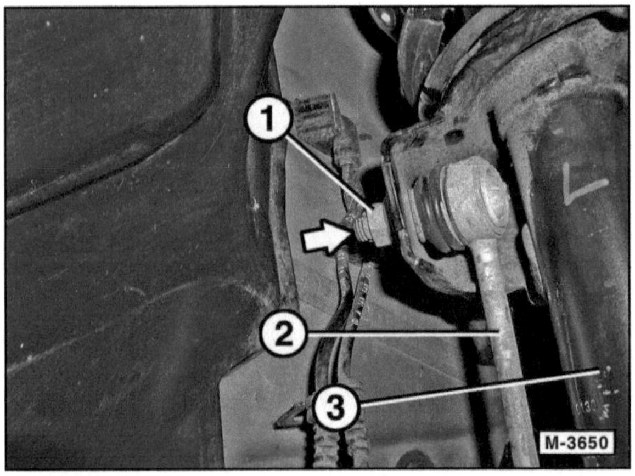

- Obere Mutter –1– für Koppelstange –2– abschrauben. Dabei Gelenkbolzen –Pfeil– mit einem Torxschlüssel T30 gegenhalten.
- Gelenkbolzen herausziehen und Koppelstange vom Federbeinstützrohr –3– trennen.

Hinweis: Um Lackschäden zu vermeiden, einen Lappen zwischen Vorderachsträger und Querlenker legen.

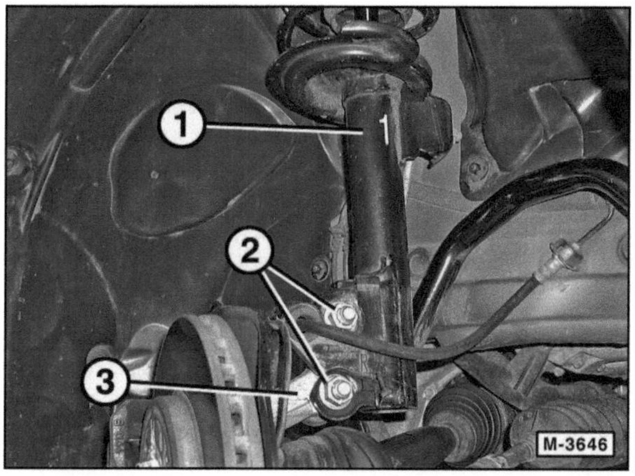

- Achsschenkel –3– mit geeignetem Montageheber abstützen; Montageheber dabei am Flansch der Bremsscheibe ansetzen. **Achtung:** Montageheber nicht am Achsgelenk ansetzen.
- Einbaulage des Federbeinstützrohrs –1– am Achsschenkel –3– mit Filzstift markieren.
- Muttern –2– abschrauben, die Schrauben dabei gegenhalten, zum Beispiel mit HAZET-Doppelringschlüssel 2721-1.
- Schrauben herausziehen, Montageheber langsam absenken und Federbeinstützrohr –1– vom Achsschenkel abnehmen.

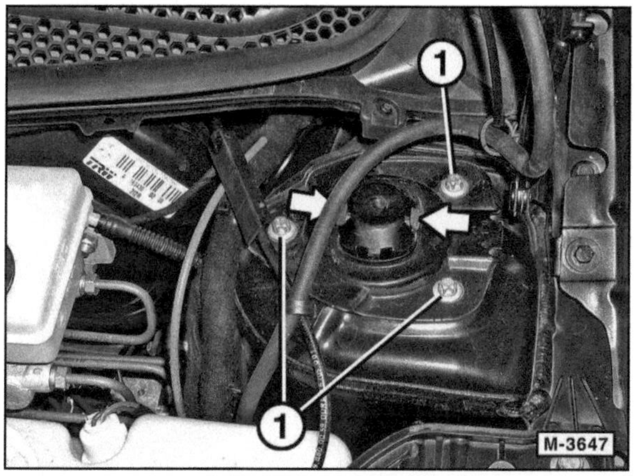

- Motorhaube öffnen. Soll das Federbein wieder eingebaut werden, Einbaulage der 3 Schrauben –1– am Federbeindom kennzeichnen. **Hinweis:** Die Abbildung zeigt den Federbeindom auf der linken Seite.
- Schrauben –1– herausdrehen.
- Rasthaken zusammendrücken –Pfeile– und Federbein nach unten aus dem Radkasten herausziehen. **Achtung:** Dabei Bremsschlauch nicht beschädigen.

Einbau

- Federbein durch den Radkasten einführen und mit **neuen Schrauben** oben am Federbeindom befestigen, gegebenenfalls auf die Markierungen achten.
- Achsschenkel mit Montageheber anheben und Federbeinstützrohr unten am Achsschenkel ansetzen, gegebenenfalls auf die Markierungen achten.

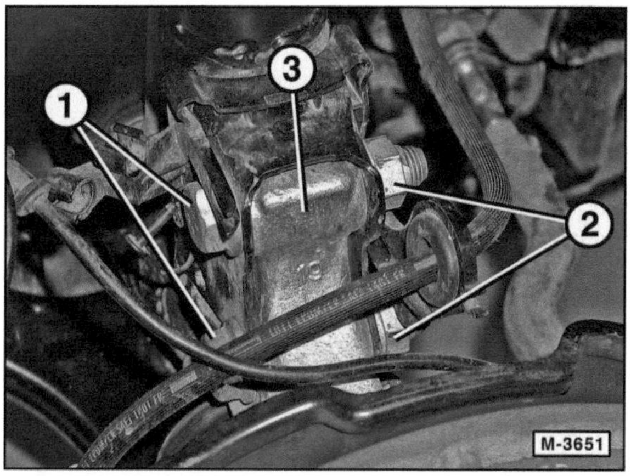

- **Neue Schrauben** –1– so durchstecken, dass die Schraubenköpfe nach hinten zeigen. **Neue Muttern** –2– aufschrauben.
- Schrauben am Federbeindom in 2 Stufen festziehen:
  1. Stufe: . . . . mit **20 Nm** anziehen.
  2. Stufe: . . . . mit starrem Schlüssel **45°** weiterdrehen.

Hinweis: Um die Winkelgrade beim Anziehen einzuhalten, ist es sinnvoll, eine Winkelscheibe aus Pappe auszuschneiden oder die Winkelscheibe HAZET 6690 zu verwenden.

- Muttern –2– am Achsschenkel –3– in 2 Stufen festziehen, Schrauben dabei gegenhalten:
  1. Stufe: . . . . mit **120 Nm** anziehen.
  2. Stufe: . . . . mit starrem Schlüssel **90°** weiterdrehen.
- Montageheber absenken und entfernen.
- Koppelstange am Federbeinstützrohr einsetzen und **neue selbstsichernde Mutter** aufschrauben. Mutter mit **60 Nm** festziehen. Dabei Gelenkbolzen gegenhalten.
- Halter für Bremsschlauch am Federbein anbauen und Sicherungssplinte eindrücken.
- Reifen-Laufrichtung beachten, Rad montieren und Fahrzeug ablassen. Radschrauben über Kreuz mit **130 Nm** festziehen. **Achtung:** Unbedingt Hinweise im Kapitel »Rad aus- und einbauen« beachten.
- In der Werkstatt Fahrwerk vermessen lassen.

Federbein zerlegen/Stoßdämpfer/ Schraubenfeder aus- und einbauen

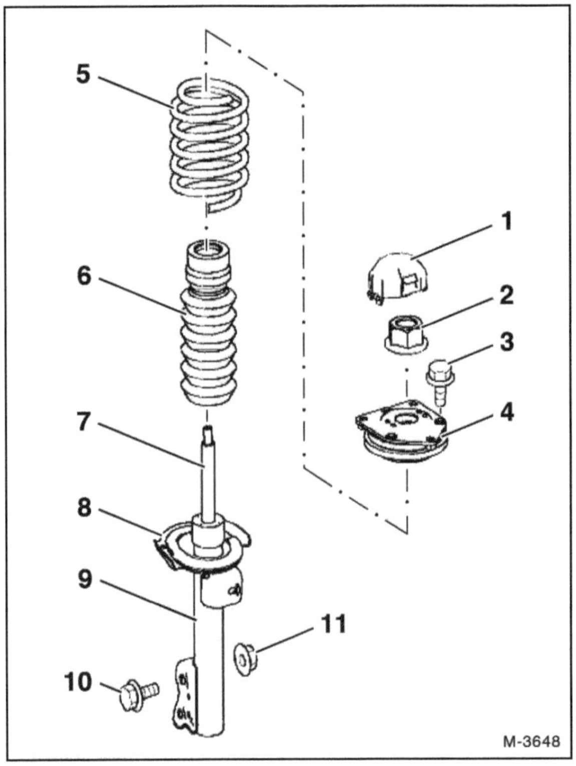

1 – Abdeckkappe am Stützlager aufgeclipst.
2 – Mutter, **67 Nm**. Selbstsichernd, nach jeder Demontage ersetzen.
3 – Schrauben, **20 Nm + 45°**; nach jeder Demontage ersetzen.
4 – Stützlager
5 – Schraubenfeder. Auf Farbkennzeichnung achten und nur achsweise ersetzen. Pro Achse nur Schraubenfedern eines Herstellers verwenden. Oberfläche der Federwindung darf nicht beschädigt sein.
6 – Anschlagpuffer mit Staubmanschette (Faltenbalg)
7 – Kolbenstange
8 – Federteller unten
9 – Stoßdämpfer, einzeln austauschbar.
10 – Schrauben; nach jeder Demontage ersetzen.
11 – Muttern, **120 Nm + 90°**. Nach jeder Demontage ersetzen.

Ausbau

- Federbein ausbauen, siehe entsprechendes Kapitel.

Achtung: Die Schraubenfeder steht unter hoher Spannung. Um den Stoßdämpfer ausbauen zu können, **muss die Schraubenfeder mit einem geeigneten Federspanner zusammengedrückt werden**.

Sicherheitshinweis
Auf keinen Fall Stoßdämpfermutter lösen, wenn die Feder nicht einwandfrei und sicher gespannt ist. Darauf achten, dass die Federwindungen sicher von den Spannplatten umfasst werden und der Federspanner nicht abrutschen kann. Nur stabiles Werkzeug verwenden. Keinesfalls Schraubenfeder mit Draht zusammenbinden. Unfallgefahr!

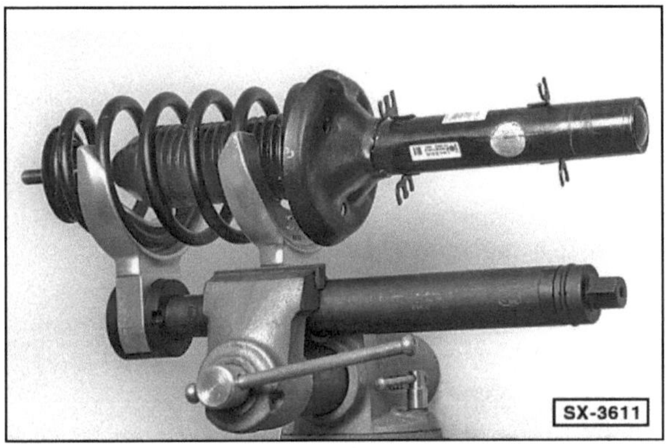

- Geeignete Spannvorrichtung in einen Schraubstock einspannen, zum Beispiel Federspanner HAZET 4900-2A mit Spannplattenpaar HAZET 4900-17.

Hinweis: Die Abbildung zeigt nicht das Federbein der A-/B-KLASSE.

- Federbein mit den Windungen der Schraubenfeder so in den Federspanner einsetzen, dass mindestens 3 Windungen der Feder gespannt werden.

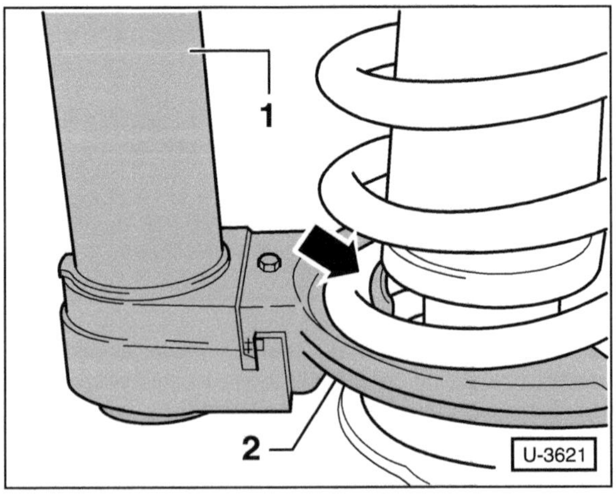

- Auf richtigen Sitz der Schraubenfeder in den Spannplatten –2– achten –Pfeil–. 1 – Federspanner.
- Federbein so verdrehen, bis das untere Ende der Schraubenfeder mit dem Ende der Spannplatte fluchtet.
- Schraubenfeder so weit vorspannen, bis das Stützlager oben entlastet ist.
- Abdeckkappe am Stützlager des Federbeins abnehmen.

- Mutter am Federbein mit einem offenen Steckschlüsseleinsatz –1– von der Kolbenstange abschrauben, dabei Kolbenstange mit einem abgewinkelten Werkzeug –2– gegenhalten –Pfeil–.

Achtung: Die obere Mutter darf nur dann gelöst werden, wenn die Feder sicher gespannt ist.

Hinweis: Die Abbildung zeigt nicht das Federbein der A-/B-KLASSE.

- Federbein-Stützlager und Anschlagpuffer mit Staubmanschette von der Kolbenstange des Stoßdämpfers abziehen.
- Stoßdämpfer aus der gespannten Schraubenfeder herausziehen.
- Stoßdämpfer prüfen, siehe entsprechendes Kapitel.
- Gummilager am unteren Federteller auf Beschädigungen prüfen.
- Alle Einzelteile des Federbeins auf Risse, Verschleiß, Korrosion und Alterungserscheinungen sichtprüfen. Beschädigte beziehungsweise verschlissene Teile erneuern.
- Falls die Schraubenfeder ausgewechselt werden soll, **Federspanner langsam entspannen** und Schraubenfeder herausnehmen.

Einbau

Falls ein Stoßdämpfer erneuert werden muss, wird empfohlen, ab 80 000 km Laufleistung beide Stoßdämpfer auszutauschen. Beim Einbau neuer Federn darauf achten, dass je nach Motorisierung und Fahrzeugausstattung unterschiedliche Federn eingebaut sein können. Nur gleiche Federn an einer Achse verwenden. Die Kennzeichnung der Federn erfolgt durch eine Farbmarkierung an einer Windung.

Hinweis: Neue Schraubenfedern sind gegen Korrosion mit einem Schutzlack versehen. Die Oberfläche darf nicht beschädigt sein.

- Wenn die Schraubenfeder ausgebaut war, Schraubenfeder in den Federspanner einsetzen und zusammendrücken.
- Gummilager am unteren Federteller des Stoßdämpfers einsetzen.
- Stoßdämpfer in die gespannte Schraubenfeder einführen.
- Anschlagpuffer mit Staubmanschette auf die Kolbenstange des Stoßdämpfers schieben.
- Federbein-Stützlager auf die Kolbenstange schieben. Darauf achten, dass das obere Ende der Schraubenfeder formschlüssig im Stützlager sitzt.
- **Neue selbstsichernde Mutter** auf die Kolbenstange aufschrauben und so weit wie möglich aufschrauben.
- Schraubenfeder ein wenig entspannen, dabei auf richtigen Sitz der Feder im Gummilager am unteren Federteller des Stoßdämpfers achten.
- Mutter mit **67 Nm** anziehen. Kolbenstange dabei gegenhalten.
- Schraubenfeder langsam komplett entspannen und Federbein aus der Spannvorrichtung herausziehen.
- Auf richtigen Sitz der Staubmanschette achten.
- Abdeckkappe am Stützlager des Federbeins aufsetzen.
- Federbein einbauen, siehe entsprechendes Kapitel.

Stoßdämpfer prüfen

Folgende Fahreigenschaften weisen auf defekte Stoßdämpfer hin:

- Langes Nachschwingen der Karosserie bei Bodenunebenheiten.
- Aufschaukeln der Karosserie bei aufeinander folgenden Bodenunebenheiten.
- Springen der Räder auch auf normaler Fahrbahn.
- Ausbrechen des Fahrzeuges beim Bremsen (kann auch andere Ursachen haben).
- Kurvenunsicherheit durch mangelnde Spurhaltung, Schleudern des Fahrzeuges.
- Abnorme Reifenabnutzung mit Abflachungen (Auswaschungen) am Reifenprofil.
- Polter- und Knackgeräusche während der Fahrt. Allerdings haben diese Geräusche häufig auch andere Ursachen, zum Beispiel lockere Fahrwerksschrauben und Muttern, defektes Radlager oder Gleichlaufgelenk (Achsgelenk). Daher Dämpfer vor dem Ersetzen immer prüfen, gegebenenfalls auf Stoßdämpferprüfstand prüfen lassen.

Der Stoßdämpfer kann von Hand geprüft werden. Eine genaue Überprüfung der Stoßdämpferleistung ist jedoch nur mit einem Shock-Tester (Stoßdämpfer eingebaut) oder einer Stoßdämpfer-Prüfmaschine möglich.

Prüfung von Hand

- Stoßdämpfer ausbauen.

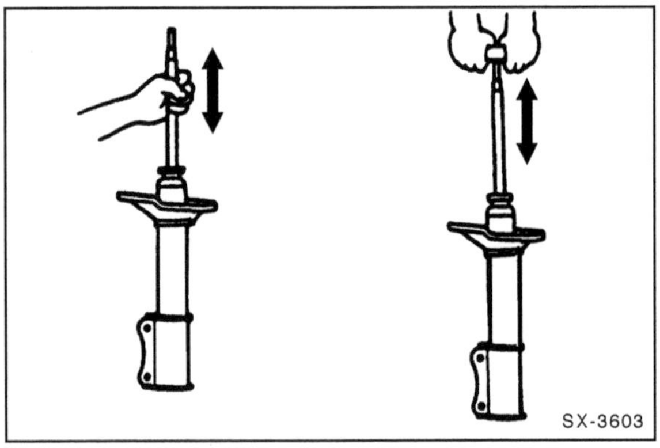

- Stoßdämpfer in Einbaulage halten, Stoßdämpfer auseinander ziehen und zusammendrücken. Der Stoßdämpfer muss sich über den gesamten Hub gleichmäßig schwer und ruckfrei bewegen lassen.
- Kolbenstange auf Oberflächen-Beschädigung, Verbiegung und auf klemmfreien Lauf in der Führungsbuchse prüfen.
- Gummilager im Gehäuseauge sichtprüfen. Die Gummilager müssen fest im Gehäuse sitzen und dürfen nicht gerissen oder beschädigt sein. Defekte Gummilager können im Fahrbetrieb Poltergeräusche verursachen.
- Bei Gasdruck-Stoßdämpfern geht die Kolbenstange bei ausreichendem Gasfülldruck von selbst wieder in die Ausgangslage zurück. Ist dies nicht der Fall, braucht der Dämpfer nicht unbedingt ersetzt werden. Die Wirkungsweise entspricht, solange kein größerer Ölverlust eingetreten ist, der Wirkungsweise eines konventionellen Dämpfers. Die dämpfende Funktion ist auch ohne Gasdruck vollständig vorhanden. Allerdings kann sich das Geräuschverhalten verschlechtern.
- Bei einwandfreier Funktion sind geringe Spuren von Stoßdämpferöl kein Grund zum Austausch. Als Faustregel gilt: Wenn ein Ölfleck sichtbar ist und sich nicht weiter ausbreitet als vom oberen Stoßdämpferverschluss (Kolbenstangendichtring) bis zum unteren Federteller, gilt der Dämpfer als in Ordnung. Voraussetzung ist, dass der Ölfleck stumpf, matt beziehungsweise durch Staub getrocknet ist. Ein geringfügiger Ölaustritt ist sogar von Vorteil, weil dadurch der Dichtring geschmiert wird und sich somit die Lebensdauer erhöht.
- Bei starkem Ölverlust Stoßdämpfer austauschen.

Stoßdämpfer verschrotten

Damit ein defekter Stoßdämpfer entsorgt werden kann, muss das Hydrauliköl aus dem Stoßdämpfer abgelassen werden. Der entleerte Stoßdämpfer kann dann wie normaler Eisenschrott behandelt werden.

Achtung: Hydrauliköl ist ein Problemstoff und darf auf keinen Fall einfach weggeschüttet oder dem Hausmüll mitgegeben werden. Gemeinde- und Stadtverwaltungen informieren darüber, wo sich die nächste Problemstoff-Sammelstelle befindet.

Sicherheitshinweis
Der Gasdruck eines neuen Stoßdämpfer beträgt bis zu 25 bar. Deshalb beim Öffnen des Dämpfers Arbeitsstelle abdecken und **unbedingt Schutzbrille tragen.**

Stoßdämpfer können auf 2 Arten entleert werden, entweder durch Anbohren oder durch Aufsägen der Außenwand.

Stoßdämpfer anbohren

- Ausgebauten Stoßdämpfer senkrecht, mit der Kolbenstange nach unten, in den Schraubstock einspannen.

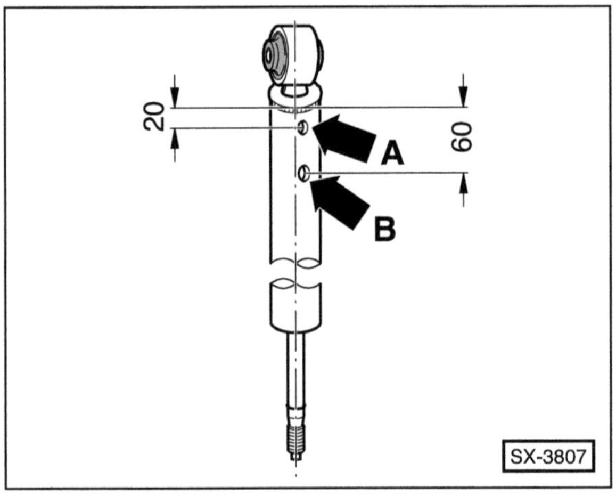

- An der Stelle –A– ein Loch mit 3 mm ∅ in das Außenrohr bohren.

Achtung: Bei Gasdruckstoßdämpfern entweicht nach dem Durchbohren der ersten Rohrwandung Gas. Öffnung während des Entgasens mit Lappen abdecken. Anschließend weiterbohren, bis das innenliegende Rohr (ca. 25 mm) durchbohrt ist.

- An der Stelle –B– eine zweite Bohrung mit 6 mm-Bohrer bis durch das innenliegende Rohr bohren.
- Dämpfer über eine Ölauffangwanne halten und Hydrauliköl durch hin- und herbewegen der Kolbenstange über den gesamten Hub herausdrücken.
- Dämpfer abtropfen lassen, bis kein Hydrauliköl mehr austritt.
- Hydrauliköl bei einer Problemstoff-Sammelstelle entsorgen.
- Entleerten Stoßdämpfer als Eisenschrott entsorgen.

Stoßdämpfer aufsägen

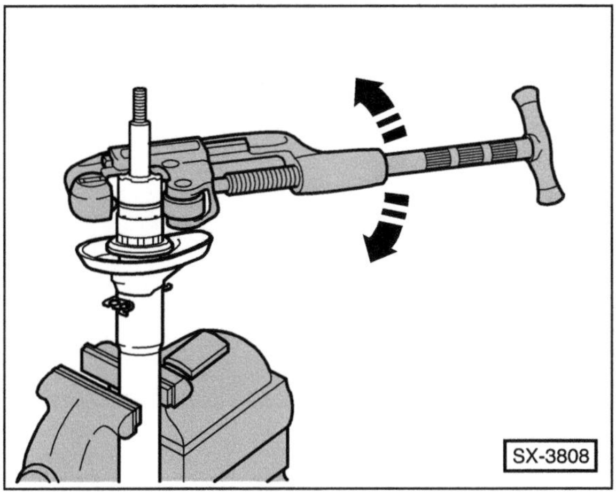

- Federbein in Schraubstock spannen.
- Rohrschneider, zum Beispiel Stahlwille Express 150, ansetzen und Außenrohr durchtrennen. **Achtung:** Bei Gasdruck-Stoßdämpfern entweicht dabei das Gas; Schutzbrille tragen.
- Kolbenstange hochziehen, dabei das Innenrohr mit einer Wasserrohrzange festhalten und nach unten drücken, so dass dieses beim langsamen Hochziehen der Kolbenstange im Außenrohr verbleibt.
- Kolbenstange vom Innenrohr abziehen.
- Dämpfer über eine Ölauffangwanne halten und Hydrauliköl ablaufen lassen, bis kein Hydrauliköl mehr austritt.
- Hydrauliköl bei einer Problemstoff-Sammelstelle entsorgen.
- Entleerten Stoßdämpfer als Eisenschrott entsorgen.

Koppelstange aus- und einbauen

Ausbau

- Reifen-Laufrichtung mit Pfeil am Reifen markieren. Radschrauben lösen. Fahrzeug aufbocken und Rad abnehmen. **Achtung:** Unbedingt Hinweise im Kapitel »Rad aus- und einbauen« beachten.

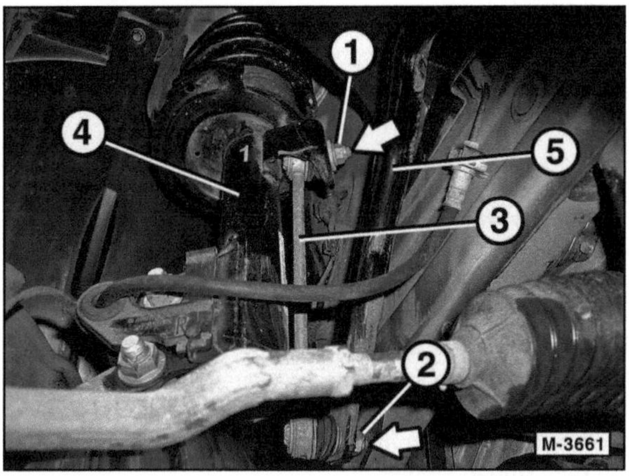

- Obere Mutter –1– für Koppelstange –3– abschrauben. Dabei Gelenkbolzen –Pfeil– mit einem Torxschlüssel T30 gegenhalten.
- Gelenkbolzen herausziehen und Koppelstange vom Federbeinstützrohr –4– trennen.
- Untere Mutter –2– für Koppelstange in gleicher Weise vom Querstabilisator –5– abschrauben.
- Koppelstange aus dem Radkasten herausnehmen.

Einbau

- Koppelstange am Federbeinstützrohr und am Querstabilisator anschrauben. **Neue selbstsichernde Muttern** mit **60 Nm** festziehen. Dabei Gelenkbolzen gegenhalten.
- Reifen-Laufrichtung beachten, Rad montieren und Fahrzeug ablassen. Radschrauben über Kreuz mit **130 Nm** festziehen. **Achtung:** Unbedingt Hinweise im Kapitel »Rad aus- und einbauen« beachten.

Gelenkwelle aus- und einbauen

Achtung: Bei allen Arbeiten, bei denen die Gelenkwelle aus dem Radlager beziehungsweise aus dem Getriebe ausgebaut wird, darauf achten, dass **stets nur am Gelenk** und **nicht an der Welle** gezogen wird.

Achtung: Bei demontierter Gelenkwelle darf das Fahrzeug nicht mit vollem Gewicht auf den Rädern stehen und nicht geschoben werden, da bei fehlender axialer Vorspannung die Wälzkörper des Radlagers beschädigt werden.

Hinweis: Soll das Fahrzeug nach dem Ausbau der Gelenkwelle geschoben werden, muss stattdessen ein Gelenkwellenstummel oder ein Außengelenk für den Gegendruck in das Radlager eingeschoben werden. Nabenmutter/Nabenschraube mit **80 Nm** anziehen.

Gelenkwelle rechts

Ausbau

- Nabenmutter/Nabenschraube ausbauen, siehe entsprechendes Kapitel. **Achtung: Beim vollständigen Herausdrehen der Nabenschraube darf das Fahrzeug nicht auf dem Boden stehen.**
- Reifen-Laufrichtung mit Pfeil am Reifen markieren. Radschrauben lösen und Vorderrad abnehmen.
- Unterbodenabdeckung ausbauen, siehe Seite 212.

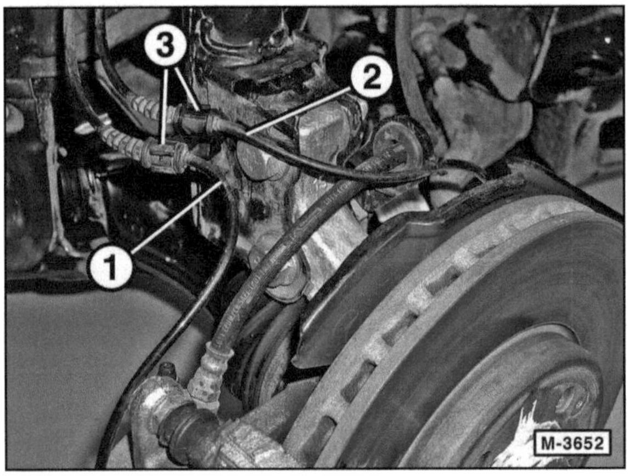

- Leitungen für Bremsbelag-Verschleißfühler –1– und ABS-Sensor –2– aus der Halterung –3– am Federbeinstützrohr herausdrücken.

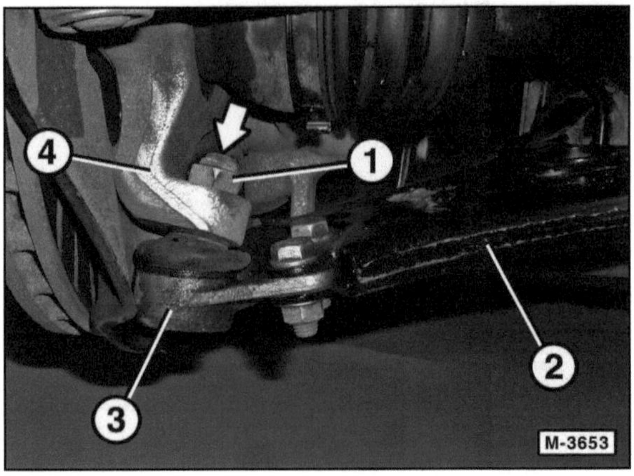

- Lappen zwischen Vorderachsträger und Querlenker –2– legen, um Lackschäden zu vermeiden. **Hinweis:** Beschädigungen mit Wachskonservierungsmittel ausbessern, zum Beispiel Terson Multi-Wax-Spray.
- Mutter –1– für Achsgelenk –3– lockern, dabei Gelenkbolzen –Pfeil– mit Inbusschlüssel SW-5 gegenhalten.

Achtung: Hohes Löse- und Anzugsdrehmoment der Mutter für das Achsgelenk! Darauf achten, dass das Fahrzeug sicher aufgebockt ist. Mutter nicht ruckweise lockern.

- Achsgelenk –3– mit handelsüblichem Ausdrücker, zum Beispiel HAZET 1779-1, aus dem Achsschenkel –4– herausdrücken. Dabei Werkzeug an der Mutter ansetzen.
- Mutter –1– abschrauben, Achsgelenk aus dem Achsschenkel –4– herausziehen und Querlenker –2– nach unten drücken.

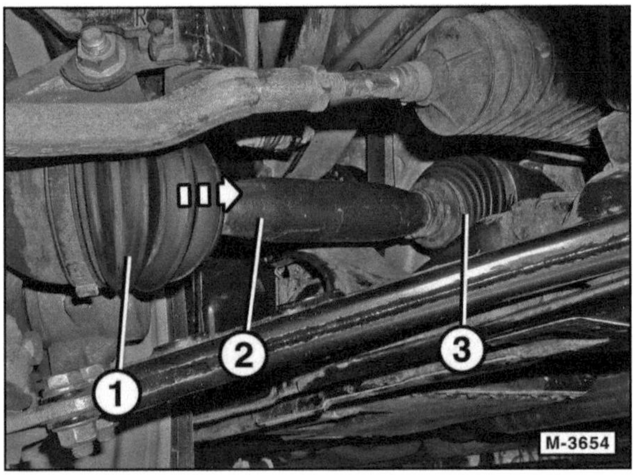

- Federbein nach außen schwenken und dabei Außengelenk –1– aus der Radnabe herausziehen –Pfeil–, dabei nicht an der Gelenkwelle –2– ziehen. **Hinweis:** Darauf achten, dass die Gelenkwelle nicht zu weit aus dem Innengelenk –3– herausgezogen wird, da das Gelenk sonst beschädigt werden kann.

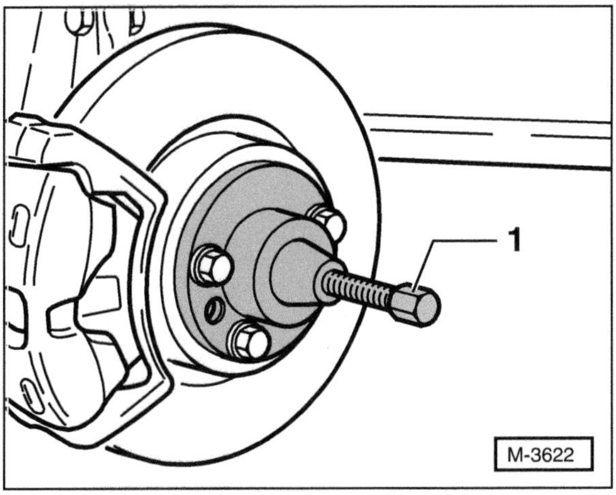

- Wenn nötig, fest sitzende Gelenkwelle mit Abdrückwerkzeug –1–, zum Beispiel HAZET 1781-5, aus der Radnabe herausdrücken.
- Gelenkwelle mit Draht abstützen, damit das Innengelenk beim Ausbau nicht bis zum Anschlag gebeugt wird. Gegebenenfalls Arbeiten mit einem Helfer durchführen.

- **Benzinmotor:** Schrauben –Pfeile– herausdrehen und Abschirmblech –1– über dem Lagerbock der Zwischenwelle –2– abnehmen.

- **Dieselmotor:** Schraube –1– für Abgasrohr –2– am Getriebe herausdrehen.

- **Dieselmotor:** Schraube –1– herausdrehen und Schelle vom Abgasrohr –2– abnehmen.
- Schrauben –5– herausdrehen und Lagerbock –4– der Zwischenwelle –3– vom Motorblock lösen.
- Zwischenwelle –3– mit geeignetem Schraubendreher aus dem Getriebe herausdrücken –Pfeil–.

Achtung: Beim Herausziehen der Zwischenwelle tritt aus dem Getriebegehäuse Öl aus. Auffanggefäß unterstellen und Öffnung am Getriebe schnell mit geeignetem Stopfen verschließen, zum Beispiel mit einem sauberen Lappen.

- **Dieselmotor:** Katalysator mit Abgasrohr –2– herunterdrücken, Zwischenwelle am Abgasrohr vorbeiführen und zusammen mit der Gelenkwelle nach unten abnehmen.
- **Benzinmotor:** Zwischenwelle zusammen mit der Gelenkwelle zur Seite herausziehen.
- Zwischenwelle von der Gelenkwelle abziehen.

Einbau

Achtung: Die Gelenkwelle vorsichtig behandeln, sie darf nicht längere Zeit auf den Manschetten lagern.

Der Einbau erfolgt in umgekehrter Ausbaureihenfolge. Dabei ist Folgendes zu beachten:

- Verzahnungen im Getriebe, an der Zwischenwelle sowie an der Radnabe säubern und mit Getriebeöl schmieren.
- Gelenkwelle beim Einbau mit Draht abstützen.
- **Anzugsdrehmomente:**
  Schrauben für Lagerbock M6 . . . . **9 Nm**
  Schrauben für Lagerbock M8 . . . . **30 Nm**
  Neue selbstsichernde Mutter für Achsgelenk . **80 Nm**

Gelenkwelle links

Hinweis: Der Aus- und Einbau erfolgt im Prinzip wie bei der rechten Gelenkwelle. Die Gelenkwelle ist direkt in das Getriebe eingesetzt. Hier werden nur die Unterschiede beschrieben.

- Montierhebel zwischen Getriebegehäuse und Innengelenk ansetzen und Gelenkwelle aus dem Getriebe herausdrücken.
- Gelenkwelle zur Seite herausziehen.

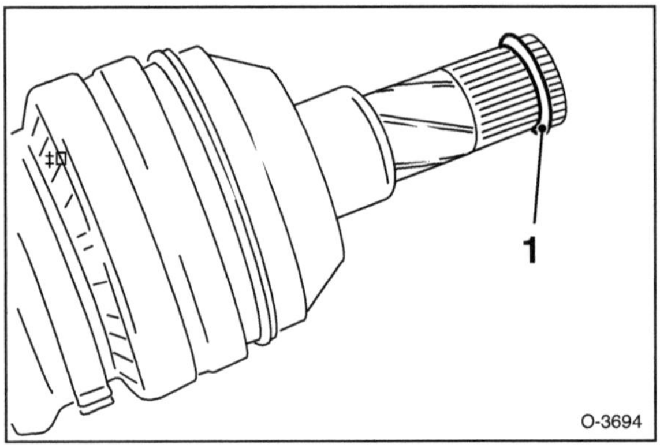

- Mit einem Schraubendreher Sicherungsring –1– aus der Nut in der Verzahnung am Innengelenk heraushebeln. **Neuen Sicherungsring** einsetzen, Sicherungsring dabei nicht überdehnen.
- Gelenkwelle beim Einbau in das Getriebe einführen und eindrücken, bis der Sicherungsring einrastet.

Gelenkwellen/Manschetten/Gelenke – Detailübersicht

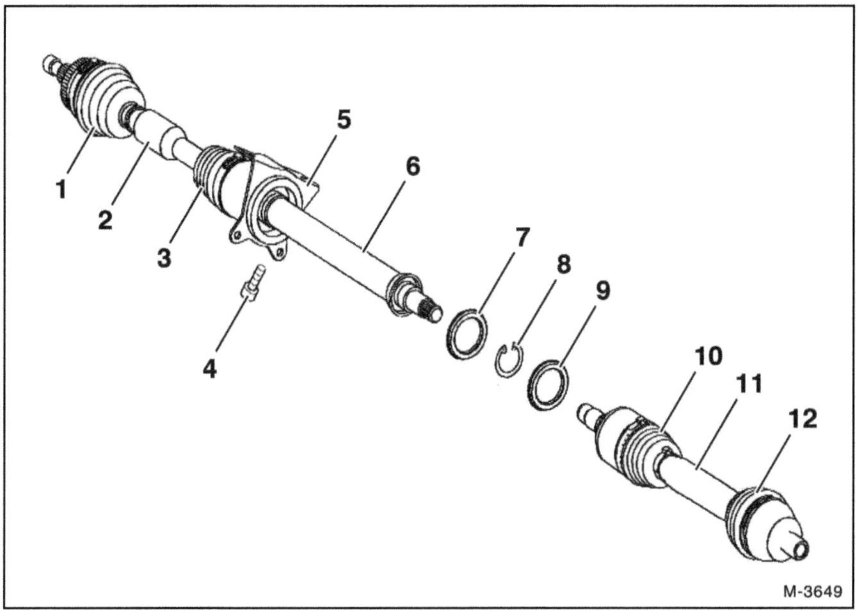

Gelenkwellen mit Zwischenlager

1 – **Gleichlaufkugelgelenk außen**
2 – **Gelenkwelle rechts**
3 – **Innengelenk rechts**
4 – **Schrauben für Zwischenlager**
5 – **Lagerbock**
6 – **Zwischenwelle**
7 – **Schutzring**
8 – **Sprengring**
9 – **Schutzring**
10 – **Innengelenk links**
11 – **Gelenkwelle links**
12 – **Gleichlaufkugelgelenk außen**

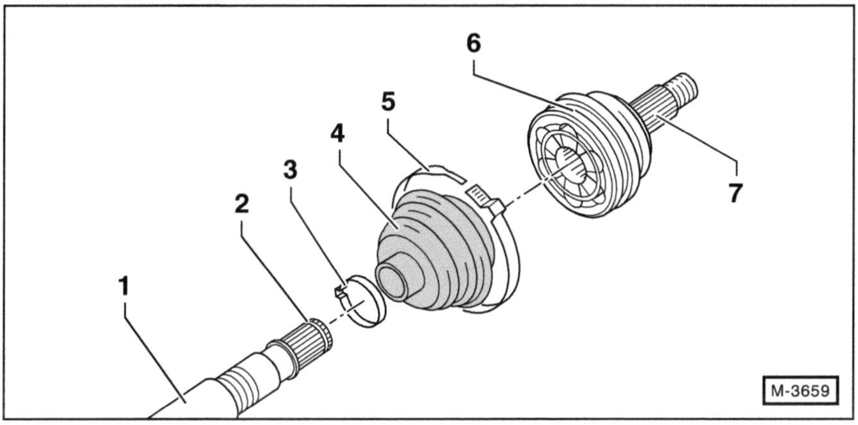

Gleichlaufkugelgelenk

1 – **Gelenkwelle**
2 – **Sicherungsring**
3 – **Klemmschelle klein**
4 – **Manschette**
5 – **Klemmschelle groß**
6 – **Gleichlaufkugelgelenk außen**
7 – **Verzahnung**
Mit Gewinde für Nabenmutter.

Hinweis: Das innere Gleichlaufkugelgelenk ist ähnlich aufgebaut.

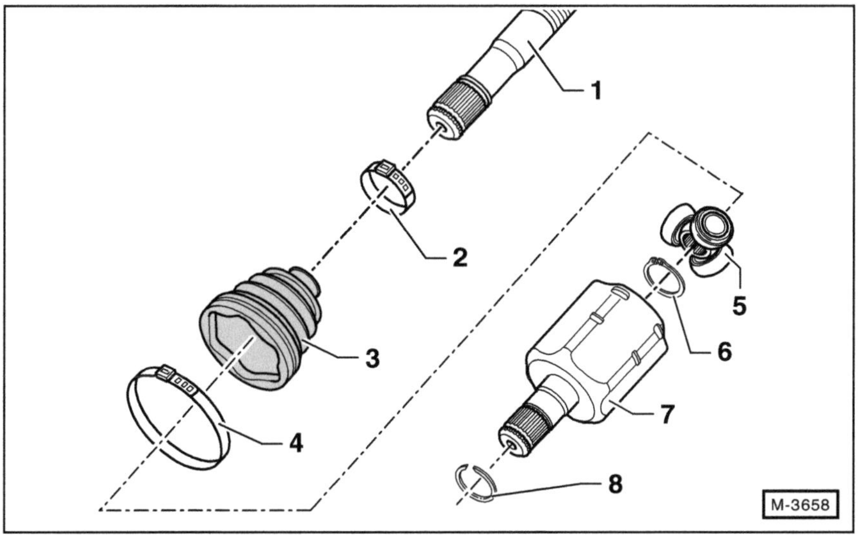

Tripodegelenk innen

1 – **Gelenkwelle**
2 – **Klemmschelle klein**
3 – **Manschette**
4 – **Klemmschelle groß**
5 – **Tripodestern mit Rollen**
6 – **Sicherungsring**
7 – **Gelenkgehäuse für Tripodestern**
8 – **Sicherungsring**

Gelenkwelle zerlegen/ Manschette erneuern

Je nach Motor-/Getriebekombination ist das getriebeseitige **innere Gelenk** als Gleichlaufkugelgelenk oder als Tripode-Gelenk ausgelegt. Fahrzeuge mit Schaltgetriebe sind mit Gleichlauf-Kugelgelenken ausgestattet, Fahrzeuge mit Automatikgetriebe sind mit Tripode-Innengelenken ausgestattet. Das Tripodegelenk hat anstelle der 6 Kugeln 3 Rollen, die um 120° versetzt auf einem Tripodestern angeordnet sind.

- Gelenkwelle ausbauen, siehe entsprechendes Kapitel.
- Gelenkwelle säubern und mit einem Lappen vorsichtig in einem Schraubstock einspannen.
- Einbaulage der Manschetten (Gelenkschutzhüllen) auf der Welle markieren, damit die neuen Manschetten in gleicher Lage eingebaut werden können. Beim Markieren auf keinen Fall den Lack der Gelenkwelle beschädigen.
- Klemmschellen an beiden Manschetten mit Seitenschneider aufschneiden und abnehmen.
- Defekte Manschette aufschneiden und vom Gelenk abziehen.

Gleichlaufkugelgelenk außen und innen

Ausbau

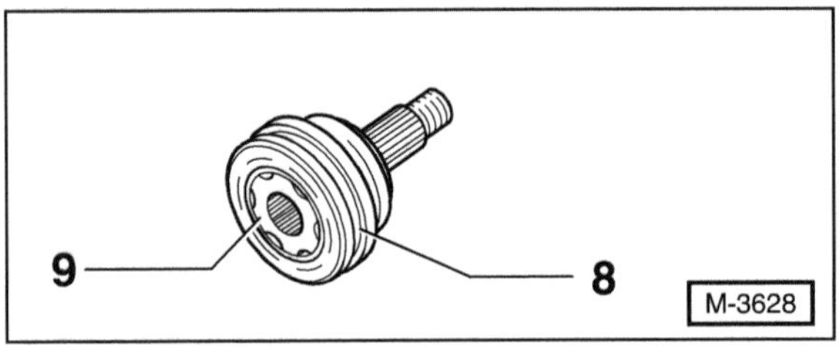

M-3628

- Gleichlaufkugelgelenk –8– am Innenstern –9– mit geeignetem Stahldorn von der Gelenkwelle abtreiben. **Achtung:** Anlageflächen der Wellendichtringe nicht beschädigen.
- Sicherungsring mit einer geeigneten Zange spreizen und aus der Nut in der Verzahnung der Gelenkwelle herausnehmen, siehe Detailübersicht M-3659.
- Gelenk reinigen.

Achtung: Bei Wassereintritt oder Verunreinigungen muss das Gelenk zerlegt werden; vorher Gelenkgehäuse, Innenstern und Kugelkäfig zueinander kennzeichnen.

Einbau

- **Neuen Sicherungsring** in der Nut in der Verzahnung der Gelenkwelle einsetzen.
- **Neue kleine Klemmschelle** auf die Gelenkwelle aufschieben.
- Verzahnung der Gelenkwelle mit Klebeband abdecken und neue Manschette auf die Gelenkwelle aufschieben.
- Gelenk bis zur Oberkante des Innensterns mit Fett befüllen.
- Gelenk auf die Gelenkwelle aufschieben.
- Manschette und Gelenk mit der Restmenge Fett befüllen.
- Manschette über Gelenk und Gelenkwelle schieben.

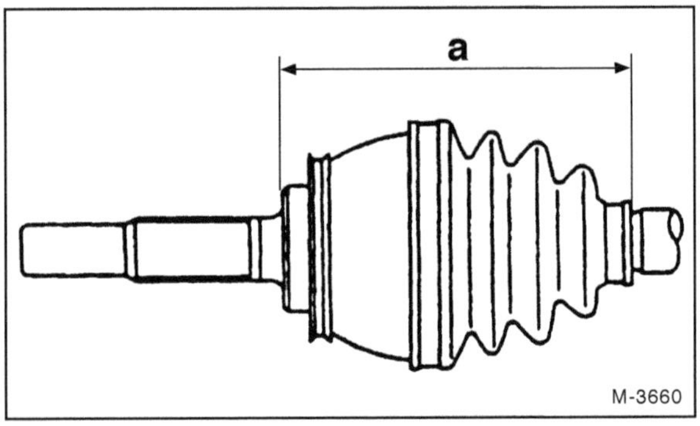

M-3660

- Manschette so ausrichten, dass der Abstand **a** zwischen Anfang des Gelenkgehäuses und Ende der Manschette (kleiner Durchmesser) eingehalten wird.

Gleichlaufkugelgelenk			
Motor	**Abstand a in mm**		
	außen	**innen links**	**innen rechts**
A150/A170/A200/ A160 CDI B150/B170/B200	125	173	176
A200 Turbo/ A180 CDI/A200 CDI B200 Turbo/ B180 CDI/B200 CDI	132	170	173

- **Neue große Klemmschelle** auf die Gelenkwelle aufschieben. Beide Klemmschellen über die Manschette schieben und ausrichten.

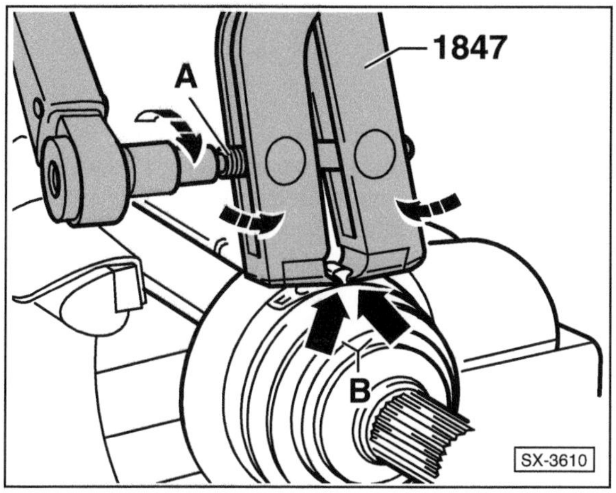

- Klemmschellen mit geeigneter Zange, zum Beispiel HAZET 1847, spannen, dabei Spindel –A– der Klemmzange anziehen. Der Spalt zwischen den beiden Klemmnasen –Pfeile B– muss 4 bis 5 mm betragen.

Achtung: Vor Einsatz der Klemmzange die Leichtgängigkeit der Spindel –A– prüfen, gegebenenfalls Spindel ölen.

- Vorderachswelle aus dem Schraubstock ausspannen und einbauen.

Tripodegelenk innen

Ausbau

- Einbaulage des Gelenkgehäuses auf der Gelenkwelle markieren und Gelenkgehäuse von der Gelenkwelle abziehen.

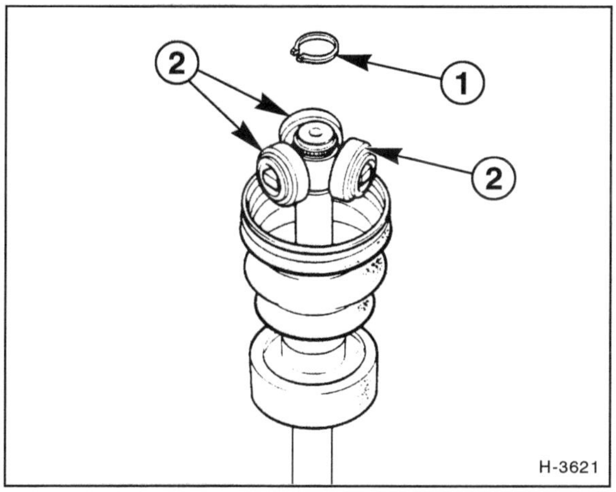

- 3 Lagerrollen –2– vom Tripodestern abnehmen. **Achtung:** Lagerrollen nicht fallen lassen, Lappen unterlegen.
- Sicherungsring –1– des Tripodesterns mit einer geeigneten Zange spreizen und von der Gelenkwelle abnehmen.
- Einbaulage des Tripodesterns auf der Gelenkwelle markieren.
- Tripodestern mit Abzieher abziehen oder mit einem Hammer und einem Messingdorn von der Gelenkwelle treiben. **Hinweis:** In der Abbildung ist die Manschette noch auf der Gelenkwelle aufgeschoben.

Einbau

- **Neue kleine Klemmschelle** auf die Gelenkwelle aufschieben.
- Verzahnung der Gelenkwelle mit Klebeband abdecken und neue Manschette auf die Gelenkwelle aufschieben.
- Tripodestern auf die Gelenkwelle setzen, dabei müssen die beim Ausbau angebrachten Markierungen übereinstimmen. Tripodestern mit einem Kunststoffhammer auf die Gelenkwelle treiben.
- **Neuen Sicherungsring** an der Gelenkwelle einsetzen.
- Lagerrollen am Tripodestern einsetzen.
- Laufflächen im Gelenkgehäuse fetten.
- Gelenkgehäuse auf die Gelenkwelle aufschieben, dabei müssen die beim Ausbau angebrachten Markierungen übereinstimmen.
- Manschette und Gelenkgehäuse mit der Restmenge Fett befüllen.
- Manschette über Gelenk und Gelenkwelle schieben.
- Manschette so ausrichten, dass der Abstand **a** zwischen Anfang des Gelenkgehäuses und Ende der Manschette (kleiner Durchmesser) eingehalten wird, siehe Abbildung M-3660.

Tripodegelenk innen		
Motor	**Abstand a in mm**	
	links	**rechts**
A150/A170/A200/A160 CDI B150/B170/B200	192	195
A200 Turbo/A180 CDI/A200 CDI B200 Turbo/B180 CDI/B200 CDI	197	200

- **Neue große Klemmschelle** auf die Gelenkwelle aufschieben. Beide Klemmschellen über die Manschette schieben und ausrichten.
- Klemmschellen spannen, siehe im Abschnitt »Gleichlaufkugelgelenk«.
- Vorderachswelle aus dem Schraubstock ausspannen und einbauen.

Hinterachse

Die Hinterräder sind bei der A- und B-KLASSE an einem nach vorne gekrümmten Achsträger befestigt. Die Hinterachse ist in der Mitte über ein Elastomer-Lager mit der Karosserie verbunden. Das großvolumige Zentrallager reduziert die Schwingungen auf die Karosserie.

Abgefedert wird die Hinterachse durch getrennt angeordnete Schraubenfedern und Einrohr-Stoßdämpfer.

Ein quer über die ganze Fahrzeugbreite angeordneter Stabilisator vermindert die Neigung der Karosserie beim Durchfahren von Kurven und sorgt für gute Bodenhaftung der Hinterräder.

Die Radführung und Seitenkraftabstützung übernimmt ein bewegliches Gestänge. Die beiden Streben des Gestänges sind an den hinteren Seiten des parabelförmigen Hinterachsträgers befestigt und in der Mitte über ein drehbares Koppelgelenk mit der Karosserie verbunden.

Radnabe und Radlager sind zu einer kompakten Einheit zusammengefasst. Die Radlagereinheit ist mit 4 Schrauben mit dem Achsschenkel verschraubt. Das Lagerspiel muss nicht eingestellt werden.

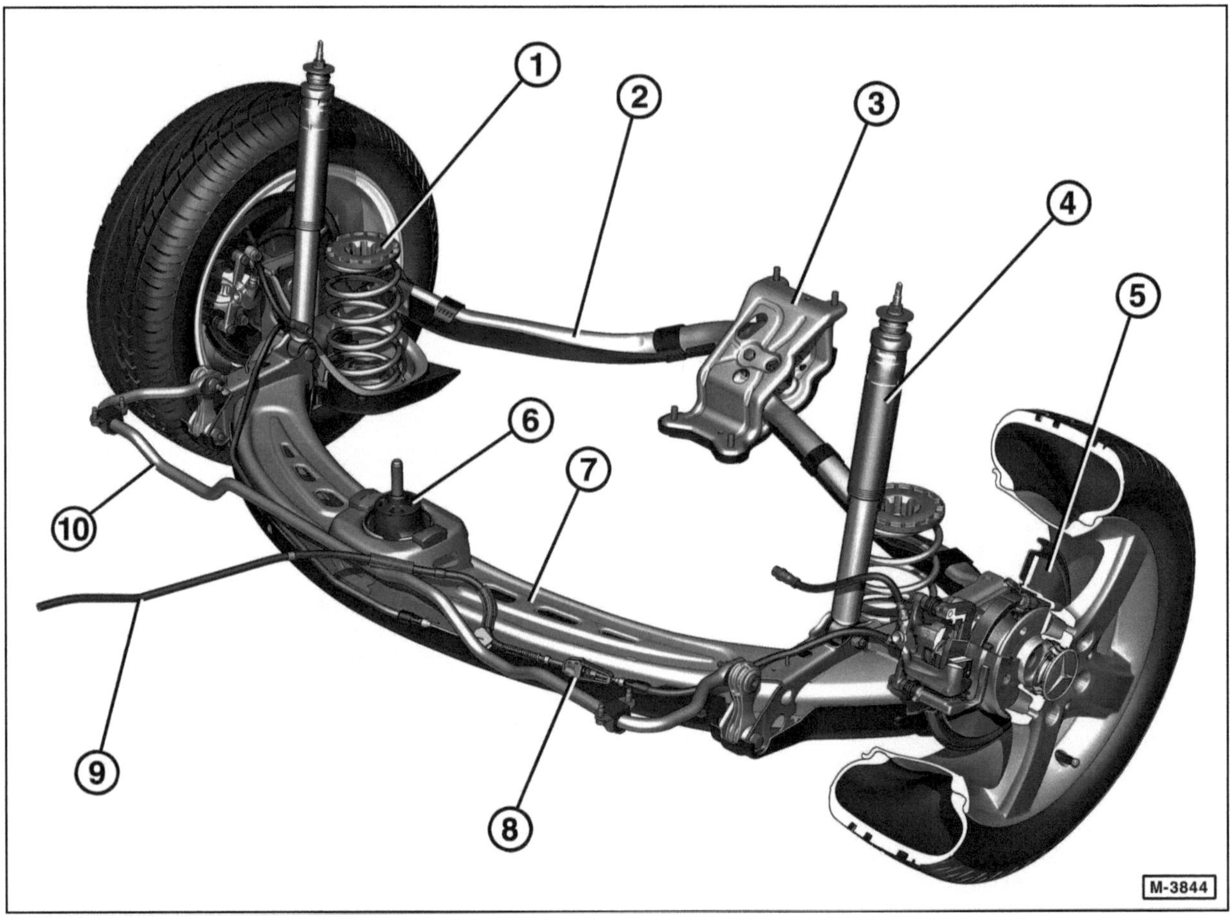

1 – Schraubenfeder
2 – Bewegliche Stützstreben
3 – Koppelgelenk für Stützstreben
4 – Stoßdämper
5 – Bremsscheibe
6 – Zentrallager
7 – Hinterachsträger
8 – Nachsteller für Handbremszug
9 – Vorderer Handbremszug
10 – Querstabilisator

Schraubenfeder an der Hinterachse aus- und einbauen

Ausbau

- Reifen-Laufrichtung mit Pfeil am Reifen markieren. Radschrauben lösen. Fahrzeug hinten aufbocken und Hinterrad abnehmen. **Achtung:** Unbedingt Hinweise im Kapitel »Rad aus- und einbauen« beachten.

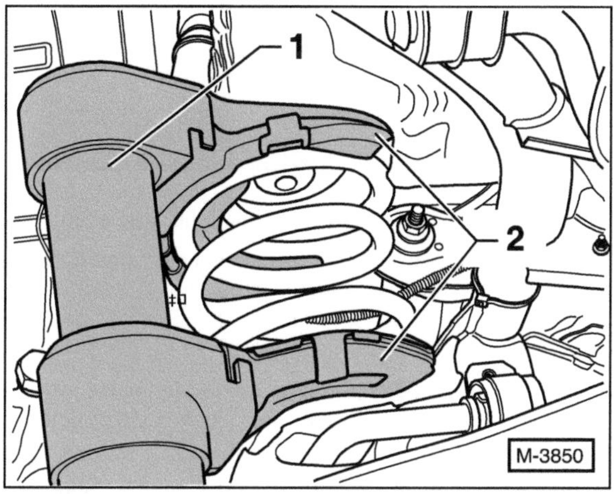

- Federspanner –1– mit geeigneten Spannplatten –2– von hinten an der Schraubenfeder ansetzen und möglichst nah an den Federwindungen anlegen, dabei mindestens 3 Windungen umgreifen.

Hinweis: Es kann der HAZET-Federspanner 4900-2A mit den Spannplatten HAZET 4900-35 verwendet werden.

Achtung: Während des Spannvorgangs auf korrekten Sitz der Spannplatten –2– in den Federwindungen achten.

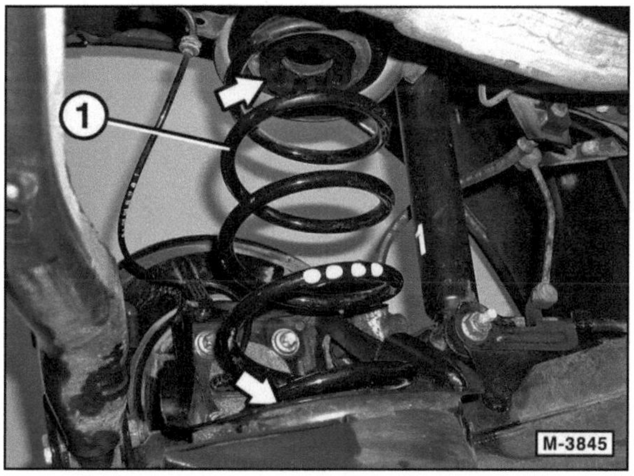

- Schraubenfeder –1– so weit spannen, bis diese herausnehmbar ist. Federspanner mit Schraubenfeder herausziehen.
- **Federspanner langsam entspannen** und Schraubenfeder herausnehmen.
- Gummiunterlagen –Pfeile– oben und unten abnehmen, auf Beschädigungen prüfen und gegebenenfalls austauschen.

Einbau

Hinweis: Schraubenfedern nur achsweise erneuern und auf Farbkennzeichnung achten. An einer Achse nur Schraubenfedern gleicher Hersteller verwenden.

- Schraubenfeder in den Federspanner einsetzen und zusammendrücken.
- Gummiunterlagen oben und unten an der Schraubenfeder einsetzen.
- Gespannte Schraubenfeder an der Hinterachse einsetzen. Dabei darauf achten, dass die Gummiunterlagen korrekt in den Aufnahmen oben und unten sitzen.
- Schraubenfeder langsam entspannen und Federspanner herausnehmen. Dabei darauf achten, dass der Oberflächenschutz der Schraubenfeder nicht beschädigt wird.
- Reifen-Laufrichtung beachten, Hinterrad anschrauben, Fahrzeug ablassen, erst dann Radschrauben über Kreuz mit **130 Nm** festziehen. **Achtung:** Unbedingt Hinweise im Kapitel »Rad aus- und einbauen« beachten.

Stoßdämpfer an der Hinterachse aus- und einbauen

Ausbau

- Heckklappe öffnen. Klappe in der Seitenverkleidung entriegeln und herunterklappen. Klappe gegebenenfalls aus der Seitenverkleidung herausziehen.
- Stoßdämpfer rechts: Ablageschale herausklappen.
- Stoßdämpfer links: Ablagefach leerräumen.

- Mutter –1– von der Kolbenstange des Stoßdämpfers abschrauben, dabei Kolbenstange –2– mit einem Maulschlüssel gegenhalten.
- Scheibe –3– und Gummilager –4– von der Kolbenstange abziehen. **Hinweis:** Gummilager auf Beschädigungen prüfen und gegebenenfalls austauschen.
- Reifen-Laufrichtung mit Pfeil am Reifen markieren. Radschrauben lösen. Fahrzeug hinten aufbocken und Hinterrad abnehmen. **Achtung:** Unbedingt Hinweise im Kapitel »Rad aus- und einbauen« beachten.

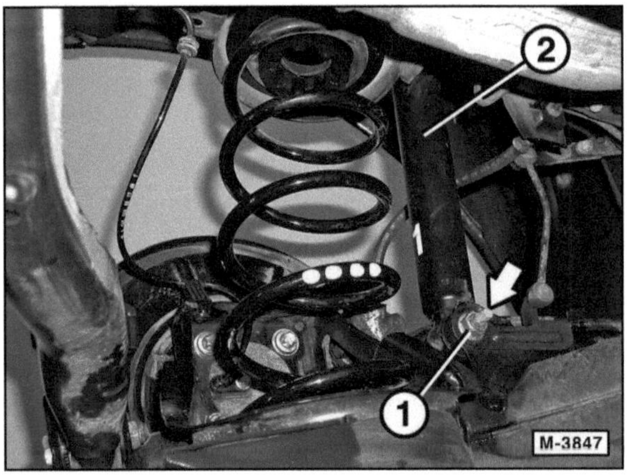

- Mutter –1– unten am Stoßdämpfer –2– abschrauben, dabei Schraube –Pfeil– gegenhalten.

- Schraube –1– aus dem Hinterachsträger herausziehen.
- Stoßdämpfer –2– zusammendrücken und nach unten aus dem Radkasten herausziehen.

Einbau

Hinweis: Falls ein Stoßdämpfer erneuert werden muss, wird empfohlen, ab 80 000 km Laufleistung beide Stoßdämpfer auszutauschen.

- Stoßdämpfer in den Radkasten einsetzen und mit **neuen selbstsichernden Muttern** anschrauben.
  Anzugsdrehmomente:
  Obere Mutter . . . . **20 Nm**
  Untere Mutter . . . . **50 Nm**
- Der weitere Einbau erfolgt in umgekehrter Ausbaureihenfolge.

Radlagereinheit hinten aus- und einbauen

Die Radlagereinheit ist zusammen mit dem Hinterachsflansch am Hinterachsträger angeschraubt. Am Hinterachsflansch ist der Bremssattelträger befestigt.

In der Radlagereinheit sind Radlager und Radnabe integriert. Die Radlagereinheit ist wartungsfrei, sie muss weder eingestellt noch geschmiert werden.

Ausbau

- Reifen-Laufrichtung mit Pfeil am Reifen markieren. Radschrauben lösen. Fahrzeug aufbocken und Rad abnehmen. **Achtung:** Unbedingt Hinweise im Kapitel »Rad aus- und einbauen« beachten.
- Bremsscheibe ausbauen, siehe Seite 141.

- Schraube –1– herausdrehen und ABS-Sensor aus dem Hinterachsflansch herausziehen
- 4 Schrauben –Pfeile– herausdrehen und Hinterachsflansch zusammen mit der Radlagereinheit und dem Abdeckblech vom Hinterachsträger abnehmen.

Achtung: Hohes Löse- und Anzugsdrehmoment der Schrauben für die Radlagereinheit! Darauf achten, dass das Fahrzeug sicher aufgebockt ist.

Einbau

- Gewinde in der Radlagereinheit nachschneiden und säubern.
- Hinterachsflansch, Abdeckblech und Radlagereinheit mit **neuen Unterlegscheiben und neuen selbstsichernden Schrauben** am Hinterachsträger anschrauben. Schrauben mit **120 Nm** festziehen.

Achtung: Hohes Anzugsdrehmoment der Schrauben!

- ABS-Sensor mit **neuer selbstsichernden Schraube** anschrauben, vorher Gewindebohrung nachschneiden und säubern. Schraube mit **6 Nm** festziehen.
- Bremsscheibe einbauen, siehe Seite 141.
- Reifen-Laufrichtung beachten, Rad anschrauben, Fahrzeug ablassen, erst dann Radschrauben über Kreuz mit **130 Nm** festziehen. **Achtung:** Unbedingt Hinweise im Kapitel »Rad aus- und einbauen« beachten.

Lenkung/Airbag

Die Lenkung besteht im Wesentlichen aus dem Lenkrad mit der Lenksäule, dem Zahnstangen-Lenkgetriebe und den Spurstangen. Die Lenksäule überträgt die Lenkbewegungen über ein Zahnrad auf das Lenkgetriebe. Die Zahnstange wird entsprechend dem Lenkradeinschlag nach links oder rechts bewegt. Spurstangen übertragen die Lenkkräfte über Spurstangengelenke und Achsschenkel auf die Räder.

Die Zahnstangenlenkung ist spielfrei von Anschlag zu Anschlag sowie wartungsfrei, nur die Lenkmanschetten und Staubkappen der Spurstangenköpfe müssen im Rahmen der Wartung auf einwandfreien Zustand geprüft werden.

Der Kraftaufwand beim Einschlagen der Räder, insbesondere bei stehendem Fahrzeug, wird durch eine **elektromechanische Lenkhilfe** (Servolenkung) verringert. Ein am Lenkgetriebe angebrachter Elektromotor unterstützt die Bewegungen des Lenkrades. Der Elektromotor bewegt ein Ritzel, das in die Verzahnung der Zahnstange im Lenkgetriebe greift. Ein Steuergerät koordiniert diesen Vorgang, bei dem die Parameter Fahrzeuggeschwindigkeit, Lenkwinkel sowie die Geschwindigkeit der Lenkbewegung mit einbezogen werden.

Seit 06/05 ist das Elektronisches Stabilitäts-Programm (ESP) um einen Lenkassistenten erweitert, der in fahrkritischen Situationen in die elektromechanische Servolenkung eingreift und zur Stabilisierung des Fahrzeugs beiträgt.

Sicherheitshinweis
Schweiß- und Richtarbeiten an Bauteilen der Lenkung **sind nicht zulässig. Selbstsichernde Schrauben/Muttern** sowie korrodierte Schrauben/Muttern im Reparaturfall **immer ersetzen.**

Achtung: Die angegebenen Anzugsdrehmomente sind unbedingt einzuhalten. Bei mangelnder Erfahrung sollten Arbeiten an der Lenkung von einer Fachwerkstatt durchgeführt werden.

Im Lenkrad ist der Fahrer-**Airbag** untergebracht. Der Airbag ist ein zusammengefalteter Luftsack, der im Fall einer Frontalkollision aufgeblasen wird und dadurch Oberkörper und Kopf des Fahrers vor einem Aufprall auf das Lenkrad schützt. Bei einer entsprechend starken Frontalkollision wird über ein Steuergerät eine kleine Sprengladung im Gasgenerator der Airbag-Einheit gezündet. Es entstehen Explosionsgase, die den Luftsack innerhalb weniger Millisekunden aufblasen. Diese Zeit reicht aus, um den Aufprall des nach vorn schnellenden Fahrer-Oberkörpers zu dämpfen. Der Airbag fällt anschließend innerhalb weniger Sekunden wieder in sich zusammen, da die Gase durch Austrittsöffnungen entweichen.

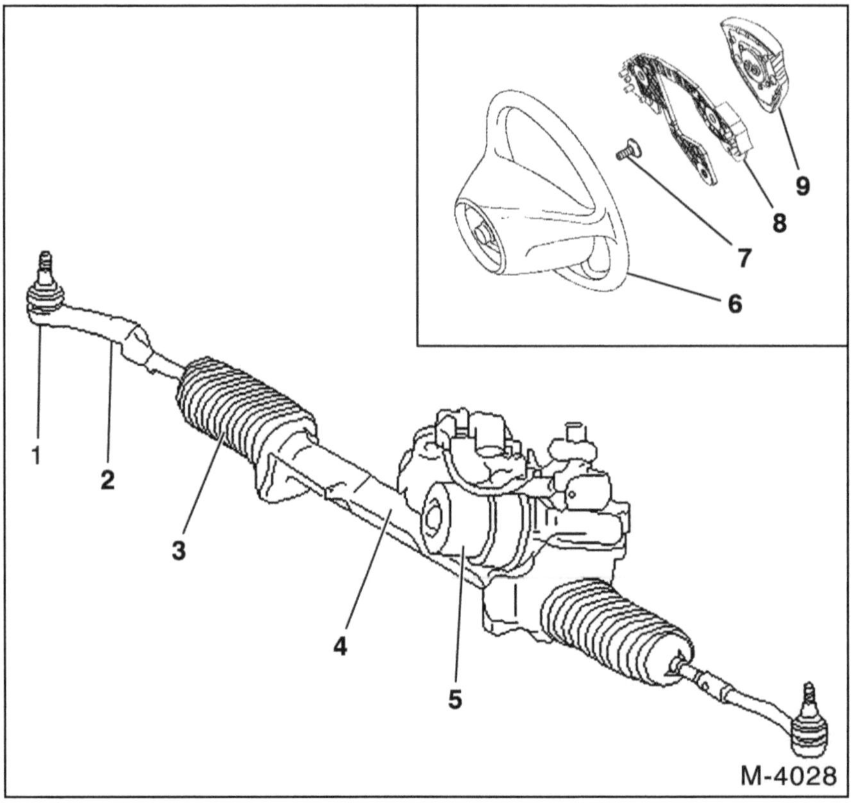

1 – **Spurstangenkopf**
2 – **Spurstange**
3 – **Lenkmanschette**
4 – **Lenkgetriebe**
5 – **Servomotor**
6 – **Lenkrad**
7 – **Schraube, 80 Nm.**
Selbstsichernd, immer ersetzen.
8 – **Schalterblende**
9 – **Airbageinheit**

Airbag-Sicherheitshinweise

Das Airbag-System besteht aus Aufprallsensor, Gasgenerator, Steuergerät und Airbag. Das Aufblasen des Airbags wird elektrisch ausgelöst.

Das Fahrzeug ist serienmäßig mit Front-, Seiten- sowie Kopf-Airbags einschließlich Gurtstraffern ausgestattet.

Auf dem Beifahrersitz darf kein gegen die Fahrtrichtung angeordneter Babysitz montiert werden, wenn der Beifahrer-Airbag aktiviert ist.

Achtung: Aus Sicherheitsgründen keine Arbeiten an Teilen des Airbag- oder Gurtstraffer-Systems durchführen.

Folgende Hinweise unbedingt beachten:

- Zündschlüssel abziehen.
- Batterie-Massekabel (–) abklemmen. **Achtung:** Hinweise im Kapitel »Batterie aus- und einbauen« durchlesen.
- Batterieminuspol isolieren, um einen versehentlichen Kontakt zu vermeiden.

Achtung: Beim Anklemmen der Batterie darf sich keine Person im Innenraum des Fahrzeuges aufhalten.

- Nach dem Abklemmen der Batterie 1 Minute warten.

Speziell beim Fahrer-Airbag ist Folgendes zu beachten:

- Räder in Geradeausstellung, Lenkrad in Mittelstellung bringen.
- Vor dem Abnehmen (Berühren) der Airbag-Einheit elektrostatische Aufladung abbauen. Dazu kurz den Schließkeil der Tür oder die Karosserie anfassen.

Allgemeine Hinweise:

- Niemals Airbag-Komponenten eines anderen Fahrzeugs oder ein anderes Lenkrad einbauen. Beim Austausch stets neue Teile verwenden.
- Selbst nach einem leichten Unfall, der nicht zum Auslösen des Airbags führte, Airbag- und Gurtstraffer-System von einer Fachwerkstatt überprüfen lassen.
- **Das Airbag-System darf nur in der Fachwerkstatt geprüft werden. Keinesfalls mit Prüflampe, Voltmeter oder Ohmmeter prüfen.**
- Airbag-Komponenten, die aus einer Höhe von mehr als 0,5 m fallengelassen wurden, müssen grundsätzlich ersetzt werden.
- Airbag-Komponenten vor großer Hitze und direkter Flammeneinwirkung schützen und keinen Temperaturen über +100° C aussetzen, auch nicht kurzfristig.
- Airbag-Komponenten vor Kontakt mit Wasser, Fett oder Öl schützen. Sofort mit einem trockenem Lappen abwischen.
- Die Airbag-Einheit ist im ausgebauten Zustand immer so abzulegen, dass das Lenkradpolster nach oben zeigt. Bei umgekehrter Lagerung besteht die Gefahr, dass bei eventueller Zündung der Gasgenerator nach oben geschleudert wird. Dadurch erhöht sich die Verletzungsgefahr.
- Bei Arbeitsunterbrechung die Airbag-Einheit nicht unbeaufsichtigt liegen lassen.
- Die Airbag-Einheit darf nicht zerlegt werden, bei einem Defekt ist sie immer komplett zu ersetzen. Da die Airbag-Einheit Explosivstoffe enthält, ist sie unter Verschluss oder geeigneter Aufsicht aufzubewahren.
- Vor Verschrotten des Fahrzeugs müssen die Airbag-Einheiten entsorgt werden. Die Entsorgung erfolgt nur durch eine Fachwerkstatt.
- Zwischen Airbag und Insassen dürfen sich keine Gegenstände befinden. Genügend großen Abstand zum Airbag einhalten, damit sich der Airbag-Luftsack beim Auslösen entfalten kann.
- Lenkrad, Armaturentafel und Vordersitzlehnen im Bereich der Airbag-Einheit nicht bekleben und von Gegenständen freihalten.
- An den Haken der Handgriffe nur leichte Kleidungsstücke ohne Kleiderbügel aufhängen. Keine Gegenstände in den Taschen der Kleidungsstücke belassen.
- Die Airbag-Kontrolllampe im Kombiinstrument muss beim Einschalten der Zündung aufleuchten und nach etwa 4 Sekunden erlöschen. Andernfalls liegt eine Störung vor.
- Bei Schweißarbeiten mit einem Elektroschweißgerät grundsätzlich die Batterie abklemmen und Batterieminuspol (–) mit Klebeband isolieren.

Speziell beim Seitenairbag ist Folgendes zu beachten:

- Es dürfen nur original Sitzbezüge und Rücksitzbezüge verbaut werden, die für Seitenairbags freigegeben sind (erkennbar am Airbag-Annäher auf dem Bezug).
- Die Rückenlehnen dürfen nicht mit Schonbezügen überzogen werden, da dadurch die Funktion des Seitenairbags beeinflusst wird.
- Sitzplatzauflagen, -matten oder Ähnliches, die die Funktion der Sitzbelegungserkennung und der Airbags beeinträchtigen, sind nicht zulässig.
- Bei Beschädigung des Bezuges (durch Risse, Brandlöcher usw.) im Bereich des Seitenairbags ist aus Sicherheitsgründen immer der Bezug zu wechseln, da sich sonst der Seitenairbag nicht richtig entfaltet.
- Nicht mit der Polsternadel oder ähnlich spitzen Gegenständen im Bereich Airbag und Sensormatte in den Bezug stechen.

Speziell beim Kopfairbag ist Folgendes zu beachten:

- Kopfairbag nicht knicken oder verdrehen.
- Beschädigte Verkleidungen an den Fahrzeugsäulen immer ersetzen, nie reparieren.

Airbag-Einheit aus- und einbauen

Ausbau

- Fahrersitz ganz nach hinten schieben.
- Zündschlüssel abziehen.
- **Airbag-Sicherheitshinweise durchlesen und befolgen.**
- **Batterie abklemmen. Achtung: Hinweise im Kapitel »Batterie aus- und einbauen« beachten.**
- **Batterieminuspol isolieren.**

- Mit einem Schraubendreher 2 Schrauben –Pfeile– hinten am Lenkrad herausdrehen, dabei die Airbag-Einheit festhalten.
- Airbag-Einheit vom Lenkrad abnehmen und soweit nach unten kippen, bis die Stecker an der Rückseite zugänglich sind.

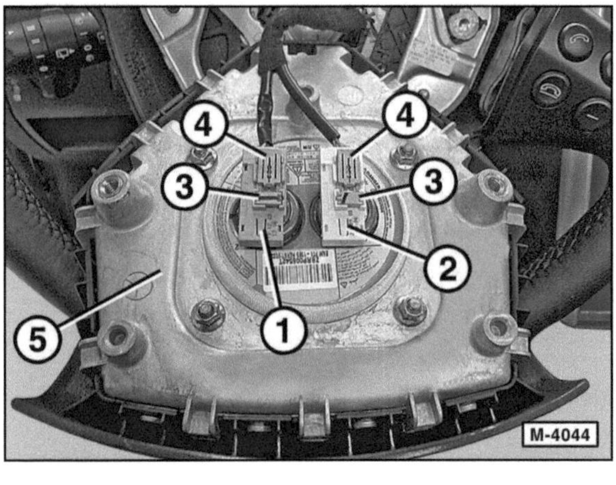

- Beide Stecker –1/2– abziehen. Dazu mit einem Schraubendreher jeweiligen Sicherungsbügel –3– anheben und Sicherungsschieber –4– nach vorne schieben.

Achtung: Vor dem Trennen der Airbag-Leitung muss sich der Monteur elektrostatisch entladen. Dazu kurz den Schließkeil der Tür oder die Karosserie anfassen.

- Airbag-Einheit –5– vom Lenkrad abnehmen und so ablegen, dass das Prallpolster nach oben zeigt.

Einbau

- Airbag-Einheit am Lenkrad ansetzen, Stecker anschließen und hörbar einrasten.
- Airbag-Einheit nach oben klappen und an beiden Seiten des Lenkrads gleichzeitig ansetzen. **Hinweis:** Auf korrekte Lage der Leitungen achten.
- Schrauben hinten eindrehen und mit **7 Nm** festziehen.
- Isolierband am Minuspol der Batterie entfernen und Batterie anklemmen. **Achtung:** Hinweise im Kapitel »Batterie aus- und einbauen« beachten.

Achtung: Beim Anklemmen der Batterie darf sich keine Person im Fahrzeug-Innenraum befinden!

- Bei Austausch der Airbag-Einheit Fehlerspeicher mit einem Diagnosegerät auslesen und löschen.

Lenkrad aus- und einbauen

Ausbau

- Räder in Geradeausstellung bringen.
- Airbag-Einheit ausbauen, dabei Sicherheitshinweise befolgen, siehe entsprechende Kapitel.

- Stecker –2– trennen.
- Schraube –3– herausdrehen und Lenkrad –1– vorsichtig von der Lenksäule abziehen.
- Leitung –4– durch die Öffnung im Lenkrad ziehen.
- Drehkontaktspirale auf der Lenksäule mit einem Klebeband fixieren. **Hinweis:** Die Drehkontaktspirale darf nicht aus der Mittelstellung verdreht werden. Wenn nötig, Drehkontaktspirale einstellen, siehe Kapitel »Lenkstockschalter aus- und einbauen«, Seite 89.

Einbau

- Räder in Geradeausstellung bringen. Darauf achten, dass die Drehkontaktspirale in Mittelstellung steht.
- Leitung –4– durch die Öffnung im Lenkrad fädeln.

- Lenkrad so aufsetzen, dass die Aussparungen der Verzahnung im Lenkrad mit den Markierungen –Pfeile– auf der Lenksäule fluchten.
- Auf ebener Straße kontrollieren, ob das Lenkrad in Mittelstellung steht, gegebenenfalls Lenkrad umsetzen.
- **Neue Schraube** eindrehen und mit **80 Nm** festziehen.
- Stecker am Lenkrad verbinden.
- Airbag-Einheit einbauen, siehe entsprechendes Kapitel.

Spurstangenkopf aus- und einbauen

Ausbau

- **Spurstangenspiel prüfen:** Fahrzeug vorn aufbocken, die Räder müssen frei hängen. Räder und Spurstangen bewegen. Dabei darf kein Spiel auftreten.
- Räder in Geradeausstellung bringen.
- Reifen-Laufrichtung mit Pfeil am Reifen markieren. Radschrauben lösen. Fahrzeug aufbocken und Rad abnehmen. **Achtung:** Unbedingt Hinweise im Kapitel »Rad aus- und einbauen« beachten.

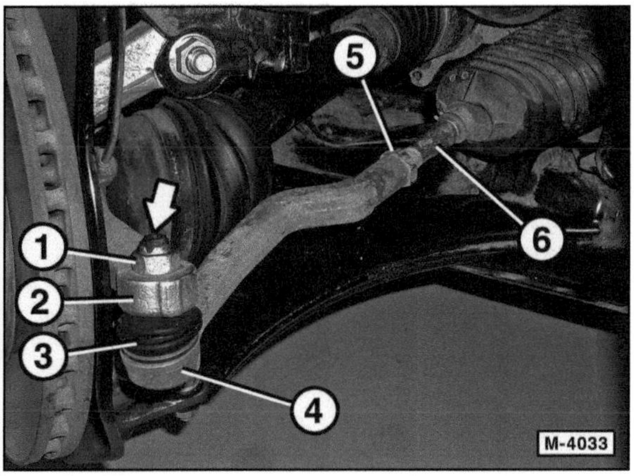

- Staubkappen –3– auf Beschädigungen, Risse und richtigen Sitz prüfen, gegebenenfalls Gelenk austauschen.
- Markierung über inneren Spurstange und Spurstangenkopf anbringen, damit die Kontermutter –5– beim späteren Einbau an derselben Position festgezogen werden kann.
- Kontermutter –5– lösen, dabei innere Spurstange am Sechskant –6– mit einem Maulschlüssel gegenhalten.
- Spurstangenkopf –4– vom Achsschenkel –2– abschrauben. Dazu Mutter –1– für Spurstangenkopf einige Umdrehungen losschrauben; Gelenkbolzen –Pfeil– dabei mit Inbusschlüssel SW-6 gegenhalten.

Achtung: Hohes Löse- und Anzugsdrehmoment der Mutter! Darauf achten, dass das Fahrzeug sicher aufgebockt ist. Mutter nicht ruckweise lockern.

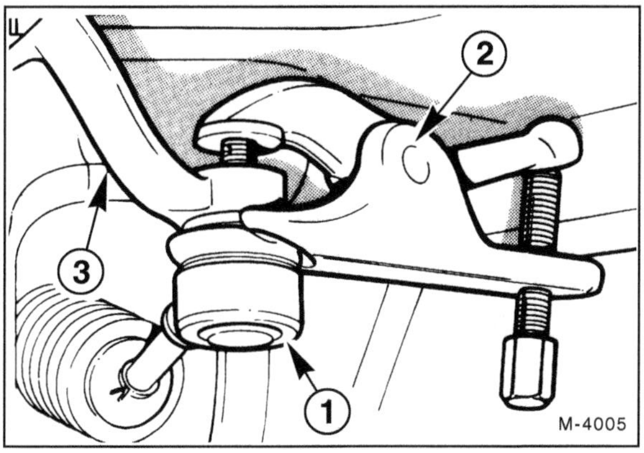

- Spurstangenkopf –1– mit handelsüblichem Ausdrücker –2–, zum Beispiel HAZET 1779-1, aus dem Achsschenkel –3– herausdrücken. Dabei Werkzeug an der Mutter ansetzen. **Achtung:** Staubkappe beim Abdrücken nicht beschädigen.
- Spurstangenkopf aus dem Achsschenkel herausziehen.
- Spurstangenkopf von der inneren Spurstange abschrauben. Dabei die Anzahl der Umdrehungen für den späteren Einbau notieren.

Einbau

- Kegelschaft des Spurstangenkopfes entfetten.
- Spurstangenkopf mit der gleichen Anzahl an Umdrehungen wie beim Ausbau auf die innere Spurstange aufschrauben. Dabei auf die angebrachte Markierung achten.
- Kontermutter handfest anziehen.
- Spurstange so ausrichten, dass der Gelenkbolzen des Spurstangenkopfes in Einbaulage steht. Spurstange bis zum Anschlag in den Achsschenkel einsetzen.
- **Neue selbstsichernde Mutter** –1– auf Spurstangenkopf aufschrauben und mit **60 Nm** anziehen. **Hinweis:** Dabei Gelenkbolzen mit Inbusschlüssel SW-6 gegenhalten.
- Kontermutter mit **60 Nm** festziehen. Beim Festziehen am Sechskant der inneren Spurstange gegenhalten.

- Reifen-Laufrichtung beachten, Vorderrad anschrauben, Fahrzeug ablassen, erst dann Radschrauben über Kreuz mit **130 Nm** festziehen. **Achtung:** Unbedingt Hinweise im Kapitel »Rad aus- und einbauen« beachten.
- Fahrzeugvermessung durchführen lassen (Werkstattarbeit).

Manschette für Lenkung aus- und einbauen

Bei einer gerissenen oder porösen Manschette dringt Feuchtigkeit und Schmutz in das Lenkgetriebe. Defekte Manschette umgehend ersetzen. Die Schmierung der Verzahnung muss gewährleistet sein, sonst kann das Lenkgetriebe beschädigt werden.

Ausbau

- Räder in Geradeausstellung bringen.
- Reifen-Laufrichtung mit Pfeil am Reifen markieren. Radschrauben lösen. Fahrzeug vorn aufbocken und Rad abnehmen. **Achtung:** Unbedingt Hinweise im Kapitel »Rad aus- und einbauen« beachten.
- Unterbodenabdeckung ausbauen, siehe Seite 212.
- Lenkgetriebe und Spurstange im Bereich der Manschette säubern, dabei darf kein Schmutz durch Risse in das Innere gelangen.
- Spurstangenkopf ausbauen, siehe entsprechendes Kapitel.

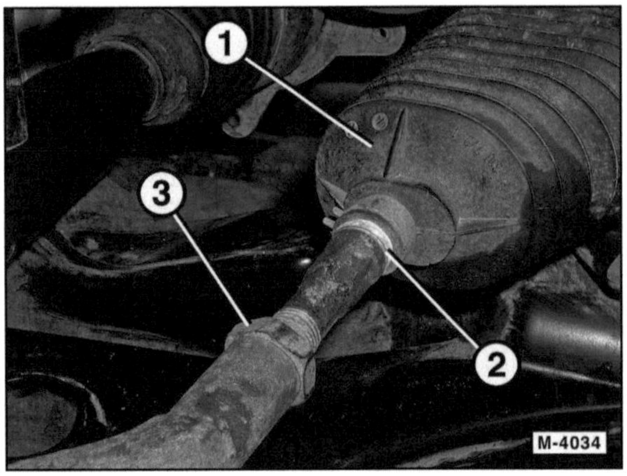

- Kontermutter –3– von der inneren Spurstange abschrauben.

Hinweis: Die Einbaulage der äußeren Klemmschelle –2– merken beziehungsweise mit Filzschreiber markieren.

- Äußere Klemmschelle –2– mit Spezialzange, zum Beispiel HAZET 798-5, spreizen, von der Manschette –1– ziehen und auf die Spurstange schieben.
- Klemmring innen vorsichtig durchschneiden und Manschette –1– vom Lenkgetriebe abziehen.
- Manschette von der Spurstange abziehen.
- Dichtring am Lenkgetriebe abziehen.

Einbau

- Spurstange reinigen und leicht einfetten.
- Zahnstange reinigen.
- Lenkrad in Geradeausstellung bringen.
- **Neuen** Dichtring, **neuen** Klemmring und **neue** Manschette über die Spurstange aufziehen.
- Manschette über die Zahnstange bis zum Anschlag auf das Lenkgetriebegehäuse ziehen und Klemmring über die Manschette drücken. Sicherstellen, dass die Manschette nicht verdreht ist. **Hinweis:** Beim Aufschieben der Manschette Dichtring nicht verschieben.
- Der weitere Einbau erfolgt in umgekehrter Ausbaureihenfolge.

Räder und Reifen

Die A-/B-KLASSE ist je nach Modell/Ausstattung mit Rädern unterschiedlicher Größe ausgerüstet. Reifen und Felgen sind Bestandteile der **Allgemeinen Betriebserlaubnis** (ABE). Es dürfen nur Reifen/Felgen verwendet werden, die für das jeweilige Fahrzeugmodell zugelassen sind, sonst erlischt die Betriebserlaubnis für das Fahrzeug. Die erlaubten Reifen/Felgenkombinationen sind in der Regel im Kfz-Schein aufgeführt. Sofern Reifen montiert werden, die nicht in den Fahrzeugpapieren eingetragen sind, müssen sie in der EG-Übereinstimmungsbescheinigung (**CoC** = **C**ertification **o**f **C**onformity) zum Fahrzeug stehen. Die Bescheinigung oder eine Kopie davon ist dann grundsätzlich im Fahrzeug mitzuführen.

Neben der Felgenbreite und dem Felgendurchmesser sind bei einem Wechsel der Felge auch die **Einpresstiefe** und der Lochkreisdurchmesser zu beachten. Die Einpresstiefe ist das Maß von der Felgenmitte (= Mitte der Reifenspur) bis zur Anlagefläche der Radschüssel an die Radnabe/Bremstrommel. Der **Lochkreisdurchmesser** gibt den Durchmesser des Kreises an, an dem die Radschrauben angeordnet sind.

Alle Scheibenräder sind als Hump-Felgen ausgelegt. Der **Hump** ist ein in die Felgenschulter eingepresster Wulst, der auch bei extrem scharfer Kurvenfahrt nicht zulässt, dass der schlauchlose Reifen von der Felge gedrückt wird. **Achtung:** In schlauchlose Reifen darf kein Schlauch eingezogen werden.

Reifendichtmittel

Fahrzeuge ohne Reserverad sind mit Reifendichtmittel ausgerüstet. Kleinere Beschädigungen können damit abgedichtet werden, so dass der Reifen für kurze Zeit weiter verwendet werden kann. Der so behandelte Reifen muss allerdings baldmöglichst ausgetauscht werden. **Hinweis:** Die Entsorgungsvorschrift für abgelaufenes Reifendichtmittel beachten.

Winterreifen

Die bei Winterreifen übliche Bezeichnung »M+S« wird mittlerweile auch für Ganzjahresreifen mit eingeschränkter Wintertauglichkeit verwendet. Reifen, die einem zusätzlichen Traktionstest auf schneebedeckter Fläche unterzogen wurden, sind am Schneeflocken-Symbol auf der Reifenflanke zu erkennen.

Schneeketten

Schneeketten sind nur an den **Vorderrädern** zulässig. Aus technischen Gründen ist die Verwendung von Schneeketten nur mit bestimmten Reifen-/Felgenkombinationen zulässig, siehe Bedienungsanleitung. Auf dem Notrad keine Schneeketten auflegen. Um Beschädigungen an den Radvollblenden zu vermeiden, sollten diese bei Schneekettenbetrieb abgenommen werden. Nach Entfernen der Schneeketten, Radvollblenden wieder montieren.

Achtung: Nur feingliedrige Schneeketten aufziehen, die an der Lauffläche und an den Reifeninnenseiten inklusive Schloss maximal 15 mm auftragen.

Mit Schneeketten darf in Deutschland nicht schneller als **50 km/h** gefahren werden. Auf schnee- und eisfreien Straßen Schneeketten abnehmen.

Reifenfülldruck

Der Reifenfülldruck wird vom Automobilhersteller in Abhängigkeit verschiedener Parameter festgelegt. Dazu zählen unter anderem die Zuladung und die Höchstgeschwindigkeit des Fahrzeugs. Vom Werk sind für die A-/B-KLASSE unterschiedliche Reifendimensionen und Felgengrößen zugelassen. Die vorliegende **Reifentabelle** listet nur einen Querschnitt möglicher Reifen-/Felgenkombinationen auf. **Hinweis:** Eine komplette Liste aller zugelassenen Reifen und Felgen hat jede Mercedes-Fachwerkstatt.

Für die Lebensdauer der Reifen und die Fahrzeugsicherheit ist das Einhalten des Reifenfülldrucks von großer Wichtig-

Reifenfülldruck für eine Auswahl von Reifen-/Felgenkombinationen

Modell	**Reifengröße**	**Scheibenrad** (Felgengröße)	**Reifenfülldruck (Überdruck) in bar**			
			halbe Zuladung		volle Zuladung	
			vorn	hinten	vorn	hinten
A-KLASSE						
A150/A170	185/65 R 15	6J x 15	2,0	2,0	2,2	2,6
A160 CDI/A180 CDI	195/55 R 16	6J x 16	2,1	2,1	2,2	2,6
A200	195/55 R 16	6J x 16	2,0	2,0	2,2	2,6
A200 Turbo	215/45 R 17	7J x 17	2,3	2,3	2,4	2,6
A200 CDI	215/40 R 18	7J x 18	2,2	2,2	2,3	2,6
B-KLASSE						
B150/B170	195/55 R 16	6J x 16	2,0	2,0	2,2	2,6
B200/B180 CDI/B200 CDI	205/55 R 16	6J x 16	2,0	2,0	2,2	2,6
B200 Turbo			2,1	2,1	2,2	2,6

keit. Reifenfülldruck deshalb alle 4 Wochen und vor jeder längeren Fahrt prüfen (auch am Reserverad).

Hinweis: Die Reifenfülldruckwerte stehen auf einem Aufkleber an der Innenseite der **Tankklappe**.

- Reifenfülldruckangaben beziehen sich auf **kalte** Reifen. Der sich bei längerer Fahrt einstellende und um ca. 0,2 bis 0,4 bar höhere Überdruck darf nicht reduziert werden. **Winterreifen** können mit einem um **0,2 bar höheren Überdruck** als Sommerreifen gefahren werden. Auf jeden Fall müssen die Reifenfülldrücke bei Winterreifen entsprechend den Vorgaben des Reifenherstellers eingehalten werden. Unterliegen die Winterreifen einer Geschwindigkeitsbeschränkung, muss ein Hinweis im Blickfeld des Fahrers angebracht werden (§ 36, Absatz 1 StVZO).
- Bei **Anhängerbetrieb** Reifenfülldruck auf den unter »volle Zuladung« angegebenen Wert erhöhen. Reifenfülldruck der Anhängerbereifung ebenfalls kontrollieren.
- Der Reifenfülldruck für das **Reserverad** entspricht dem höchsten für das Fahrzeug vorgesehenen Fülldruck.

Reifen- und Scheibenrad-Bezeichnungen/Herstellungsdatum

Achtung: Nur vom Fahrzeughersteller freigegebene Reifen und Felgen verwenden. Die möglichen Reifen-/Felgenkombinationen sind in den Fahrzeugpapieren aufgelistet.

Reifen-Bezeichnungen

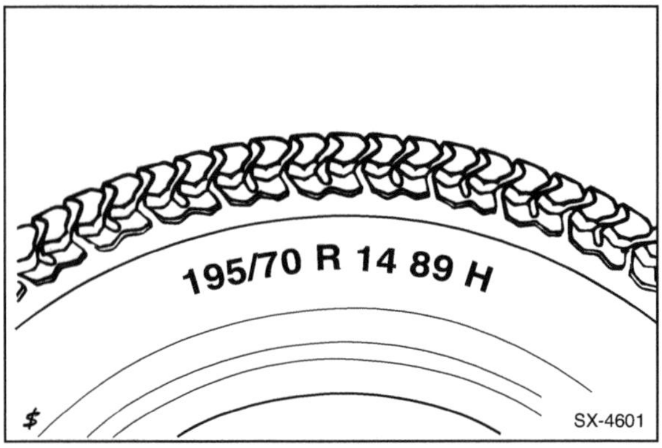

195 = Reifenbreite in mm.
/70 = Verhältnis Höhe zu Breite (die Höhe des Reifenquerschnitts beträgt 70 % von der Breite).

Fehlt eine Angabe des Querschnittverhältnisses (zum Beispiel 155 R 13), so handelt es sich um das »normale« Höhen-Breiten-Verhältnis. Es beträgt bei Gürtelreifen 82 %.

R = Radial-Bauart (= Gürtelreifen).
14 = Felgendurchmesser in Zoll.
9 = Tragfähigkeits-Kennzahl.
H = Kennbuchstabe für zulässige Höchstgeschwindigkeit, H: bis 210 km/h. Der Geschwindigkeitsbuchstabe steht hinter der Reifengröße und gilt sowohl für Sommer- als auch für Winterreifen.
M+S = Winterreifen (M+S = Matsch und Schnee).

(Alpine-Symbol) = Nur mit diesem »Alpine-Symbol«, ein Bergpiktogramm mit Schneeflocke, sind die Reifen in der EU als Winterreifen zugelassen. Dies gilt auch für Ganzjahresreifen.
MOE = **M**ercedes-Benz **O**riginal **E**xtended: Run-Flat-Reifen mit Notlauf-Eigenschaften.

Geschwindigkeits-Kennbuchstabe

Kennbuchstabe	Zulässige Höchstgeschwindigkeit
Q	160 km/h
S	180 km/h
T	190 km/h
H	210 km/h
V	240 km/h
ZR	über 240 km/h

Achtung: Steht hinter der Reifenbezeichnung das Wort »reinforced«, handelt es sich um einen Reifen in verstärkter Ausführung, beispielsweise für Vans und Transporter.

Reifen-Herstellungsdatum

Das Herstellungsdatum steht auf dem Reifen im Hersteller-Code.

Beispiel: DOT CUL2 UM8 1209 TUBELESS.

DOT = Department of Transportation (US-Verkehrsministerium).
CU = Kürzel für Reifenhersteller.
L2 = Reifengröße.
UM8 = Reifenausführung.
1209 = Herstellungsdatum = 12. Produktionswoche 2009 **Hinweis:** Falls anstelle der 4-stelligen Ziffer eine 3-stellige Ziffer gefolgt von einem ◁-Symbol aufgeführt ist, dann wurde der Reifen im vergangenen Jahrzehnt produziert. Die Bezeichnung 509◁ bedeutet beispielsweise: 50. Produktionswoche 1999.
TUBELESS = schlauchlos (TUBETYPE = Schlauchreifen).

Achtung: Neureifen müssen seit 10/98 zusätzlich mit einer ECE-Prüfnummer an der Reifenflanke versehen sein. Diese Prüfnummer weist nach, dass der Reifen dem ECE-Standard entspricht. Reifen seit 10/98 **ohne** ECE-Prüfnummer haben keine Allgemeine Betriebserlaubnis (ABE).

Scheibenrad-Bezeichnungen

Beispiel : 5½ J x 15 H2, ET 44, LK 5/112.

5½ = Maulweite (Innenbreite) der Felge in Zoll.
J = Kennbuchstabe für Höhe und Kontur des Felgenhorns (B = niedrigere Hornform).
x = Kennzeichen für einteilige Tiefbettfelge.
15 = Felgen-Durchmesser in Zoll.
H2 = Felgenprofil an Außen- und Innenseite mit Hump-Schulter (Hump = Sicherheitswulst, damit der Reifen nicht von der Felge rutscht).
ET 44 = Einpresstiefe: 44 mm. Das Maß gibt in mm an, wie weit die Felgenanschraubfläche von der Felgenmitte entfernt ist.

LK 5 = Die Felge ist in diesem Beispiel mit 5 Schrauben befestigt.

/112 = Der Lochkreisdurchmesser, auf dem die Schrauben angeordnet sind, beträgt 112 mm.

Profiltiefe messen

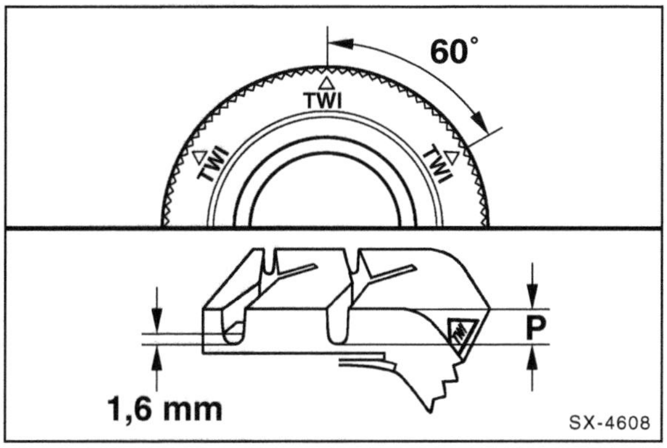

Reifen dürfen aufgrund gesetzlicher Vorschriften bis zu einer Profiltiefe von 1,6 mm abgefahren werden. Aus Sicherheitsgründen empfiehlt es sich, die Reifen bereits früher auszutauschen. **Sicherheitsgrenzwert der Profiltiefe:**

Sommerreifen . . . . **2 bis 3 mm**

Winterreifen . . . . **4 mm**

Die Tiefe des Reifenprofils an den Hauptprofilrillen mit dem stärksten Verschleiß messen. Im Profilgrund der Originalbereifung sind Abnutzungsindikatoren vorhanden. An den Reifenflanken kennzeichnen Buchstaben (TWI = **T**read **W**ear **I**ndicator) oder Dreiecksymbole die Lage der Verschleißanzeiger. Die Flächen der Abnutzungsindikatoren haben eine Höhe von 1,6 mm. Sie dürfen nicht in die Messung mit einbezogen werden. Für die Messwerte entscheidend ist das Maß an der Stelle mit der geringsten Profiltiefe –P–. **Hinweis:** Zum Ermitteln der Profiltiefe werden im Handel spezielle Messlehren angeboten, zum Beispiel HAZET 666-5.

Auswuchten von Rädern

Das Auswuchten der Räder ist notwendig, um unterschiedliche Gewichtsverteilung und Materialungenauigkeiten auszugleichen. Im Fahrbetrieb macht sich die Unwucht durch Trampel- und Flattererscheinungen bemerkbar. Das Lenkrad beginnt dann bei höherem Tempo zu zittern. In der Regel tritt dieses Zittern nur in einem bestimmten Geschwindigkeitsbereich auf und verschwindet wieder bei niedrigerer oder höherer Geschwindigkeit. Solche Unwuchterscheinungen können mit der Zeit zu Schäden an Achsgelenken, Lenkgetriebe und Stoßdämpfern sowie am Reifenprofil führen.

Räder nach jeder Reifenreparatur und nach jeder Montage eines neuen Reifens auswuchten lassen, da sich durch Abnutzung und Reparatur die Gewichts- und Materialverteilung am Reifen ändert.

Reifenpflegetipps

Reifen haben ein »Gedächtnis«. Unsachgemäße Behandlung – und dazu zählt beispielsweise auch schon schnelles oder häufiges Überfahren von Bordstein- oder Schienenkanten – führt deshalb zu Reifenpannen, mitunter sogar erst nach längerer Laufleistung.

Reifen reinigen

- Reifen generell **nicht** mit einem Dampfstrahlgerät reinigen. Wird die Düse des Dampfstrahlers zu nahe an den Reifen gehalten, dann wird die Gummischicht innerhalb weniger Sekunden irreparabel zerstört, selbst bei Verwendung von kaltem Wasser. Ein auf diese Weise gereinigter Reifen sollte sicherheitshalber ersetzt werden.
- Ersetzt werden sollte auch ein Reifen, der über längere Zeit mit Öl, Fett oder Kraftstoff in Berührung kam. Der Reifen quillt an den betreffenden Stellen zunächst auf, nimmt jedoch später wieder seine normale Form an und sieht äußerlich unbeschädigt aus. Die Belastungsfähigkeit des Reifens nimmt aber ab.

Reifen lagern

- Reifen sollten kühl, dunkel und trocken aufbewahrt werden. Sie dürfen nicht mit Fett, Öl oder Kraftstoff in Berührung kommen.
- Räder liegend oder an den Felgen aufgehängt in der Garage oder im Keller lagern. Reifen, die nicht auf einer Felge montiert sind, sollten stehend aufbewahrt werden.
- Bevor die Räder abmontiert werden, Reifenfülldruck etwas erhöhen (ca. 0,3 – 0,5 bar).

Hinweis: Für Winterreifen eigene Felgen verwenden; das Ummontieren der Reifen lohnt sich aus Kostengründen nicht.

Reifen einfahren

Neue Reifen haben vom Produktionsprozess her eine besonders glatte Oberfläche. Deshalb müssen neue Reifen – das gilt auch für das neue Ersatzrad – etwa **300 Kilometer** mit mäßiger Geschwindigkeit und vorsichtiger Fahrweise eingefahren werden; speziell auf regennasser Fahrbahn muss vorsichtig gefahren werden. Bei diesem Einfahren raut sich durch die beginnende Abnutzung die glatte Oberfläche auf, das Haftvermögen des Reifens verbessert sich.

Rad aus- und einbauen

Ausbau

Hinweis: Leichtmetallfelgen sind durch einen Klarlacküberzug gegen Korrosion geschützt. Beim Radwechsel darauf achten, dass die Schutzschicht nicht beschädigt wird, andernfalls mit Klarlack ausbessern.

- Reifen-Laufrichtung mit Kreide durch einen Pfeil am Reifen markieren.
- Fahrzeug gegen Wegrollen sichern. Dazu Handbremse anziehen, Rückwärtsgang oder 1. Gang einlegen. Bei Fahrzeugen mit Automatikgetriebe Wählhebel in Stellung »P« legen. Außerdem einen Keil hinter das diagonal gegenüberliegende Rad legen. Dabei Keil immer an der von der Aufbockstelle weg zeigenden Seite unterlegen.
- **Stahlfelge mit Radvollblende:** In die Öffnungen der Blende greifen und die Blende von der Felge abziehen.
- **Rad mit Mittenabdeckung:** Drahtbügel aus dem Bordwerkzeug durch die Bohrung in der Mittenabdeckung stecken und Mittenabdeckung abziehen.
- **Radschrauben ½ Umdrehung** lockern, nicht abschrauben. **Achtung:** Dabei muss das Fahrzeug auf dem Boden stehen, ein Gang eingelegt und die Handbremse angezogen sein. Zum Lösen der Radschrauben keinen Drehmomentschlüssel verwenden.

Sicherheitshinweis
Beim Aufbocken des Fahrzeugs besteht Unfallgefahr! Hinweise im Kapitel »Fahrzeug aufbocken« beachten.

- Fahrzeug mit einem Wagenheber so weit anheben, bis das Rad vom Boden abgehoben hat, siehe Seite 49.
- Radschrauben herausdrehen und Rad abnehmen.

Hinweis: Werden mehrere Räder gleichzeitig abgebaut, Einbauort der einzelnen Räder mit Kreide auf den Reifen kennzeichnen.

Einbau

- Anlageflächen des Rades an der Radnabe und auf der Felge reinigen und entfetten.
- Verschmutzte Schrauben und Gewinde reinigen. Gewinde und Konus der Radschrauben müssen öl- und fettfrei sein.

Achtung: Korrodierte oder schwergängige Schrauben umgehend erneuern. Bis dahin vorsichtshalber nur mit mäßiger Geschwindigkeit fahren. Radschrauben **nicht** einölen.

- Sicherungsschraube für die Bremsscheibe auf festen Sitz prüfen, wenn nötig mit **10 Nm** festziehen.
- Zum Schutz gegen das Festrosten des Rades Zentriersitz der Felge an der Radnabe vor jeder Montage des jeweiligen Rades dünn mit Wälzlagerfett einfetten.
- Rad entsprechend der beim Ausbau angebrachten Markierungen (Einbauposition, Laufrichtung) ansetzen.
- Radschrauben anschrauben und leicht mit etwa **50 Nm** über Kreuz voranziehen.
- Fahrzeug absenken und Wagenheber entfernen.

- Radschrauben über Kreuz in der Reihenfolge **1-2-3-4-5** in mehreren Durchgängen anziehen. Zum Festziehen der Radschrauben sollte stets ein Drehmomentschlüssel verwendet werden. Dadurch wird sichergestellt, dass die Radschrauben gleichmäßig und fest angezogen sind.

Hinweis: Das Anzugsdrehmoment für die Radschrauben beträgt für Stahl- und Leichtmetallfelgen 130 Nm.

Achtung: Wurden die Radschrauben nicht mit einem Drehmomentschlüssel festgezogen, **ist es zwingend erforderlich**, umgehend das Anzugsdrehmoment in einer Werkstatt kontrollieren zu lassen. Durch einseitiges oder unterschiedlich starkes Anziehen der Radschrauben können das Rad und/oder die Radnabe verspannt werden.

- **Stahlfelge mit Radvollblende:** Radvollblende zuerst im Bereich des Ventilausschnittes aufdrücken und anschließend gesamte Blende vollständig einrasten lassen. Blende gegebenenfalls mit dem Handballen aufschlagen.
- **Rad mit Mittenabdeckung:** Mittenabdeckung in die Felge einsetzen und festdrücken.
- Nach dem Reifenwechsel unbedingt Reifenfülldruck prüfen und gegebenenfalls korrigieren.
- Nach einer Fahrstrecke von etwa 50 km alle Radschrauben über Kreuz mit dem Drehmomentschlüssel nochmals »nachknicken«.

Reifen mit Notlauf-Eigenschaften

Im Handel werden **RFT-Reifen** (**R**un **F**lat **T**yre) mit Notlauf-Eigenschaften angeboten. Diese Reifen weisen eine spezielle Verstärkung der Seitenwände auf, wodurch das Fahrzeug bei plötzlichem Reifendruckverlust weiterhin sicher gesteuert werden kann. Bei einer Höchstgeschwindigkeit von etwa 80 km/h können noch bis zu 250 Kilometer zurückgelegt werden. RFT-Reifen dürfen nur bei Fahrzeugen mit einem Reifendruck-Kontrollsystem eingesetzt werden. Zudem muss das Fahrzeug vom Hersteller speziell für den Einsatz von Run-Flat-Reifen zugelassen sein. Bei einem Druckverlust sind die entsprechenden Vorschriften des Reifen-Herstellers zu beachten. **Hinweis:** Manche Reifen mit Notlauf-Eigenschaften benötigen spezielle Felgen.

Austauschen der Räder/Laufrichtung

Sicherheitshinweise
Reifen nicht einzeln, sondern mindestens achsweise ersetzen. Reifen mit der größeren Profiltiefe **vorn** montieren. Am Fahrzeug dürfen nur Reifen gleicher Bauart verwendet werden. An einer Achse dürfen nur Reifen desselben Herstellers und mit der selben Profilausführung eingebaut werden. Reifen, die älter als 6 Jahre sind, nur im Notfall und bei vorsichtiger Fahrweise verwenden. Keine gebrauchten Reifen verwenden, deren Ursprung nicht bekannt ist. Beim Erneuern von Felge oder Reifen grundsätzlich das Gummiventil ersetzen.

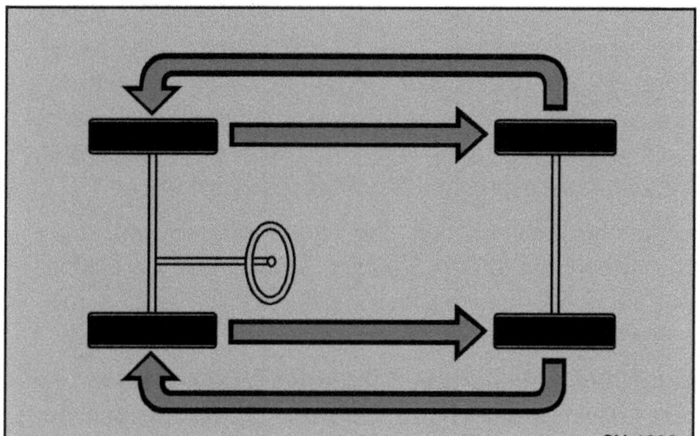
SX-4606

- Bei größerem Verschleiß der vorderen Reifen, die Vorderräder gegen die Hinterräder tauschen. Dadurch haben alle 4 Reifen etwa die gleiche Lebensdauer.

Es ist nicht zweckmäßig, bei einem Austausch der Räder die Drehrichtung der Reifen zu ändern, da sich die Reifen nur unter vorübergehend stärkerem Verschleiß der veränderten Drehrichtung anpassen.

SX-4609

- Bei Reifen **mit laufrichtungsgebundenem Profil,** erkennbar an Pfeilen auf der Reifenflanke in Laufrichtung, **muss** die Laufrichtung des Reifens **unbedingt** eingehalten werden. Dadurch werden optimale Laufeigenschaften bezüglich Aquaplaning, Haftvermögen, Geräusch und Abrieb sichergestellt.

Hinweis: Laufrichtungsgebundenes Reserverad bei einer Reifenpanne nur vorübergehend entgegen der Laufrichtung montieren. Insbesondere bei Nässe empfiehlt es sich, die Geschwindigkeit den Fahrbahnverhältnissen anpassen.

Fehlerhafte Reifenabnutzung

- In erster Linie ist auf vorschriftsmäßigen Reifenfülldruck zu achten, wobei alle 4 Wochen und vor jeder längeren Fahrt sowie bei hoher Zuladung eine Prüfung vorgenommen werden sollte.
- Reifenfülldruck nur bei kühlen Reifen prüfen. Der Reifenfülldruck steigt nämlich mit zunehmender Erhitzung bei schneller Fahrt an. Dennoch ist es völlig falsch, aus erhitzten Reifen Luft abzulassen.

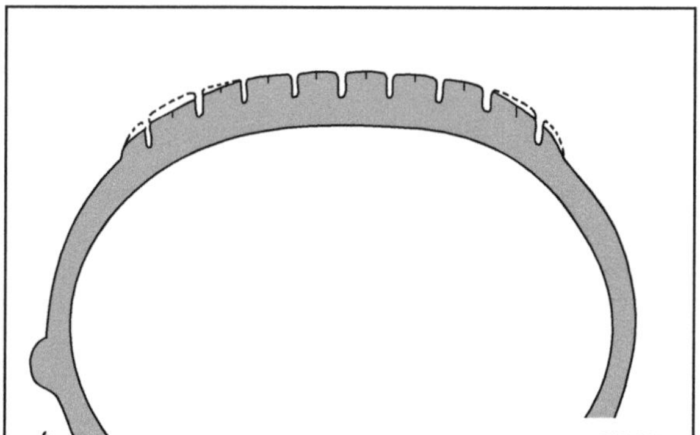
SX-4603

- An den Vorderrädern ist eine etwas größere Abnutzung der Reifenschultern gegenüber der Laufflächenmitte normal, wobei aufgrund der Straßenneigung die Abnutzung der zur Straßenmitte zeigenden Reifenschulter (linkes Rad: außen, rechtes Rad: innen) deutlicher ausgeprägt sein kann.
- Ungleichmäßiger Reifenverschleiß ist zumeist die Folge zu geringen oder zu hohen Reifenfülldrucks. Er kann auch auf Fehler in der Radeinstellung oder der Radauswuchtung sowie auf mangelhafte Stoßdämpfer oder Felgen zurückzuführen sein.
- Bei zu hohem Reifenfülldruck wird die Laufflächenmitte mehr abgenutzt, da der Reifen an der Lauffläche durch den hohen Innendruck mehr gewölbt ist.
- Bei zu niedrigem Reifenfülldruck liegt die Lauffläche an den Reifenschultern stärker auf, und die Laufflächenmitte wölbt sich nach innen durch. Dadurch ergibt sich ein stärkerer Reifenverschleiß der Reifenschultern.

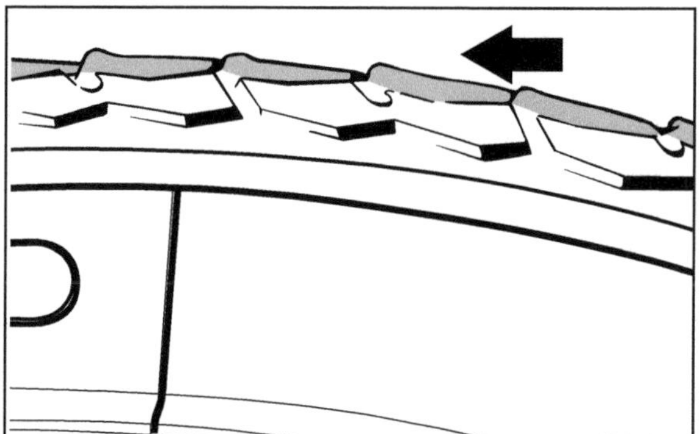
SX-4604

- Sägezahnförmige Abnutzung des Profils ist in der Regel auf eine Überbelastung des Fahrzeugs zurückzuführen.

Bremsanlage

Aus dem Inhalt:

- Bremsbeläge wechseln
- Bremsscheibe prüfen
- Bremsscheibe wechseln
- ABS/ASR/BAS/ESP
- Handbremse einstellen
- Handbremszug
- Bremslichtschalter
- Bremsanlage entlüften
- Bremsflüssigkeit wechseln

Das Arbeiten an der Bremsanlage erfordert peinliche Sauberkeit und exakte Arbeitsweise. Falls die nötige Arbeitserfahrung fehlt, sollten Reparaturarbeiten an der Bremsanlage von einer Fachwerkstatt durchgeführt werden.

Das Bremssystem besteht aus dem Hauptbremszylinder mit dem Bremskraftverstärker und den **Scheibenbremsen** für die Vorderräder und die Hinterräder. Das hydraulische Bremssystem ist in zwei Kreise aufgeteilt, die diagonal wirken. Ein Bremskreis ist mit den Bremssätteln vorn rechts/hinten links verbunden, der zweite mit den Bremssätteln vorn links/hinten rechts. Dadurch kann bei Ausfall eines Bremskreises, zum Beispiel durch ein Leck, das Fahrzeug über den anderen Bremskreis zum Stehen gebracht werden. Der Druck für beide Bremskreise wird im Tandem-Hauptbremszylinder über das Bremspedal aufgebaut.

Der **Bremsflüssigkeitsbehälter** befindet sich auf der linken Seite im Motorraum über dem Hauptbremszylinder. Er versorgt das Bremssystem wie auch das hydraulische Kupplungssystem mit Bremsflüssigkeit.

Der **Bremskraftverstärker** speichert beim Benzinmotor einen Teil des vom Motor erzeugten Ansaugunterdruckes. Beim Betätigen des Bremspedals wird dann die Pedalkraft durch den Unterdruck verstärkt. Einige Benzinmotoren benötigen eine Unterdruckpumpe zur Verstärkung des Bremsdrucks.

Da beim Dieselmotor der Ansaugunterdruck nicht vorhanden ist, erzeugt eine **Vakuumpumpe** den Unterdruck für den Bremskraftverstärker. Die Vakuumpumpe sitzt am Zylinderkopf und wird über die Nockenwelle angetrieben.

Die **Bremsbeläge** sind Bestandteil der Allgemeinen Betriebserlaubnis (ABE) und vom Werk auf das jeweilige Fahrzeugmodell abgestimmt. Es dürfen deshalb nur die vom Automobilhersteller beziehungsweise vom Kraftfahrtbundesamt (KBA) freigegebenen Bremsbeläge verwendet werden. Diese Bremsbeläge haben eine KBA-Freigabenummer.

Sicherheitshinweis
Beim Aufbocken des Fahrzeugs besteht Unfallgefahr! Hinweise im Kapitel »Fahrzeug aufbocken« beachten.

Hinweis: Beim Fahren auf stark regennassen Fahrbahnen ist es sinnvoll, die Fußbremse von Zeit zu Zeit zu betätigen, um die Bremsscheiben von Rückständen zu befreien. Während der Fahrt wird zwar durch die Zentrifugalkraft das Wasser von den Bremsscheiben geschleudert, doch bleibt teilweise ein dünner Film von Fett und Verschmutzungen zurück, der das Ansprechen der Bremse vermindert.

Eingebrannter Schmutz auf den Bremsbelägen und zugesetzte Regennuten in den Bremsbelägen führen zur Riefenbildung auf den Bremsscheiben. Dadurch kann eine verminderte Bremswirkung eintreten.

Achtung: Selbstsichernde Schrauben/Muttern immer ersetzen. Gewindebohrungen für selbstsichernde Schrauben vorher nachschneiden und säubern.

Sicherheitshinweis
Beim Reinigen der Bremsanlage fällt Bremsstaub an, der zu gesundheitlichen Schäden führen kann. Beim Reinigen der Bremsanlage Bremsstaub nicht einatmen.

ABS/ASR/BAS/ESP

Grundsätzlich dürfen Arbeiten an den elektronisch gesteuerten Brems- und Fahrwerkskomponenten nur in der Fachwerkstatt ausgeführt werden.

ABS: Das **A**nti-**B**lockier-**S**ystem verhindert bei scharfem Abbremsen das Blockieren der Räder, dadurch bleibt das Fahrzeug lenkbar.

ASR: Die elektronische **A**ntriebs-**S**chlupf-**R**egelung verhindert beim Beschleunigen den Schlupf der zum Durchdrehen neigenden Räder. Dies wird durch das Abbremsen der Räder und die Reduzierung der Motorleistung erreicht.

BAS: Das **B**rems-**A**ssistent-**S**ystem erkennt aufgrund der Geschwindigkeit und der Kraft, mit der das Bremspedal heruntergedrückt wird, ob eine Notbremssituation gegeben ist. In diesem Fall erhöht BAS automatisch den Bremsdruck über den vom Fahrer vorgegebenen Wert, bis die ABS-Regelung einsetzt. Dadurch wird der Bremsweg verkürzt.

ESP: Über die ABS-Funktionen hinaus verringert ESP (**E**lektronisches **S**tabilitäts-**P**rogramm) das Schleuderrisiko des Fahrzeugs. In dem umfassenden Fahrstabilitätsregelsystem ESP sind unter anderem die Funktionen der Traktionskontrolle integriert. In schnell durchfahrenen Kurven oder bei abrupten Ausweichmanövern erkennt ESP, ob das Fahrzeug auszubrechen droht. Über Sensoren erfasst ESP den Lenkwinkel und die Drehgeschwindigkeit des Fahrzeugs um die Hochachse. Durch das Abbremsen einzelner Räder und die Regulierung der Motorleistung wird das Fahrzeug bestmöglichst auf dem gewünschten Kurs gehalten.

Ist die ESP-Regelung aktiv, wird dies durch Blinken der ESP-Warnleuchte im Kombiinstrument signalisiert. Die Fahrweise sollte dann den Straßenverhältnissen angepasst werden, sonst besteht Unfallgefahr.

Die ESP-Warnleuchte leuchtet bei eingeschalteter Zündung auf und erlischt nach dem Anlassvorgang bei laufendem Motor.

Hinweise zum ABS/ESP

Eine Sicherheitsschaltung im elektronischen Steuergerät sorgt dafür, dass sich die Anlage bei einem **Defekt** (zum Beispiel Kabelbruch) oder bei zu niedriger Betriebsspannung (Batteriespannung unter 10 Volt) selbst abschaltet. Angezeigt wird dies durch das Aufleuchten der Kontrolllampen im Kombiinstrument. Die herkömmliche Bremsanlage bleibt dabei in Betrieb. Das Fahrzeug verhält sich dann beispielsweise beim Bremsen so, als ob keine ABS/ESP-Anlage eingebaut wäre.

Sicherheitshinweis
Wenn während der Fahrt die Kontrollleuchten für ABS, ESP und für die Bremsanlage leuchten, können bei starkem Abbremsen die Hinterräder blockieren, da die Bremskraftverteilung ausgefallen ist.

Leuchten eine oder mehrere **Kontrolllampen** im Kombiinstrument während der Fahrt auf, folgende Punkte beachten:

- Fahrzeug kurz anhalten, Motor abstellen und wieder starten.
- Batteriespannung prüfen. Wenn die Spannung unter 10,5 Volt liegt, Batterie laden.

Achtung: Wenn die Kontrolllampen am Anfang einer Fahrt aufleuchten und nach einiger Zeit wieder erlöschen, deutet das darauf hin, dass die Batteriespannung zunächst zu gering war, bis sie sich während der Fahrt durch Ladung über den Generator wieder erhöht hat.

- Prüfen, ob die Batterieklemmen richtig festgezogen sind und einwandfreien Kontakt haben.
- Fahrzeug aufbocken, Räder abnehmen, elektrische Leitungen zu den ABS-Drehzahlsensoren auf äußere Beschädigungen (Scheuerstellen) prüfen. Weitere Prüfungen der ABS/ESP-Anlage sollten von einer Fachwerkstatt durchgeführt werden.

Achtung: Vor **Schweißarbeiten** mit einem elektrischen Schweißgerät muss der Stecker von der ESP/BAS-Steuereinheit im Motorraum abgezogen werden. Stecker nur bei ausgeschalteter Zündung abziehen. Bei **Lackierarbeiten** darf das Steuergerät kurzzeitig mit max. +95° C belastet werden.

Technische Daten Bremsanlage

Scheibenbremse		vorn	vorn	vorn	hinten
Fahrzeug-Modell		A150 A160 CDI	A170/A200 A180 CDI B150/B170	A200 Turbo A200 CDI B200/B200 Turbo B180 CDI/B200 CDI	alle Modelle
Bremsscheibendurchmesser	mm	276 [3])	276,0	288,0	258 [3])
Bremsscheibendicke – neu	mm	12,0	22,0	25,0	8,0
– Verschleißgrenze	mm	10,0	19,4	22,4	7,0
Bremsbelagdicke – neu [1])	mm	18,7	18,7	19,7	14,4
– Verschleißgrenze [2])	mm	2,0	2,0	2,0	2,0
– Ansprechen der Verschleißfühler	mm	3,0	3,0	3,0	–

[1]) Mit Belagrückenplatte, [2]) ohne Belagrückenplatte, [3]) Bremsscheibe massiv, alle anderen innenbelüftet.

Bremse vorn – Detailübersicht

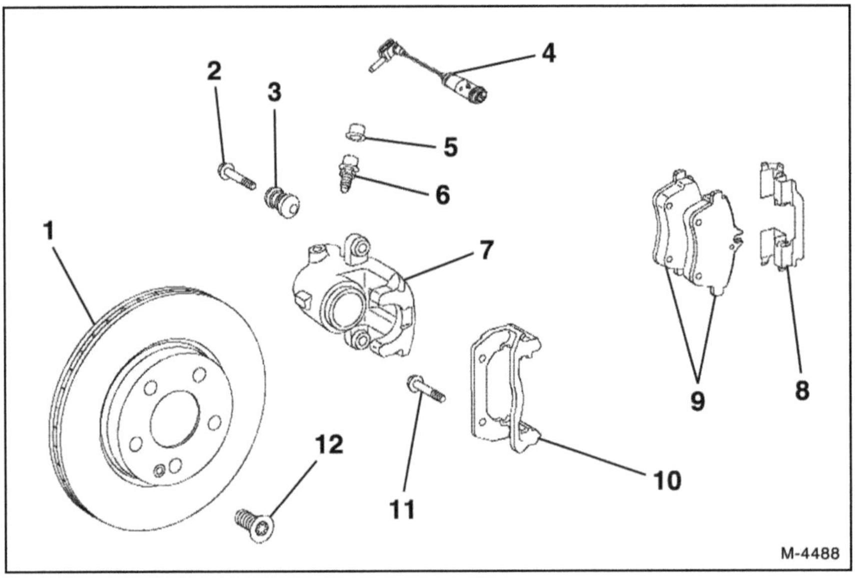

1 – Bremsscheibe

2 – Schraube für Führungsbolzen, 35 Nm
Selbstsichernd, immer ersetzen.

3 – Staubmanschette für Führungsbolzen

4 – Fühler für Verschleißanzeige
Nur Bremse rechts.

5 – Gummikappe für Entlüftungsventil

6 – Entlüftungsventil

7 – Bremssattel

8 – Haltefeder
Vergrößert dargestellt.

9 – Bremsbeläge

10 – Bremssattelträger

11 – Schraube, 115 Nm
Selbstsichernd, immer ersetzen.
Für Bremssattelträger.

12 – Sicherungsschraube, 10 Nm
Selbstsichernd, immer ersetzen.

Bremse hinten – Detailübersicht

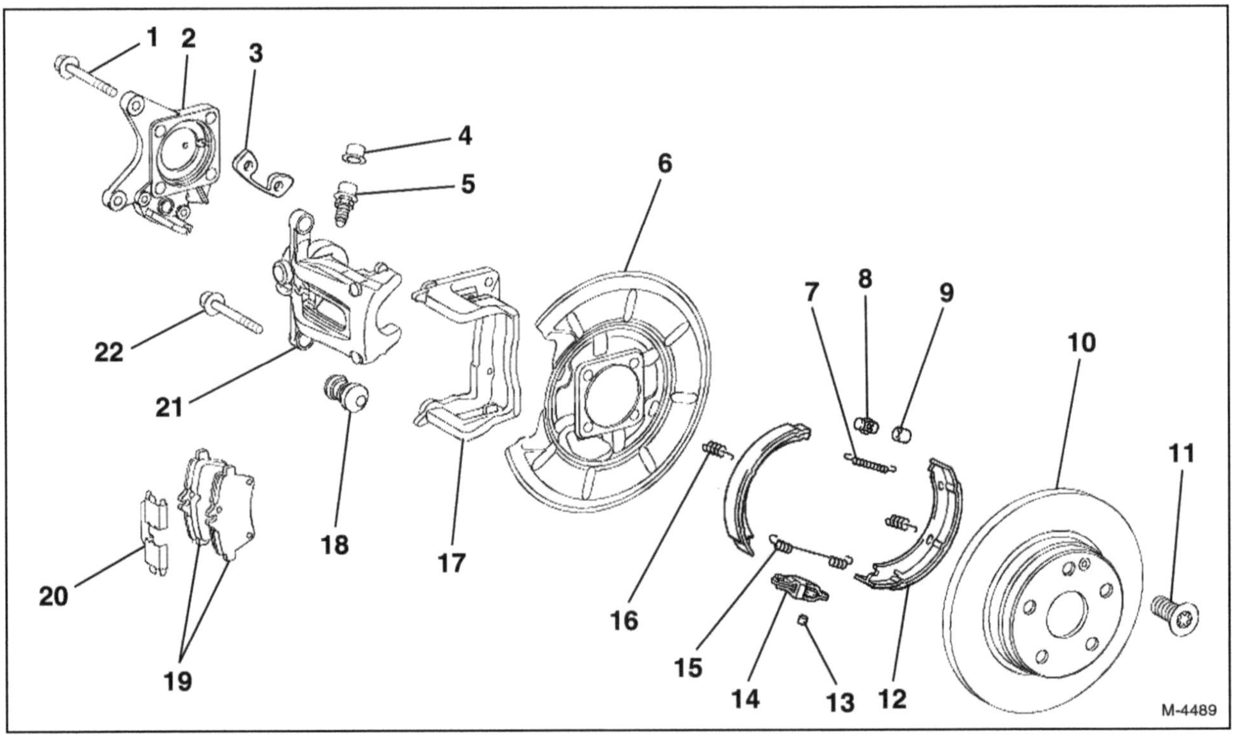

1 – Schraube für Bremssattelträger, 55 Nm
Selbstsichernd, immer ersetzen.

2 – Hinterachsflansch

3 – Dichtbeilage für Abdeckblech

4 – Gummikappe für Entlüftungsventil

5 – Entlüftungsventil

6 – Abdeckblech

7 – Rückzugfeder

8 – Stellrad der Nachstellvorrichtung

9 – Druckhülse der Nachstellvorrichtung

10 – Bremsscheibe mit Bremstrommel

11 – Sicherungsschraube, 10 Nm
Selbstsichernd, immer ersetzen.

12 – Bremsbacken

13 – Sicherungsbolzen für Handbremszug

14 – Spreizschloss

15 – Rückzugfeder

16 – Andrückfedern für Bremsbacken

17 – Bremssattelträger

18 – Staubmanschette für Führungsbolzen

19 – Bremsbeläge

20 – Haltefeder
Vergrößert dargestellt.

21 – Bremssattel

22 – Schraube für Führungsbolzen, 35 Nm
Selbstsichernd, immer ersetzen.

Bremsbeläge aus- und einbauen

Hinweis: Hier wird der Aus- und Einbau an der Vorderradbremse beschrieben. Spezielle Hinweise für die Hinterradbremse stehen am Ende des Kapitels.

Hinweis: Beim Einkauf neuer Bremsbeläge kann der Preis für den Komplettsatz – Bremsbeläge plus Bremsscheiben – günstiger sein als die jeweiligen Einzelpreise.

Ausbau

Achtung: Bremsbeläge sind Bestandteil der Allgemeinen Betriebserlaubnis (ABE) und vom Werk auf das jeweilige Modell abgestimmt. Es dürfen deshalb nur die vom Automobilhersteller freigegebenen Bremsbeläge verwendet werden.

Achtung: Sollen die Bremsbeläge wieder verwendet werden, müssen sie beim Ausbau gekennzeichnet werden. Ein Wechsel der Beläge von der Außen- zur Innenseite oder vom rechten zum linken Rad ist nicht zulässig.

Achtung: Grundsätzlich alle Scheibenbremsbeläge einer Achse gleichzeitig ersetzen, auch wenn nur ein Belag die Verschleißgrenze erreicht hat.

- Reifen-Laufrichtung mit Pfeil am Reifen markieren. Radschrauben lösen. Fahrzeug aufbocken und Rad abnehmen. **Achtung:** Unbedingt Hinweise im Kapitel »Rad aus- und einbauen« beachten.

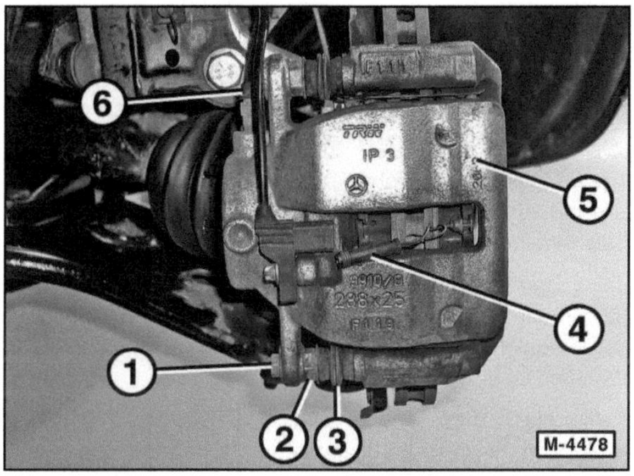

- **Bremse rechts:** Stecker –4– des Verschleißfühlers aus der Steckverbindung herausziehen. Dabei nicht am Kabel ziehen.
- Untere Führungsschraube –1– aus dem Bremssattel –5– herausdrehen, dabei am Sechskant –2– des Führungsbolzens gegenhalten. 6 – Bremsschlauch.
- Darauf achten, dass die Staubmanschette –3– des Führungsbolzens nicht beschädigt ist.

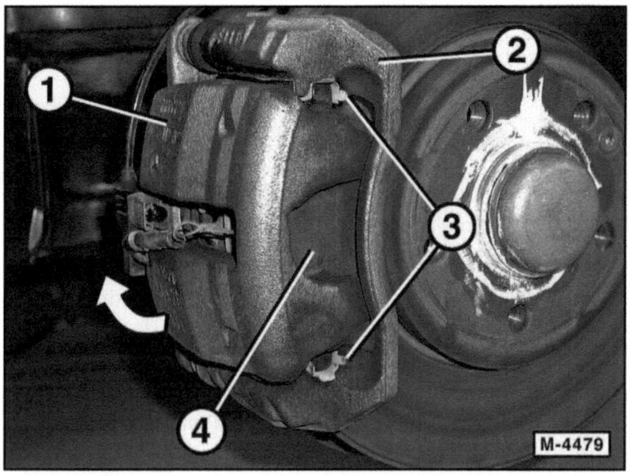

- Bremssattel –1– nach oben schwenken –Pfeil–. **Achtung:** Der Bremsschlauch darf nicht beschädigt werden.
- Bremsbeläge –4– mit Haltefedern –3– aus dem Bremssattelträger –2– herausnehmen.

Einbau

Achtung: Bei ausgebauten Bremsbelägen nicht auf das Bremspedal treten, sonst wird der Kolben aus dem Gehäuse herausgedrückt. In diesem Fall Bremssattel komplett ausbauen und Kolben in der Werkstatt einsetzen lassen.

- Vor Einbau der Beläge ist die Bremsscheibe durch Abtasten mit den Fingern auf Riefen zu untersuchen. Riefige Bremsscheiben können abgedreht werden (Werkstattarbeit), sofern sie noch eine ausreichende Dicke aufweisen. Grundsätzlich beide Bremsscheiben einer Achse auf gleiches Maß abdrehen lassen.
- Bremsscheibendicke messen. Ist die Verschleißgrenze erreicht, Bremsscheibe wechseln, siehe entsprechendes Kapitel.
- Vor dem Einsetzen neuer Bremsbeläge Bremssattel gründlich reinigen und hitzebeständiges Schmierfett, zum Beispiel Bremsen-Antiquietschpaste von Liqui Moly, dünn auf die Belagführungsflächen auftragen. **Achtung:** Nicht die Rückenplatten der Bremsbeläge schmieren.
- Bremssattelträger reinigen und an den Anlageflächen der Beläge dünn mit Bremsen-Antiquietschpaste bestreichen.

Achtung: Zum Reinigen der Bremse **ausschließlich** Spiritus verwenden. Führungsfläche beziehungsweise Sitz der Beläge im Gehäuseschacht mit einem Lappen reinigen. Keine scharfkantigen Werkzeuge verwenden. Besonders auf das Entfernen eventueller Klebefolienreste an den Anlageflächen der Bremsbeläge achten.

- Gewindebohrung des Führungsbolzens nachschneiden und säubern. Führungsbolzen auf Leichtgängigkeit prüfen, gegebenenfalls reinigen und leicht einfetten.
- Staubmanschetten der Führungsbolzen auf Beschädigungen prüfen, gegebenenfalls ersetzen.
- Staubmanschette für Bremskolben auf Anrisse prüfen. Eine beschädigte Staubmanschette umgehend ersetzen lassen, da eingedrungener Schmutz schnell zu Undichtigkeiten des Bremssattels führt. Der Bremssattel muss dazu zerlegt werden (Werkstattarbeit).

- Vor dem Einsetzen der Bremsbeläge Anlagefläche –2– des Bremskolbens reinigen und dünn mit Bremsen-Antiquietschpaste bestreichen.

Achtung: Die Bremsen-Antiquietschpaste darf auf keinen Fall auf die Staubmanschette, die Reibfläche der Bremsbeläge oder auf die Bremsscheibe gelangen.

- Deckel des Bremsflüssigkeitsbehälters aufschrauben.
- Bei hohem Bremsbelagverschleiß Leichtgängigkeit des Kolbens prüfen. Dazu einen Holzklotz in den Bremssattel einsetzen und durch Helfer langsam auf das Bremspedal treten lassen. Der Bremskolben muss sich leicht heraus- und hineindrücken lassen. Zur Prüfung muss der andere Bremssattel eingebaut sein. Darauf achten, dass der Bremskolben nicht ganz herausgedrückt wird. Angerosteten Bremskolben nur mit Bremsflüssigkeit oder Spiritus reinigen. Bei schwergängigem Kolben Bremssattel ersetzen.

Achtung: Beim Zurückdrücken des Kolbens wird Bremsflüssigkeit aus dem Bremszylinder in den Vorratsbehälter gedrückt. Flüssigkeit im Behälter beobachten, eventuell Bremsflüssigkeit mit einem Saugheber absaugen.

Sicherheitshinweis
Zum Absaugen eine Entlüfter- oder Plastikflasche verwenden, die nur mit Bremsflüssigkeit in Berührung kommt. Keine Trinkflaschen verwenden! **Bremsflüssigkeit ist giftig und darf auf gar keinen Fall mit dem Mund über einen Schlauch abgesaugt werden. Saugheber verwenden.** Auch nach dem Belagwechsel darf die MAX-Marke am Bremsflüssigkeitsbehälter nicht überschritten werden, da sich die Flüssigkeit bei Erwärmung ausdehnt. Ausgelaufene Bremsflüssigkeit läuft am Hauptbremszylinder herunter, zerstört den Lack und führt zur Rostbildung.

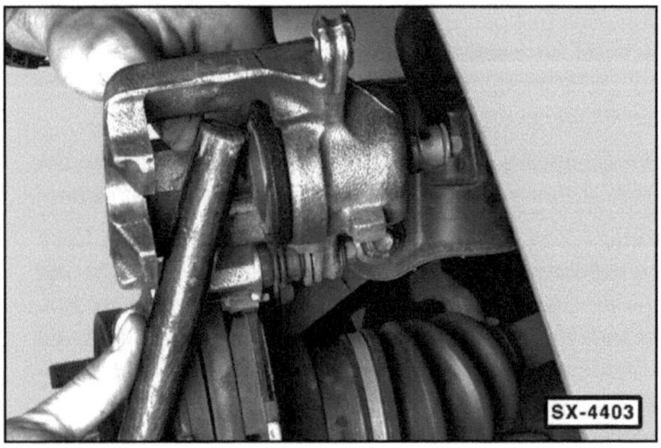

- Bremskolben mit Rücksetzwerkzeug, zum Beispiel HAZET 4970/6 oder einem Hartholzstab, zurückdrücken.

Achtung: Darauf achten, dass der Kolben nicht verkantet wird und Kolbenfläche sowie Staubmanschette nicht beschädigt werden.

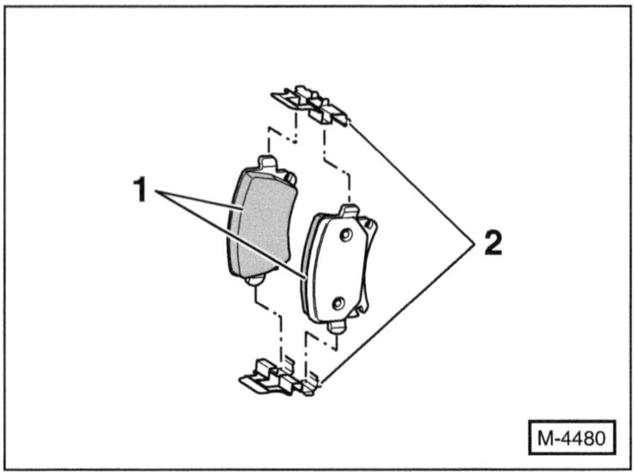

- Bremsbeläge –1– mit Haltefedern –2– in den Bremssattelträger einsetzen und Bremssattel nach unten schwenken.
- Untere Führungsschraube **ersetzen** und am Bremssattel einschrauben. Führungsschraube mit **35 Nm** festziehen, dabei am Sechskant gegenhalten.
- Stecker für Bremsbelag-Verschleißanzeige aufschieben.
- Reifen-Laufrichtung beachten, Rad anschrauben, Fahrzeug ablassen, erst dann Radschrauben über Kreuz mit **130 Nm** festziehen. **Achtung:** Unbedingt Hinweise im Kapitel »Rad aus- und einbauen« beachten.

Achtung: Bremspedal im Stand mehrmals kräftig niedertreten, bis fester Widerstand spürbar ist. Dadurch legen sich die Bremsbeläge an die Bremsscheiben an und nehmen einen dem Betriebszustand entsprechenden Sitz ein.

- Bremsflüssigkeit im Vorratsbehälter prüfen, gegebenenfalls bis zur MAX-Marke auffüllen. Deckel des Behälters festschrauben.
- Neue Bremsbeläge vorsichtig einbremsen, dazu Fahrzeug mehrmals von ca. 80 km/h auf 40 km/h mit geringem Pedaldruck abbremsen. Dazwischen Bremse etwas abkühlen lassen.

Achtung: Nach dem Einbau neuer Bremsbeläge müssen diese eingebremst werden. Während einer Fahrtstrecke von rund 200 km sollten unnötige Vollbremsungen unterbleiben.

Hinweis: Bremsbeläge müssen in einigen Kommunen als Sondermüll entsorgt werden. Die örtlichen Behörden geben darüber Auskunft, ob auch eine Entsorgung über den hausmüllähnlichen Gewerbemüll zulässig ist.

Achtung, Sicherheitskontrolle durchführen:
- Sind die Bremsschläuche festgezogen?
- Befindet sich der Bremsschlauch in der Halterung?
- Sind die Entlüftungsschrauben angezogen?
- Ist genügend Bremsflüssigkeit eingefüllt?
- Bei laufendem Motor Dichtheitskontrolle durchführen. Hierzu Bremspedal mit 200 bis 300 N (entspricht 20 bis 30 kg) etwa 30 Sekunden betätigen. Das Bremspedal darf nicht nachgeben. Sämtliche Anschlüsse auf Dichtheit kontrollieren.
- Anschließend einige Sicherheitsbremsungen auf einer Straße ohne Verkehr durchführen.

Speziell Hinterradbremse

Hinweis: Der Aus- und Einbau an der Hinterradbremse erfolgt im Prinzip wie an der Vorderradbremse. Hier werden nur die Unterschiede beschrieben.

- Untere Führungsschraube –1– aus dem Bremssattel herausdrehen, dabei am Sechskant –2– des Führungsbolzens gegenhalten. **Hinweis:** Die Abbildung zeigt den rechten Bremssattel.
- Darauf achten, dass die Staubmanschette –3– des Führungsbolzens nicht beschädigt ist.
- Bremssattel –4– nach oben schwenken. **Achtung:** Der Bremsschlauch –5– darf nicht beschädigt werden.
- Bremsbeläge mit Haltefedern aus dem Bremssattelträger herausnehmen.
- Bremskolben mit Rücksetzwerkzeug, zum Beispiel HAZET 4970/6 oder einem Hartholzstab, zurückdrücken.
- Beim Einbau untere Führungsschraube **ersetzen** und mit **35 Nm** festziehen, dabei am Sechskant gegenhalten. **Hinweis:** Vorher Gewindebohrung des Führungsbolzens nachschneiden und säubern.

Bremssattel/Bremssattelträger aus- und einbauen

Hinweis: Hier wird der Aus- und Einbau an der Vorderradbremse beschrieben. Spezielle Hinweise für die Hinterradbremse stehen am Ende des Kapitels.

Ausbau

Hinweis: Wird der Bremssattel nur zum Ausbau des Bremssattelträgers oder der Bremsscheibe abgebaut, muss der Bremsschlauch nicht abgeschraubt werden. In diesem Fall den Bremssattel mit Draht so am Aufbau aufhängen, dass der Bremsschlauch nicht verdreht oder auf Zug beansprucht wird.

Soll der Bremsschlauch vom Bremssattel abgeschraubt werden, Bremspedal leicht durchdrücken und mit geeigneter Vorrichtung, zum Beispiel einer Pedalstütze, gedrückt halten. Dadurch wird verhindert, dass nach dem Öffnen der Bremsleitung Bremsflüssigkeit aus dem Vorratsbehälter nachläuft.

- Reifen-Laufrichtung mit Pfeil am Reifen markieren. Radschrauben lösen. Fahrzeug aufbocken und Rad abnehmen. **Achtung:** Unbedingt Hinweise im Kapitel »Rad aus- und einbauen« beachten.

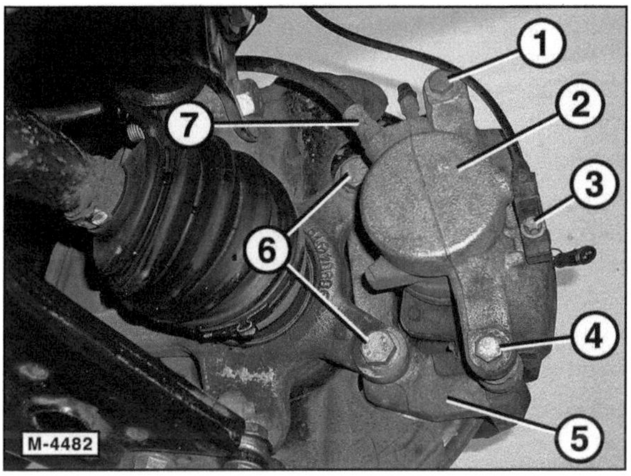

- **Bremse rechts:** Kabel für Verschleißfühler vom Bremssattel abschrauben –3–.
- Bremsbeläge ausbauen, siehe entsprechendes Kapitel.
- Obere Führungsschraube –1– aus dem Bremssattel herausdrehen, dabei am Sechskant des Führungsbolzens gegenhalten. **Hinweis:** In der Abbildung sind die Bremsbeläge noch eingebaut. 4 – Untere Führungsschraube.
- Bremssattel –2– vom Bremssattelträger –5– abnehmen.
- Gegebenenfalls Bremsschlauch –7– aus dem Bremssattel herausschrauben; dabei Bremsschlauch mit einem Maulschlüssel gegenhalten und Bremssattel vom Bremsschlauch abdrehen. **Achtung:** Der Bremssattel wird gedreht, nicht der Bremsschlauch. Der Bremsschlauch darf nicht verdreht werden.
- Sofort neuen Bremssattel am Bremsschlauch anschrauben.

Sicherheitshinweis
Beim Öffnen vom Bremskreis läuft Bremsflüssigkeit aus. Bremsflüssigkeit in einer Flasche sammeln, die ausschließlich für Bremsflüssigkeit vorgesehen ist. Man kann auch zuvor die Bremsflüssigkeit mit einem Saugheber aus dem Bremsflüssigkeitsbehälter absaugen.

- 2 Schrauben –6– herausdrehen und Bremssattelträger –5– vom Achsschenkel abnehmen.

Achtung: Hohes Löse- und Anzugsdrehmoment der Schrauben für den Bremssattelträger! Darauf achten, dass das Fahrzeug sicher aufgebockt ist. Schraubenschlüssel waagerecht ansetzen.

Achtung: Bei ausgebauten Bremsbelägen nicht auf das Bremspedal treten, sonst wird der Kolben aus dem Gehäuse herausgedrückt.

Einbau

- **Selbstsichernde** Schrauben –6– für Bremssattelträger **ersetzen**. Bremssattelträger mit **115 Nm** am Achsschenkel festschrauben. **Hinweis:** Vorher Gewindebohrungen nachschneiden und säubern.

Achtung: Hohes Anzugsdrehmoment der Schrauben!

- Bremssattel am Bremssattelträger ansetzen und mit **neuer** Führungsschraube –1– anschrauben. **Hinweis:** Dabei darauf achten, dass der Bremsschlauch nicht verdreht wird.
- Bremsbeläge einbauen, siehe entsprechendes Kapitel.
- Führungsschraube –1– für Bremssattel mit **35 Nm** festziehen, dabei am Sechskant gegenhalten. **Hinweis:** Vorher Gewindebohrung der Führungsbolzen nachschneiden und säubern.
- **Bremse rechts:** Kabel für Verschleißfühler am Bremssattel befestigen.
- Bremsschlauch mit **18 Nm** am Bremssattel festschrauben.
- **Bremsanlage entlüften, siehe entsprechendes Kapitel.**
- Reifen-Laufrichtung beachten, Rad anschrauben, Fahrzeug ablassen, erst dann Radschrauben über Kreuz mit **130 Nm** festziehen. **Achtung:** Unbedingt Hinweise im Kapitel »Rad aus- und einbauen« beachten.
- **Vorderradbremse:** Lenkung nach links und rechts bis zum Anschlag einschlagen und prüfen, ob der Bremsschlauch bei auf den Rädern stehendem Fahrzeug allen Radbewegungen folgt, ohne irgendwo anzuscheuern.

Achtung: Bremspedal im Stand mehrmals kräftig niedertreten, bis fester Widerstand spürbar ist. Dadurch legen sich die Bremsbeläge an die Bremsscheiben an und nehmen einen dem Betriebszustand entsprechenden Sitz ein.

- Bremsflüssigkeit im Vorratsbehälter prüfen, gegebenenfalls bis zur MAX-Marke auffüllen. Deckel des Behälters festschrauben.

Achtung, Sicherheitskontrolle durchführen:

- Sind die Bremsschläuche festgezogen?
- Befindet sich der Bremsschlauch in der Halterung?
- Sind die Entlüftungsschrauben angezogen?
- Ist genügend Bremsflüssigkeit eingefüllt?
- Bei laufendem Motor Dichtheitskontrolle durchführen. Hierzu Bremspedal mit 200 bis 300 N (entspricht 20 bis 30 kg) etwa 30 Sekunden betätigen. Das Bremspedal darf nicht nachgeben. Sämtliche Anschlüsse auf Dichtheit kontrollieren.
- Anschließend einige Sicherheitsbremsungen auf einer Straße ohne Verkehr durchführen.

Speziell Hinterradbremse

Hinweis: Der Aus- und Einbau an der Hinterradbremse erfolgt im Prinzip wie an der Vorderradbremse. Hier werden nur die Unterschiede beschrieben.

- Bremsbeläge ausbauen, siehe entsprechendes Kapitel.

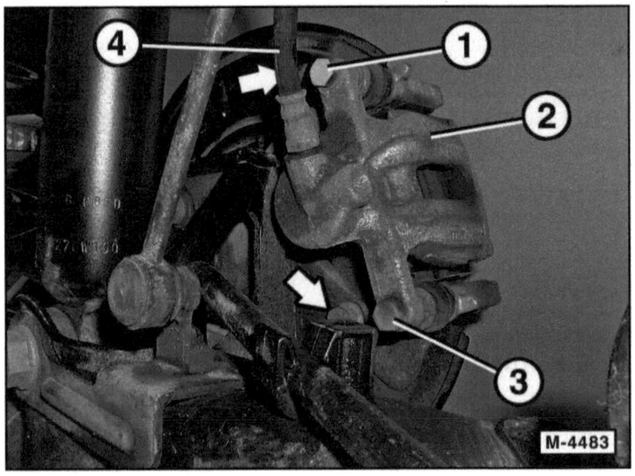

- Obere Führungsschraube –1– aus dem Bremssattel herausdrehen und Bremssattel –2– vom Bremssattelträger abnehmen. **Hinweis:** Die Abbildung zeigt den linken Bremssattel. 3 – Untere Führungsschraube.

Achtung: Bremsschlauch –4– nicht beschädigen.

- 2 Schrauben –Pfeile– herausdrehen und Bremssattelträger vom Hinterachsflansch abnehmen. **Hinweis:** Die obere Schraube ist verdeckt.
- Beim Einbau Bremssattelträger mit **neuen** Schrauben und mit **55 Nm** am Hinterachsträger festschrauben.
- Bremssattel mit **neuen** Führungsschrauben und mit **35 Nm** am Bremssattelträger festschrauben, dabei am Sechskant gegenhalten. **Hinweis:** Vorher Gewindebohrung der Führungsbolzen nachschneiden und säubern.

Bremsscheibendicke prüfen

Prüfen

- Reifen-Laufrichtung mit Pfeil am Reifen markieren. Radschrauben lösen. Fahrzeug aufbocken und Räder abnehmen. **Achtung:** Unbedingt Hinweise im Kapitel »Rad aus- und einbauen« beachten.

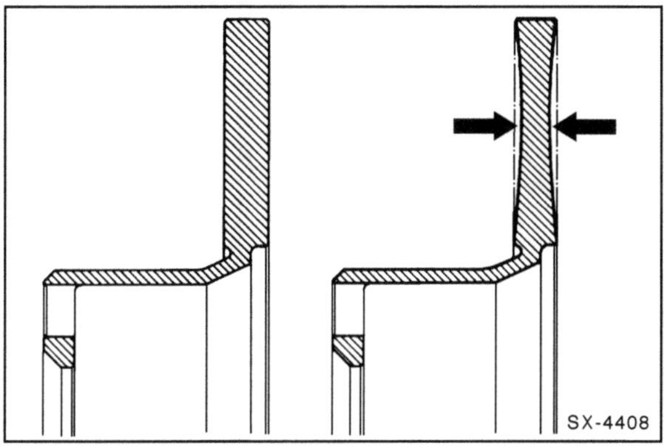

- Bremsscheibendicke immer an der dünnsten Stelle –Pfeile– messen. Die Werkstatt benutzt dazu einen speziellen Messschieber oder eine Mikrometer-Bügelmessschraube, da sich durch die Abnutzung der Bremsscheibe ein Rand bildet. Man kann die Bremsscheibendicke auch mit einer normalen Schieblehre messen, allerdings muss dann auf jeder Seite der Bremsscheibe eine entsprechend starke Unterlage zwischengelegt werden (beispielsweise 2 Münzen). Um das exakte Maß der Bremsscheibendicke zu ermitteln, müssen von dem gemessenen Wert die Dicke der Münzen beziehungsweise der Unterlage abgezogen werden.

Achtung: Messung an mehreren Punkten der Bremsscheibe vornehmen. Zulässige Toleranz an verschiedenen Messpunkten: **0,01 mm**.

Hinweis: Soll- und Verschleißwerte für Bremsscheibe, siehe »Technische Daten Bremsanlage«.

- Wird die Verschleißgrenze erreicht, Bremsscheibe erneuern, siehe entsprechendes Kapitel.
- Innenbelüftete Bremsscheiben mit Haarrissen bis 25 mm Länge brauchen nicht ausgetauscht zu werden. Bei größeren Rissen oder bei Riefen, die tiefer als 0,5 mm sind, Bremsscheibe erneuern, siehe entsprechendes Kapitel.
- Reifen-Laufrichtung beachten, Räder anschrauben, Fahrzeug ablassen, erst dann Radschrauben über Kreuz mit **130 Nm** festziehen. **Achtung:** Unbedingt Hinweise im Kapitel »Rad aus- und einbauen« beachten.

Bremsscheibe aus- und einbauen

Hinweis: Hier wird der Aus- und Einbau an der Vorderradbremse beschrieben. Spezielle Hinweise für die Hinterradbremse stehen am Ende des Kapitels.

Bremsscheiben erneuern, wenn sie korrodiert sind oder die Verschleißgrenze erreicht haben.

Um beidseitig eine gleichmäßige Verzögerung sicherzustellen, müssen alle Bremsscheiben die gleiche Oberfläche bezüglich Schliffbild und Rautiefe aufweisen. Deshalb **grundsätzlich beide** Bremsscheiben einer Achse ersetzen, beziehungsweise abdrehen lassen.

Korrodierte Bremsscheiben erzeugen beim Abbremsen einen Rubbeleffekt, der sich auch durch längeres Bremsen nicht beseitigen lässt. In diesem Fall müssen die Bremsscheiben erneuert werden.

Achtung: Werden die Bremsscheiben ersetzt oder abgedreht, müssen gleichzeitig auch neue Bremsbeläge eingebaut werden.

Hinweis: Beim Einkauf kann der Preis für den **Komplettsatz** – Bremsbeläge plus Bremsscheiben – günstiger sein als die jeweiligen Einzelpreise.

Ausbau

- Reifen-Laufrichtung mit Pfeil am Reifen markieren. Radschrauben lösen. Fahrzeug aufbocken und Rad abnehmen. **Achtung:** Unbedingt Hinweise im Kapitel »Rad aus- und einbauen« beachten.
- Wenn die Bremsscheiben ersetzt oder abgedreht werden, Bremsbeläge ausbauen und ersetzen, siehe entsprechendes Kapitel.
- Bremssattel und Bremssattelträger ausbauen, siehe entsprechendes Kapitel.
- Um ein Herausgleiten des Bremskolbens zu verhindern, Holzstück zwischen Bremskolben und Bremssattel klemmen.
- Bremssattel mit Drahthaken so am Aufbau oder an der Schraubenfeder aufhängen, dass der Bremsschlauch nicht verdreht oder auf Zug beansprucht wird.

- Sicherungsschraube –4– herausdrehen und Bremsscheibe abnehmen.

Achtung: Die Bremsscheibe darf nicht durch Gewaltanwendung (Hammerschläge) von der Radnabe getrennt werden. Stattdessen handelsüblichen Rostlöser anwenden, um Schäden an der Bremsscheibe zu vermeiden. Falls der Ausbau nur durch kräftige Hammerschläge möglich ist, aus Sicherheitsgründen Bremsscheibe und Radlager erneuern. Auch wenn ein Abzieher verwendet wird, Bremsscheibe erneuern.

Einbau

- Bremsscheibendicke messen, siehe entsprechendes Kapitel.
- Falls vorhanden, Rost am Flansch der Bremsscheibe und der Radnabe entfernen.
- Neue Bremsscheibe mit Verdünnung vom Schutzlack reinigen.
- Anlagefläche der Bremsscheibe mit Langzeitfett einschmieren. **Achtung:** Es darf kein Fett an die Laufflächen der Bremsscheibe gelangen.
- Bremsscheibe auf Radnabe aufsetzen. **Neue, selbstsichernde** Schraube eindrehen und mit **10 Nm** festziehen. **Hinweis:** Vorher Gewindebohrung nachschneiden und säubern.
- Bremssattelträger und Bremssattel einbauen, siehe entsprechendes Kapitel.

Achtung: War der Bremsschlauch demontiert, Bremsschlauch anschrauben und Bremsanlage entlüften, siehe entsprechendes Kapitel.

- Reifen-Laufrichtung beachten, Rad anschrauben, Fahrzeug ablassen, erst dann Radschrauben über Kreuz mit **130 Nm** festziehen. **Achtung:** Unbedingt Hinweise im Kapitel »Rad aus- und einbauen« beachten.

Achtung: Bremspedal im Stand mehrmals kräftig niedertreten, bis fester Widerstand spürbar ist.

- Bremsflüssigkeitsstand im Bremsflüssigkeitsbehälter prüfen, gegebenenfalls auffüllen.

Achtung, Sicherheitskontrolle durchführen:

- Sind die Bremsschläuche festgezogen?
- Befindet sich der Bremsschlauch in der Halterung?
- Sind die Entlüftungsschrauben angezogen?
- Ist genügend Bremsflüssigkeit eingefüllt?
- Bei laufendem Motor Dichtheitskontrolle durchführen. Hierzu Bremspedal mit 200 bis 300 N (entspricht 20 bis 30 kg) etwa 30 Sekunden betätigen. Das Bremspedal darf nicht nachgeben. Sämtliche Anschlüsse auf Dichtheit kontrollieren.
- Anschließend einige Sicherheitsbremsungen auf einer Straße ohne Verkehr durchführen.

- Neue Bremsscheiben vorsichtig einbremsen, dazu Fahrzeug mehrmals von ca. 80 km/h auf 40 km/h mit geringem Pedaldruck abbremsen. Dazwischen Bremse etwas abkühlen lassen.

Speziell Hinterradbremse

Hinweis: Der Aus- und Einbau an der Hinterradbremse erfolgt im Prinzip wie an der Vorderradbremse. Hier werden nur die Unterschiede beschrieben.

- Handbremse ganz lösen.

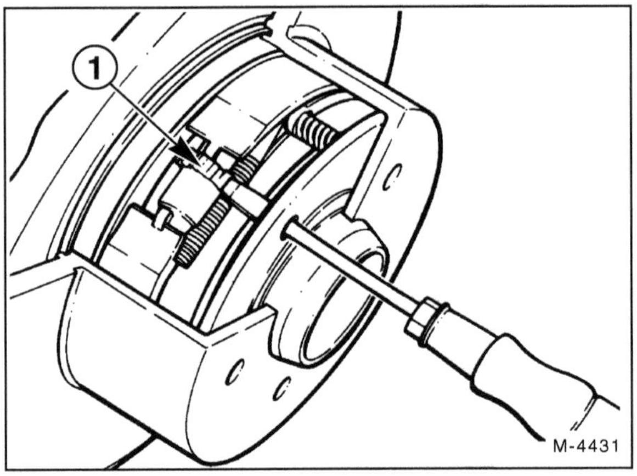

- Nachstellvorrichtung der Feststell-Trommelbremse zurückdrehen. Dazu einen geeigneten Schraubendreher durch eine Gewindebohrung für die Radschrauben führen und Nachstellritzel –1– mit dem Schraubendreher verdrehen.

Hinweis: Bei der Hinterradbremse muss die Bremsscheibe von den Bremsbacken der Feststell-Trommelbremse abgezogen werden, siehe auch Kapitel »Handbremse einstellen«.

- Nach dem Einbau der Bremsscheibe Handbremse einstellen, siehe entsprechendes Kapitel.

Handbremszug aus- und einbauen

Handbremszug vorne

Ausbau

- Zündung ausschalten.
- Fahrzeug aufbocken.

Sicherheitshinweis
Beim Aufbocken des Fahrzeugs besteht Unfallgefahr! Hinweise im Kapitel »Fahrzeug aufbocken« beachten.

- Je nach Fahrzeugmodell Unterbodenabdeckung hinten links ausbauen, siehe Seite 212.
- Wenn nötig, Unterbodenabdeckung rechts ausbauen, siehe Seite 212.
- Kraftstoffbehälter ausbauen. siehe Seite 179.
- Handbremshebel lösen und Handbremszug am Nachsteller entspannen, siehe Kapitel »Handbremse einstellen«.
- Hintere Seilzüge aus dem Nachsteller aushängen.
- Mittelkonsole ausbauen, siehe Seite 201.

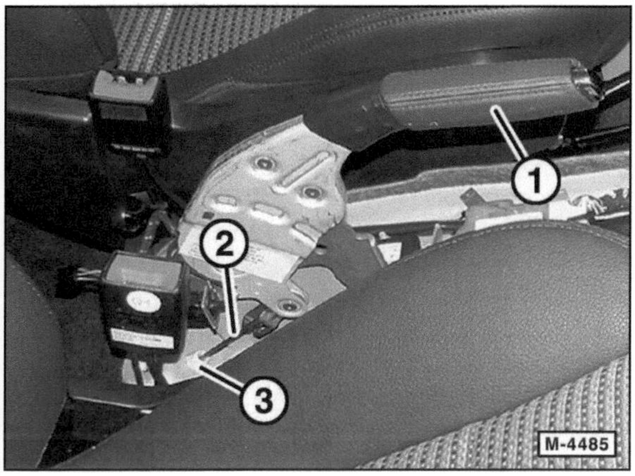

- Vorderen Seilzug –2– aus dem Handbremshebel –1– aushängen.
- 2 Rasthaken zusammendrücken, Seilzug-Führung –3– nach unten herausschieben und vom Unterboden abnehmen.
- Vorderen Handbremszug aus den Halterungen am Unterboden aushängen.
- Vorderen Handbremszug durch die Durchführung im Unterboden ziehen und abnehmen.

Einbau

Der Einbau erfolgt in umgekehrter Ausbaureihenfolge. Dabei ist Folgendes zu beachten:

- Vorderen Handbremszug durch die Durchführung im Unterboden ziehen.
- Handbremszug im Bügel des Handbremshebels einhängen. Dabei auf korrekten Sitz des Handbremszuges achten.
- Hintere Handbremszüge in den Nachsteller einhängen. Dabei auf korrekten Sitz der Züge achten.
- Handbremse einstellen, siehe entsprechendes Kapitel.
- Funktion der Handbremse überprüfen.

Handbremszug hinten

Ausbau

- Reifen-Laufrichtung mit Pfeil am Reifen markieren. Radschrauben lösen. Fahrzeug aufbocken und Hinterrad abnehmen. **Achtung:** Unbedingt Hinweise im Kapitel »Rad aus- und einbauen« beachten.
- Handbremshebel lösen und Handbremszug mit dem Nachsteller entspannen, siehe Kapitel »Handbremse einstellen«.
- Hinteren Handbremszug aus dem Nachsteller aushängen.
- Bremsbacken für Handbremse ausbauen, siehe entsprechendes Kapitel.
- Spreizschloss der Feststell-Trommelbremse aufklappen und Sicherungsbolzen aus dem Spreizschloss herausdrücken.
- Seilzug aus dem Spreizschloss herausdrücken.

- Handbremszug –1– an der Hinterachse aus der Halterung herausdrücken.
- Handbremszug –1– von der Bremsträgerplatte abschrauben –2– und Seilzug durchziehen.

Einbau

- Der Einbau erfolgt in umgehrter Ausbaureihenfolge.

Handbremse einstellen

Die Handbremse muss eingestellt werden, wenn die Handbremszüge oder die Bremsbacken der Feststell-Trommelbremse ersetzt wurden.

- Fahrzeug aufbocken.

Sicherheitshinweis
Beim Aufbocken des Fahrzeugs besteht Unfallgefahr! Hinweise im Kapitel »Fahrzeug aufbocken« beachten.

- Je nach Fahrzeugmodell Unterbodenabdeckung hinten links ausbauen, siehe Seite 212.
- Handbremshebel lösen.

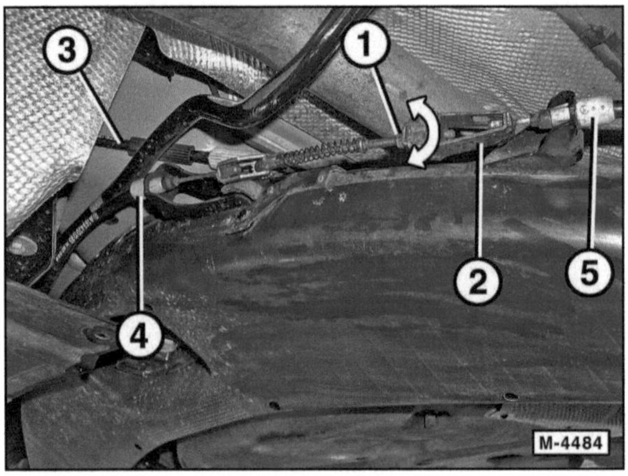

- Kontermutter –1– lösen und Nachsteller –2– im Handbremszug zurückdrehen –Pfeile–.
- Nachsteller –2– soweit zurückdrehen, bis sich der rechte –4– und linke –5– Handbremszug entspannen und aushängen lassen. 3 – Vorderer Handbremszug.
- **Stahlfelgen:** An beiden Hinterrädern je eine Radschraube herausdrehen.
- **Leichtmetallfelgen:** Reifen-Laufrichtung mit Pfeil am Reifen markieren. Radschrauben lösen. Hinterräder abnehmen.

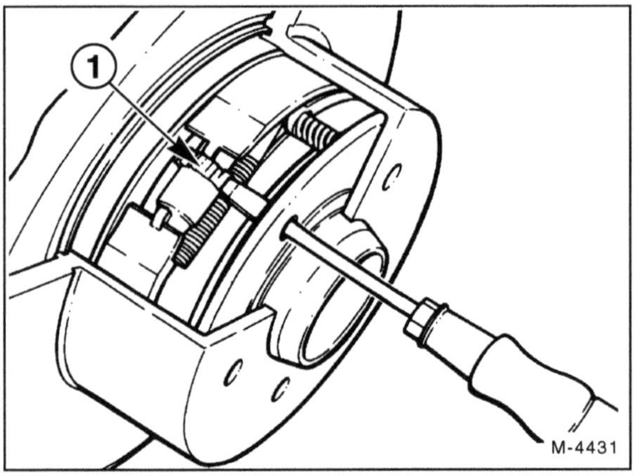

- Geeigneten Schraubendreher durch eine Gewindebohrung für die Radschrauben führen. Nachstellritzel –1– der Feststell-Trommelbremse mit dem Schraubendreher so weit verdrehen, bis die Bremsbacken anliegen und das Rad sich von Hand gerade nicht mehr drehen lässt.
- Anschließend Nachstellritzel wieder zurückdrehen, bis sich das Rad frei drehen lässt. **Hinweis:** Darauf achten, dass das Ritzel sowohl an der rechten wie auch an der linken Radseite um die selbe Zähneanzahl zurückgedreht wird, und zwar um 8 Zähne.
- Jetzt das Nachstellritzel in der gleichen Weise am anderen Rad einstellen.
- Dann den Nachsteller –2– im Handbremszug verdrehen und dabei die Handbremszüge spannen. Nachsteller so weit verdrehen, bis die Bremsbacken anliegen und das Rad sich von Hand gerade nicht mehr drehen lässt, siehe Abbildung M-4484.
- Anschließend den Nachsteller wieder zurückdrehen, bis sich beide Hinterräder frei drehen lassen. **Hinweis:** Die Handbremszüge müssen im unbetätigtem Zustand leicht vorgespannt sein und dürfen nicht durchhängen.
- Kontermutter –1– am Nachsteller festziehen, siehe Abbildung M-4484.
- Handbremshebel mehrmals kräftig ziehen und lösen. Die Handbremse ist richtig eingestellt, wenn die Betätigungskraft am Handbremshebel bis zur 1. Raste zwischen 110 und 150 N (11 – 15 kg) beträgt.
- Danach prüfen, ob sich bei gelöstem Handbremshebel die Hinterräder vollkommen frei drehen lassen. Andernfalls Einstellung wiederholen.
- Gegebenenfalls Unterbodenabdeckung einbauen, siehe Seite 212.
- **Stahlfelgen:** An beiden Rädern Radschrauben eindrehen.
- **Leichtmetallfelgen:** Räder so ansetzen, dass die beim Ausbau angebrachten Markierungen übereinstimmen. Räder anschrauben.
- Fahrzeug ablassen und Radschrauben über Kreuz mit **130 Nm** festziehen.

Seillängenausgleich nachstellen

- Handbremshebel bis zur 1. Raste anziehen. Die Handbremsseillänge muss nachgestellt werden, wenn die Betätigungskraft am Handbremshebel unter 80 N (8 kg) beträgt.
- Fahrzeug aufbocken.

Sicherheitshinweis
Beim Aufbocken des Fahrzeugs besteht Unfallgefahr! Hinweise im Kapitel »Fahrzeug aufbocken« beachten.

- Je nach Fahrzeugmodell Unterbodenabdeckung hinten links ausbauen, siehe Seite 212.
- Handbremshebel lösen.

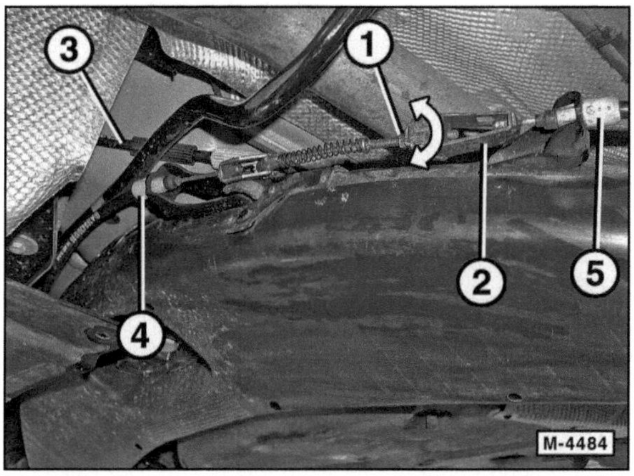

- Kontermutter –1– am Nachsteller –2– im Handbremszug lösen. 3 – Vorderer Handbremszug, 4/5 – Hintere Handbremszüge.
- Nachsteller –2– so weit verdrehen –Pfeile–, bis die Bremsbacken anliegen und die Hinterräder sich von Hand gerade nicht mehr drehen lassen.
- Anschließend Nachsteller wieder zurückdrehen, bis sich beide Hinterräder frei drehen lassen.

Hinweis: Die Handbremszüge müssen im unbetätigtem Zustand leicht vorgespannt sein und dürfen nicht durchhängen.

- Kontermutter –1– am Nachsteller festziehen.
- Die Handbremse ist richtig eingestellt, wenn die Betätigungskraft am Handbremshebel bis zur 1. Raste zwischen 110 und 150 N (11 – 15 kg) beträgt.
- Je nach Fahrzeugmodell Unterbodenabdeckung hinten links einbauen, siehe Seite 212.
- Fahrzeug ablassen.

Bremsbacken für Handbremse aus- und einbauen

In den zylindrischen Ansatzstücken der hinteren Bremsscheiben sind die Trommelbremsen für die Handbremse integriert.
Hinweis: Immer beide Bremsbacken austauschen.

Ausbau

- Bremsscheibe hinten ausbauen, siehe entsprechendes Kapitel.

Achtung: Vor Ausbau der einzelnen Elemente der Trommelbremse deren Einbauweise einprägen. Als Referenz die Bremse der anderen Seite benutzen.

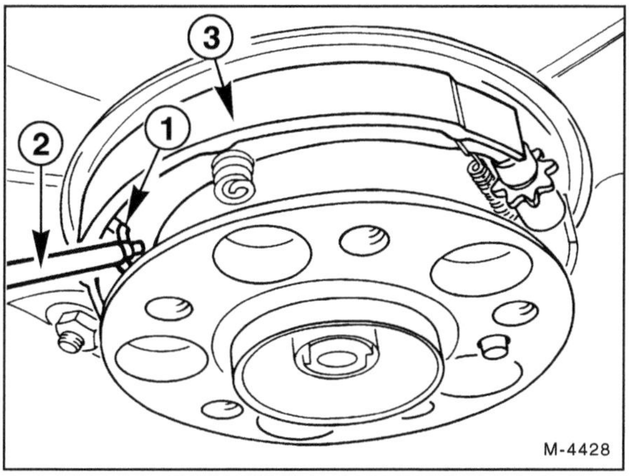

- Rückzugfeder –1– am Spreizschloss mit dem HAZET-Zughebel 4964-1 –2– oder einem Schraubendreher aus den Bremsbacken –3– aushängen.

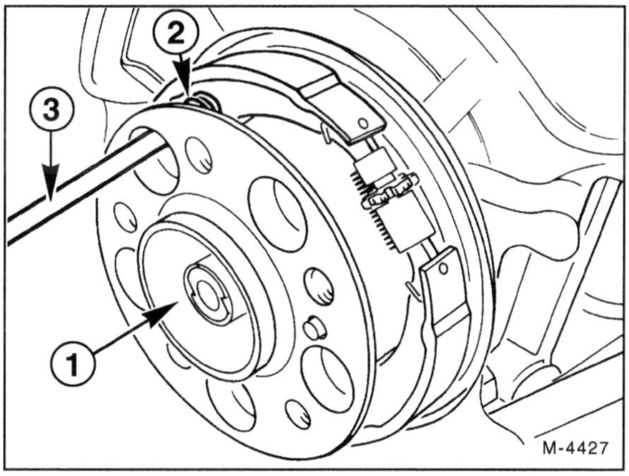

- Hinterachswellenflansch –1– so drehen, dass ein Gewindeloch sich über der Andrückfeder –2– befindet.
- Andrückfeder –2– mit Spezialwerkzeug HAZET 2730 –3– oder Schraubendreher etwas zusammendrücken, um 90° drehen und aushängen.

Hinweis: Das Spezialwerkzeug kann auch selbst angefertigt werden. An eine Stange mit entsprechendem Durchmesser auf der einen Seite einen T-Griff anschweißen und auf der anderen Seite einen Schlitz, ca. 4 mm tief und ca. 2,5 mm breit, einfeilen.

- Andrückfeder für die zweite Bremsbacke auf dieselbe Weise ausbauen.

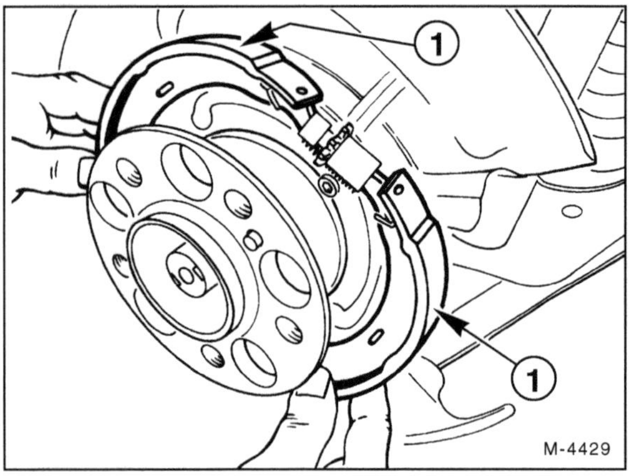

- Beide Bremsbacken –1– auseinanderziehen und über den Hinterachswellenflansch abnehmen. Einbaulage der Nachstellvorrichtung für Wiedereinbau beachten.

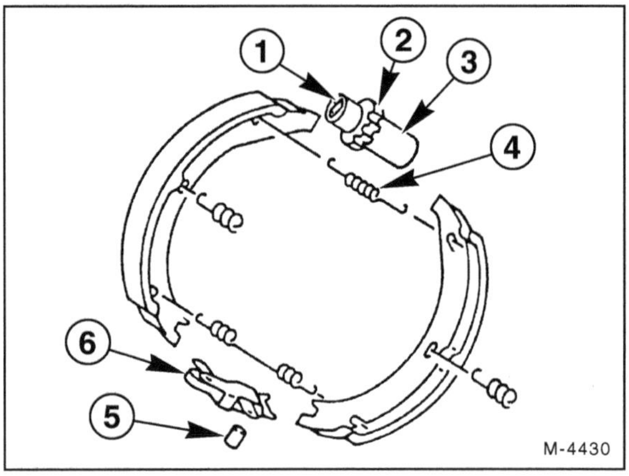

- Rückzugfeder –4– aus den Bremsbacken aushängen und Nachstellvorrichtung –1– bis –3– herausnehmen.
- Bolzen –5– am Spreizschloss –6– herausdrücken und Spreizschloss vom Bremsseilzug abnehmen.

Einbau

- Waren die Beläge der alten Bremsbacken verbrannt, auch die Bremsbacken-Rückzugfedern sowie die Andrückfedern erneuern.
- Sämtliche Lager- und Gleitflächen am Spreizschloss mit Hochtemperaturpaste (z. B. LIQUI MOLY LM-36, MOLYKOTE-PASTE-U oder G-RAPID) dünn einreiben.
- Nachstellvorrichtung auseinanderschrauben. Gewinde des Druckstückes –1– sowie zylindrischen Teil des Stellrades –2– mit Hochtemperaturpaste schmieren, siehe Abbildung M-4430.
- Druckstück –1– in das Stellrad –2– einschrauben und in die Druckhülse –3– einsetzen. Dabei Druckstück ganz einschrauben.
- Seilzug der Feststellbremse mit Bolzen am Spreizschloss befestigen. Danach Spreizschloss in Richtung Bremsträger drücken. Beim Einbau darauf achten, dass der bewegliche Teil des Spreizschlosses nach oben zeigt.
- Nachstellvorrichtung zwischen beide Bremsbacken einsetzen.
- Erste Rückzugfeder –4– (Abbildung M-4430) an der Nachstellvorrichtung in die Bremsbacken einhängen. Auf richtigen Sitz achten.
- Bremsbacken auseinanderziehen, über den Hinterachswellenflansch einsetzen und in das Spreizschloss einhängen.

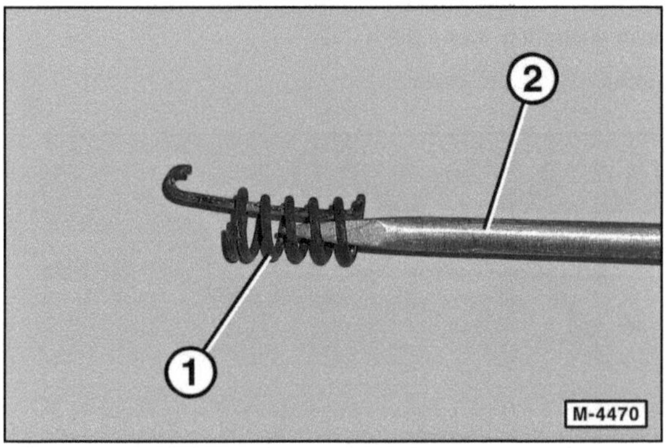

- Andrückfeder –1– mit dem Spezialwerkzeug oder einem Schraubendreher –2– durch ein Gewindeloch in die Bremsbacke einsetzen, etwas zusammendrücken, um 90° drehen und dadurch in den Abdeckring einhängen. Anschließend Feder auf richtigen Sitz prüfen. Der Haken der Andrückfeder muss an der Innenseite der Bremsträgerplatte eingerastet sein.
- Andrückfeder für die zweite Bremsbacke einhängen.
- Bremsscheibe einbauen, siehe entsprechendes Kapitel.
- Reifen-Laufrichtung beachten, Rad anschrauben, Fahrzeug ablassen, erst dann Radschrauben über Kreuz mit **130 Nm** festziehen. **Achtung:** Unbedingt Hinweise im Kapitel »Rad aus- und einbauen« beachten.
- Handbremse einstellen, siehe entsprechendes Kapitel.

Achtung: Bremspedal im Stand mehrmals kräftig niedertreten, bis fester Widerstand spürbar ist. Dadurch legen sich die Bremsbeläge an die Bremsscheiben an und nehmen einen dem Betriebszustand entsprechenden Sitz ein.

- Bremsflüssigkeitsstand im Bremsflüssigkeitsbehälter prüfen, gegebenenfalls auffüllen.

Hinweis: Wurden die Bremsbacken erneuert, müssen die Beläge eingebremst werden. Dazu mit ca. 50 km/h auf einer Straße ohne Verkehr fahren, Handbremse 2- bis 3-mal anziehen und Fahrzeug bis zum Stillstand abbremsen. Oder bei ca. 50 km/h Handbremshebel 10 Sekunden mit maximal 100 N (entspricht 10 kg) anziehen.

Achtung: Handbremshebel beim Einbremsen nicht einrasten lassen.

Bremsschlauch aus- und einbauen

Achtung: Die starren Bremsleitungen aus Metall sollen von einer Fachwerkstatt verlegt werden, da zur fachgerechten Montage einige Erfahrung nötig ist.

Als flexible Verbindungen zwischen den starren Fahrzeugteilen und den Bremssätteln werden druckfeste Bremsschläuche verwendet. Diese müssen bei erkennbaren Schäden sofort ausgewechselt werden. Ältere Bremsschläuche können so aufquellen, dass sich in ihrem Innern der Durchflussquerschnitt verringert. In diesem Fall kann die Bremsflüssigkeit nicht aus dem Radbremszylinder in den Hauptbremszylinder zurückfließen; die Radbremse erhitzt sich. Wird dann das betreffende Entlüfterventil am Radbremszylinder geöffnet und das Rad blockiert nicht mehr, ist das ein Zeichen für einen defekten Bremsschlauch.

Achtung: Bremsschläuche nicht mit Öl oder Petroleum in Berührung bringen, nicht lackieren oder mit Unterbodenschutz besprühen.

Achtung: Regeln im Umgang mit Bremsflüssigkeit beachten, siehe Kapitel »Bremsanlage entlüften/Bremsflüssigkeit wechseln«.

Wird der Bremsschlauch vom Bremssattel beziehungsweise von der Bremsleitung getrennt, Bremspedal leicht durchdrücken und mit geeigneter Vorrichtung, zum Beispiel einer Pedalstütze, gedrückt halten. Dadurch wird verhindert, dass nach dem Öffnen der Bremsleitung Bremsflüssigkeit aus dem Vorratsbehälter nachläuft.

Hinweis: Hier wird der Aus- und Einbau an der Vorderradbremse beschrieben. Spezielle Hinweise für die Hinterradbremse stehen am Ende des Kapitels.

Ausbau

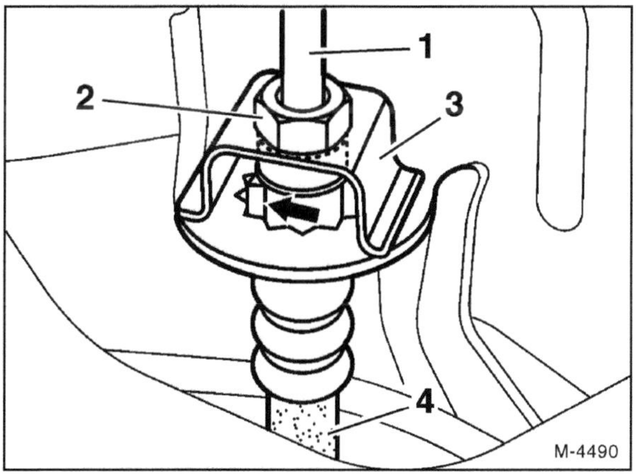

- Reifen-Laufrichtung mit Pfeil am Reifen markieren. Radschrauben lösen. Fahrzeug aufbocken und Rad abnehmen. **Achtung:** Unbedingt Hinweise im Kapitel »Rad aus- und einbauen« beachten.
- Hohlschraube –2– aus dem Bremsschlauch –4– herausdrehen und Bremsleitung –1– vom Bremsschlauch trennen. 3 – Halteklammer.

Achtung: Auslaufende Bremsflüssigkeit mit Lappen auffangen. Leitungsanschluss in Richtung Hauptbremszylinder mit geeignetem Stopfen verschließen.

Sicherheitshinweis
Beim Öffnen vom Bremskreis läuft Bremsflüssigkeit aus. Bremsflüssigkeit in einer Flasche sammeln, die ausschließlich für Bremsflüssigkeit vorgesehen ist. Man kann auch zuvor die Bremsflüssigkeit mit einem Saugheber aus dem Bremsflüssigkeitsbehälter absaugen.

- Bremsschlauch aus dem Halter am Radkasten herausziehen.

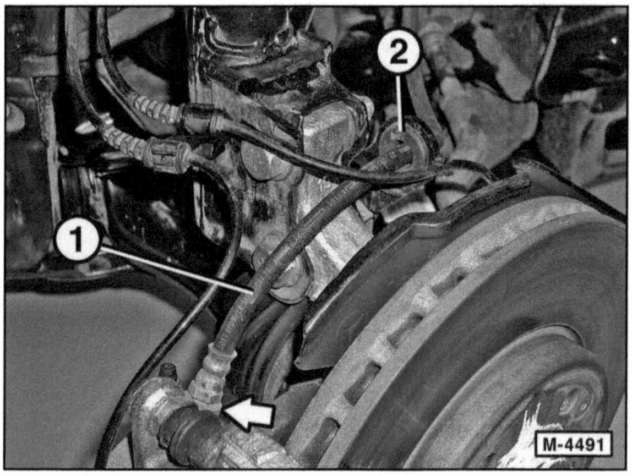

- Bremsschlauch –1– durch den Halter –2– am Federbein durchziehen.
- Bremsschlauch aus dem Bremssattel –Pfeil– herausschrauben.

Achtung: Aus der Anschlussöffnung des Bremssattels tritt Bremsflüssigkeit aus. Sicherheitshinweise beachten.

Einbau

- Nur vom Werk freigegebene Bremsschläuche einbauen. Neuen Bremsschlauch so einbauen, dass er ohne Drall durchhängt.
- Bremsschlauch zuerst am Bremssattel einschrauben und mit **18 Nm** festziehen.
- Bremsschlauch durch den Halter am Federbein durchziehen und in einem nach unten geformten Bogen in den Halter am Radkasten einführen. Der Bremsschlauch darf nicht verdreht werden.
- Bremsschlauch –4– so in den Halter am Radkasten stecken, dass der Führungszapfen –Pfeil– in die Verzahnung des Halters greift. Bremsschlauch mit Bremsleitung –1– verschrauben. Hohlschraube –2– mit **16 Nm** festziehen. Dabei auf korrekten Sitz der Halteklammer –3– achten, siehe Abbildung M-4490.
- Freigängigkeit des Bremsschlauches bei vollem Lenkradeinschlag prüfen. Der Bremsschlauch muss bei allen Lenkeinschlägen zu den umliegenden Karosserieteilen einen Abstand von mindestens 15 mm einhalten.

- Bremsflüssigkeit im Vorratsbehälter bis zur MAX-Marke auffüllen.
- **Bremsanlage entlüften, siehe entsprechendes Kapitel.**
- Reifen-Laufrichtung beachten, Rad anschrauben, Fahrzeug ablassen, erst dann Radschrauben über Kreuz mit **130 Nm** festziehen. **Achtung:** Unbedingt Hinweise im Kapitel »Rad aus- und einbauen« beachten.
- Lenkung noch einmal nach links und rechts bis zum Anschlag drehen und prüfen, ob der Bremsschlauch bei auf den Rädern stehendem Fahrzeug allen Radbewegungen folgt, ohne irgendwo anzuscheuern.

Achtung, Sicherheitskontrolle durchführen:

- ◆ Sind die Bremsschläuche festgezogen?
- ◆ Befindet sich der Bremsschlauch in der Halterung?
- ◆ Sind die Entlüftungsschrauben angezogen?
- ◆ Ist genügend Bremsflüssigkeit eingefüllt?
- ◆ Bei laufendem Motor Dichtheitskontrolle durchführen. Hierzu Bremspedal mit 200 bis 300 N (entspricht 20 bis 30 kg) etwa 30 Sekunden betätigen. Das Bremspedal darf nicht nachgeben. Sämtliche Anschlüsse auf Dichtheit kontrollieren.
- ◆ Anschließend einige Sicherheitsbremsungen auf einer Straße ohne Verkehr durchführen.

Speziell Hinterradbremse

Hinweis: Der Aus- und Einbau erfolgt im Prinzip wie beim vorderen Bremssattel.

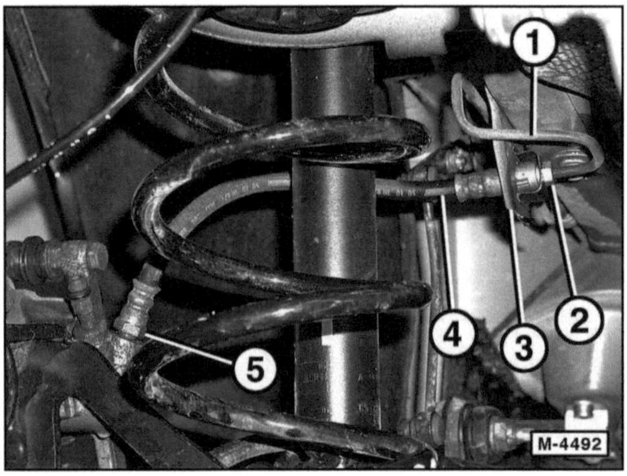

- Hohlschraube –2– aus dem Bremsschlauch –4– herausschrauben.
- Bremsschlauch von der Bremsleitung –1– trennen und aus der Halterung –3– herausziehen, siehe auch Abbildung M-4490.
- Bremsschlauch –4– aus dem Bremssattel herausschrauben –5–.

Achtung: Auslaufende Bremsflüssigkeit mit Lappen auffangen. Leitungsanschluss in Richtung Hauptbremszylinder mit geeignetem Stopfen verschließen. Es gelten die Sicherheitsvorschriften wie im Abschnitt für den vorderen Bremssattel beschrieben.

- Beim Einbau Bremsschlauch mit **18 Nm** am Bremssattel und **16 Nm** an der Bremsleitung festschrauben.

Bremskraftverstärker prüfen

Der vom Fahrer aufgebrachte Bremsdruck wird über den Bremskraftverstärker durch den Saugrohrunterdruck verstärkt. Beim Dieselmotor wird der benötigte Unterdruck von einer am Motor angeflanschten Vakuumdruckpumpe erzeugt. Der Bremskraftverstärker ist auf Funktion zu überprüfen, wenn zur Erzielung ausreichender Bremswirkung die Pedalkraft außergewöhnlich hoch ist. **Hinweis:** Der Bremskraftverstärker sitzt auf der linken Seite im Motorraum direkt an der Spritzwand.

- Bremspedal bei stehendem Motor mindestens 5-mal kräftig durchtreten, dann bei belastetem Bremspedal Motor starten. Das Bremspedal muss jetzt unter dem Fuß spürbar nachgeben.
- Andernfalls Unterdruckschlauch am Bremskraftverstärker herausziehen und Motor starten. Durch Fingerauflegen am Ende des Unterdruckschlauches prüfen, ob Unterdruck vorhanden ist.
- Ist kein Unterdruck vorhanden: Unterdruckschlauch auf Undichtigkeiten und Beschädigungen prüfen, gegebenenfalls ersetzen. Sämtliche Schellen fest anziehen.

- **Dieselmotor:** Unterdruckschlauch –1– vom Bremskraftverstärker –2– abziehen. Mit dem Finger prüfen, ob Unterdruck am Schlauchanschluss anliegt.
- Ist Unterdruck vorhanden: Unterdruck messen, gegebenenfalls Bremsservo ersetzen (Werkstattarbeit).

Bremsanlage entlüften/ Bremsflüssigkeit wechseln

Beim Umgang mit Bremsflüssigkeit sind folgende Hinweise zu beachten:

Sicherheitshinweis
Bremsflüssigkeit ist giftig. Keinesfalls Bremsflüssigkeit mit dem Mund über einen Schlauch absaugen. Bremsflüssigkeit nur in Behälter füllen, bei denen ein versehentlicher Genuss ausgeschlossen ist.

- Bremsflüssigkeit ist ätzend und darf deshalb nicht mit dem Autolack in Berührung kommen, gegebenenfalls Bremsflüssigkeit sofort abwischen und mit viel Wasser abwaschen.
- Bremsflüssigkeit ist hygroskopisch, das heißt, sie nimmt aus der Luft Feuchtigkeit auf. Bremsflüssigkeit deshalb nur in geschlossenen Behältern aufbewahren.
- **Bremsflüssigkeit, die schon einmal im Bremssystem verwendet wurde, darf nicht wieder verwendet werden. Auch beim Entlüften der Bremsanlage nur neue Bremsflüssigkeit verwenden.**
- Bremsflüssigkeits-Spezifikation **»DOT 4 plus«** nach Mercedes-Benz-Vorschrift **MB-331.0**.
- **Bremsflüssigkeit darf nicht mit Mineralöl in Berührung kommen.** Schon geringe Spuren von Mineralöl machen die Bremsflüssigkeit unbrauchbar, beziehungsweise führen zum Ausfall des Bremssystems. Stopfen und Manschetten der Bremsanlage werden beschädigt, wenn sie mit mineralölhaltigen Mitteln zusammenkommen. Zum Reinigen keine mineralölhaltigen Putzlappen verwenden.
- Bremsflüssigkeit **alle 2 Jahre wechseln**, möglichst nach der kalten Jahreszeit.

Achtung: Bremsflüssigkeit ist ein Problemstoff und darf auf keinen Fall einfach weggeschüttet oder dem Hausmüll mitgegeben werden. Gemeinde- und Stadtverwaltungen informieren darüber, wo sich die nächste Problemstoff-Sammelstelle befindet.

Bremsanlage entlüften

Nach jeder Reparatur an der Bremse, bei der die Bremsanlage geöffnet wurde, kann Luft in die Druckleitungen eingedrungen sein. Dann muss das Bremssystem entlüftet werden. Luft ist auch dann in den Leitungen, wenn sich der Bremsdruck beim Treten des Bremspedals schwammig anfühlt. In diesem Fall muss die Undichtigkeit beseitigt und die Bremsanlage entlüftet werden.

In der Werkstatt wird die Bremse in der Regel mit einem Bremsentlüftungsgerät entlüftet. Im Normalfall geht es auch ohne das Bremsentlüftungsgerät. Die Bremsanlage wird dann durch Pumpen mit dem Bremspedal entlüftet, dazu ist eine zweite Person notwendig.

Wenn eine Kammer des Bremsflüssigkeitsbehälters vollständig leer gelaufen ist (zum Beispiel bei Undichtigkeiten im Bremssystem oder wenn beim Entlüften vergessen wurde, Bremsflüssigkeit nachzufüllen), wird Luft angesaugt, die in die ABS-Hydraulikpumpe gelangt. **In diesem Fall, muss die Bremsanlage in einer Fachwerkstatt mit einem Bremsentlüftungsgerät entlüftet werden.**

Muss die komplette Anlage entlüftet werden, jede Radbremse einzeln entlüften. Das ist dann der Fall, wenn Luft in jeden einzelnen Bremszylinder gedrungen ist. Dann muss ebenfalls ein **Bremsentlüftungsgerät** verwendet werden. Falls nur ein Bremssattel erneuert bzw. überholt wurde, genügt in der Regel das Entlüften des betreffenden Bremszylinders.

Sicherheitshinweis
Wenn eine Kammer des Bremsflüssigkeitsbehälters leer gelaufen ist, muss die Bremsanlage in der Werkstatt mit dem Entlüftungsgerät entlüftet werden.

Die Reihenfolge der Entlüftung:
1. Bremssattel hinten rechts,
2. Bremssattel hinten links,
3. Bremssattel vorn rechts,
4. Bremssattel vorn links.

- Bremsflüssigkeitsstand am Vorratsbehälter markieren, damit der Behälter nach dem Entlüften auf den alten Stand aufgefüllt werden kann.
- Bremsflüssigkeitsbehälter bis MAX-Markierung auffüllen.
- Reifen-Laufrichtung mit Pfeil am Reifen markieren. Radschrauben lösen. Fahrzeug aufbocken und Räder abnehmen. **Achtung:** Unbedingt Hinweise im Kapitel »Rad aus- und einbauen« beachten.

Achtung: Staubkappen von den Entlüfterventilen abziehen. Ventile –Pfeil– reinigen und vorsichtig öffnen, damit sie nicht abgedreht werden. Es empfiehlt sich, die Ventile ca. 1 Stunde vor dem Entlüften mit Rostlöser einzusprühen.

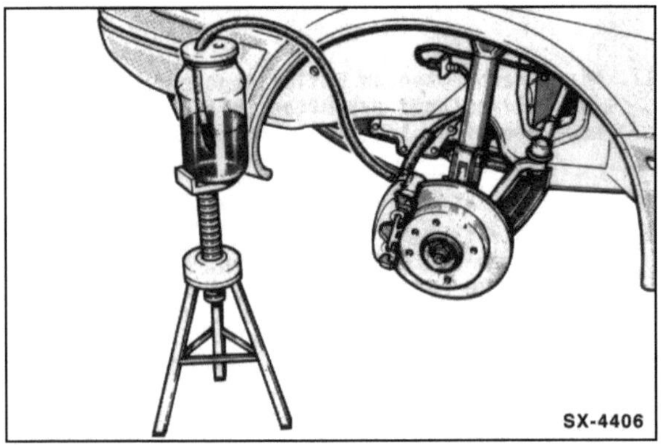

Achtung: Während des Entlüftens die Entlüfterflasche 30 Zentimeter höher als das Entlüfterventil halten und ab und zu den Bremsflüssigkeitsstand im Bremsflüssigkeitsbehälter beobachten. Der Flüssigkeitsspiegel darf nicht zu weit sinken, sonst wird über den Bremsflüssigkeitsbehälter Luft angesaugt. **Immer nur neue Bremsflüssigkeit nachgießen!**

- Durchsichtigen, sauberen Schlauch auf das gereinigte Entlüfterventil aufstecken, anderes Schlauchende in eine mit Bremsflüssigkeit halbvoll gefüllte Flasche stecken. **Hinweis:** Einen geeigneten Schlauch und ein passendes Gefäß gibt es im Autozubehörhandel.
- Von einem Helfer Bremspedal so oft niedertreten lassen, »pumpen«, bis sich im Bremssystem Druck aufgebaut hat – zu spüren am wachsenden Widerstand beim Betätigen des Pedals. Dabei Bremspedal langsam niedertreten, um Blasenbildung zu vermeiden.
- Ist genügend Druck vorhanden, Bremspedal ganz durchtreten und Fuß auf dem Bremspedal halten.
- Entlüfterventil am Bremssattel etwa ½ Umdrehung mit einem Ringschlüssel öffnen. Zum Öffnen der Ventile gibt es spezielle Entlüftungsschlüssel, zum Beispiel HAZET 4968-x. Ausfließende Bremsflüssigkeit in der Flasche sammeln.
- Ausfließende Bremsflüssigkeit in der Flasche sammeln. Darauf achten, dass sich das Schlauchende in der Flasche ständig unterhalb des Flüssigkeitsspiegels befindet und dass die Flasche über dem Bremssattel steht.
- Sobald der Flüssigkeitsdruck nachlässt, Entlüfterventil bei weiterhin niedergetretenem Bremspedal schließen.
- Pumpvorgang wiederholen, bis sich Druck aufgebaut hat. Bremspedal niedertreten, Fuß auf dem Bremspedal lassen, Entlüfterventil öffnen, bis der Druck nachlässt. Entlüfterventil schließen.
- Entlüftungsvorgang an einem Bremszylinder so lange wiederholen, bis die ausströmende Bremsflüssigkeit klar, ohne Verunreinigungen und Luftblasen ist.
- Nach dem Entlüften Schlauch vom Entlüfterventil abziehen, Entlüfterventil mit **7 Nm** festziehen und Staubkappe auf Ventil stecken.
- Die Bremszylinder an den anderen Rädern auf die gleiche Weise entlüften, dabei Reihenfolge einhalten.
- Nach dem Entlüften den Bremsflüssigkeitsbehälter bis zur angezeichneten Markierung auffüllen. Damit wird gewährleistet, dass nach einem späteren Austausch der Bremsbeläge auf neue, dickere Beläge die Bremsflüssigkeit beim Zurückdrücken des Bremskolbens nicht aus dem Vorratsbehälter austritt.
- Bremsflüssigkeitsbehälter verschließen, dabei Gummidichtung im Verschlussdeckel beachten.
- Reifen-Laufrichtung beachten, Räder anschrauben. Fahrzeug ablassen, erst dann Radschrauben über Kreuz mit **130 Nm** festziehen. **Achtung:** Unbedingt Hinweise im Kapitel »Rad aus- und einbauen« beachten.
- Bremspedal im Stand mehrmals kräftig niedertreten, bis fester Widerstand spürbar ist. Dadurch legen sich die Bremsbeläge an die Bremsscheiben an und nehmen einen dem Betriebszustand entsprechenden Sitz ein.
- Bei laufendem Motor **Dichtheitskontrolle** durchführen. Hierzu Bremspedal mit 200 bis 300 N (entspricht 20 bis 30 kg) etwa 30 Sekunden betätigen. Das Bremspedal darf nicht nachgeben. Sämtliche Anschlüsse auf Dichtheit kontrollieren.
- Nach dem Entlüften darf sich beim Treten auf das Bremspedal der Druck nicht schwammig anfühlen. Falls doch, Anlage nochmals entlüften. Dabei an jedem Bremssattel den Entlüftungsvorgang 5-mal durchführen.
- Anschließend einige Bremsungen auf einer Straße ohne Verkehr durchführen. Dabei sollte mindestens einmal die Bremsregelung des ABS-Systems geprüft werden, beispielsweise auf losem Untergrund. Dazu Bremse stark betätigen, bis am spürbaren Pulsieren des Bremspedals der Beginn der Bremsregelung erkennbar ist.

Achtung: Falls der Bremspedalweg nach der Probefahrt zu groß ist, obwohl er direkt nach dem Entlüften in Ordnung war, dann ist möglicherweise Luft in der ABS-Hydraulikeinheit. In diesem Fall Bremsanlage umgehend in der Fachwerkstatt entlüften lassen.

Bremsflüssigkeit wechseln

Erforderliches Spezialwerkzeug:

- Ringschlüssel für Entlüftungsschrauben.
- Durchsichtiger Kunststoffschlauch und Auffangflasche.

Erforderliches Betriebsmittel:

- Etwa 0,6 l Bremsflüssigkeit nach Mercedes-Benz-Vorschrift **MB-331.0**.

Bremsflüssigkeit nimmt durch die Poren der Bremsschläuche sowie durch die Entlüftungsöffnung des Vorratsbehälters Luftfeuchtigkeit auf. Dadurch sinkt im Laufe der Betriebszeit der Siedepunkt der Bremsflüssigkeit. Bei starker Beanspruchung der Bremse kann es deshalb zu Dampfblasenbildung in den Bremsleitungen kommen, wodurch die Funktion der Bremsanlage stark beeinträchtigt wird.

Die Bremsflüssigkeit soll alle **2 Jahre**, möglichst im Frühjahr, erneuert werden. Bei vielen Gebirgsfahrten, Bremsflüssigkeit in kürzeren Abständen wechseln.

Achtung: Die Arbeitsschritte zum Wechseln der Bremsflüssigkeit sind weitgehend gleich wie beim Entlüften der Bremsanlage, siehe entsprechenden Abschnitt. In der folgenden Beschreibung wird nur auf die Unterschiede eingegangen.

Hinweis: Da bei Fahrzeugen mit Schaltgetriebe die Kupplungsbetätigung ebenfalls mit Bremsflüssigkeit arbeitet, muss auch der Inhalt des Kupplungssystems ersetzt werden, siehe entsprechenden Abschnitt.

- Bremsflüssigkeitsstand auf dem Vorratsbehälter mit Filzstift markieren. Nach Erneuern der Bremsflüssigkeit ursprünglichen Flüssigkeitsstand wieder herstellen. Dadurch wird ein Überlaufen des Bremsflüssigkeitsbehälters beim Wechsel der Bremsbeläge vermieden.
- Mit einer Absaugflasche aus dem Bremsflüssigkeitsbehälter so viel wie möglich Bremsflüssigkeit absaugen, maximal aber bis zu einem Stand von ca. 10 mm.

Achtung: Abgesaugte Bremsflüssigkeit auf keinen Fall wieder verwenden.

- Vorratsbehälter bis zur MAX-Marke mit **neuer** Bremsflüssigkeit füllen.
- Fahrzeug aufbocken.

Sicherheitshinweis
Beim Aufbocken des Fahrzeugs besteht Unfallgefahr! Hinweise im Kapitel »Fahrzeug aufbocken« beachten.

- Alte Bremsflüssigkeit nacheinander aus den Bremssätteln herauspumpen. Reihenfolge: hinten rechts, hinten links, vorn rechts, vorn links.
- **Fahrzeug mit Schaltgetriebe:** Bremsflüssigkeit aus dem Kupplungssystem herauspumpen, siehe entsprechenden Abschnitt.
- Die abfließende Bremsflüssigkeit muss in jedem Fall klar und blasenfrei sein. An jedem Bremssattel sollen etwa **80 ml** Bremsflüssigkeit herausgepumpt werden.

Achtung: Vorratsbehälter zwischendurch immer mit **neuer** Bremsflüssigkeit auffüllen. Er darf nie ganz leer sein, sonst gelangt Luft in das Bremssystem, siehe Hinweise im Abschnitt »Bremsanlage entlüften«.

- Nach dem Bremsflüssigkeitswechsel das Bremspedal betätigen und Leerweg prüfen. Der Leerweg darf maximal ⅓ des gesamten Pedalwegs betragen.
- Beim Treten auf das Bremspedal darf sich der Druck nicht schwammig anfühlen. Falls doch, Anlage nochmals entlüften. Dabei an jedem Bremssattel den Entlüftungsvorgang 5-mal durchführen.
- Anschließend einige Bremsungen auf einer Straße ohne Verkehr durchführen. Dabei sollte mindestens einmal die Bremsregelung des ABS-Systems geprüft werden, beispielsweise auf losem Untergrund. Dazu Bremse stark betätigen, bis am spürbaren Pulsieren des Bremspedals der Beginn der Bremsregelung erkennbar ist.

Achtung: Falls der Bremspedalweg nach der Probefahrt zu groß ist, obwohl er direkt nach dem Entlüften in Ordnung war, dann ist möglicherweise Luft in der ABS-Hydraulikeinheit. In diesem Fall Bremsanlage umgehend in der Fachwerkstatt entlüften lassen.

Bremsflüssigkeit im Kupplungssystem wechseln

- Bremsflüssigkeitsstand am Vorratsbehälter markieren, damit der Behälter nach dem Flüssigkeitswechsel auf den alten Stand aufgefüllt werden kann.
- Fahrzeug vorne aufbocken.

Sicherheitshinweis
Beim Aufbocken des Fahrzeugs besteht Unfallgefahr! Hinweise im Kapitel »Fahrzeug aufbocken« beachten.

- Je nach Motor Unterbodenabdeckung ausbauen, siehe Seite 212.

- **Modell mit Schaltgetriebe 711:** Bremsflüssigkeit aus dem Entlüfterventil –3– am Kupplungsnehmerzylinder –1– herauspumpen. Entlüfterventil nach dem Entlüften mit **5 Nm** festschrauben. 2 – Staubkappe.

- **Modell mit Schaltgetriebe 716:** Bremsflüssigkeit aus dem Entlüfterventil –1– am Zentralausrücker herauspumpen. Entlüfterventil nach dem Entlüften mit **7 Nm** festschrauben. **Hinweis:** Sicht von hinten auf das Getriebe.

Hinweis: Die Getriebe-Nummer ist unten am Getriebegehäuse eingestanzt –Pfeil A– oder –Pfeil B–. Beim Schaltgetriebe 716 befindet sich die Getriebe-Nummer seitlich am Getriebe und wird vom Vorderachsträger so verdeckt, dass sie kaum einsehbar ist.

- Schlauch auf das Entlüfterventil aufstecken, anderes Schlauchende in eine halbvolle Flasche stecken.
- Entlüfterventil öffnen und Kupplungspedal behutsam durchtreten.
- Ausfließende Bremsflüssigkeit in der Flasche sammeln. Darauf achten, dass sich das Schlauchende in der Flasche ständig unterhalb des Flüssigkeitsspiegels befindet.
- Sobald der Flüssigkeitsdruck nachlässt, Entlüfterventil bei weiterhin niedergetretenem Kupplungspedal schließen.
- Kupplungspedal langsam zurückführen.
- Kupplungspedal erneut niedertreten, Fuß auf dem Pedal lassen, Entlüfterventil öffnen, bis der Druck nachlässt. Entlüfterventil schließen.
- Vorgang wiederholen (gegebenenfalls bis zu 13-mal), bis sich in der Bremsflüssigkeit, die in die Flasche strömt, keine Luftblasen mehr zeigen.

Bremslichtschalter aus- und einbauen

Der Bremslichtschalter sitzt am Pedalbock. Beim Betätigen des Bremspedals wird über den Schalter das Bremslicht eingeschaltet. Außerdem dient der Bremslichtschalter dem ESP/BAS-Steuergerät als Signalgeber für den Beginn eines Bremsvorganges. Daher ist eine korrekte Funktion und Einstellung äußerst wichtig.

Ausbau

- Zündung ausschalten und Zündschlüssel abziehen.
- Abdeckung oben im Fußraum auf der Fahrerseite ausbauen, siehe Seite 198.

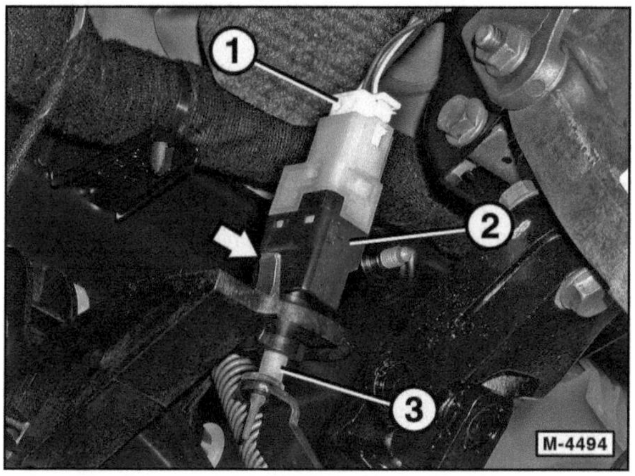

- Stecker –1– entriegeln und vom Bremslichtschalter –2– abziehen.
- Lasche drücken –Pfeil–, Bremslichtschalter –2– im Uhrzeigersinn drehen und aus der Halterung herausziehen.

Einbau

- Betätigungsstift –3– am neuen Bremslichtschalter bis zum Anschlag herausziehen.
- Bremspedal ganz durchdrücken. Schalter einsetzen und so weit gegen den Uhrzeigersinn drehen , bis die Arretierung einrastet.
- Bremspedal loslassen, dabei stellt sich der Betätigungsweg selbst ein.
- Stecker auf Bremslichtschalter aufschieben.
- Überprüfen, ob die Bremsleuchten bei geringem Pedaldruck aufleuchten.

Schalter für Handbremskontrollleuchte aus- und einbauen

Ausbau

- Batterie abklemmen. **Achtung:** Hinweise im Kapitel »Batterie aus- und einbauen« beachten.
- Mittelkonsole ausbauen, siehe Seite 201.

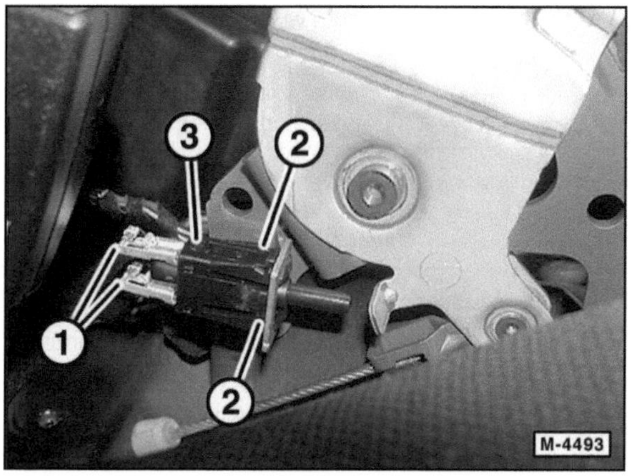

- Schalter –3– an den Rasthaken –2– entriegeln und nach hinten aus dem Halter am Handbremshebel herausziehen.
- Stecker –1– vom Schalter –3– abziehen.

Einbau

- Der Einbau erfolgt in umgehrter Ausbaureihenfolge.

Störungsdiagnose Bremse

Störung	Ursache	Abhilfe
Leerweg des Bremspedals zu groß.	Ein Bremskreis ausgefallen.	■ Bremskreise auf Flüssigkeitsverlust prüfen.
Bremspedal lässt sich weit und federnd durchtreten.	Luft im Bremssystem.	■ Bremse entlüften.
	Zu wenig Bremsflüssigkeit im Bremsflüssigkeitsbehälter.	■ Neue Bremsflüssigkeit nachfüllen. Bremse entlüften.
	Dampfblasenbildung. Tritt meist nach starker Beanspruchung auf, z. B. Passabfahrt.	■ Bremsflüssigkeit wechseln. Bremse entlüften.
Bremswirkung lässt nach, und Bremspedal lässt sich durchtreten.	Undichte Leitung.	■ Leitungsanschlüsse nachziehen oder Leitung erneuern. Bremsanlage von der Werkstatt prüfen lassen.
Schlechte Bremswirkung trotz hohen Fußdrucks.	Bremsbeläge verölt.	■ Bremsbeläge erneuern.
	Ungeeigneter oder verhärteter Bremsbelag.	■ Beläge erneuern. Nur vom Automobilhersteller freigegebene Bremsbeläge verwenden.
	Bremsbeläge abgenutzt.	■ Bremsbeläge erneuern.
	Bremskraftverstärker defekt, Unterdruckleitung porös, defekt.	■ Bremskraftverstärker und Unterdruckleitung prüfen.
Bremse zieht einseitig.	Unvorschriftsmäßiger Reifendruck.	■ Reifendruck prüfen und berichtigen.
	Bereifung ungleichmäßig abgefahren.	■ Abgefahrene Reifen ersetzen.
	Bremsbeläge verölt.	■ Bremsbeläge erneuern.
	Verschiedene Bremsbelagsorten auf einer Achse.	■ Beläge erneuern. Nur vom Automobilhersteller freigegebene Bremsbeläge verwenden.
	Schlechtes Tragbild der Bremsbeläge.	■ Bremsbeläge austauschen.
	Verschmutzte Bremssattelschächte.	■ Sitz- und Führungsflächen der Bremsbeläge im Bremssattel reinigen.
	Korrosion in den Bremssattelzylindern.	■ Bremssattel erneuern.
	Bremsbelag ungleichmäßig verschlissen.	■ Bremsbeläge erneuern (an beiden Rädern), Bremssättel auf Leichtgängigkeit prüfen.
Bremse zieht von selbst an.	Hauptbremszylinder defekt.	■ Hauptbremszylinder in der Fachwerkstatt ersetzen lassen.
Bremsen erhitzen sich während der Fahrt.	Bremssattelkolben schwergängig.	■ Bewegliche Teile der Bremse schmieren. Bremssattel eventuell erneuern.
	Handbremsseil schwergängig.	■ Seil schmieren oder erneuern.
	Bremsschlauch innen aufgequollen, dicht.	■ Bremsschlauch erneuern.
	Korrosion in den Bremsattelzylindern.	■ Bremssattel erneuern.
Bremsen rattern.	Ungeeigneter Bremsbelag.	■ Beläge erneuern. Nur vom Automobilhersteller freigegebene Bremsbeläge verwenden.
	Bremsscheibe stellenweise korrodiert.	■ Scheibe mit Schleifklötzen sorgfältig glätten.
	Bremsscheibe hat Seitenschlag.	■ Scheibe nacharbeiten oder ersetzen.

Störung	Ursache	Abhilfe
Räder lassen sich schwer von Hand drehen.	Bremsbeläge lösen sich nicht von der Bremsscheibe, Korrosion in den Bremssattelzylindern.	■ Bremssattel austauschen.
Ungleichmäßiger Belag-Verschleiß.	Ungeeigneter Bremsbelag.	■ Beläge erneuern.
	Bremssattel verschmutzt.	■ Bremssattelschächte reinigen.
	Bremssattel klemmt.	■ Führungsbuchsen und -stifte gangbar machen.
	Kolben nicht leichtgängig.	■ Bremssattel austauschen.
	Bremssystem undicht.	■ Bremssystem auf Dichtigkeit prüfen.
Keilförmiger Bremsbelag-Verschleiß.	Bremsscheibe läuft nicht parallel zum Bremssattel.	■ Anlagefläche des Bremssattels prüfen.
	Korrosion in den Bremssätteln.	■ Verschmutzung beseitigen oder Bremssattel erneuern.
Bremsbeläge lösen sich nicht von der Bremsscheibe, Räder lassen sich schwer von Hand drehen.	Korrosion in den Bremssattelzylindern.	■ Bremssattel austauschen.
	Bremsschlauch innen aufgequollen, dicht.	■ Bremsschlauch erneuern.
Bremse quietscht.	Oft auf atmosphärische Einflüsse (Luftfeuchtigkeit) zurückzuführen.	■ Keine Abhilfe erforderlich, wenn Quietschen nach längerem Stillstand des Wagens bei hoher Luftfeuchtigkeit auftritt, sich dann aber nach den ersten Bremsungen nicht wiederholt.
	Ungeeigneter Bremsbelag.	■ Beläge erneuern. Belagführungsflächen mit Anti-Quietsch-Paste bestreichen.
	Bremsscheibe läuft nicht parallel zum Bremssattel.	■ Anlagefläche des Bremssattels prüfen.
	Verschmutzte Schächte im Bremssattel.	■ Bremssattelschächte reinigen.
Bremse pulsiert.	ABS bei Vollbremsung in Funktion.	■ Normal, keine Abhilfe.
	Seitenschlag oder Dickentoleranz der Bremsscheibe zu groß.	■ Schlag und Toleranz prüfen. Scheibe nacharbeiten oder ersetzen.
	Bremsscheibe läuft nicht parallel zum Bremssattel.	■ Anlagefläche des Bremssattels prüfen.
ABS- oder ESP-Kontrollleuchte leuchtet während der Fahrt.	Betriebsspannung zu niedrig (unter ca. 10 Volt).	■ Batteriespannung prüfen. Prüfen, ob Kontrolllampe für Generator nach dem Motorstart erlischt, andernfalls Keilrippenriemen und Generator prüfen.
		■ Hinweise zu ABS/ESP beachten.
	ABS- bzw. ESP-Anlage defekt.	■ ABS- bzw. ESP-Anlage in der Fachwerkstatt prüfen lassen.
Wirkung der Handbremse nicht ausreichend.	Bowdenzüge korrodiert.	■ Neuteile einbauen.

Motor-Mechanik

Aus dem Inhalt:

- Keilrippenriemenausbau
- Motor-Schmierung
- Motor-Kühlung

Motor aus- und einbauen

Der Motor kann nur mit angeflanschtem Getriebe ausgebaut werden. Zum Ausbau des Antriebsstrangs ist eine Hebebühne erforderlich. Außerdem wird ein Werkstattwagenheber benötigt, um den Antriebsstrang abzusenken. Da den Heimwerkern in der Regel keine Hebebühne zur Verfügung steht, wird der Ausbau des Antriebsstrangs nicht beschrieben.

Dadurch lassen sich auch **folgende Arbeiten nicht durchführen:**

Zylinderkopf aus- und einbauen/ Zylinderkopfdichtung ersetzen

Turbo-Benzin-Motor 266.980

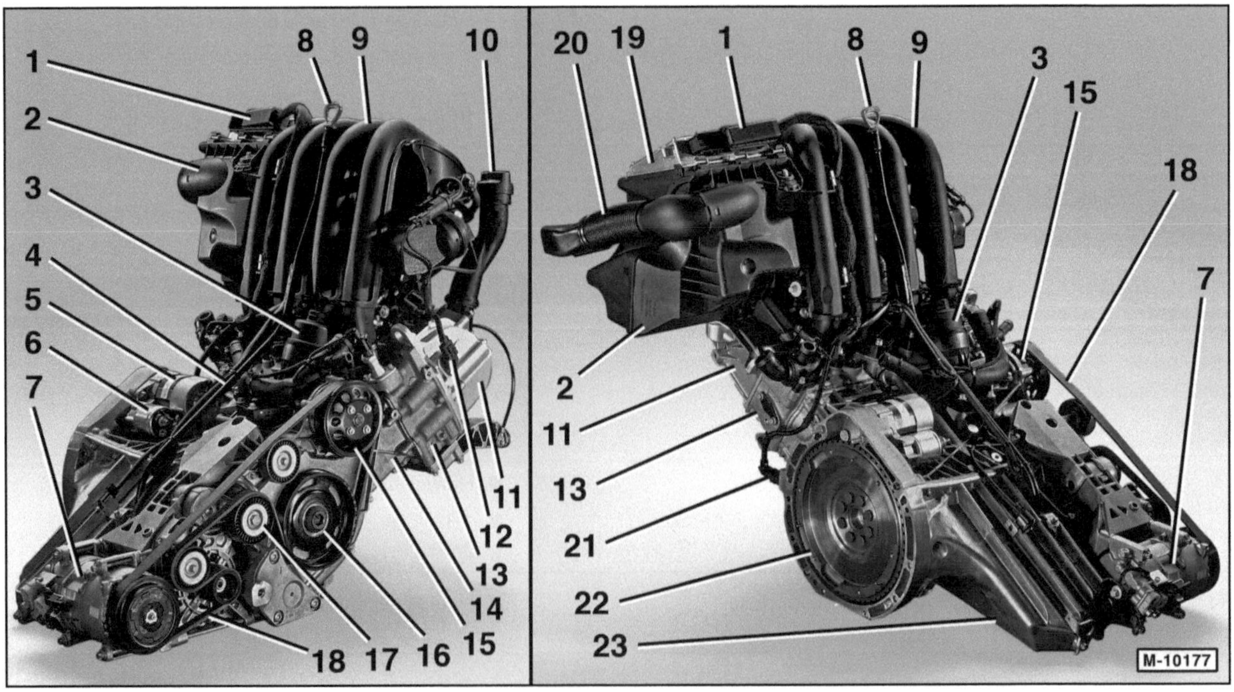

1 – Mehrfachstecker für Steuergerät
2 – Luftfilter-Gehäuse
3 – Ölfilter
4 – Führungsrohr für Ölmessstab
5 – Anlasser
6 – Magnetschalter
7 – Klimakompressor
8 – Ölmessstab
9 – Saugrohr
10 – Öleinfülldeckel
11 – Zylinderkopfdeckel
12 – Nockenwellen-Positionsgeber
13 – Zylinderkopf
14 – Motorblock
15 – Kühlmittelpumpe
16 – Kurbelwellen-Riemenscheibe
17 – Spannrolle für Keilrippenriemen
18 – Keilrippenriemen
19 – Motor-Steuergerät
20 – Ansaugstutzen
21 – Kurbelwellen-Positionsgeber
22 – Schwungrad
23 – Ölwanne

Keilrippenriemen aus- und einbauen

Laufschema/Riemenscheibenbezeichnungen

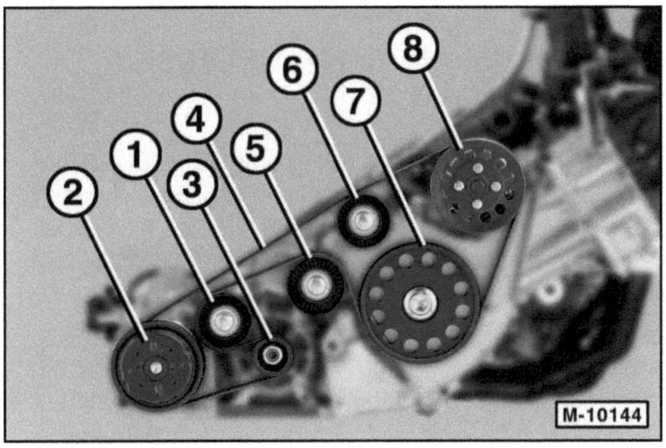

1 – Umlenkrolle
2 – Klimakompressor
3 – Generator
4 – Keilrippenriemen
5 – Spannrolle
6 – Umlenkrolle
7 – Kurbelwellen-Riemenscheibe
8 – Kühlmittelpumpe

Ausbau

- Unterbodenabdeckung ausbauen, siehe Seite 212.

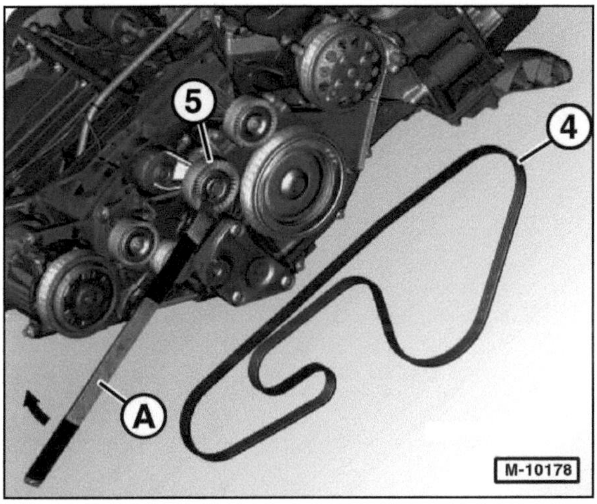

- Spannrolle –5– mit Montagehebel –A–, zum Beispiel MB-166589000300 oder HAZET 2714-1, im Uhrzeigersinn schwenken –Pfeil– und dadurch Keilrippenriemen entspannen.
- Keilrippenriemen –4– abnehmen.

Prüfen

- Riemenscheibenprofile und Spannvorrichtung auf Beschädigungen und Verschmutzung prüfen.
- Keilrippenriemen prüfen, siehe Seite 23.

Einbau

- Keilrippenriemen entsprechend dem Laufschema auflegen. Dabei Keilrippenriemen –4– mit dem Montagehebel –A– über die Riemenscheibe der Kühlmittelpumpe legen. **Hinweis:** Der Montagehebel hat am hinteren Ende eine Auflegevorrichtung.
- Spannrolle mit Montagehebel im Uhrzeigersinn schwenken und Keilrippenriemen auf die Spannrolle legen.
- Unterbodenabdeckung einbauen, siehe Seite 212.

Motor-Schmierung

Für die Motor-Schmierung sind **Mehrbereichsöle** vorgeschrieben, so dass ein jahreszeitbedingter Ölwechsel (Sommer/Winter) nicht erforderlich ist. Mehrbereichsöle bauen auf einem dünnflüssigen Einbereichsöl auf (zum Beispiel: 10 W) und werden durch so genannte »Viskositätsindexverbesserer« im heißen Zustand stabilisiert. Dadurch ist sowohl für den kalten wie auch für den heißen Motor die richtige Schmierfähigkeit gegeben.

Die SAE-Bezeichnung gibt die Viskosität des Motoröls an. **SAE** = **S**ociety of **A**utomotive **E**ngineers.

Beispiel: SAE 10 W 40:

10 – Viskosität des Öls in kaltem Zustand. Je kleiner die Zahl, desto dünnflüssiger ist das kalte Motoröl.

W – Das Motoröl ist wintertauglich.

40 – Viskosität des Öls in heißem Zustand. Je größer die Zahl, desto dickflüssiger ist das heiße Motoröl.

Es können auch **Leichtlauföle** (Hochleistungsöle) verwendet werden. Dabei handelt es sich um Mehrbereichsöle, denen unter anderem Reibwertverminderer zugesetzt wurden, wodurch sich die Reibung innerhalb des Motors vermindert. Für das Leichtlauföl wird als Grundöl ein Synthetiköl verwendet.

Anwendungsbereich/Viskositätsklassen

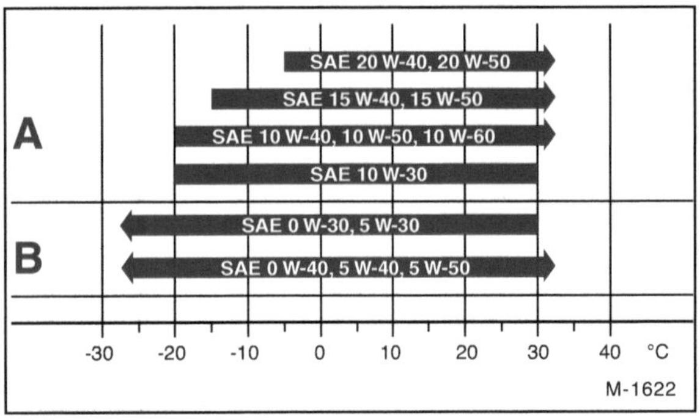

A – Mehrbereichsöle
B – Leichtlauföle (Hochleistungsöle)

In der Abbildung wird die Motoröl-Viskosität in Abhängigkeit von der Außentemperatur dargestellt. Da die Einsatzbereiche benachbarter SAE-Klassen sich überschneiden, können kurzfristige Temperaturschwankungen unberücksichtigt bleiben. Es ist zulässig, Öle verschiedener Viskositätsklassen miteinander zu mischen, wenn einmal Öl nachgefüllt werden muss und die Außentemperaturen nicht mehr der Viskositätsklasse des im Motor befindlichen Öles entsprechen.

Zusatzschmiermittel – gleich welcher Art – sollen weder dem Kraftstoff noch den Schmierölen beigemischt werden.

Das richtige Motoröl für die A-KLASSE-/B-KLASSE-Motoren

Es empfiehlt sich grundsätzlich nur ein von MERCEDES freigegebenes Motoröl zu verwenden. Die Freigabe steht dann auf dem Ölbehälter, zum Beispiel »MB 229.3«. Es handelt sich dabei um die Blattnummer aus den MERCEDES-BENZ-Betriebsstoff-Vorschriften.

Modell	A150 A170 A200	A200 Turbo	A160CDI A180CDI A200CDI ohne DPF	A160CDI A180CDI A200CDI mit DPF
Ölfreigabe nach MB-Vorschrift	229.1 229.3 229.31 229.5 229.51	229.3 229.31 229.5 229.51	228.3 228.5 228.51 229.3 229.31 229.5 229.51	228.51 229.31 229.51

MB = MERCEDES-BENZ
DPF = Dieselpartikelfilter

Motor-Kühlung

Kühlmittelkreislauf

Das Kühlsystem besteht im Wesentlichen aus dem Kühler, der Kühlmittelpumpe, dem Thermostat und einem elektrisch betriebenen Lüfter.

Der Kühlmittelkreislauf wird thermostatisch geregelt. Solange der Motor kalt ist, zirkuliert das Kühlmittel nur im Motor und im Wärmetauscher der Heizung. Mit zunehmender Erwärmung öffnet der Kühlmittelregler (Thermostat) den großen Kühlmittelkreislauf. Das Kühlmittel wird von der ständig im Einsatz befindlichen Kühlmittelpumpe über den Kühler geleitet. Die Kühlflüssigkeit durchströmt den Kühler und wird dabei durch den an den Kühlrippen vorbeistreichenden Fahrtwind abgekühlt.

Bei hohen Kühlmitteltemperaturen sorgt ein elektrisch angetriebener Lüfter für zusätzliche Kühlung. Sobald die Kühlmitteltemperatur einen bestimmten Wert überschreitet, wird der Elektrolüfter vom Steuergerät für Kühlerlüfter zugeschaltet. Sinkt die Kühlmitteltemperatur anschließend wieder, wird der Lüfter ausgeschaltet.

Der Kühlmittel-Ausgleichbehälter befindet sich auf der rechten Seite im Motorraum neben dem rechten Federbeindom. Der Ausgleichbehälter dient als Vorratsbehälter für die Kühlflüssigkeit. Er fängt die sich durch Erwärmung ausdehnende Kühlflüssigkeit auf und gibt sie beim Abkühlen des Motors wieder in den Kühlkreislauf zurück. Nachgefüllt wird das Kühlmittel über den Ausgleichbehälter.

Achtung: Bei Arbeiten am Kühlsystem unbedingt darauf achten, dass **kein Kühlmittel auf den Keilrippenriemen** gelangt. Der Glykolanteil des Kühlmittels kann das Gewebe des Riemens so schädigen, dass der Riemen nach einiger Betriebszeit reißt, wodurch schwerwiegende Motorschäden auftreten können.

Sicherheitshinweis

Der Kühlerlüfter kann durch Stauwärme im Motorraum plötzlich selbsttätig anlaufen. Verletzungsgefahr im Lüfterbereich!

Vor Arbeiten im Motorraum daher Sicherung Nr. 68 herausziehen oder Steckverbindung für Kühlerlüfter trennen. **Achtung:** Vor Ausbau der Sicherung Einbauposition der Lüftersicherung anhand des aktuellen Sicherungs-Belegungsplanes im Fahrzeug überprüfen.

Kühler-Frostschutzmittel

Das Motorkühlsystem wird vom Werk mit einer Mischung aus Wasser und Kühlkonzentrat befüllt. Das Kühlkonzentrat verhindert Frost- und Korrosionsschäden am Kühlsystem und hebt außerdem die Siedetemperatur der Kühlflüssigkeit an. Deshalb muss das Motorkühlsystem unbedingt ganzjährig mit der Kühlerfrost- und Korrosionsschutzmischung gefüllt sein.

Da der Korrosionsschutzanteil in der Kühlflüssigkeit nach einiger Zeit an Wirkung verliert, muss diese im Rahmen der Wartung ausgetauscht werden, siehe Kapitel »Wartung«. Die Kühlflüssigkeit sollte auch gewechselt werden, wenn Aluminiumteile innerhalb des Kühlsystems, wie zum Beispiel der Zylinderkopf oder die Kühlmittelpumpe, erneuert wurden.

Es sollte ein von MERCEDES gemäß MB-325.0 freigegebenes Kühlkonzentrat (Frostschutzmittel) verwendet werden, beispielsweise »Glysantin Protect Plus/G48«, Farbe: grün beziehungsweise blaugrün. **Achtung:** Im Handel sind silikathaltige Frostschutzmittel, oft erkennbar an der blaugrünen Farbe, und silikatfreie Frostschutzmittel, erkennbar an der roten Farbe, erhältlich. **Diese unterschiedlichen Frostschutzmittel dürfen auf keinen Fall gemischt werden, sonst können Motorschäden auftreten.**

Das **richtige Mischungsverhältnis** zwischen Kühlkonzentrat und Wasser beträgt **1:1.** Der Frostschutz reicht dann bis mindestens –37° C. Das Kühlkonzentrat sollte mit sauberem, kalkarmem Wasser in Trinkwasserqualität gemischt werden. Um einen Frostschutz bis –45° C zu erreichen, müssen 55 % Kühlkonzentrat mit 45 % Wasser gemischt werden.

Achtung: Der Anteil des Kühlkonzentrates an der Kühlflüssigkeit darf auf keinen Fall über 55 % liegen, da sich dadurch der Wirkungsgrad des Kühlsystems verringert.

Kühlmittel ablassen und auffüllen

Falls bei Reparaturen der Zylinderkopf, die Zylinderkopfdichtung, der Kühler, der Wärmetauscher oder der Motor ersetzt wurden, muss die Kühlflüssigkeit auf jeden Fall ersetzt werden. Das ist erforderlich, weil sich die Korrosionsschutzanteile in der Einlaufphase an den neuen Leichtmetallteilen absetzen und somit eine dauerhafte Korrosionsschutzschicht bilden. Bei gebrauchter Kühlflüssigkeit ist der Korrosionsschutzanteil in der Regel nicht mehr groß genug, um eine ausreichende Schutzschicht an den neuen Teilen zu bilden.

Außerdem ist ein Wechsel des Kühlmittels im Rahmen der Wartung alle 15 Jahre oder 250.000 km erforderlich.

Achtung: Falls keine Metallteile des Kühlkreislaufes erneuert werden, kann die abgelassene, saubere Kühlflüssigkeit wieder verwendet werden.

Hinweis: Kühlflüssigkeit ist leicht giftig und sollte nicht einfach weggeschüttet werden. Daher bei der örtlichen Kommunalverwaltung anfragen, wo sich die nächste Sondermüll-Sammelstelle befindet beziehungsweise wie die Kühlflüssigkeit entsorgt werden soll.

Achtung: Aufgrund der schrägen Einbaulage des Motors ist beim Auffüllen des Kühlsystems ein sicheres Entlüften nur mit einer Kühler-Unterdruck-Befüllanlage gewährleistet. Beispielsweise wird von »HAZET« die Befüllanlage »4801-1« angeboten.

Ablassen

Sicherheitshinweis
Beim Aufbocken des Fahrzeugs besteht Unfallgefahr! Deshalb vorher das Kapitel »Fahrzeug aufbocken« durchlesen.

- Fahrzeug waagerecht aufbocken.
- Vordere Unterbodenabdeckung ausbauen, siehe Seite 212.

Sicherheitshinweis
Bei heißem Motor vor dem Öffnen des Ausgleichbehälters einen dicken Lappen auflegen, um Verbrühungen durch heiße Kühlflüssigkeit oder Dampf zu vermeiden. Deckel nur bei Kühlmitteltemperaturen unter +90° C abnehmen.
Achtung: Bei warmem Kühlmittel beim Öffnen einen dicken Lappen über den Deckel legen.

- Verschlussdeckel –1– am Kühlmittel-Ausgleichbehälter –2– vorsichtig öffnen. Falls die Kühlflüssigkeit noch nicht ganz auf Umgebungstemperatur abgekühlt ist, Verschlussdeckel beim Öffnen zuerst ½ Umdrehung aufdrehen und Überdruck entweichen lassen. Danach Deckel weiterdrehen und abnehmen. 3 – Kühlmittelstand-Markierung.
- Sauberes Auffanggefäß unter den Kühler und unter den Motorblock stellen.

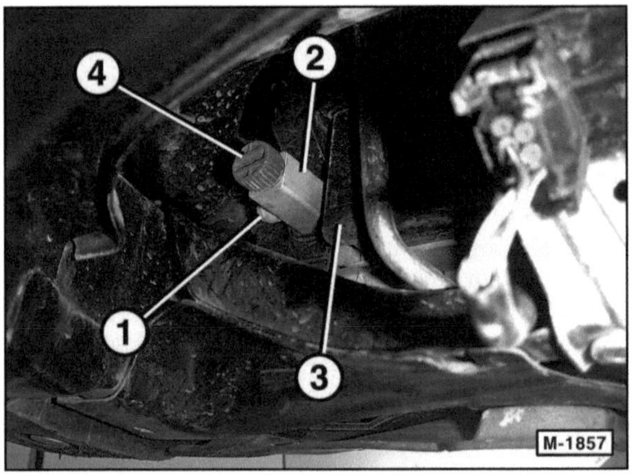

- Geeigneten Ablaufschlauch auf den Stutzen –1– des Ablassventils –2– unten links am Kühler –3– aufschieben und Schlauch in das Auffangefäß führen.
- Ablassschraube –4– unten am Kühler öffnen und Kühlflüssigkeit in das Auffanggefäß abfließen lassen. Anschließend Ablassschraube schließen.

- Geeigneten Ablaufschlauch auf die Ablassschraube –5– am Motorblock aufschieben und Schlauch in das Auffanggefäß führen.
- Ablassschraube –5– öffnen und Kühlflüssigkeit in das Auffanggefäß abfließen lassen. Anschließend Ablassschraube mit **12 Nm** festziehen.
- Fahrzeug ablassen.

Auffüllen und Entlüften

- Falls die Kühlflüssigkeit erneuert wird, neue Kühlflüssigkeit mischen.

Hinweis: Die Fachwerkstatt benützt für das Auffüllen und Entlüften des Kühlsystems eine Unterdruckanlage. Dabei ist folgendermaßen vorzugehen:

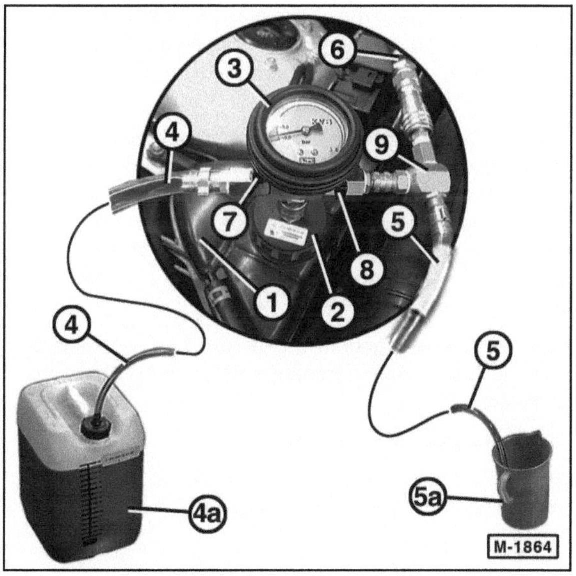

- Prüfanschluss –2– am Stutzen des Kühlmittel-Ausgleichbehälters aufschrauben.
- Kontrollanzeige –3– am Prüfanschluss aufstecken.
- Venturidüse –9– an der Kontrolleinheit –3– aufstecken.
- Ablaufventil –8– und Zulaufventil –7– schließen.
- Zulaufschlauch –4– auf den Kühlmittelbehälter –4a– aufstecken. **Achtung:** Damit keine Luft angesaugt wird, darauf achten, dass sich im Kühlmittelbehälter mehr Kühlflüssigkeit befindet, als für die maximale Füllmenge des Fahrzeuges erforderlich ist.
- Abluftschlauch –5– in einen leeren Behälter –5a– führen.
- Druckluftschlauch –6– an der Venturidüse –9– anschließen und mit Druck beaufschlagen.
- Ablaufventil –8– öffnen. Dadurch wird im Kühlsystem Unterdruck erzeugt.
- Zulaufventil –7– so lange öffnen, bis sich der Zulaufschlauch –4– mit Kühlmittel gefüllt hat.
- Ablaufventil –8– schließen, sobald sich die Anzeige der Kontrolleinheit –3– im grünen Bereich befindet.
- Druckluftschlauch –6– von der Venturidüse –9– abnehmen und beobachten, ob der Unterdruck 30 Sekunden stabil bleibt. Andernfalls Schläuche und Anschlüsse überprüfen und gegebenenfalls reparieren. Anschließend erneut Unterdruck im Kühlsystem erzeugen und Dichtigkeit des Systems prüfen.
- Zulaufventil –7– öffnen und Kühlsystem befüllen. **Hinweis**: Indem die Venturidüse mit Druckluft beaufschlagt wird, erzeugt sie einen Unterdruck im Kühlsystem und dadurch wird die Kühlflüssigkeit aus dem Vorratsbehälter in das Kühlsystem gesaugt.
- Ablaufventil –8– öffnen, wenn kein Kühlmittel mehr angesaugt wird.
- Kontrolleinheit –3– mit allen Anschlussen und Prüfverschluss –2– abbauen.
- Kühlmittelstand im Ausgleichbehälter bis zur Unterkante am Einfüllstutzen auffüllen.
- Kühlmittel-Ausgleichbehälter verschließen.

Kühlmittelregler (Thermostat) aus- und einbauen

Ausbau

Hinweis: Der Kühlmittelregler ist in das Thermostatgehäuse integriert und kann nur komplett mit diesem ersetzt werden.

Sicherheitshinweis
Bei heißem Motor vor dem Öffnen des Ausgleichbehälters einen dicken Lappen auflegen, um Verbrühungen durch heiße Kühlflüssigkeit oder Dampf zu vermeiden. Deckel nur bei Kühlmitteltemperaturen unter +90° C abnehmen.

- Kühlmittel ablassen und auffangen, siehe entsprechendes Kapitel.
- Luftfiltergehäuse ausbauen, siehe Seite 183.

- Halteklammer –2– mit geeignetem Schraubendreher seitlich herausdrücken und Kühlmittel-Temperaturfühler –6– herausnehmen.
- Kühlmittelschlauch –3– vom Heizungswärmetauscher am Kühlmittelregler –1– abziehen, vorher Schelle öffnen und zurückschieben.
- Kühlmittelschlauch –4– vom Kühler am Kühlmittelregler –1– abziehen, vorher Schelle öffnen und zurückschieben.
- 3 Schrauben –5– herausdrehen. **Hinweis:** 2 Schrauben sind in der Abbildung verdeckt.
- Kühlmittelregler –1– am Zylinderkopf abnehmen.

Einbau

Der Einbau erfolgt in umgekehrter Ausbaureihenfolge. Dabei ist Folgendes zu beachten:

- Dichtflächen am Kühlmittelregler –1– und am Zylinderkopf reinigen, Profilgummidichtung erneuern.
- Kühlmittelregler mit **9 Nm** anschrauben.
- Dichtring am Kühlmittel-Temperaturfühler –6– erneuern.

Kühlmittelregler (Thermostat) prüfen

Hinweis: Die Abbildungen zeigen einen vom Thermostatgehäuse getrennten Kühlmittelregler. Bei der A-/B-KLASSE ist der Kühlmittelregler in das Thermostatgehäuse integriert und kann nur komplett geprüft werden.

Funktion

Der Kühlmittelregler (Thermostat) öffnet mit zunehmender Erwärmung des Motors den großen Kühlmittelkreislauf.

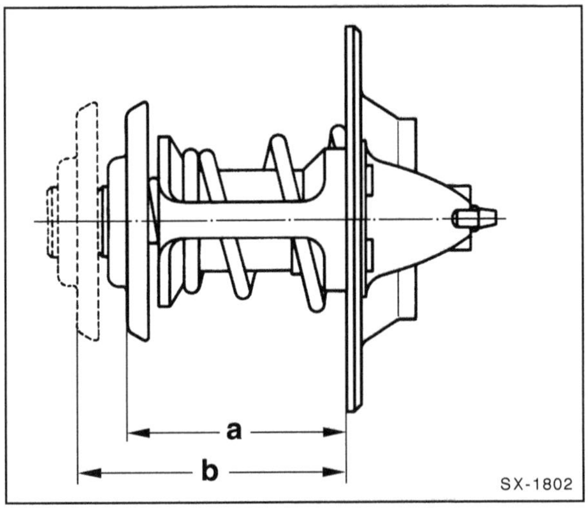

Dabei dehnt sich der Regler kontinuierlich aus, von Maß a bis zu Maß b.

Dehnt sich der Kühlmittelregler durch einen Defekt nicht aus, wird der Motor zu heiß. Erkennbar ist das an einer im Warnfeld stehenden Kühlmitteltemperatur-Anzeige, während gleichzeitig der Kühler kalt bleibt.

Ein defekter Thermostat kann aber auch nach dem Abkühlen der Kühlflüssigkeit weiterhin ausgedehnt bleiben. Dies erkennt man daran, dass der Motor nicht mehr seine Betriebstemperatur erreicht beziehungsweise im Winter die Heizleistung nachlässt.

Prüfen

Hinweis: Es kann nur geprüft werden, ob sich der Kühlmittelregler bei Erwärmung ausdehnt und beim Abkühlen zusammenzieht.

- Thermostatgehäuse ausbauen.
- Stellung des Kühlmittelreglers durch den Anschlussstutzen im Thermostatgehäuse sichtprüfen.

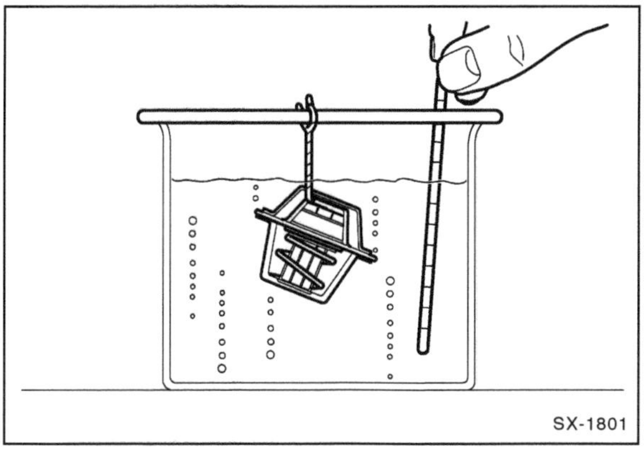

SX-1801

- Thermostatgehäuse mit Kühlmittelregler im Wasserbad langsam erwärmen. Dabei darf das Gehäuse nicht die Wände des Behälters berühren.
- Sobald das Wasser kocht, Thermostatgehäuse vorsichtig herausnehmen und Stellung des Kühlmittelreglers durch einen Anschlussstutzen sichtprüfen. Der Regler muss geöffnet sein und den Kühlkanal zum Kühler vollständig freigeben, andernfalls Thermostatgehäuse mit Kühlmittelregler ersetzen.
- Anschließend prüfen, ob sich der Regler beim Abkühlen wieder ganz schließt, andernfalls Regler ersetzen.

Kühlsystem prüfen

Prüfen

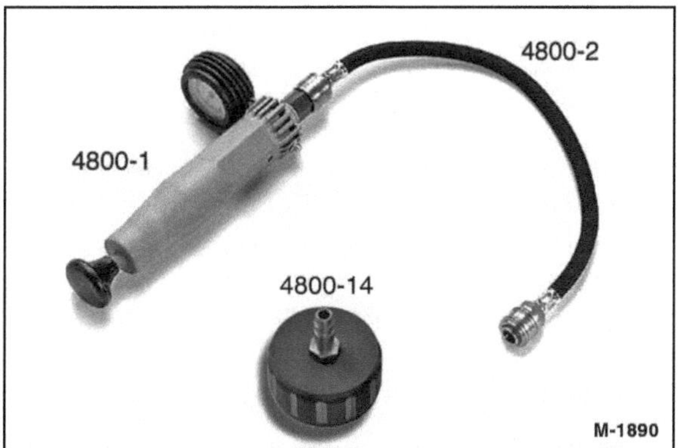

M-1890

Undichtigkeiten im Kühlsystem und die Funktion des Überdruckventils im Verschlussdeckel am Ausgleichbehälter können mit einem handelsüblichen Prüfgerät überprüft werden. Dazu eignen sich für die A-/B-KLASSE beispielsweise folgende Werkzeuge von HAZET: Handpumpe 4800-1 mit Schlauch 4800-2 und Adapter 4800-14.

Achtung: Falls die Zylinderkopfdichtung erneuert wurde, Motor vor der Prüfung auf Betriebstemperatur bringen und abkühlen lassen. Dadurch wird die Dichtheit der Zylinderkopfdichtung sichergestellt.

Sicherheitshinweis:
Bei heißem Motor vor dem Öffnen des Verschlussdeckels einen dicken Lappen auflegen, um Verbrühungen durch heiße Kühlflüssigkeit oder Dampf zu vermeiden. Deckel nur bei Kühlmitteltemperaturen unter +90° C abnehmen.

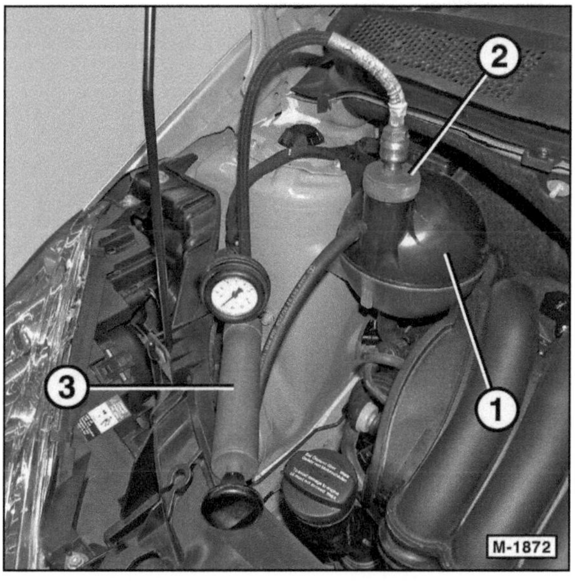

M-1872

- Verschlussdeckel am Ausgleichbehälter –1– ½ Umdrehung nach links drehen und Überdruck aus dem Kühlsystem entweichen lassen. Dann Deckel weiterdrehen und ganz abnehmen.

- Heizungsschalter im Fahrzeug-Innenraum auf maximale Heizleistung stellen.
- Kühlmittelstand prüfen, gegebenenfalls Kühlflüssigkeit ergänzen, siehe entsprechendes Kapitel.
- Prüfgerät –3– mit Adapter –2– auf den Einfüllstutzen des Ausgleichbehälters aufschrauben. Mit der Handpumpe des Gerätes einen Überdruck von ca. 1,4 bar erzeugen. Fällt der Druck ab, undichte Stelle suchen und beseitigen. Die undichte Stelle lässt sich an ausfließendem Kühlmittel erkennen.
- Wenn der Druck ohne Austritt von Kühlmittel abfällt, kann auf inneren Kühlmittelverlust im Motor, zum Beispiel durch eine defekte Zylinderkopfdichtung oder einen Gehäuseriss, geschlossen werden.
- Verschlussdeckel am Kühlmittel-Ausgleichbehälter schließen.

Lüfter aus- und einbauen

Ausbau

- Batterie-Massekabel (–) abklemmen. **Achtung:** Hinweise im Kapitel »Batterie aus- und einbauen« beachten.
- Luftfiltergehäuse ausbauen, siehe Seite 183.
- **Benzinmotor:** Stellglied der Drosselklappe ausbauen, siehe Seite 182.
- **Dieselmotor:** Lambdasonde vor dem Katalysator ausbauen, siehe Seite 193.

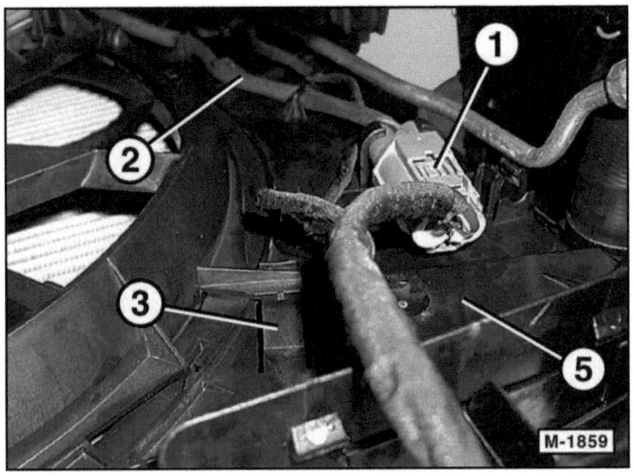

- Elektrische Steckverbindung –1– für Lüfter trennen und Leitung –2– aus den Befestigungen lösen, gegebenenfalls Lage der Kabelbinder markieren und diese aufschneiden. **Achtung:** Verlegung der elektrischen Leitung markieren, damit sie später genauso wieder eingebaut werden kann.
- Scheibenwaschbehälter lösen und mit angeschlossenen Schläuchen nach hinten versetzen, siehe auch Seite 67.

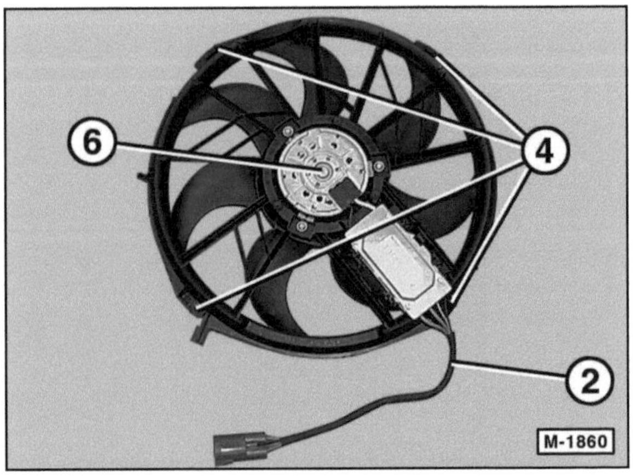

- Sicherung –3– (Abbildung M-1859) entriegeln und Halterungen –4– durch Drehen des Lüfters aushängen. 6 – Lüftermotor.
- Lüfter komplett nach oben aus der Lüfterhaube –5– (Abbildung M-1859) herausnehmen.

Einbau

- Lüfter einsetzen und durch Drehen in die Halterungen einhängen. Dabei darauf achten, dass alle Halterungen –4– einrasten.
- Der weitere Einbau erfolgt in umgekehrter Ausbaureihenfolge.
- Batterie-Massekabel (–) anklemmen. **Achtung:** Hinweise im Kapitel »Batterie aus- und einbauen« beachten.

Kühler aus- und einbauen

Benziner

Ausbau

- Kühlmittel am Kühler ablassen, siehe entsprechendes Kapitel.
- Stoßfänger vorn ausbauen, siehe Seite 215.
- Vordere Unterbodenabdeckung ausbauen, siehe Seite 212.
- Fahrzeug ablassen
- **A-KLASSE:** Luftfiltergehäuse ausbauen, siehe Seite 183.

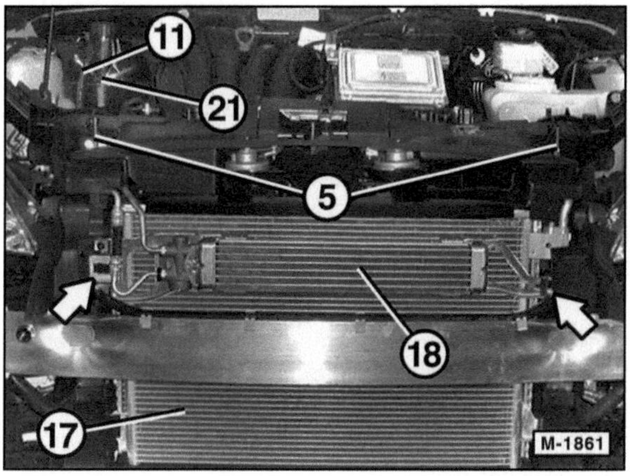

5 – Halter
11 – Kühlmittelschlauch
17 – Kondensator
18 – Ölkühler
21 – Ausgleichbehälter

- Fahrzeuge mit Automatikgetriebe 722.8: Ölkühler –18– ausbauen.

- Elektrische Steckverbindung –2– am Kühler-Lüfter trennen. 3 – Kühlmittelschlauch.

1 – Kühler
8 – Lüfterhaube
9 – Gummilager
10 – Ablassschraube
19 – Ölleitungen
20 – Kühlmittelleitung
24 – Lüftermotor

- Leitungssatz für Kältemitteldruck-Geber –23– (Abbildung M-1867) und Kältemittelleitung –19– an der Lüfterhaube –8– ausclipsen. 24 – Lüftermotor.
- Kühlmittelschlauch –3– vom Thermostatgehäuse am Kühler –1– abziehen, vorher Schlauchschelle öffnen und zurückschieben.
- Kühlmittelschlauch –11– am Kühlmittel-Ausgleichbehälter –21– abziehen.
- Kühler –1– mit 2 Haltern –5–, zum Beispiel MERCEDES-169589004000, gegen Herunterfallen sichern. Hinweis: Wie die Halter eingesetzt werden, steht am Ende des Kapitels.

Sicherheitshinweis
Beim Aufbocken des Fahrzeugs besteht Unfallgefahr! Deshalb die Hinweise im Kapitel »Fahrzeug aufbocken« beachten.

- Fahrzeug aufbocken.

- Kühlmittelschlauch –4– vom Kühlmittelrohr am Kühler –1– abziehen, vorher Schelle öffnen und zurückschieben. 9 – Gummilager.

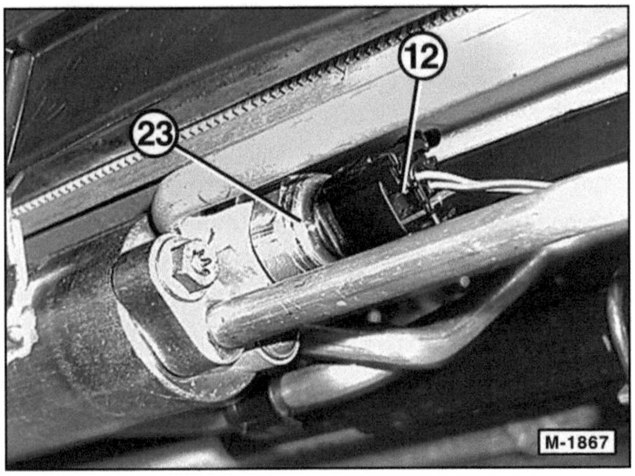

- Elektrische Steckverbindung –12– am Geber Kältemitteldruck –23– trennen.

- Fahrzeuge mit Xenon-Scheinwerfer: Elektrische Steckverbindung –13– am Niveausensor vorn links –22– trennen, Mutter –14– abschrauben und Gestänge aushängen.

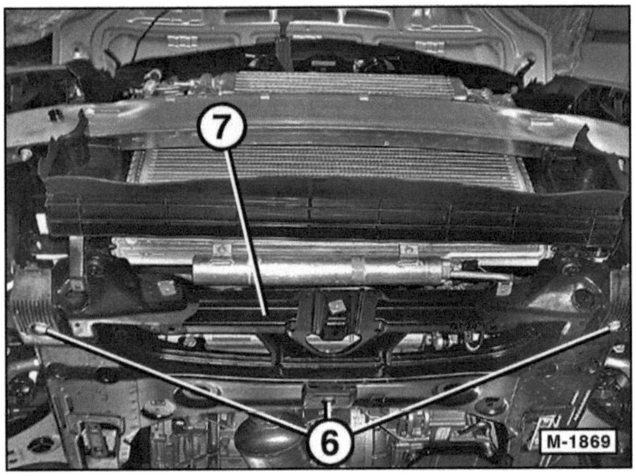

- Schrauben –6– aus der Kühlertraverse –7– herausdrehen und Kühlertraverse abnehmen.

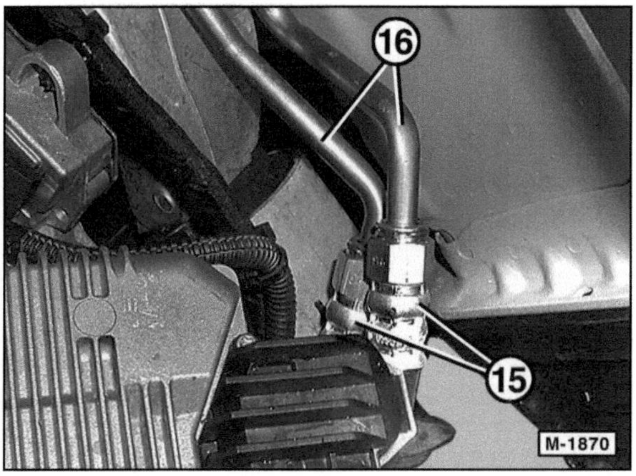

- Einbaulage der Ölschläuche zu den Verbindungsstellen –15– markieren. Geeignetem Behälter unter die Verbindungsstellen stellen. Sicherungsklammern herausziehen und Ölschläuche von den Ölleitungen –16– abziehen. Ausfließendes Automatikgetriebeöl auffangen. Ölschläuche und Ölleitungen mit geeigneten Stopfen verschließen.
- Kondensator –17– aus den Klippverbindungen –Pfeile– am Kühler –1– aushängen, siehe Abbildung M-1861/M-1863.
- Zusammen mit einem Helfer die Halter –5– aushängen und Kühler –1– mit Lüfter nach unten herausnehmen, siehe Abbildung M-1861/M-1863.

Einbau

Der Einbau des Kühlers erfolgt in umgekehrter Ausbaureihenfolge, dabei ist Folgendes zu beachten:

- Beim Erneuern des Kühlers folgende Bauteile umbauen und dabei auf einwandfreien Zustand prüfen, gegebenenfalls ersetzen:
  - Gummilager –9– und Ablassschraube –10–.
  - Fahrzeuge mit Automatikgetriebe 722.801: Ölleitungen –19–.
  - Kühlmittelleitung –20–.
  - Falls erforderlich, Lüfterhaube –8– mit elektrischem Lüfter aus den Halteclips am Kühler –1– ausclipsen und aus den Führungen herausziehen.
- **Fahrzeuge mit Xenon-Scheinwerfer:** Mutter –14– für Scheinwerfer-Verstellung erneuern.
- Scheinwerfereinstellung prüfen, gegebenenfalls einstellen.
- Schraube für Kühlerträger an Vorderachsträger mit **40 Nm** festziehen.

Einsetzen der Kühler-Halter

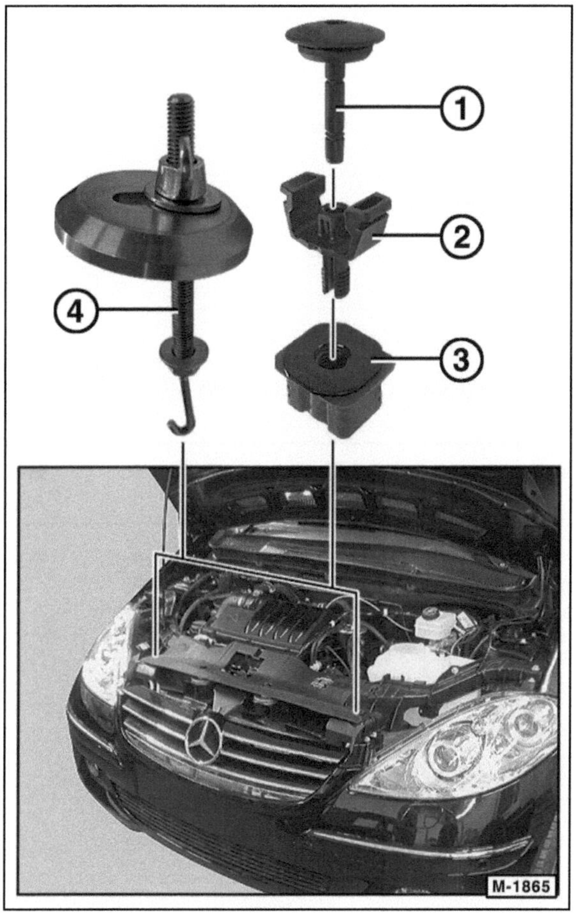

- An der Kühlerhalterung den Stift –1– herausziehen.
- Spreizeinsatz –2– um 90° verdrehen und heraushebeln.
- Einsatz –3– herausnehmen.
- Halter –4– in die Bohrung im Kühler unter dem Einsatz –3– einführen.
- Zweiten Halter auf die gleiche Weise einsetzen.
- Kühler vorsichtig anheben.

Störungsdiagnose Motor-Kühlung

Störung: Die rote Kühlmitteltemperatur-Warnleuchte leuchtet bei laufendem Motor.

Ursache	Abhilfe
Zu wenig Kühlmittel im Kreislauf.	■ Ausgleichbehälter muss bis zur Markierung voll sein, siehe Kapitel »Kühlmittel auffüllen«. Kühlsystem auf Dichtheit prüfen.
Kühlmittelregler (Thermostat) öffnet nicht.	■ Prüfen, ob oberer Kühlmittelschlauch am Kühler warm wird. Wenn nicht, Regler ausbauen und prüfen, ggf. ersetzen.
Kühlmittelpumpe defekt.	■ Kühlmittelpumpe ausbauen und überprüfen lassen.
Kühlmitteltemperatur-Anzeige defekt.	■ Anzeigegerät überprüfen lassen.
Ausgleichbehälter-Verschlussdeckel defekt.	■ Kühlsystem prüfen, Druckprüfung des Verschlussdeckels durchführen.
Kühlerlamellen verschmutzt.	■ Kühler ausbauen und von der Motorseite her mit Pressluft durchblasen.
Kühler innen durch Kalkablagerungen oder Korrosion zugesetzt. Kühler wird nur im oberen Teil warm, unterer Kühlmittelschlauch vom Kühler wird nicht warm.	■ Kühler erneuern.

Motor-Management

Aus dem Inhalt:

- Benzineinspritzanlage
- Dieseleinspritzanlage
- Diesel-Vorglühanlage
- Kraftstoffanlage
- Luftfilter ersetzen

Im Kapitel »Motor-Management« sind die Themen »Benzin-Einspritzanlage« und »Diesel-Einspritzanlage« zusammengefasst.

Benzin-Einspritz- und Zündanlage

Das elektronische Motor-Management regelt die Kraftstoffzuteilung und das Zündsystem. Die Vorteile des elektronischen Motormanagements:

- Genau dosierte Kraftstoffmenge in jedem Betriebszustand des Motors, dadurch geringer Verbrauch bei guten Fahrleistungen.
- Reduzierung der Abgas-Schadstoffe durch exakte Kraftstoffzumessung und den Einsatz eines geregelten Katalysators.
- Die Eigendiagnose des Motor-Managements ermöglicht ein schnelleres Auffinden von Defekten. Das System ist mit einem Fehlerspeicher ausgestattet. Treten während des Betriebs Defekte auf, werden diese im Speicher abgelegt. Sollte der Motor nicht einwandfrei arbeiten, kann die Fachwerkstatt gegen Kostenerstattung eine Fehlerliste ausdrucken, damit gegebenenfalls der Defekt dann selbst behoben werden kann.

Das Steuergerät bestimmt den optimalen Zündzeitpunkt, den Einspritzzeitpunkt und die Kraftstoff-Einspritzmenge. Dabei erfolgt eine Abstimmung des Steuergeräts mit anderen Fahrzeugsystemen, beispielsweise der Getriebesteuerung oder der Wegfahrsperre.

Die Bauteile des Zünd- und Einspritzsystems sind langzeitstabil und praktisch wartungsfrei. Nur der Luftfiltereinsatz sowie die Zündkerzen müssen im Rahmen der Wartung gewechselt werden. Wesentliche Einstell- und Reparaturarbeiten können nur mit Hilfe von teuren Prüfgeräten durchgeführt werden, so dass diese Arbeiten nur noch von entsprechend ausgerüsteten Fachwerkstätten ausgeführt werden können.

Sicherheitsmaßnahmen bei Arbeiten am Benzin-Einspritzsystem

- **Kein offenes Feuer, nicht rauchen, keine glühenden oder sehr heißen Teile in die Nähe des Arbeitsplatzes bringen. Unfallgefahr! Feuerlöscher bereitstellen.**
- **Unbedingt für gute Belüftung des Arbeitsplatzes sorgen. Kraftstoffdämpfe sind giftig.**
- **Das Kraftstoffsystem steht unter Druck!** Bevor Schlauchverbindungen gelöst werden, Kraftstoffdruck abbauen, siehe Seite 178.
- Beim Trennen der Schlauchverbindungen sicherheitshalber einen dicken Putzlappen um die Verbindungsstelle legen.

Achtung: Bei Arbeiten am Einspritzteil des Systems sind auch die allgemeinen Sicherheits- und Sauberkeitsregeln zu beachten, siehe Kapitel »Kraftstoffanlage«.

Diesel-Einspritzanlage

Die Dieseleinspritzung wird vollelektronisch durch das Motor-Management geregelt. Die Vorteile sind:

- Die Eigendiagnose des Motor-Managements ermöglicht ein schnelleres Auffinden von Defekten.
- Genau dosierte Kraftstoffmenge. Dadurch Reduzierung der Abgas-Schadstoffe und geringer Verbrauch.
- Das Einstellen von Leerlaufdrehzahl und Abregeldrehzahl ist nicht erforderlich.

Die Bauteile des Motor-Managements sind langzeitstabil und praktisch wartungsfrei. Nur der Motor-Luftfiltereinsatz und der Kraftstofffilter müssen im Rahmen der Wartung gewechselt werden.

Benzin-Einspritzanlage

Funktion des Motormanagements beim Benzinmotor

Der Kraftstoff wird aus dem Kraftstoffvorratsbehälter (Tank) von der elektrischen Kraftstoffpumpe angesaugt und über den vor dem Tank angebrachten Kraftstofffilter zum Kraftstoffverteiler gefördert. Ein Druckregler im Kraftstofffilter sorgt dafür, dass der Druck im Kraftstoffsystem konstant gehalten wird.

Über elektrisch angesteuerte Einspritzventile wird der Kraftstoff stoßweise in das Ansaugrohr direkt vor die Einlassventile des Motors gespritzt. Das Motor-Steuergerät steuert die Einspritzventile sequentiell, also in Zündreihenfolge, an und regelt die Einspritzzeit und dadurch die Einspritzmenge.

Die Verbrennungsluft wird vom Motor über den Luftfilter angesaugt und gelangt durch das Drosselklappenteil sowie das Ansaugrohr bis zu den Einlassventilen. Geregelt wird die Luftmenge durch die Drosselklappe, die über einen Schrittmotor vom Motor-Steuergerät betätigt wird.

Die angesaugte Luftmenge wird aus der Stellung des Drosselklappen-Stellglieds sowie aus den Signalen des Ansaugluft-Druckgebers beim Saugmotor beziehungsweise der 3 Ladedruck-Druckgeber beim Turbo-Benzinmotor errechnet.

Das Motor-Steuergerät ist ein kleiner, sehr schnell arbeitender Computer. Es bestimmt den optimalen Zündzeitpunkt, den Einspritzzeitpunkt und die Einspritzmenge.

Informationen von weiteren Sensoren (Fühlern) und Befehle an Aktoren (Stellglieder) sorgen in jeder Fahrsituation für einen optimalen Motorbetrieb. Fallen wichtige Sensoren aus, schaltet das Steuergerät auf ein Notlaufprogramm um, damit Motorschäden vermieden werden und weitergefahren werden kann. In diesem Fall ruckelt der Motor und neigt beim Gas geben zum Absterben.

Sensoren und Aktoren der Einspritzanlage

- Der **Kurbelwellen-Positionssensor** ist am Schwungrad in den Motorblock eingeschraubt. Er übermittelt dem Steuergerät die Motordrehzahl und die OT-Stellung des Kolbens für Zylinder 1.
- Der **Nockenwellen-Positionssensor** sitzt an der Stirnseite des Zylinderkopfdeckels. Er übermittelt dem Steuergerät zusammen mit dem Kurbelwellen-Positionsgeber die Zünd-OT-Stellung für Zylinder 1. Dies dient zur Synchronisation von Zündzeitpunkt und Einspritzreihenfolge.
- Das **Stellglied Drosselklappe** besteht aus einem Stellmotor und 2 Potentiometern. Es reguliert die Stellung der Drosselklappe. Dadurch wird eine gleich bleibende Leerlaufdrehzahl erreicht, unabhängig davon, ob gerade Zusatzverbraucher, wie beispielsweise der Klimakompressor, eingeschaltet sind.
- Das **Drosselklappenpotentiometer** befindet sich im **Stellglied Drosselklappe** und übermittelt dem Steuergerät die momentane Winkelstellung der Drosselklappe. Ein zweites Potentiometer übermittelt einen Referenzwert an das Steuergerät und sorgt für ein Ersatzsignal beim Ausfall des Drosselklappenpotentiometers.
- Der **Pedalwertgeber** sitzt im Fahrerfußraum. Über ein kurzes Gestänge wird die Gaspedalstellung auf den Pedalwertgeber übertragen, der ein entsprechendes Spannungssignal an das Motor-Steuergerät übermittelt. Sicherheitshalber wird vom Pedalwertgeber ebenso wie beim Drosselklappenpotentiometer ein zusätzliches Referenzsignal übertragen.
- Der **Kühlmittel-Temperaturfühler** sitzt im Thermostatgehäuse. Es handelt es sich dabei um einen NTC-Widerstand. Das heißt, der Widerstand wird geringer, wenn die Kühlmitteltemperatur ansteigt. NTC = **N**egativer **T**emperatur **C**oeffizient. Der **Ansaugluft-Temperaturfühler** ist ebenfalls ein NTC-Widerstand und sitzt am Saugrohr neben der Drosselklappe.
- Die Tankentlüftung besteht aus dem **Aktivkohlebehälter** und einem **Magnetventil** (Regenerierventil). Im Aktivkohlebehälter werden Kraftstoffdämpfe gespeichert, die sich durch Erwärmung des Kraftstoffs im Tank bilden. Bei laufendem Motor werden die Kraftstoffdämpfe aus dem Aktivkohlebehälter abgesaugt und dem Motor zur Verbrennung zugeführt. Der Aktivkohlebehälter befindet sich am Unterboden vor dem Tank. Das Regenerierventil sitzt am Ladluftrohr.
- Die **Lambdasonde** (Sauerstoffsensor) dient zur Regelung des Katalysators. Sie misst den Sauerstoffgehalt im Abgasstrom und schickt entsprechende Spannungssignale an das Motor-Steuergerät.
- Der **Klopfsensor** ist neben dem Ölmessstab-Führungsrohr in den Motorblock eingeschraubt. Er verhindert, dass schädliche, klopfende Verbrennungen auftreten können. Dadurch kann der Zündzeitpunkt an der Klopfgrenze gehalten werden, wodurch die Energie des Kraftstoffes besser ausgenutzt und somit der Kraftstoffverbrauch reduziert wird.

Leerlaufdrehzahl/Zündzeitpunkt/ CO-Gehalt prüfen/einstellen

Im Rahmen der Wartung ist es nicht mehr erforderlich, Leerlaufdrehzahl, Zündzeitpunkt und CO-Gehalt einzustellen, da die Werte permanent elektronisch nachgeregelt werden.

Falls die tatsächlichen Betriebswerte von den Sollwerten abweichen, liegt die Ursache in defekten Bauteilen, die ersetzt werden müssen. Eine fachgerechte Prüfung des Motormanagements ist nur mit speziellen Diagnosegeräten möglich.

Allgemeine Prüfung der Benzin-Einspritzanlage

Für eine systematische Fehlersuche beziehungsweise Fehlerbehebung sind markenspezifische Messgeräte erforderlich. Diese Messgeräte sind sehr teuer und in der Regel nur in der Fachwerkstatt vorhanden. Deshalb wird hier nur eine Grundprüfung beschrieben:

- Batterie prüfen, siehe Seite 54.
- Alle Sicherungen prüfen, siehe Seite 52.
- Sämtliche Stecker und Steckverbindungen des betroffenen elektronischen Systems abziehen und aufstecken. Festen Sitz der Steckverbindungen und Fixierung der Kabel im Motorraum prüfen.
- Alle Masseverbindungen auf festen Sitz und einwandfreien Kontakt prüfen.
- Schläuche und Leitungen auf Undichtigkeiten prüfen. Dabei auf Porosität und Risse achten. Lockere Anschlüsse befestigen.

Einspritzventile prüfen

Undichte Ventile bewirken Heißstartschwierigkeiten. Defekte Einspritzventile lassen den Motor bisweilen nachdieseln und führen zu Motoraussetzern.

- Motor im Leerlauf laufen lassen.
- Mit einem Stethoskop bei laufendem Motor bei jedem einzelnen Ventil prüfen, ob es klackt. Dieses Klacken erfolgt durch das Öffnen und Schließen der Düse.
- Steht kein Stethoskop zur Verfügung, kann man auch mit einem Schraubendreher fühlen, ob das Einspritzventil arbeitet.
- Werden keine oder außergewöhnliche Betriebsgeräusche festgestellt, so sind die Spannungsversorgung, der Widerstand und die Dichtheit des Einspritzventils zu prüfen.

Spannungsversorgung und Widerstand prüfen

- Spannungsversorgung prüfen. Dazu Stecker für die Einspritzventile abziehen und Diodenprüflampe zwischen die beiden Steckkontakte der Zuleitung anschließen. Anlasser betätigen (Helfer). Die Leuchtdiode muss flackern.
- Flackert die Leuchtdiode nicht, kann der Fehler an einer Leitungsunterbrechung oder am Steuergerät selbst liegen.
- Zündung ausschalten.
- Ohmmeter zwischen die beiden Steckkontakte an jedes Einspritzventil anschließen und Widerstand messen. Weicht der Widerstand an einem Ventil ab, dieses ersetzen.

Kraftstoffverteiler aus- und einbauen/Kraftstoffdruck abbauen

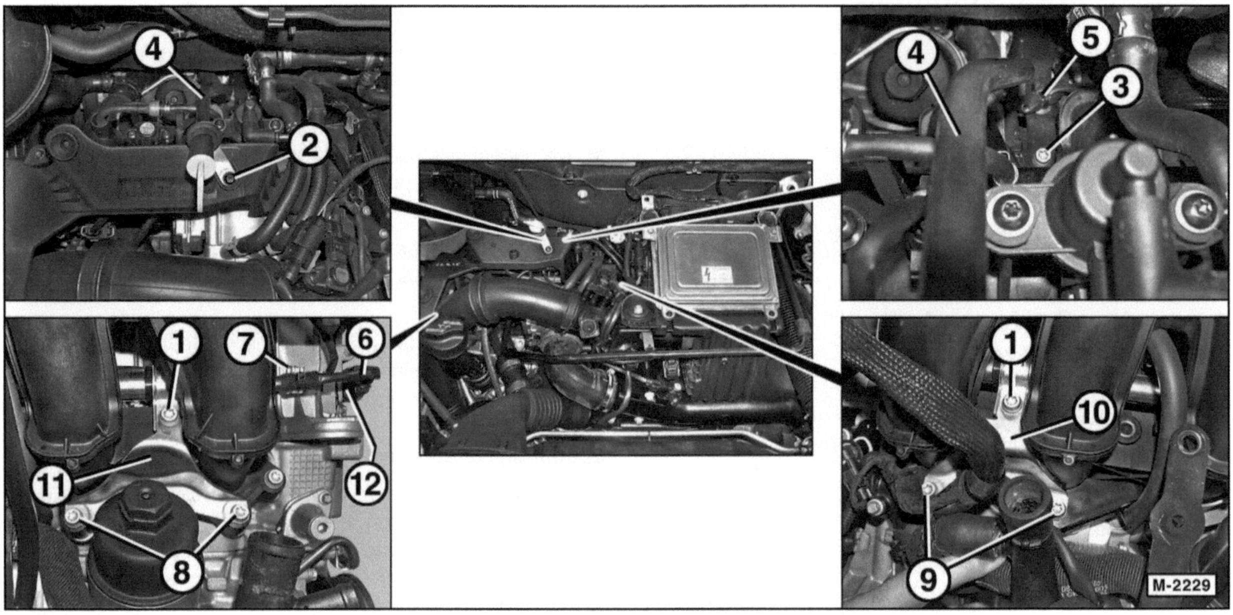

1 – Schrauben
2 – Schraube
3 – Schraube
4 – Ölmessstab-Führungsrohr
5 – Clip
6 – Elektrische Steckverbindung
7 – Halteclip
8 – Schrauben
9 – Schrauben
10 – Halter
11 – Halter
12 – Hall-Geber Nockenwelle

Ausbau

> **Sicherheitshinweise:**
>
> - **Kein offenes Feuer, nicht rauchen, keine glühenden oder sehr heißen Teile in die Nähe des Arbeitsplatzes bringen. Unfallgefahr! Feuerlöscher bereitstellen.**
> - **Unbedingt für gute Belüftung des Arbeitsplatzes sorgen. Kraftstoffdämpfe sind giftig.**
> - Sicherheitshinweise für Arbeiten am Motormanagement und an der Kraftstoffanlage beachten.

- Batterie-Massekabel (–) abklemmen. **Achtung:** Hinweise im Kapitel »Batterie aus- und einbauen« beachten.
- Luftfilter ausbauen, siehe Seite 183.

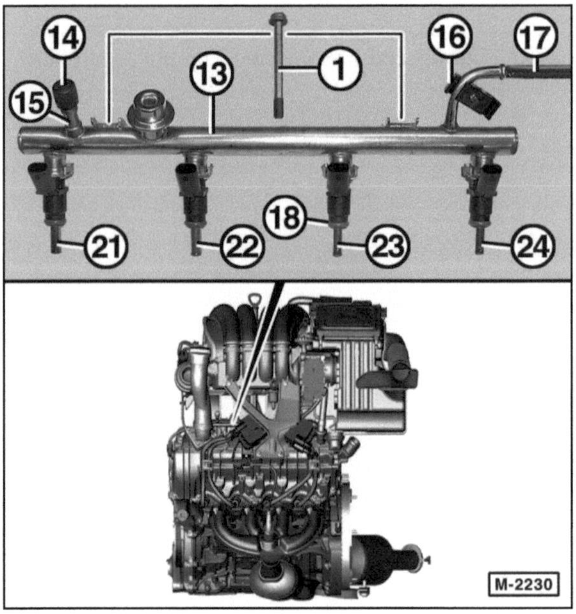

1 – Schraube
13 – Kraftstoffverteiler
14 – Schutzkappe
15 – Entlüftungsventil
16 – Halteclip
17 – Kraftstoffleitung
18 – Dichtring
21 - 24 – Einspritzventile für Zylinder 1 bis 4

- Elektrische Leitungen zu den Einspritzventilen freilegen. Einbaulage der Kabelbinder für den späteren Einbau markieren.
- Stecker an den Kraftstoff-Einspritzventilen –21/22/23/24– abziehen.
- **Turbo-Benzinmotor (266.980):** Elektrische Steckverbindung –6– am Hall-Geber Nockenwelle –12– trennen und Halteclip –7– ausclipsen. **Achtung:** Dabei Elektrische Leitung vorsichtig ein Stück unter dem Ladeluft-Verteilerrohr hervorziehen, um die Zugängigkeit der Schrauben –9– zu verbessern.
- Unterdruckleitung für Umschaltventil der Regenerierung aus Halteclip –16– am Kraftstoffverteiler –13– ausclipsen
- Kraftstoffdruck abbauen, dazu Schutzkappe –14– abschrauben, Druckschlauch am Entlüftungsventil –15– anschrauben und Kraftstoffdruck über Entlüftungsventil –15– abbauen. Dazu Kraftstoff in kraftstoffresistenten Auffangbehälter ablassen.
- Kraftstoffleitung –17– am Kraftstoffverteiler –13– abziehen, vorher Schelle öffnen und zurückschieben. Kraftstoffleitung mit geeignetem Stopfen verschließen. **Achtung:** Wird die Schelle beim Ausbau beschädigt oder ist sie nicht mehr in einwandfreiem Zustand, dann muss sie erneuert werden.
- **Turbo-Benzinmotor (266.980):** Schrauben –2/3– herausdrehen, Clip –5– ausclipsen und Ölmessstab-Führungsrohr –4– vorsichtig zur Seite drücken
- **Turbo-Benzinmotor (266.980):** Schrauben –8/9– herausdrehen.
- Schrauben –1– herausdrehen.
- **Turbo-Benzinmotor (266.980):** Halter–10/11– abnehmen.
- Kraftstoffverteiler –13– mit Kraftstoff-Einspritzventilen –21/22/23/24– aus dem Saugrohr oder aus dem Ladeluft-Verteilerrohr herausziehen.

Einbau

Der Einbau erfolgt in umgekehrter Ausbaureihenfolge. Dabei ist Folgendes zu beachten:

- Dichtringe –18– an den Kraftstoff-Einspritzventilen erneuern und zur besseren Montage leicht mit sauberem Motoröl benetzen.
- Das Anzugsdrehmoment der Schrauben beträgt **15 Nm**.
- **Turbo-Benzinmotor (266.980):** Schrauben –2/3– ansetzen bevor die Schrauben –1– festgezogen werden.
- Stecker auf die Einspritzventile aufstecken und einrasten. Elektrische Leitung wie vor dem Ausbau verlegen und mit neuen Kabelbindern sichern. **Achtung:** Die elektrische Leitung darf nicht an den Kraftstoff-Einspritzventilen anliegen.

Einspritzventile aus- einbauen

Ausbau

- Kraftstoffverteiler mit Einspritzventilen ausbauen, siehe entsprechendes Kapitel.

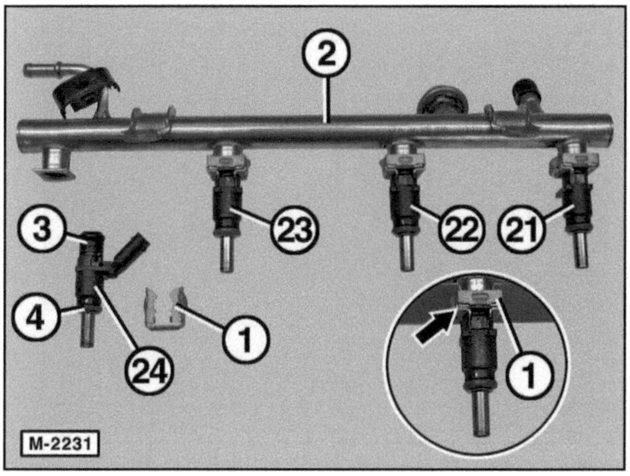

- Verdrehsicherung –1– ausclipsen und abziehen.
- Kraftstoff-Einspritzventile –21/22/23/24– aus dem Kraftstoffverteiler –2– herausziehen.

Einbau

- Dichtringe –3/4– erneuern und zur besseren Montage leicht mit sauberem Motoröl benetzen.
- Verdrehsicherungen –1– so einsetzen, dass sie in die Vierkantführung –Pfeil– einrasten.
- Kraftstoffverteiler mit Einspritzventilen einbauen.

Motor-Steuergerät aus- und einbauen

Ausbau

- Zündung ausschalten und Zündschlüssel abziehen.

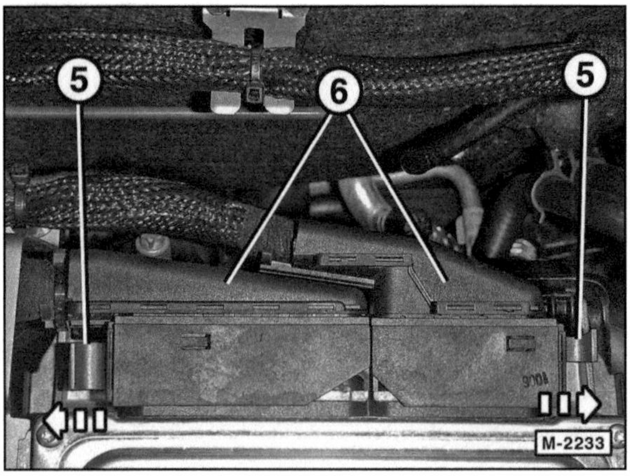

- Steckerarretierungen –5– nach außen ziehen –Pfeile– und dadurch Mehrfachstecker –6– vom Motor-Steuergerät lösen. Mehrfachstecker abnehmen und zur Seite legen.

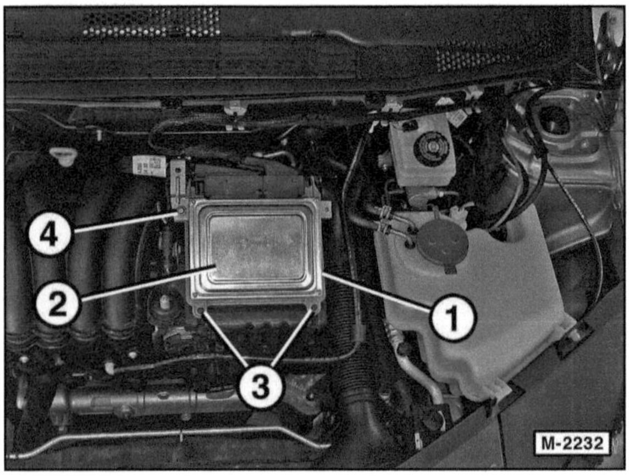

- Schrauben –3– und –4– herausdrehen. 1 – Luftfilterdeckel, 2– Motor-Steuergerät.

- Luftfilterdeckel –7– mit Steuergerät nach oben schwenken und aus den hinteren Halterungen aushängen.

Hinweis: Gegebenenfalls Dichtung aus dem Deckel herausnehmen und in das Luftfiltergehäuse einsetzen.

Einbau

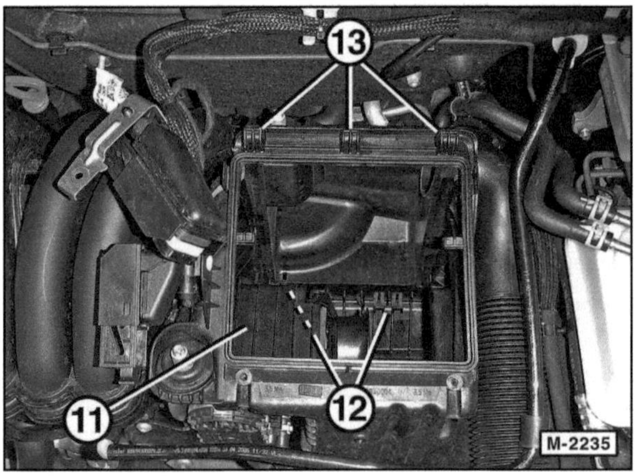

- Luftfilterdeckel mit Motor-Steuergerät in die hinteren Führungen –13– des Luftfiltergehäuses –11– einhängen und herunterklappen. Dabei Deckel etwas nach vorn ziehen, in Fahrtrichtung gesehen. 12 – Untere Führungen für Filtereinsatz. **Hinweis:** Der Filtereinsatz wird nicht, wie in der Abbildung dargestellt, ausgebaut.
- Deckel vorn handfest anschrauben.

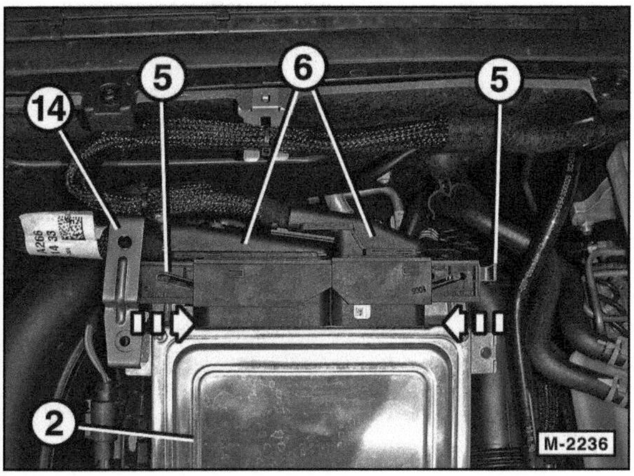

- Mehrfachstecker –6– am Steuergerät –2– ansetzen und leicht aufschieben. Anschließend Arretierungen –5– einschieben –Pfeile– und dadurch die Stecker aufziehen.
- Kabelhalter –14– anschrauben.

Diesel-Einspritzanlage

Diesel-Einspritzverfahren

Beim Dieselmotor wird reine Luft in die Zylinder angesaugt und dort sehr hoch verdichtet. Dadurch steigt die Temperatur in den Zylindern über die Zündtemperatur des Dieselöls an. Wenn der Kolben kurz vor dem Oberen Totpunkt steht, wird in die hochverdichtete und etwa +600° C heiße Luft Dieselöl eingespritzt. Das Dieselöl zündet von selbst, Zündkerzen sind also nicht erforderlich.

Bei sehr kaltem Motor kann es vorkommen, dass durch die Verdichtung die Zündtemperatur nicht erreicht wird. In diesem Fall muss vorgeglüht werden. Dazu befindet sich in jedem Brennraum eine Glühkerze, die den Brennraum aufheizt. Die Dauer des Vorglühens ist abhängig von der Umgebungstemperatur und wird durch das Motor-Steuergerät über ein Vorglührelais gesteuert.

Der Kraftstoff wird von der elektrischen Kraftstoffpumpe im Tank mit einem Druck von maximal 8,5 bar zur Hochdruckpumpe gefördert. In der Hochdruckpumpe wird ein konstant hoher Druck von ca. 1600 bar aufgebaut.

Von der Hochdruckpumpe führt eine gemeinsame Kraftstoffleitung (Common Rail) zu den einzelnen Zylindern. Die gemeinsame Kraftstoffleitung dient als Druckspeicher und verteilt den Kraftstoff mit konstantem Druck an die Einspritzventile. Die erforderliche Kraftstoff-Einspritzmenge wird vom Motor-Steuergerät über die elektromagnetischen Einspritzventile den einzelnen Zylindern exakt zugeteilt. Schließt der Mikrocomputer des Motor-Steuergeräts beispielsweise die Magnetventile, ist die Kraftstoffeinspritzung sofort wieder beendet. Mit anderen Worten: Druckerzeugung und Kraftstoffeinspritzung erfolgen unabhängig voneinander. Das hat den Vorteil, dass die Einspritzung bedarfs- und abgasoptimiert, aber unabhängig von der Motordrehzahl erfolgen kann.

Der Kraftstoff wird mit Mehrstrahl-Einspritzventilen mehreren Stufen eingespritzt. Zunächst erfolgt eine Voreinspritzung von einer geringen Menge Kraftstoff, wodurch die Zündbedingungen für die Hauptkraftstoffmenge verbessert werden. Daraus resultiert eine weichere und damit auch leisere Verbrennung.

Common-Rail-Direkteinspritzsystem (CDI)

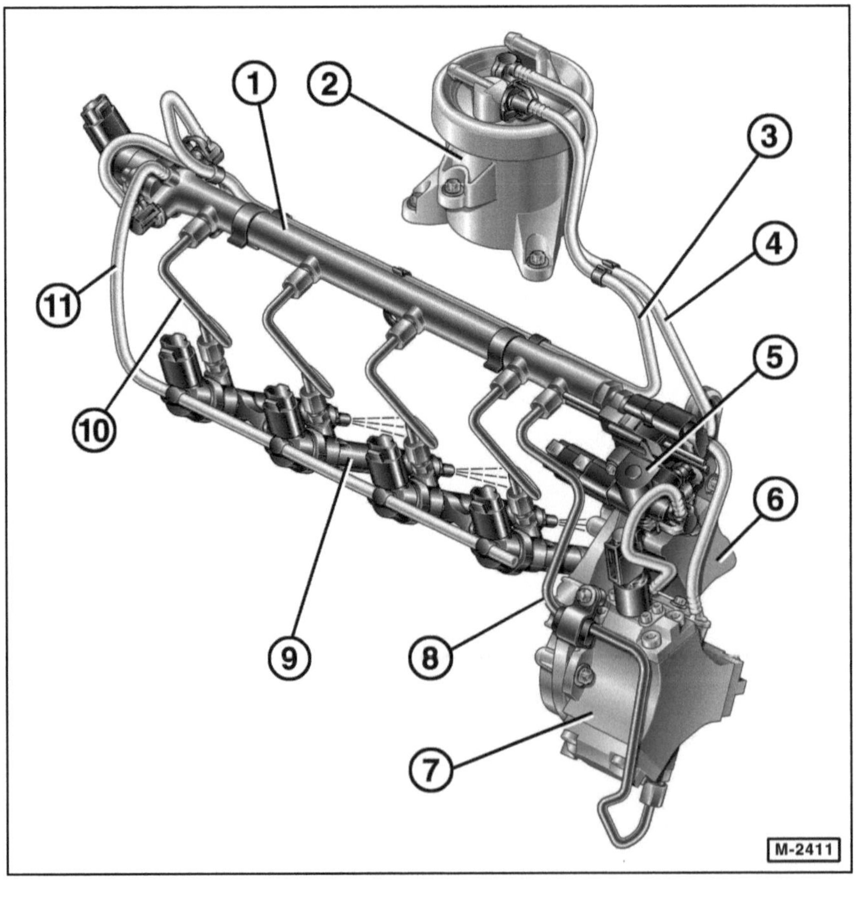

1 – Common Rail (Gemeinsames Kraftstoffverteilerrohr)
2 – Kraftstofffilter
3 – Rücklaufleitung
4 – Zulaufleitung zur Hochdruckpumpe
5 – Elektrisches Abschaltventil
6 – Vorförderpumpe
7 – Hochdruckpumpe
8 – Hochdruckleitung zum Common Rail
9 – Einspritzventil
10 – Hochdruckleitung zum Einspritzventil
11 – Rücklaufleitung

Bevor der Kraftstoff in die Hochdruckpumpe gelangt, wird er im Kraftstofffilter von Verunreinigungen und Wasser befreit. Daher ist es äußerst wichtig, den Kraftstofffilter im Rahmen der Wartung regelmäßig auszuwechseln.

Die Vorförderpumpe und die Hochdruckpumpe sind wartungsfrei. Alle beweglichen Teile werden mit Dieselöl geschmiert.

Die Verbrennungsluft wird vom Motor beziehungsweise vom Abgasturbolader über den Luftfilter angesaugt. Der Turbolader verdichtet die Luft und drückt sie durch einen Ladeluftkühler. Dort wird die beim Ladevorgang erwärmte Luft abgekühlt. Dadurch wird der Zylinderfüllungsgrad verbessert und somit Drehmoment und Leistung des Motors erhöht.

Winterbetrieb

Mit abnehmenden Außentemperaturen verringert sich das Fließvermögen des Dieselkraftstoffes durch Paraffin-Ausscheidung. Der Dieselkraftstoff kann dickflüssig wie Honig werden und den Kraftstofffilter verstopfen. Aus diesem Grund werden von den Mineralölfirmen dem Diesel im Winter Zusätze beigemischt, die das Fließverhalten heraufsetzen und ein Starten bis etwa –22° C garantieren.

Damit der Kraftstofffilter bei niedrigen Außentemperaturen nicht verstopfen kann, wird der warme Kraftstoffrücklauf über das Kraftstoff-Vorwärmventil in den Kraftstofffilter geleitet.

Diesel-Vorglühanlage

Bei kaltem Motor wird die Selbstzündungstemperatur durch die Verdichtung allein nicht erreicht, deshalb muss vorgeglüht werden.

Zu diesem Zweck ist in jeden Brennraum eine Stabglühkerze eingeschraubt. Die Glühkerze besteht im Wesentlichen aus einem Gehäuse mit eingepresstem Heizstab. Der Heizstab wiederum besteht aus der Heizwicklung und der Regelwicklung. Sobald Spannung anliegt, heizt sich die Heizwicklung im Heizstab innerhalb weniger Sekunden bis auf bis zu +1000° C auf. Dabei fließt pro Stabglühkerze ein Strom von ca. 30 Ampere. Mit zunehmender Erwärmung erhöht die Regelwicklung ihren Widerstand und begrenzt den Strom auf ca. 15 bis 25 Ampere. Dadurch wird die Glühkerze vor Überlastung geschützt. Wenn die Vorglüh-Kontrollleuchte an der Armaturentafel erlischt, kann der Motor gestartet werden.

Die Vorglühdauer bis zum Anlassen dauert selten länger als 3 Sekunden. Sie wird durch das Vorglühzeitrelais und das Motor-Steuergerät geregelt, welches durch einen Kühlmittel-Temperaturgeber die Information über die aktuelle Motortemperatur abfragt. Das Motor-Steuergerät entscheidet anhand der übermittelten Daten, wie lange und wie viel Strom den Glühkerzen zugeführt wird.

Hinweis: Aufgrund der guten Kaltstarteigenschaften des Dieseldirekteinspritzmotors ist ein Vorglühen überwiegend erst bei Temperaturen unter ca. 0° C erforderlich.

Kraftstoffanlage

Zur Kraftstoffanlage zählen der Kraftstoffvorratsbehälter (Kraftstofftank), die Kraftstoffpumpe und die Kraftstoffleitungen sowie Kraftstoff- und Luftfilter. Hinweise zum Kraftstofffilter befinden sich im Kapitel »Wartungsarbeiten«.

Der Kraftstoffvorratsbehälter hat einen Inhalt von ca. 54 Litern und ist vor der Hinterachse angeordnet. Der jeweilige Kraftstoffvorrat wird dem Fahrer im Kombiinstrument angezeigt. Über ein Entlüftungssystem wird der Tank belüftet. Die schädlichen Benzindämpfe der Tankentlüftung werden in einem Aktivkohlespeicher aufgefangen und dem Motor kontrolliert zur Verbrennung zugeführt.

Sicherheits- und Sauberkeitsregeln bei Arbeiten an der Kraftstoffversorgung

Bei Arbeiten an der Kraftstoffversorgung sind die folgenden Regeln zur Sicherheit und Sauberkeit sorgfältig zu beachten:

Sicherheitshinweise

- **Kein offenes Feuer, nicht rauchen, keine glühenden oder sehr heißen Teile in die Nähe des Arbeitsplatzes bringen. Unfallgefahr! Feuerlöscher bereitstellen.**
- **Unbedingt für gute Belüftung des Arbeitsplatzes sorgen. Kraftstoffdämpfe sind giftig.**
- Das Kraftstoffsystem steht unter Druck. Beim Öffnen der Anlage kann Kraftstoff herausspritzen, daher austretenden Kraftstoff mit einem Lappen auffangen. **Schutzbrille tragen.**

- Verbindungsstellen und deren Umgebung vor dem Lösen gründlich reinigen.
- Ausgebaute Teile auf einer sauberen Unterlage ablegen und abdecken. Folie oder Papier verwenden. Keine fasernden Lappen benutzen!
- Geöffnete Bauteile sorgfältig abdecken beziehungsweise verschließen, wenn die Reparatur nicht umgehend ausgeführt wird.
- Ersatzteile erst unmittelbar vor dem Einbau aus der Verpackung nehmen. Nur saubere Teile einbauen.
- Bei geöffneter Kraftstoffanlage möglichst nicht mit Druckluft arbeiten. Das Fahrzeug möglichst nicht bewegen.
- Keine silikonhaltigen Dichtmittel verwenden. Vom Motor angesaugte Spuren von Silikonbestandteilen werden im Motor nicht verbrannt und schädigen die Lambdasonde(n).

Kraftstoff sparen beim Fahren

Wesentlichen Einfluss auf den Kraftstoffverbrauch hat die Fahrweise des Fahrzeuglenkers. Hier einige Tipps für den intelligenten Umgang mit dem Gaspedal:

- Nach dem Motorstart gleich losfahren, auch bei Frost.
- Motor abschalten bei voraussichtlichen Stopps über 40 Sekunden Dauer.
- Im höchstmöglichen Gang fahren.
- Möglichst gleichmäßige Geschwindigkeiten über längere Strecken fahren, hohe Geschwindigkeiten meiden. Vorausschauend fahren. Nicht unnötig bremsen.
- Keine unnötige Zuladung mitführen, Aufbauten am Fahrzeug, beispielsweise Dachgepäckträger, möglichst abbauen.
- Immer mit richtigem, nie mit zu niedrigem Reifendruck fahren.

Kraftstoffdruck abbauen

Benzinmotor

Das Kraftstoffsystem steht auch nach dem Abstellen des Motors unter Druck. **Vor Öffnen des Kraftstoffsystems** muss auf jeden Fall der Kraftstoffdruck abgebaut werden.

Sicherheitshinweis
Unbedingt auf gute Belüftung des Arbeitsplatzes achten. Kraftstoffdämpfe sind giftig, kein offenes Feuer, Brandgefahr! Feuerlöscher bereitstellen.

Kraftstoffdruck abbauen

- Tankdeckel abnehmen und wieder aufschrauben.
- Die Fachwerkstatt baut den Kraftstoffdruck am Verteilerrohr ab, siehe Kraftstoffverteiler ausbauen auf Seite 172.

Kraftstoffbehälter (Tank) aus- und einbauen

Die elektrische Kraftstoffpumpe befindet sich zusammen mit dem Tankgeber im Tank. Zum Ausbau muss zuvor der Kraftstofftank ausgebaut werden.

Vor dem Ausbau den Tank möglichst leer fahren oder entleeren, siehe entsprechendes Kapitel.

Unbedingt für gute Belüftung des Arbeitsplatzes sorgen. Dazu kann auch ein Radiallüfter verwendet werden, **dessen Motor außerhalb des Luftstromes liegt.**

Sicherheitshinweis
Beim Ausbau des Kraftstoffbehälters kann etwas Kraftstoff austreten. Kraftstoffdämpfe sind giftig und feuergefährlich, deshalb auf besonders gute Belüftung des Arbeitsplatzes achten. Hautkontakt mit Kraftstoff vermeiden. Kraftstoffbeständige Handschuhe tragen. Kein offenes Feuer, Brandgefahr! Feuerlöscher bereitstellen.

Ausbau

- Batterie-Massekabel (–) abklemmen. **Achtung:** Hinweise im Kapitel »Batterie aus- und einbauen« beachten.

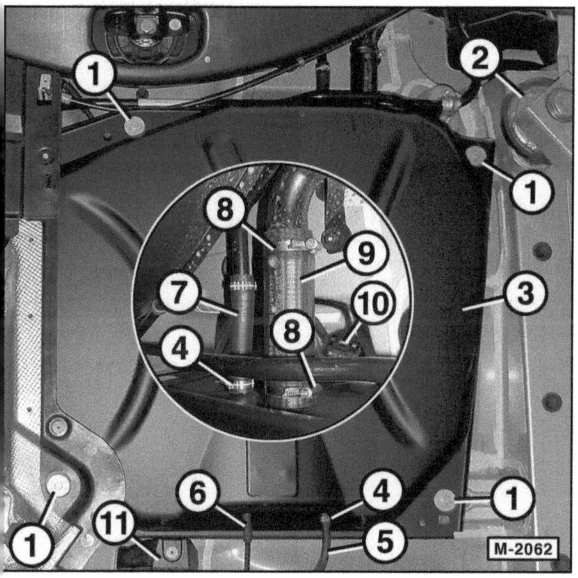

1 – Schrauben	7 – Entlüftungsschlauch
2 – Aufnahmeteller	8 – Schlauchschellen
3 – Kraftstoffbehälter (Tank)	9 – Einfüllschlauch
4 – Klemmschelle	10 – Elektrische Steckverbindung
5 – Kraftstoffschlauch	11 – Halter
6 – Kraftstoffschlauch	

- Kraftstoffbehälter –3– weitgehend entleeren, siehe auch entsprechendes Kapitel.

Sicherheitshinweis
Beim Aufbocken des Fahrzeugs besteht Unfallgefahr! Deshalb vorher das Kapitel »Fahrzeug aufbocken« durchlesen.

- Fahrzeug aufbocken. Dabei darauf achten, dass der Aufnahmeteller –2– der Hebebühne hinten rechts so positioniert wird, dass er den Ausbau des Kraftstoffbehälters –3– nicht behindert.
- **Benzinmotor:** Unterbodenverkleidung im Bereich des Kraftstoffbehälters –3– ausbauen.
- **A-KLASSE:** Kunststoffbundmuttern am Halter –11– abschrauben und Halter abnehmen.
- Elektrische Steckverbindung –10– trennen
- Klemmschelle –4– am Entlüftungsschlauch –7– lösen und Entlüftungsschlauch –7– am Kraftstoffbehälter –3– abziehen.
- **Benzinmotor:** Wenn der Kraftstoff über die eingebaute Kraftstoffpumpe abgepumpt wurde, Schlauchschellen –8– am Einfüllschlauch –9– lösen und Einfüllschlauch –9– am Kraftstoffbehälter –3– abbauen. **Hinweis:** Falls der Kraftstoff mit einer externen Pumpe abgepumpt wurde, ist der Schlauch schon beim Abpumpenen des Kraftstoffs bereits abgebaut worden.
- Klemmschelle –4– des Kraftstoffschlauches –5– öffnen und Kraftstoffschlauch –5– abziehen.
- Kraftstoffschlauch –6– am Kraftstoffbehälter –3– abbauen. **Achtung:** Beim Dieselmotor handelt es sich beim Kraftstoffschlauch –6– um die Rücklaufleitung, welche zusätzlich mit einer Klemmschelle gesichert ist und aus der Kraftstoff austreten kann. Auffanggefäß unterstellen.
- **Fahrzeuge mit Standheizung:** Kraftstoffleitung der Standheizung am Kraftstoffbehälter –3– abbauen.
- Öffnungen am Kraftstoffbehälter –3– mit geeignetem Verschlussstopfen verschließen.
- 12 Schrauben –1– des Kraftstoffbehälters –3– herausschrauben und Kraftstoffbehälter mit Helfer nach unten abnehmen.
- Verschlussstopfen aus dem Einfüllstutzen am Kraftstoffbehälter –3– herausziehen und Kraftstoffbehälter vollständig entleeren.

Einbau

- Wird der Kraftstoffbehälter erneuert, Kraftstoffpumpe und Tankgeber umbauen.
- Außen auf den neuen Kraftstoffbehälter Sprüh-Wachskonservierer, zum Beispiel MB-A 000 986 33 70/05, auftragen.
- Der weitere Einbau erfolgt grundsätzlich in umgekehrter Ausbaureihenfolge. Dabei Klemmschellen an den Kraftstoffschläuchen grundsätzlich erneuern.
- Batterie-Massekabel (–) anklemmen. **Achtung:** Hinweise im Kapitel »Batterie aus- und einbauen« beachten.
- Kraftstoffbehälter –3– und Anschlüsse auf Dichtheit prüfen

Kraftstoffbehälter (Tank) entleeren

Sicherheitshinweis
Beim Entleeren des Kraftstoffbehälters kann etwas Kraftstoff austreten. Kraftstoffdämpfe sind giftig und feuergefährlich, deshalb auf besonders gute Belüftung des Arbeitsplatzes achten. Hautkontakt mit Kraftstoff vermeiden. Kraftstoffbeständige Handschuhe tragen. Kein offenes Feuer, Brandgefahr! Feuerlöscher bereitstellen.

Dieselmotor

Zum Entleeren des Kraftstoffbehälters wird eine geeignete Absaugpumpe und ein kraftstoffresistenter Behälter von entsprechender Größe benötigt. Unbedingt für gute Belüftung des Arbeitsplatzes sorgen. Dazu kann auch ein Radiallüfter verwendet werden, **dessen Motor außerhalb des Luftstromes liegt.**

Entleeren

Hinweis: Die Bezeichnungen im Text beziehen sich auf Abbildung M-2062 auf Seite 179.

- Tankdeckel öffnen.
- Masseleitung der Absaugpumpe am Fahrzeug erden.
- Absaugschlauch an die Absaugpumpe anschließen und durch den Einfüllstutzen am Fahrzeug so weit wie möglich in den Kraftstoffbehälter schieben.

Hinweis: Zur Erleichterung kann der Absaugschlauch leicht eingeölt werden.

- Kraftstoff in den Auffangbehälter abpumpen. **Achtung:** Auf diese Weise kann der Kraftstoffbehälter nur bis zur Hälfte entleert werden.
- Absaugschlauch aus der Öffnung am Einfüllstutzen des Kraftstoffbehälters herausziehen.
- Unterbodenverkleidung im Bereich des Kraftstoffbehälters –3– ausbauen.
- Schlauchschellen –8– am Einfüllschlauch –9– des Kraftstoffbehälters –3– lösen.
- Einfüllschlauch –9– vom Kraftstoffbehälter –3– abziehen und Absaugschlauch durch die Öffnung ca. 75 cm in den Kraftstoffbehälter –3– hineinschieben. **Achtung:** Dabei vorsichtig vorgehen, damit die Stauklappe in der Einfüllöffnung des Kraftstoffbehälters nicht beschädigt wird.
- Restlichen Kraftstoff mit der Absaugpumpe in den Auffangbehälter abpumpen.

Achtung: Für den Einbau des Einfüllschlauchs –9– **neue** Schlauchschellen verwenden.

Benzinmotor

Die Fachwerkstatt pumpt den Tank über die Kraftstoffpumpe des Fahrzeuges leer. Dazu wird mit dem MERCEDES-Diagnosegerät »STAR DIAGNOSIS« die Kraftstoffpumpe angesteuert und gestartet.

Hinweis: Steht das Diagnosegerät nicht zur Verfügung, Kraftstoffpumpenrelais im Sicherungs- und Relaiskasten abziehen. Am Steckplatz Klemme 87 und Klemme 30 verbinden und Kraftstoffpumpe laufen lassen. Der Sicherungs- und Relaiskasten befindet sich hinter dem Handschuhkasten. Handschuhkasten ausbauen, siehe Seite 199.

Entleeren

- Tankdeckel öffnen und offen lassen. **Achtung:** Dies ist erforderlich, damit beim Abpumpen des Kraftstoffs kein Unterdruck im Kraftstoffbehälter entsteht.
- Schutzkappe –14– vom Entlüftungsventil –15– am Kraftstoffverteiler –13– abschrauben, siehe Abbildung M-2230 auf Seite 172.
- Kraftstoffresistenten Druckschlauch am Entlüftungsventil aufschrauben. Ventil öffnen und etwas Kraftstoff in einen Auffangbehälter abfließen lassen. Dadurch wird der Kraftstoffdruck abgebaut.

Achtung: Darauf achten, dass der Kraftstoff-Auffangbehälter groß genug ist um den Restkraftstoff aus dem Tank aufzunehmen.

- Kraftstoffpumpe laufen lassen und den Kraftstoffbehälter leerpumpen.

Achtung: Die Kraftstoffpumpe benötigt dabei den Kraftstoffdurchfluss zur Kühlung und darf deshalb nicht bei entleertem Kraftstoffbehälter weiter betrieben werden. Sie wird sonst zerstört.

- Druckschlauch am Entlüftungsventil abschrauben und Schutzkappe aufschrauben.
- Verschlussdeckel am Einfüllstutzen des Kraftstoffbehälters verschließen.

Kraftstoffpumpe/Tankgeber aus- und einbauen

Ausbau

Sicherheitshinweis
Beim Ausbau der Kraftstoffpumpe kann etwas Kraftstoff austreten. Kraftstoffdämpfe sind giftig und feuergefährlich, deshalb auf besonders gute Belüftung des Arbeitsplatzes achten. Hautkontakt mit Kraftstoff vermeiden. Kraftstoffbeständige Handschuhe tragen. Kein offenes Feuer, Brandgefahr! Feuerlöscher bereitstellen.

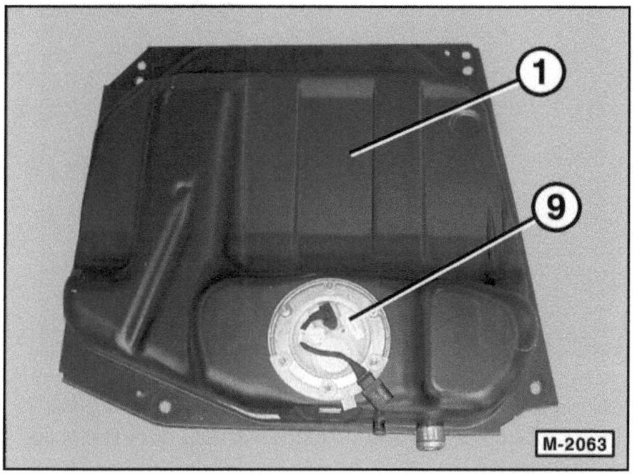

- Kraftstoffbehälter –1– ausbauen. 9 – Kraftstoff-Fördereinheit, bestehend aus Kraftstoffpumpe und Tankgeber.

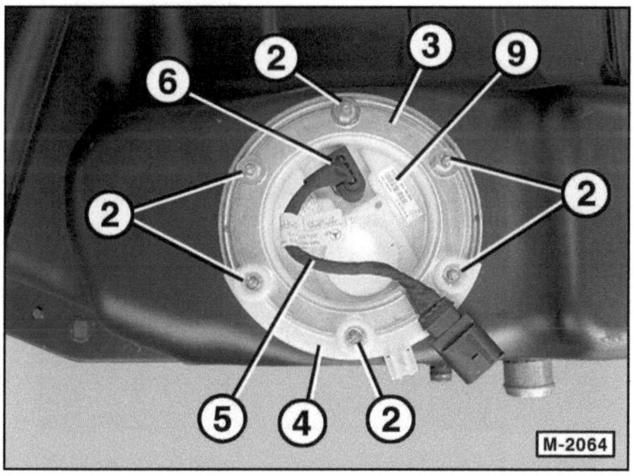

- Stecker –6– von der Kraftstoff-Fördereinheit –9– abziehen.
- Scheuerschutz –4– mit elektrischer Leitung –5– nach oben abclipsen und abnehmen.
- Muttern –2– abschrauben und Verschlussring –3– abnehmen.
- Einbaulage der Kraftstoff-Fördereinheit –9– zum Tank markieren.

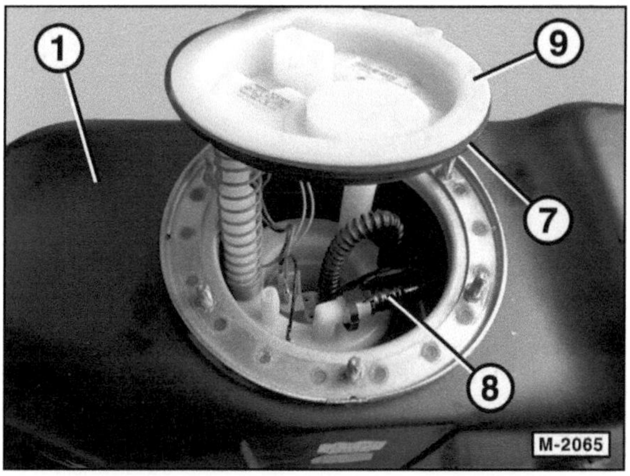

- Kraftstoff-Fördereinheit –9– vom Kraftstoffbehälter –1– lösen und so weit anheben, bis die Kraftstoffleitung –8– zugänglich ist.
- Kraftstoffleitung –8– am Schnellverschluss von der Kraftstoff-Fördereinheit –9– abbauen. **Achtung:** Bei Fahrzeugen mit Dieselmotor befinden sich zwei Kraftstoffleitungen –8– an der Kraftstoff-Fördereinheit –9–.

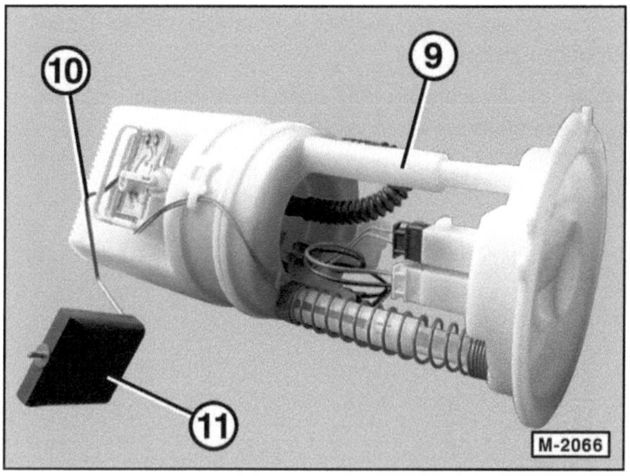

- Kraftstoff-Fördereinheit –9– vorsichtig durch Drehen und Kippen nach oben aus dem Kraftstoffbehälter herausführen. Dabei darauf achten, dass der Hebelarm –10– des Schwimmers –11– nicht verbogen wird.

Hinweis: Bei Fahrzeugen mit Benzinmotor ist der Kraftstofffilter in der Kraftstoff-Fördereinheit –9– integriert und kann nicht separat erneuert werden.

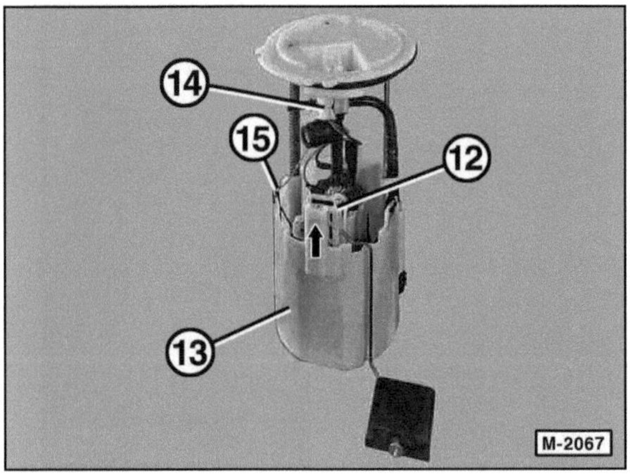

- Gegebenenfalls Tankgeber –12– von der Kraftstoffpumpe –13– in Pfeilrichtung abziehen. **Hinweis:** Der Tankgeber ist auf einer Schiene am Gehäuse der Kraftstoff-Fördereinheit geführt und wird durch einen Rasthaken im mittleren Bereich gehalten. 14 – Elektrische Steckverbindung, 15 – Halter.

Einbau

Der Einbau erfolgt in umgekehrter Ausbaureihenfolge. Dabei ist Folgendes zu beachten:

- Dichtring –7– auf Porosität oder Beschädigung prüfen, gegebenenfalls erneuern, siehe Abbildung M-2065.

Stellglied der Drosselklappe aus- und einbauen

Benzinmotor

Ausbau

Achtung: Falls das Stellglied für Drosselklappe erneuert wird, muss anschließend eine Initialisierung des Stellgliedes zum Motor-Steuergerät mit dem MERCEDES-Diagnosegerät »STAR DIAGNOSIS« durchgeführt werden.

- Luftfiltergehäuse ausbauen, siehe Seite 183.

- Elektrische Steckverbindung –1– am Stellglied Drosselklappe –2– abziehen und Leitungssatz aus dem Halteclip –3– ausclipsen.
- Schrauben –4– herausdrehen.

- Motorentlüftung –5– mit Anschlussstutzen –6– von der Zylinderkopfhaube abziehen.
- Stellglied Drosselklappe –7– abnehmen.

Einbau

Der Einbau erfolgt in umgekehrter Ausbaureihenfolge. Dabei ist Folgendes zu beachten:

- Beide Dichtungen des Stellgliedes der Drosselklappe **erneuern**.
- Schrauben –4– mit **10 Nm** festziehen.

Luftfilter aus- und einbauen

Benzinmotor

Ausbau

- Motor-Steuergerät abbauen und mit angeschlossenen Leitungen zur Seite legen, siehe Seite 174.
- Luftansaugrohr an der Verkleidung des Schlossträgers von Hand zusammendrücken und aus den Rastnasen ausclipsen.
- Luftansaugrohr am Luftfilter nach oben verdrehen, bis sich die Verrastung löst und aus dem Luftfiltergehäuse herausziehen.

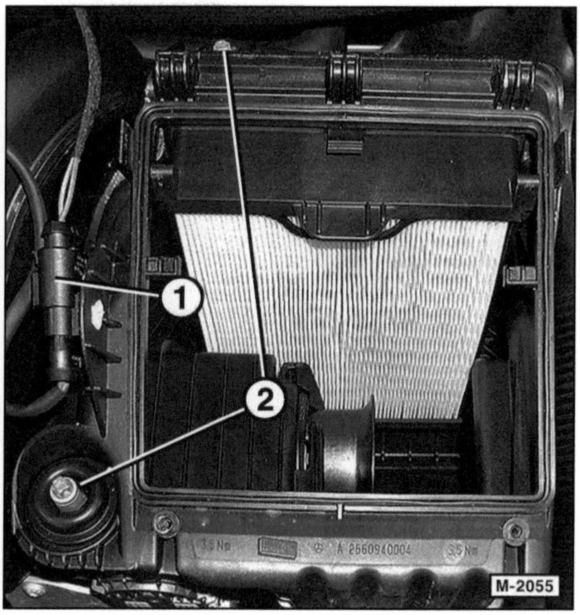

- Steckverbindung –1– durch Drehen am Luftfiltergehäuse aushängen.
- Schrauben –2– an den Luftfilter-Lagern herausdrehen.

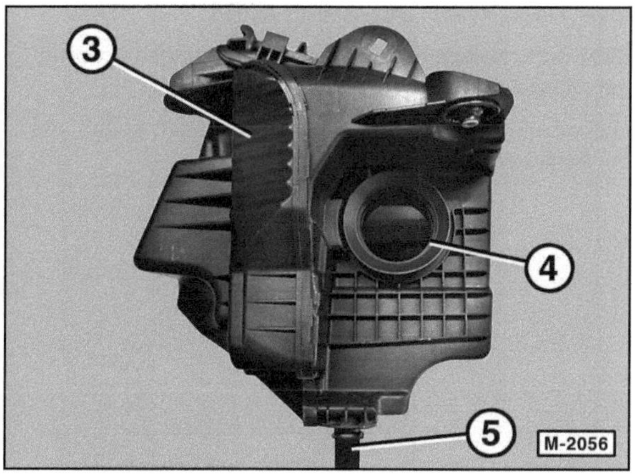

- Luftfiltergehäuse –3– durch seitliches Abkippen lösen und herausnehmen.

Einbau

- Gummidichtring –4– auf Beschädigung prüfen, gegebenenfalls ersetzen.
- Filtereinsatz herausnehmen und Luftfiltergehäuse innen mit einem Lappen reinigen. Anschließend Filtereinsatz wieder einsetzen.
- Luftfilter –3– mit dem Führungszapfen –5– unten in die Gummiaufnahme einsetzen.
- Schrauben an den Luftfilter-Lagern mit **10 Nm** festziehen.
- Der weitere Einbau erfolgt in umgekehrter Ausbaureihenfolge.

Dieselmotor

Ausbau

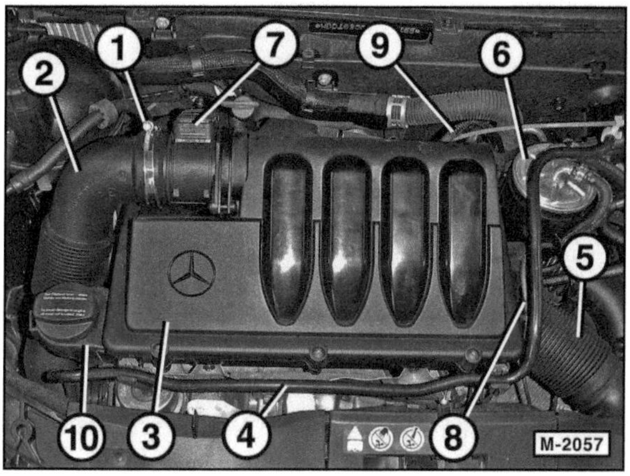

1 – Schlauchschelle
2 – Luftansaugrohr
3 – Luftfiltergehäuse
4 – Unterdruckleitung
5 – Ansaugluftthutze
6 – Kraftstofffilter
7 – Luftmassenmesser
8 – Temperaturfühler
9 – Unterdruckleitung
10 – Öleinfüllvorrichtung

- Schlauchschelle –1– öffnen und zurückschieben.
- Luftansaugrohr –2– vom Luftfiltergehäuse –3– abziehen.
- Unterdruckleitung –4– am Luftfiltergehäuse aushängen.
- Stecker am Luftmassenmesser –7– abziehen.

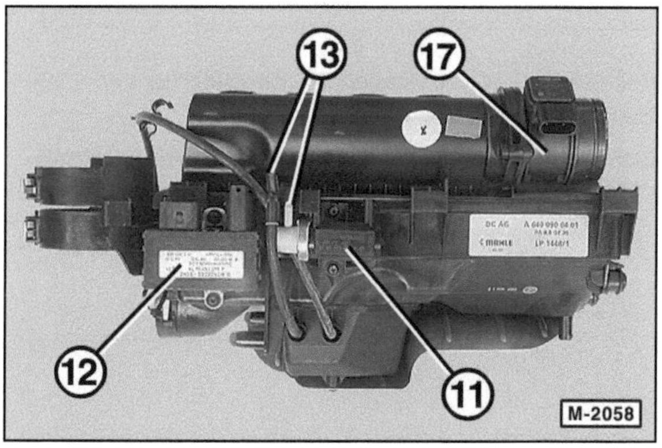

- Stecker am Druckwandler für Ladedruckregelung –11– abziehen.

- **Fahrzeuge ohne Partikelfilter:** Stecker am Druckwandler für Abgasrückführung/Drosselklappe neben dem Kraftstofffilter –6– abziehen.
- **Fahrzeuge mit Partikelfilter:** Steckverbindung für Temperaturfühler nach dem Katalysator –8– am Luftfiltergehäuse aushängen.
- Steckverbindungen von der Glühendstufe –12– abziehen.
- Unterdruckleitungen –13– an den Verbindungen trennen.

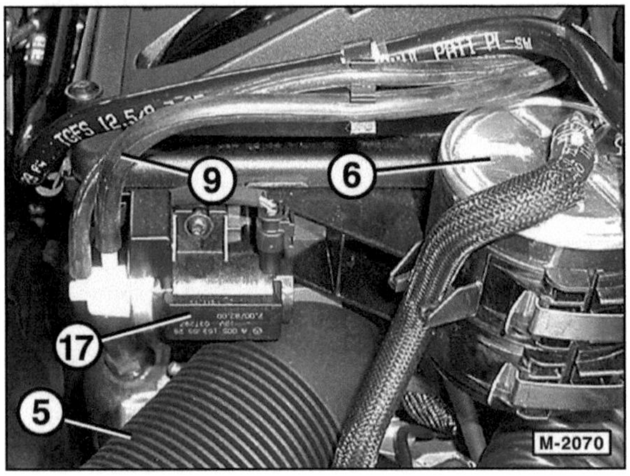

- Unterdruckleitung –9– am Druckwandler für Abgasrückführung/Drosselklappe –17– neben dem Kraftstofffilter –6– abziehen.
- Ansauglufthutze –5– vom Luftfiltergehäuse –3– trennen
- Kraftstofffilter –6– ausbauen, siehe Seite 26.

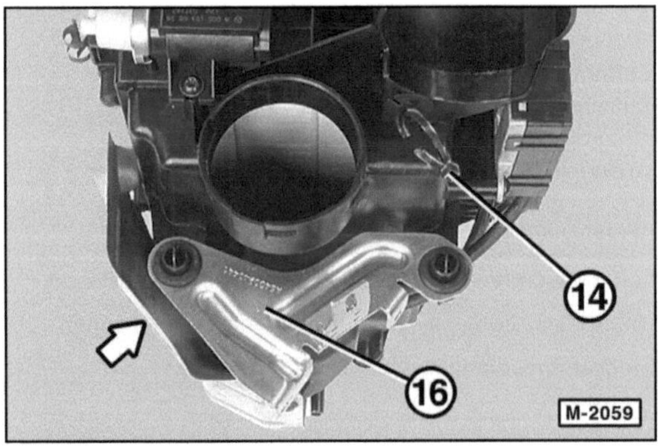

- Kabelbinder –14– im Bereich des Kraftstofffilters am Luftfiltergehäuse trennen. 16 – Halter.
- Elektrische Leitung der Lambdasonde vom Wärmeschutzblech, –Pfeil– in Abbildung M-2059, abziehen

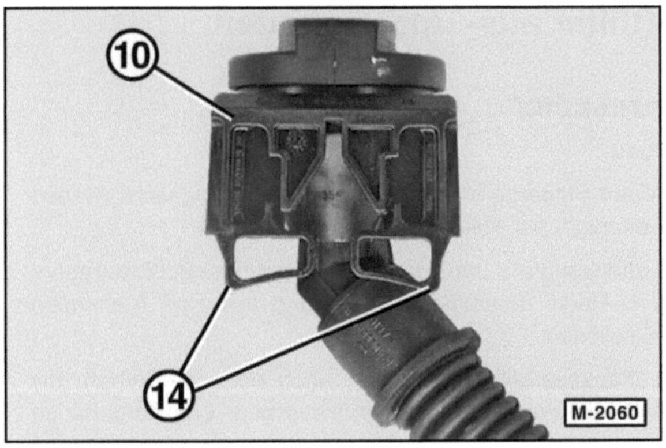

- Öleinfüllvorrichtung –10– vom Luftfiltergehäuse abbauen. Dazu Sicherungsfedern –14– zusammendrücken und Öleinfüllvorrichtung –10– nach oben vom Luftfiltergehäuse abnehmen.

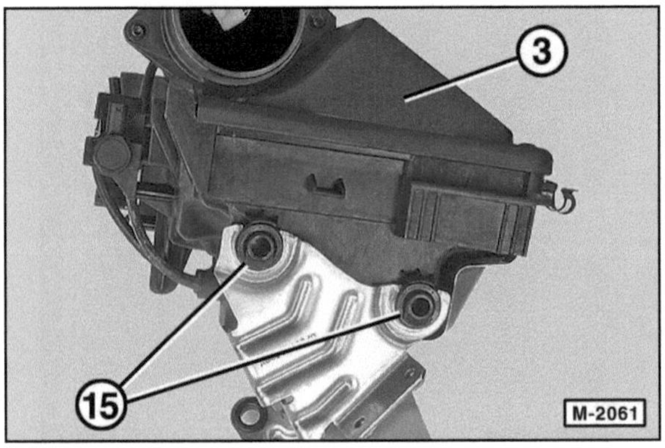

- Luftfiltergehäuse –3– aus den Gummiaufnahmen –15– am rechten Halter nach oben herausziehen.
- Luftfiltergehäuse aus dem linken Halter –16– nach rechts herausnehmen, siehe Abbildung M-2059.

Einbau

Der Einbau erfolgt grundsätzlich in umgekehrter Ausbaureihenfolge. Dabei ist auf Folgendes zu achten:

- Elektrische Leitungen und Unterdruckleitungen so verlegen, dass sie nicht scheuern können.
- Gummiaufnahmen –15– auf Beschädigungen prüfen und bei Bedarf erneuern.

Abgasanlage

Aus dem Inhalt:

- Katalysatorsysteme
- Abgasanlagen-Übersicht
- Abgasanlage demontieren
- Lambdasonde
- Abgasanlage prüfen
- Abgasturbolader

Die Abgasanlage besteht aus dem Abgaskrümmer mit vorderem Abgasrohr und Katalysator, dem mittlerem Abgasrohr mit Hauptschalldämpfer und Endrohr. Der Benzinmotor besitzt zwei Lambdasonden zur Abgasregelung, die vor und hinter dem Katalysator eingeschraubt sind. Der Dieselmotor ist mit 2 Katalysatoren ausgerüstet und je nach Ausstattung mit einem Diesel-Partikelfilter.

Bei einer Reparatur lassen sich sämtliche Teile einzeln auswechseln.

Katalysatorschäden vermeiden

Um Beschädigungen am Katalysator zu vermeiden, sind folgende Hinweise unbedingt zu beachten:

Benzinmotor

- Grundsätzlich nur **bleifreies** Benzin tanken.
- Das Anlassen des Motors durch **Anschieben** oder Anschleppen darf nur in **einem** Versuch über eine Strecke von etwa 50 Metern erfolgen. Besser: Starthilfekabel verwenden. Unverbrannter Kraftstoff könnte bei einer Zündung zur Überhitzung des Katalysators und zu seiner Zerstörung führen. Ist der Motor **betriebswarm**, darf er **nicht** angeschoben oder angeschleppt werden.
- Bei Startschwierigkeiten nicht unnötig lange den Anlasser betätigen. Während des Anlassens wird permanent Kraftstoff eingespritzt. Fehlerursache ermitteln und beseitigen.
- Kraftstofftank nie ganz leerfahren.
- Treten Zündaussetzer auf, hohe Motordrehzahlen vermeiden und Fehler umgehend beheben.
- Nur die vorgeschriebenen Zündkerzen verwenden.
- Keine Funkenprüfung ohne ausreichende Masseverbindung durchführen.
- Es darf kein Zylindervergleich (Balancetest) durch Zündabschaltung eines Zylinders durchgeführt werden. Bei Zündabschaltung der einzelnen Zylinder – auch über Motortester – gelangt unverbrannter Kraftstoff in den Katalysator.

Benzin- und Dieselmotor

- Fahrzeug nicht über trockenem Laub oder Gras beziehungsweise auf einem Stoppelfeld abstellen. Die Abgasanlage wird im Bereich des Katalysators sehr heiß und strahlt die Wärme auch nach Abstellen des Motors noch ab.
- Keinen Unterbodenschutz an Abgasrohren auftragen.
- Die Hitzeschilde der Abgasanlage nicht verändern.
- Beim Ein- oder Nachfüllen von Motoröl besonders darauf achten, dass auf keinen Fall die Maximum-Markierung am Ölmessstab (obere Markierung) überschritten wird. Das überschüssige Öl gelangt sonst aufgrund unvollständiger Verbrennung in den Katalysator und kann das Edelmetall beschädigen oder den Katalysator vollständig zerstören.

Funktion des Katalysators

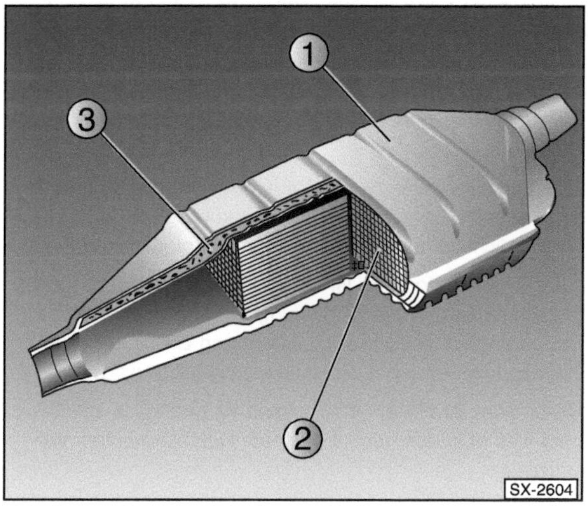

Der Katalysator dient zur Abgasreinigung. Er besteht aus einem Keramik-Wabenkörper –2–, der mit einer Trägerschicht überzogen ist. Auf der Trägerschicht befinden sich Edelmetallsalze, die den Umwandlungsprozess bewirken. Im Gehäuse –1– wird der Katalysator durch eine Isolations-Stützmatte –3– fixiert, die außerdem Wärmeausdehnungen ausgleicht.

Abgasturbolader

Beim Turbolader sitzen auf einer Welle zwei Turbinenräder, die in zwei voneinander getrennten Gehäusen untergebracht sind. Für den Antrieb der Turbinenräder sorgen die Abgase. Sie bringen die Laderwelle auf bis zu 300.000 Umdrehungen in der Minute. Da Abgas- und Frischluftrotor auf gleicher Welle sitzen, wird mit gleicher Drehzahl Frischluft in die Zylinder gedrückt. Zur Schmierung ist der Lader an den Ölkreislauf des Motors angeschlossen.

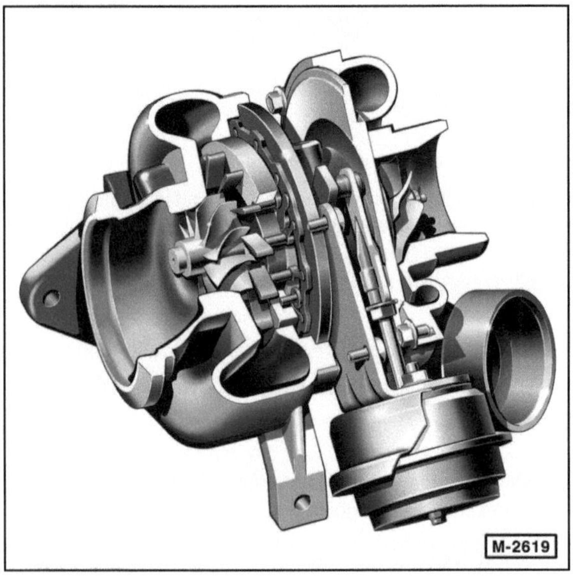

Aufgrund des guten Füllungsgrades lassen sich bei vorhandenen Motoren Leistungszuwachsraten von bis zu 100 Prozent verwirklichen. Neben der Motorleistung steigt bei der Verwendung eines Abgasladers auch das Drehmoment an. Abhängig ist der Leistungszuwachs unter anderem vom Ladedruck, der normalerweise ca. 1,0 bar beträgt. Der Ladedruck wird über einen Druckfühler laufend vom Motor-Steuergerät überprüft und geregelt. Dadurch ist auch sichergestellt, dass ein maximaler Ladedruck nicht überschritten wird.

Zwischen Turbolader und Einlasskanal des Motors befindet sich ein Ladeluftkühler, der die vorverdichtete Luft abkühlt. Dadurch wird die Leistung erhöht, weil kühle Luft durch die höhere Luftdichte einen höheren Sauerstoffanteil besitzt.

Gegenüber dem Ottomotor ist es beim Dieseltriebwerk nicht erforderlich, aufgrund der Aufladung die normale Verdichtung zu verringern, sodass auch im unteren Drehzahlbereich der eingespritzte Kraftstoff vollständig ausgenutzt wird.

Der Turbolader ist ein äußerst präzise hergestelltes Bauteil. Deshalb wird er in der Regel bei einem Defekt komplett ausgetauscht.

Diesel-Partikelfilter

Die Dieselmotoren der A-/B-KLASSE sind auf Wunsch mit einem Diesel-Partikelfilter erhältlich. Der Diesel-Partikelfilter filtert die bei der Verbrennung im Motor entstehenden Rußpartikel aus dem Abgas heraus. Dabei werden die Rußpartikel zunächst im Wabensystem des Filters gesammelt und anschließend in einem separaten Vorgang rückstandslos verbrannt.

Der Diesel-Partikelfilter muss regelmäßig von den angelagerten Rußpartikeln befreit werden, damit er nicht verstopft und in seiner Funktion beeinträchtigt wird. Bei dieser Regeneration wird die passive und die aktive Regeneration unterschieden.

Bei der passiven Regeneration werden die Rußpartikel ohne Eingriff der Motorsteuerung kontinuierlich verbrannt. Sobald Abgastemperaturen von 350° – 500° C erreicht werden, beispielsweise bei Autobahnbetrieb, werden die Rußpartikel durch chemische Reaktion mit dem im Abgas enthaltenen Stickstoffoxid (NO_X) zu Kohlendioxid (CO_2) umgewandelt. Dieser Vorgang erfolgt langsam und kontinuierlich über die innere Beschichtung des Filters mit Platin, das hierbei als Katalysator dient.

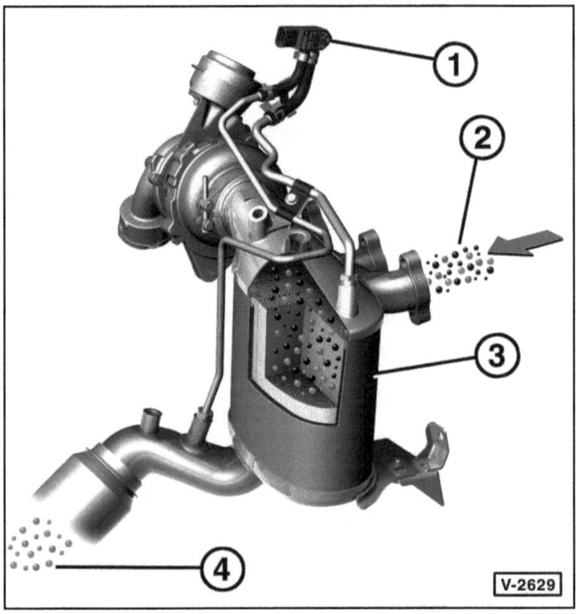

1 – Drucksensor
2 – Abgas mit Rußpartikeln
3 – Diesel-Partikelfilter
4 – Abgas ohne Rußpartikel

Aktive Regeneration: Der Drucksensor –1– vergleicht den Abgasdruck vor und nach dem Partikelfilter –3–. Hoher Druckunterschied deutet darauf hin, dass der Filter zum Verstopfen neigt. In diesem Fall wird die aktive Filter-Regeneration eingeleitet. In der Regel geschieht das dann, wenn die Abgastemperaturen für die passive Regeneration des Filters zu niedrig sind, zum Beispiel bei häufigem Stadtverkehr. Für die aktive Regeneration verändert das Motor-Steuergerät den Einspritzvorgang und erhöht dadurch die Abgastemperatur auf 600° – 650° C. Bei dieser Temperatur werden die Rußpartikel zu Kohlendioxid (CO_2) verbrannt. Der aktive Regenerationsvorgang dauert ca. 10 Minuten und wird vom Fahrer in der Regel nicht bemerkt.

Abgasanlagen-Übersicht

Benzinmotor außer A/B200 Turbo

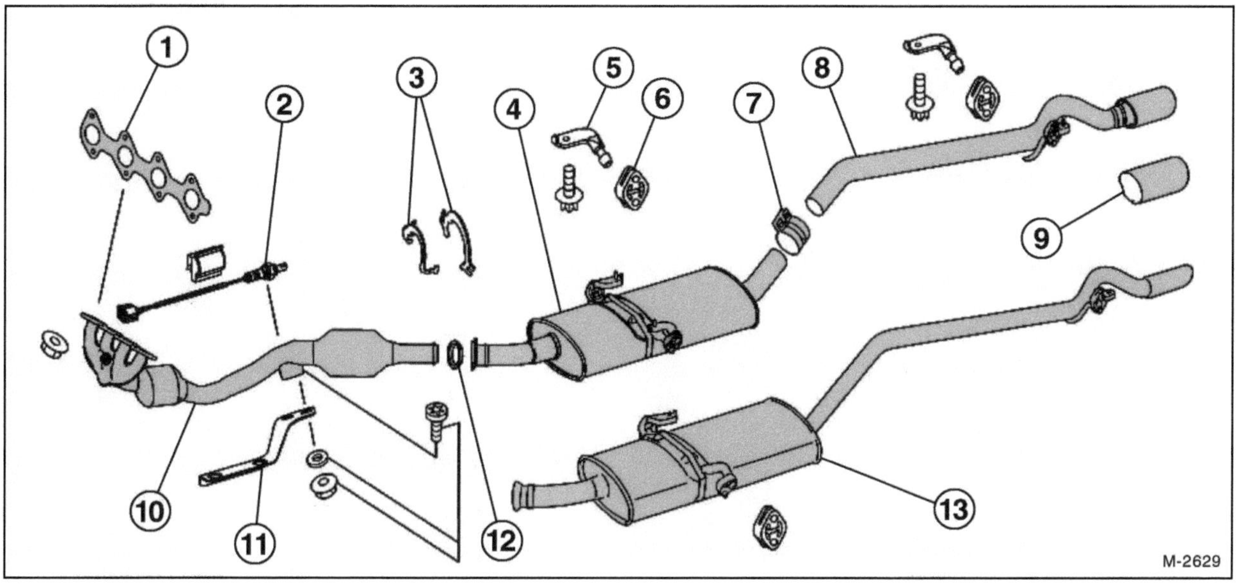

1 – Krümmerdichtung
2 – Lambdasonde
3 – Klemmschelle
4 – Hauptschalldämpfer
5 – Halter
6 – Haltegummi
7 – Verbindungsschelle
8 – Hinteres Abgasrohr
9 – Blende Abgasendrohr
10 – Vorderes Abgasrohr mit Krümmer sowie 2 Katalysatoren
11 – Getriebehalter
12 – Dichtring
13 – Hauptschalldämpfer mit hinterem Abgasrohr
Serienausstattung.

A/B200 Turbo

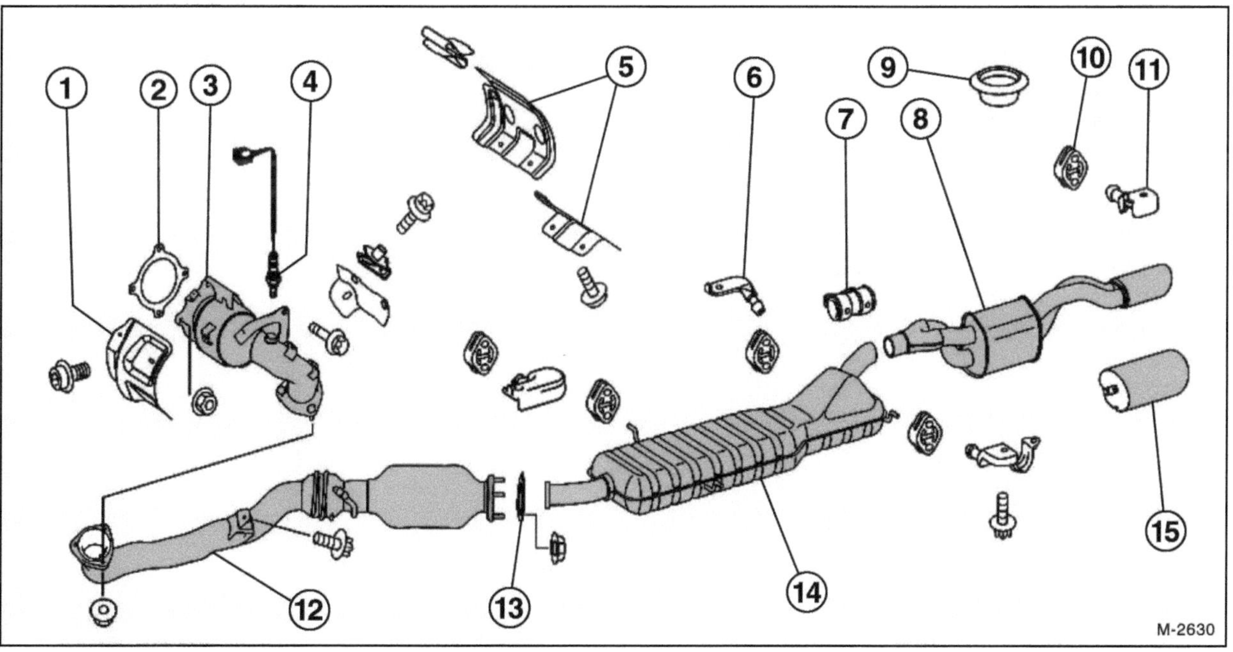

1 – Hitzeschutzblech
2 – Dichtung
3 – Katalysator
4 – Lambdasonde
5 – Hitzeschutzblech
6 – Halter
7 – Verbindungsschelle
8 – Nachschalldämpfer
9 – Verschlussdeckel am Längsträger
10 – Haltegummi
11 – Halter
12 – Vorderes Abgasrohr
13 – Dichtring
14 – Hauptschalldämpfer
15 – Blende Abgasendrohr

Dieselmotor

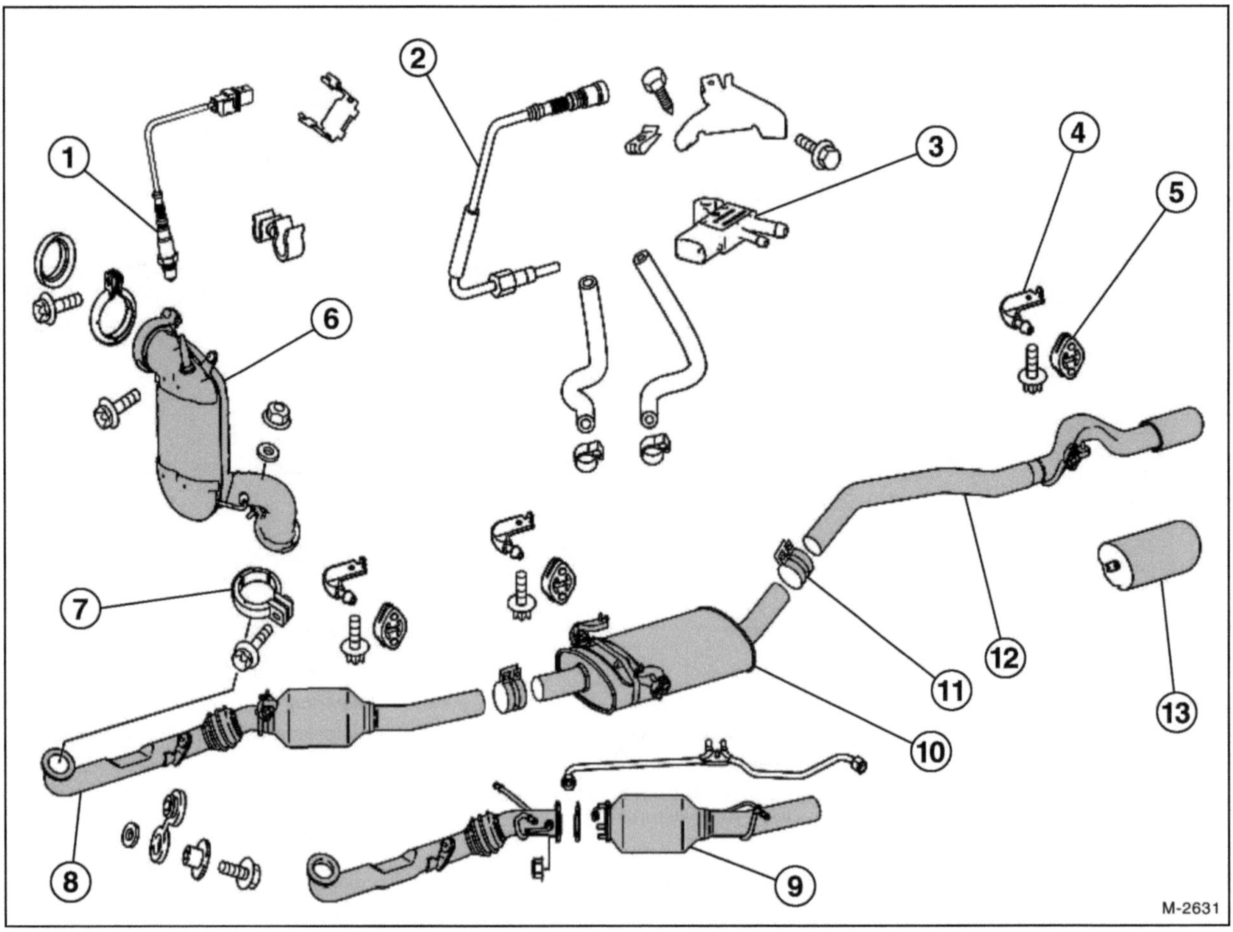

1 – Lambdasonde vor Katalysator
2 – Temperaturgeber vor Katalysator
3 – Drucksensor für Partikelfilter
4 – Halter
5 – Haltegummi
6 – Vorderes Abgasrohr mit Vorkatalysator
7 – Verbindungsschelle
8 – Mittleres Abgasrohr mit Katalysator
9 – Partikelfilter
10 – Hauptschalldämpfer
11 – Verbindungsschelle
12 – Hinteres Abgasrohr
13 – Blende Abgasendrohr

Abgasanlage aus- und einbauen

Benzinmotor

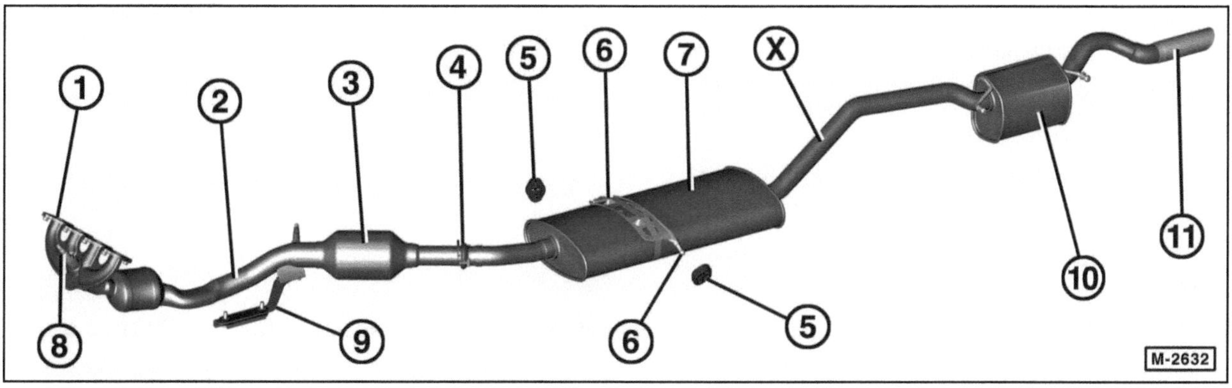

1 – Abgaskrümmer	5 – Haltegummi	9 – Getriebehalter
2 – Vorderes Abgasrohr	6 – Halter	10 – Nachschalldämpfer
3 – Katalysator	7 – Hauptschalldämpfer	11 – Blende Abgas-Endrohr
4 – Klemmschelle	8 – Lambdasonde	X – Trennstelle Abgasrohr

Ausbau

Achtung: Die Bezeichnungen beziehen sich auch auf Abbildung M-2632.

Sicherheitshinweis
Beim Aufbocken des Fahrzeugs besteht Unfallgefahr! Deshalb vorher das Kapitel »Fahrzeug aufbocken« durchlesen.

- Fahrzeug aufbocken.
- Je nach Ausstattung hinteres Abgasrohr beziehungsweise Nachschalldämpfer –10– ausbauen, siehe entsprechendes Kapitel.

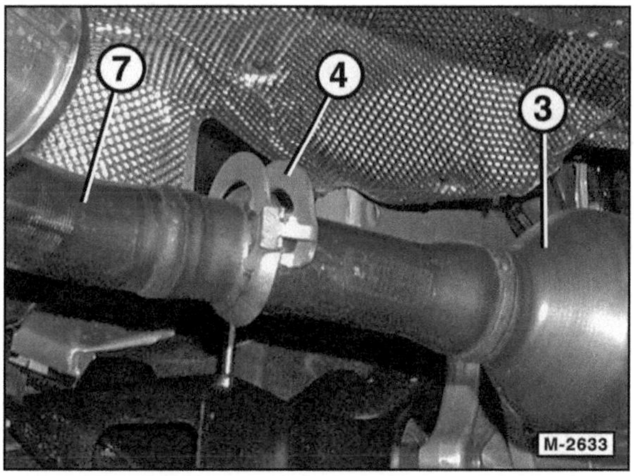

- Klemmschelle –4– abbauen und Abgaskrümmer mit Katalysator –3– vom Hauptschalldämpfer –7– trennen.

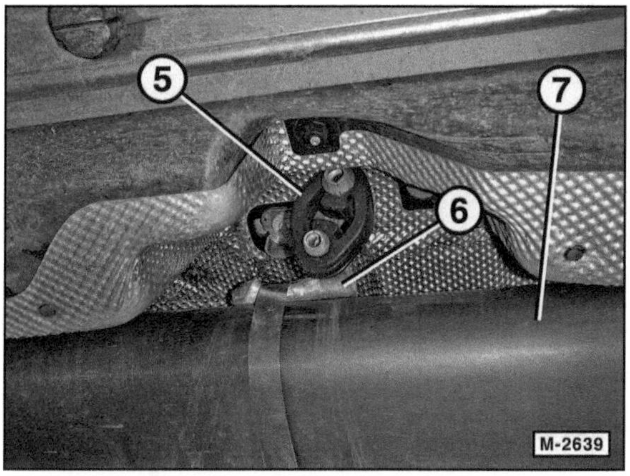

- Haltegummis –5– aus den Haltern am Hauptschalldämpfer –6– aushängen und Hauptschalldämpfer –7– abnehmen.
- Vorderes Abgasrohr –2– mit Abgaskrümmer und Katalysator ausbauen.

Einbau

- Der Einbau erfolgt in umgekehrter Ausbaureihenfolge. Dabei ist Folgendes zu beachten:
- Klemmschelle –4– und Dichtring für die beiden Abgasrohre erneuern.
- Bei geteilter Abgasanlage: Verbindungsschelle –12– erneuern, siehe Abbildung M-2635 auf Seite 190.
- Fahrzeug ablassen.

Nachschalldämpfer aus- und einbauen

Benzinmotor

Hinweis: Bei einer einteiligen Abgasanlage (Erstausstattung) muss der Nachschalldämpfer beziehungsweise das hintere Abgasrohr vom Hauptschalldämpfer abgetrennt werden. Dazu ist ein handelsüblicher Kettenrohrschneider erforderlich, zum Beispiel HAZET 4682.

Bei Fahrzeugen ohne Nachschalldämpfer, wie in Abbildung M-2629 dargestellt, beziehen sich die folgenden Ausbauschritte auf das hintere Abgasrohr.

Ausbau

Achtung: Bezeichnungen beziehen sich auch auf Abbildung M-2632.

Sicherheitshinweis
Beim Aufbocken des Fahrzeugs besteht Unfallgefahr! Deshalb vorher das Kapitel »Fahrzeug aufbocken« durchlesen.

- Fahrzeug aufbocken.
- **A200:** Unterbodenabdeckung hinten links ausbauen, siehe Seite 212.

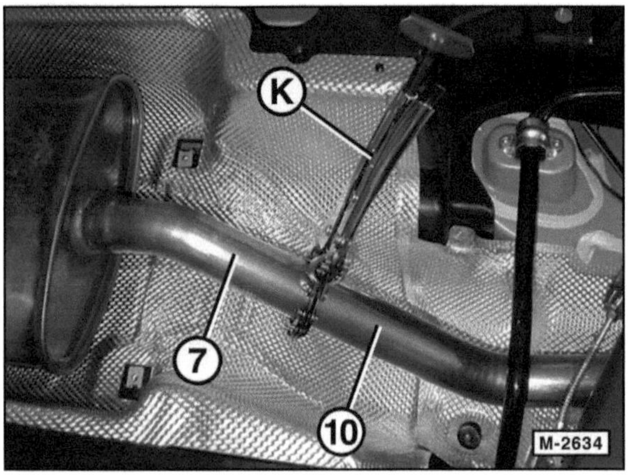

- **Bei einteiliger Abgasanlage:** Abgasanlage zwischen Hauptschalldämpfer –7– und Nachschalldämpfer –10– an der Markierung –X– mit Kettenrohrabschneider –K– trennen. Trennstellen entgraten, siehe auch Abbildung M-2632.

- **Bei geteilter Abgasanlage:** Verbindungsschelle –12– zwischen Hauptschalldämpfer –7– und Nachschalldämpfer –10– abschrauben.

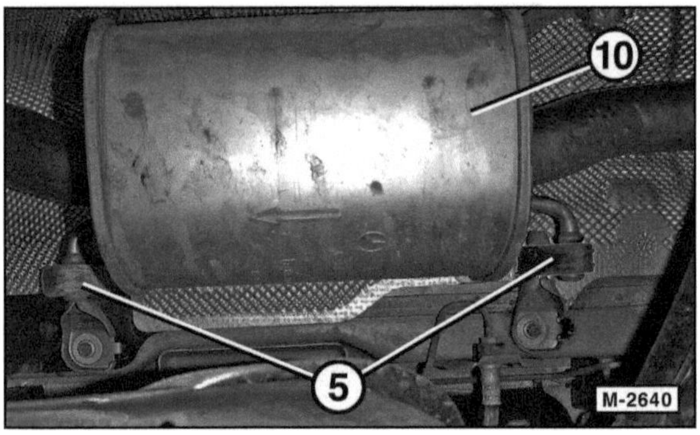

- Haltegummis –5– aus den Haltern am Nachschalldämpfer –10– aushängen und Nachschalldämpfer abnehmen.
- Falls der Nachschalldämpfer ersetzt wird, Blende –11– vom Abgas-Endrohr abschrauben und abnehmen.

Einbau

- Haltegummis –5– auf Porosität oder Beschädigung prüfen, gegebenenfalls erneuern.
- Verbindungsschelle –12– auf das Rohr des Nachschalldämpfers schieben. **Achtung:** Bei geteilter Abgasanlage die Verbindungsschelle –12– erneuern.
- Halter des Nachschalldämpfers in die Haltegummis einhängen.
- Abgasrohre von Nachschalldämpfer und Hauptschalldämpfer mit Verbindungsschelle verbinden. Dabei darauf achten, dass die Schelle gleichmäßig auf beiden Rohrenden sitzt.
- Nachschalldämpfer ausrichten und Verbindungsschelle –12– mit **40 Nm** festziehen.
- Wurde der Nachschälldämpfer erneuert, Blende für Abgas-Endrohr aufschieben und anschrauben.
- Fahrzeug ablassen.
- Motor starten und Abgasanlage auf Dichtheit prüfen.
- **A200:** Unterbodenabdeckung hinten links einbauen, siehe Seite 212.

Vorderes Abgasrohr aus- und einbauen

Benzinmotor

Hinweis: Das vordere Abgasrohr wird zusammen mit dem Abgaskrümmer und dem Katalysator ausgebaut.

Ausbau

Achtung: Bezeichnungen beziehen sich auch auf Abbildung M-2632.

Sicherheitshinweis
Beim Aufbocken des Fahrzeugs besteht Unfallgefahr! Deshalb vorher das Kapitel »Fahrzeug aufbocken« durchlesen.

- Fahrzeug aufbocken.
- Steckverbindung für Lambdasonde vor KAT –8– und Steckverbindung für Lambdasonde nach KAT trennen.

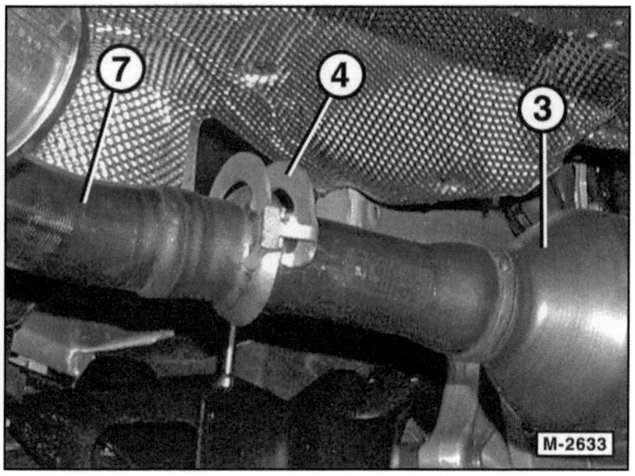

M-2633

- Klemmschelle –4– abbauen und Abgaskrümmer mit Katalysator –3– vom Hauptschalldämpfer –7– trennen.
- Vorderes Abgasrohr mit Draht aufhängen um ein Herunterfallen nach dem Abschrauben zu vermeiden.

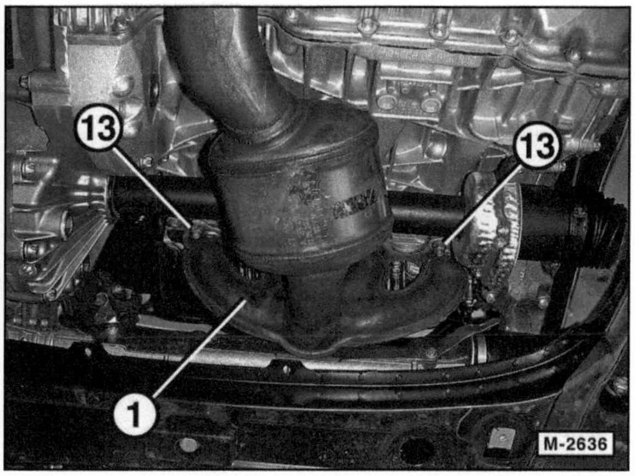

M-2636

- Bundmuttern –13– am Abgaskrümmer –1– herausdrehen. **Hinweis:** Einige Muttern sind in der Abbildung verdeckt.
- Falls das vordere Abgasrohr erneuert wird, beide Lambdasonden ausbauen, siehe entsprechendes Kapitel.

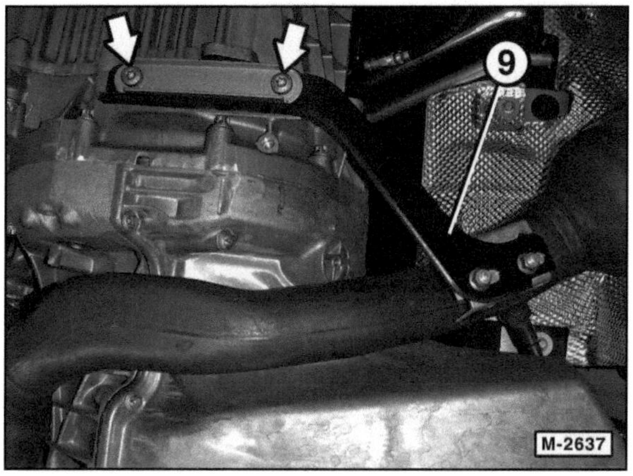

M-2637

- Halter am Getriebe –9– abschrauben –Pfeile–.
- Vorderes Abgasrohr mit Abgaskrümmer und Katalysator zuerst vom Zylinderkopf und dann nach unten abnehmen.

Einbau

Der Einbau erfolgt in umgekehrter Ausbaureihenfolge. Dabei ist Folgendes zu beachten:

- Zustand der Gewindebolzen für Abgaskrümmer am Zylinderkopf prüfen, gegebenenfalls Gewindebolzen erneuern.
- Dichtung und Bundmuttern für Abgaskrümmer erneuern.

M-2638

- Klemmschelle –4– und Dichtring für die beiden Abgasrohre erneuern.
- Bundmuttern für Abgaskrümmer über Kreuz in mehreren Stufen mit **30 Nm** am Zylinderkopf anschrauben.
- Schraube für Getriebehalter mit **35 Nm** anschrauben.

Hinteres Abgasrohr aus- und einbauen

Dieselmotor

Ausbau

Achtung: Bezeichnungen im Text beziehen sich auch auf Abbildung M-2631.

Sicherheitshinweis
Beim Aufbocken des Fahrzeugs besteht Unfallgefahr! Deshalb vorher das Kapitel »Fahrzeug aufbocken« durchlesen.

- Fahrzeug aufbocken.

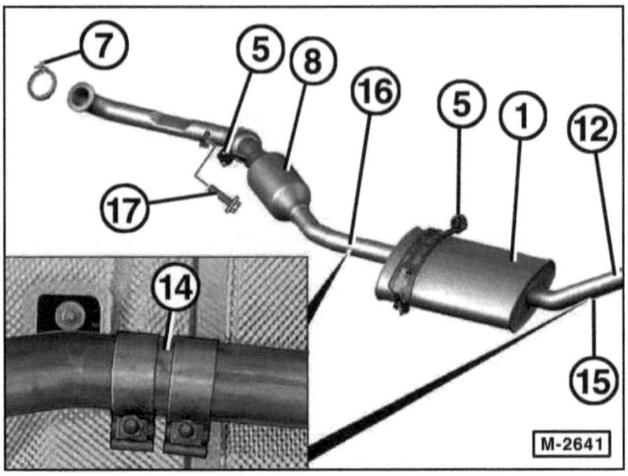

- Endrohr –12– an der durch eine eingeschlagene Kerbe –14– gekennzeichneten Trennstelle –15– mit dem Kettenrohrabschneider rechtwinklig vom Hauptschalldämpfer –10– abtrennen. 16 – Trennstelle zwischen Katalysator und Hauptschalldämpfer; 17 – vordere Befestigungsschraube.
- Trennstellen entgraten.

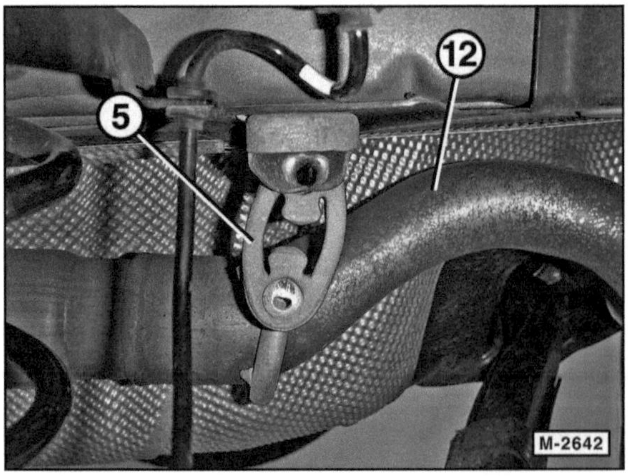

- Endrohr –12– aus dem hinteren Haltering –5– aushängen und nach hinten herausnehmen.

Hinweis: Zur einfacheren Demontage und Montage Gleitflüssigkeit, zum Beispiel »Naphtolen H«, verwenden.

- Halteringe auf Verschleiß prüfen, bei Bedarf erneuern.

Einbau

- Endrohr von hinten einführen und in den Haltering einhängen.
- Endrohr mit Hauptschalldämpfer –10– durch eine Verbindungsschelle lose verbinden.
- Endrohr spannungsfrei ausrichten und Verbindungsschelle mit **40 Nm** festziehen.
- Einbaulage und Freigängigkeit der Abgasanlage zum Unterboden und angrenzenden Bauteilen prüfen.

Achtung: Die Abgasanlage muss spannungsfrei montiert sein, bei Bedarf Abgasanlage ausrichten.

- Fahrzeug ablassen.
- Motor starten und Abgasanlage auf Dichtheit prüfen.

Katalysator ohne Partikelfilter aus- und einbauen

Dieselmotor

Ausbau

Achtung: Bezeichnungen beziehen sich auch auf Abbildung M-2631.

Sicherheitshinweis
Beim Aufbocken des Fahrzeugs besteht Unfallgefahr! Deshalb vorher das Kapitel »Fahrzeug aufbocken« durchlesen.

- Fahrzeug aufbocken.
- Vordere Unterbodenabdeckung ausbauen, siehe Seite 212.
- Abgasrohr zwischen Katalysator und Hauptschalldämpfer –10– an der durch eine eingeschlagene Kerbe –14– gekennzeichneten Trennstelle –16– mit dem Kettenrohrabschneider rechtwinklig trennen, siehe Abbildung M-2641.
- Trennstellen entgraten.
- Schraube für Klemmschelle –7– lösen und Klemmschelle abnehmen, siehe Abbildung M-2631.

- Schraube –17– herausdrehen.

- Katalysator aus dem Haltering –5– aushängen und herausnehmen.

Hinweis: Zur einfacheren Demontage und Montage Gleitflüssigkeit, zum Beispiel »Naphtolen H«, verwenden.

- Haltering auf Verschleiß prüfen, bei Bedarf erneuern.

Einbau

- Verbindungsschelle auf das Abgasrohr des Katalysators aufschieben.
- Katalysator in den Haltering einhängen.
- Schraube –17– etwas hineindrehen.
- Hauptschalldämpfer mit Katalysator durch eine Verbindungsschelle –11– verbinden.
- Katalysator mit Vorkatalysator durch Klemmschelle –7– lose verbinden.
- Katalysator spannungsfrei ausrichten und Klemmschelle –7– sowie Schraube –17– mit **20 Nm** festziehen.
- Hauptschalldämpfer –10– spannungsfrei ausrichten und Verbindungsschelle mit **40 Nm** festziehen.
- Einbaulage und Freigängigkeit der Abgasanlage zum Unterboden und angrenzenden Bauteilen prüfen.

Achtung: Die Abgasanlage muss spannungsfrei montiert sein, bei Bedarf Abgasanlage ausrichten.

- Fahrzeug ablassen.
- Motor starten und Abgasanlage auf Dichtheit prüfen.

Abgasanlage auf Dichtigkeit prüfen

Dichtigkeit prüfen

Prüfvoraussetzung: Motor kalt oder handwarm.

- Motor starten und bei laufendem Motor Abgasanlage mit einem Lappen verschließen.
- Abgasanlage auf Undichtigkeit abhören. Gegebenenfalls Verbindungsstellen Zylinderkopf/Abgaskrümmer und Krümmer/Abgasrohr vorn mit handelsüblichem »Leck-Suchspray« einsprühen und auf Blasenbildung sichtprüfen.
- Undichtigkeit beseitigen.

Lambdasonde aus- und einbauen

Dieselmotor

Ausbau

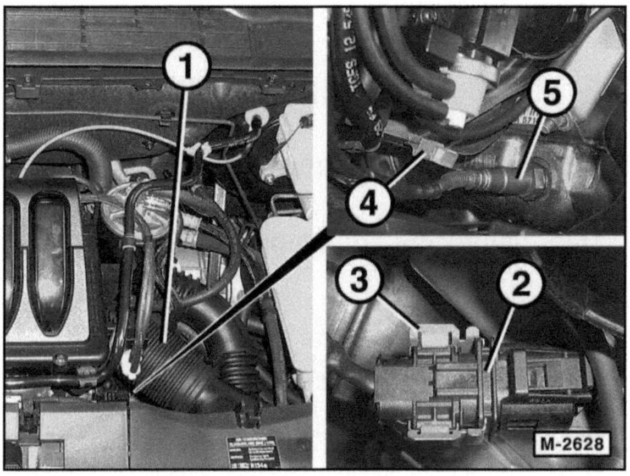

- Luftansaugrohr –1– ausbauen, siehe Abbildung M-2057 auf Seite 183.
- Steckverbindung der Lambdasonde vor dem Katalysator –2– mit dem Halter –3– vom Luftfilterhalter abziehen.
- Elektrische Leitung an der Aufnahme –4– aushängen
- Lambdasonde vor KAT –5– aus dem vorderen Katalysator herausdrehen.

Einbau

- Der Einbau erfolgt in umgekehrter Ausbaureihenfolge. Dabei ist Folgendes zu beachten:
- Gewinde der Lambdasonde vor dem Einschrauben mit Heißschmierpaste bestreichen. **Hinweis:** Bei einer neuen Lambdasonde ist die Heißschmierpaste bereits aufgetragen.
- Lambdasonde **mit 50 Nm** festschrauben.
- Bei Erneuerung der Lambdasonde den Halter –3– der Steckverbindung umbauen.
- Nach dem Einbau der Lambdasonde Motor starten und im Leerlauf drehen lassen. Abgasanlage auf Dichtheit sichtprüfen.

Innenausstattung

Aus dem Inhalt:

- **Innenspiegel ersetzen**
- **Sonnenblende ersetzen**
- **Dachhaltegriffe ersetzen**
- **Mittelkonsole demontieren**
- **Handschuhfach ausbauen**
- **Innenverkleidungen**
- **Sitze ausbauen**

Wichtige Arbeits- und Sicherheitshinweise

Werden Arbeiten an der Innenausstattung ausgeführt, sind folgende Hinweise unbedingt zu beachten:

- Zum Abhebeln von Kunststoffverkleidungen und -blenden Kunststoffkeil verwenden, zum Beispiel HAZET 1965-20, oder eine Kunststoffkarte.

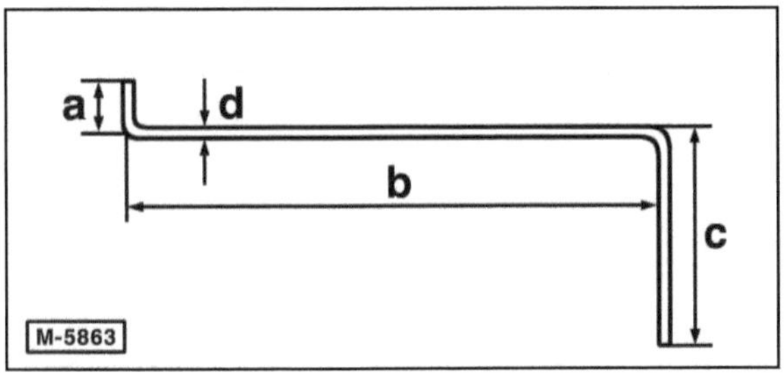

a = 1 cm
b = 10 cm
c = ca. 7 cm
d = 2 – 2,5 mm

- Die Fachwerkstatt verwendet zum Ausziehen und Entriegeln einzelner Einbauteile den MERCEDES-Ausziehhaken 140 589 02 33 00. Der Ausziehhaken kann aus nicht verbiegendem Draht gefertigt werden.
- Bereiche, an denen ein Kunststoffkeil oder ein Schraubendreher angesetzt wird, zum Schutz mit Klebeband abkleben.
- Clips, die beim Ausbau von Verkleidungen beschädigt werden, immer erneuern.
- Die Fenster- und Türsäulen der Karosserie werden von vorn nach hinten als A-, B- und C-Säulen bezeichnet.
- Sitze, Sicherheitsgurte und Airbags sind sicherheitsrelevante Bauteile. **Aus Sicherheitsgründen nur die hier beschriebenen Arbeiten durchführen. Komplexere Arbeiten nicht in Eigenregie vornehmen, sondern von einer Fachwerkstatt durchführen lassen.**

Achtung: Airbag-Sicherheitshinweise unbedingt befolgen, insbesondere bei Arbeiten an der Armaturentafel, siehe Seite 125.

Um ein Auslösen des Airbags zu verhindern, vor dem Trennen von Kabeln des Airbag-Systems die Zündung ausschalten und dann das Batterie-Massekabel (–) abklemmen. Außerdem muss aus Sicherheitsgründen der Minuspol von der Batterie isoliert werden, siehe Seite 53.

Achtung: Wenn im Rahmen von Arbeiten an der Karosserie auch Arbeiten an der elektrischen Anlage durchgeführt werden, **grundsätzlich** das Batterie-Massekabel (–) abklemmen. Dazu Hinweise im Kapitel »Batterie aus- und einbauen« beachten. Als Arbeit an der elektrischen Anlage ist dabei schon zu betrachten, wenn eine elektrische Leitung vom Anschluss abgezogen beziehungsweise abgeklemmt wird.

Spreizclips/Halteclips/Federklammern aus- und einbauen

Zahlreiche Abdeckungen und Verkleidungen sind mit Halteclips und Federklammern an der Karosserie befestigt.

Ausbau

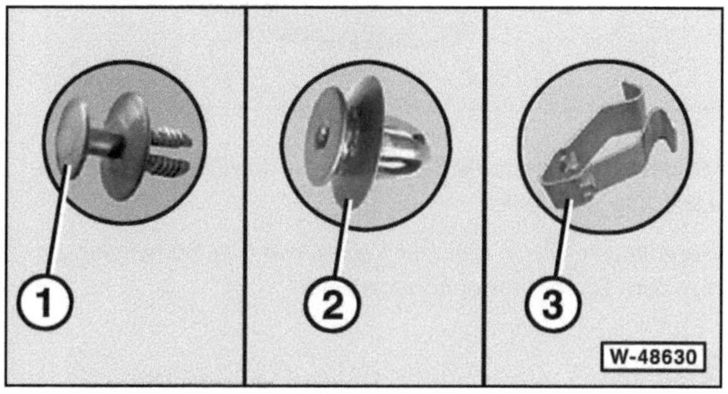

- **Spreizclip:** Stift –1– mit einem Schraubendreher herausziehen und Spreizclip aus der Verkleidung beziehungsweise Karosserie herausziehen.
- **Halteclip/Federklammer an der Rückseite der Verkleidung:** Verkleidung im Bereich der Cliphalterungen von der Karosserie abziehen und dadurch den Clip –2– beziehungsweise die Federklammer –3– aus der Bohrung herausziehen. **Hinweis:** Die Clips –2– werden dabei häufig beschädigt und müssen ersetzt werden.

Einbau

- Vor dem Einbau Halteclips auf Beschädigungen überprüfen, wenn nötig, ersetzen. Gegebenenfalls auf richtigen Sitz an der Verkleidung überprüfen.
- **Spreizclip:** Verkleidung ansetzen, Spreizclip in die Bohrung stecken und Stift in die Niete eindrücken.
- **Halteclip/Federklammer:** Verkleidung so ansetzen, dass sich die Halteclips oder Federklammern über den Bohrungen befinden. Verkleidung im Bereich der Clips fest andrücken und einrasten.

Innenspiegel aus- und einbauen

Ausbau

- Zündung ausschalten und Zündschlüssel abziehen.

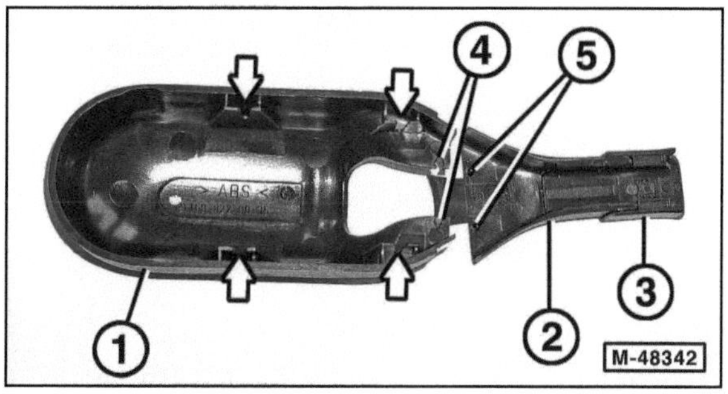

- Falls möglich, Schiebestück –3– an der oberen Abdeckung –2– nach unten schieben.
- Mit einem Kunststoffkeil Abdeckung –1/2– vorsichtig vom Spiegelfuß abhebeln. Dabei unten an der Abdeckung –1– beginnen.

Hinweis: Die Abdeckung am Spiegelfuß besteht aus 2 Teilen. Beide Teile –1/2– müssen voneinander getrennt werden, damit sie vom Spiegelfuß abgenommen werden können.

- Abdeckungsteile –1/2– an der Verbindungsstelle trennen. Dazu Stifte –5– vorsichtig aus den Aufnahmen –4– herausdrücken. **Achtung:** Die Stifte können leicht abbrechen.
- Beide Abdeckungsteile –1/2– vom Spiegelfuß abnehmen.

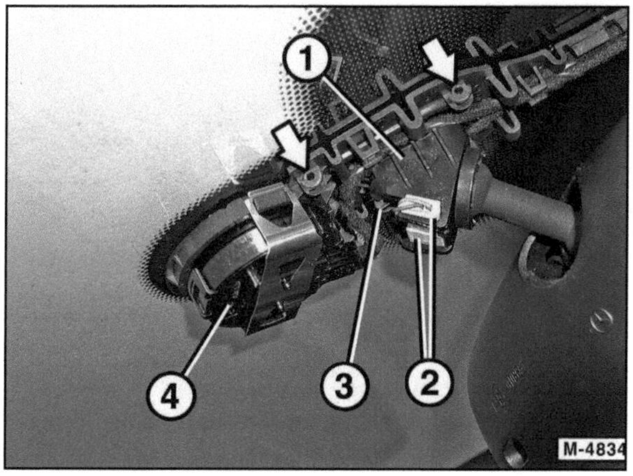

- **Automatisch abblendbarer Spiegel:** Steckverbindung –2– am Spiegelfuß –1– trennen. Pfeile – Stege für Abdeckung, 4 – Regensensor.
- Mit einem Schraubendreher Rastnase –3– am Spiegelfuß –1– entriegeln und Spiegelfuß nach oben aus der Aufnahme an der Frontscheibe herausschieben.

Einbau

- Spiegelfuß von oben in die Aufnahme an der Frontscheibe schieben und einrasten. Auf korrekten Sitz des Spiegelfußes in der Aufnahme achten.
- Gegebenenfalls Steckverbindung anschließen.

Hinweis: Die folgenden Positionen beziehen sich auf Abbildung M-48342.

- Untere Abdeckung –1– so einsetzen, dass die Aufnahmen –Pfeile– in die entsprechenden Stege am Spiegelfuß greifen.
- Abdeckung –1– vorsichtig andrücken.
- Danach obere Abdeckung –2– anpassen, so dass die Stifte –5– in den Aufnahmen –4– stecken.
- Abdeckung –2– vorsichtig andrücken.

Sonnenblende aus- und einbauen

Ausbau

- Sonnenblende herunterklappen und aus dem Gegenlager an der Fahrzeuginnenseite aushaken.

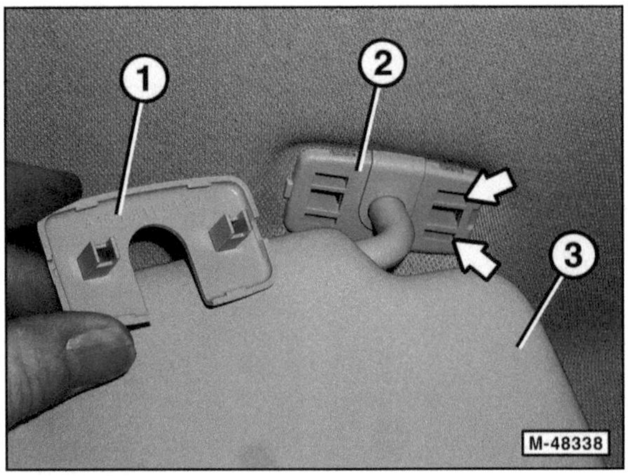

- Mit einem Kunststoffkeil Blende –1– am Schwenklager –2– vorsichtig abhebeln. 3 – Sonnenblende.
- Mit einem Schraubendreher Rasthaken des Schwenklagers –2– zurückdrücken. Schraubendreher dazu in die äußeren Öffnungen –Pfeile– einführen.

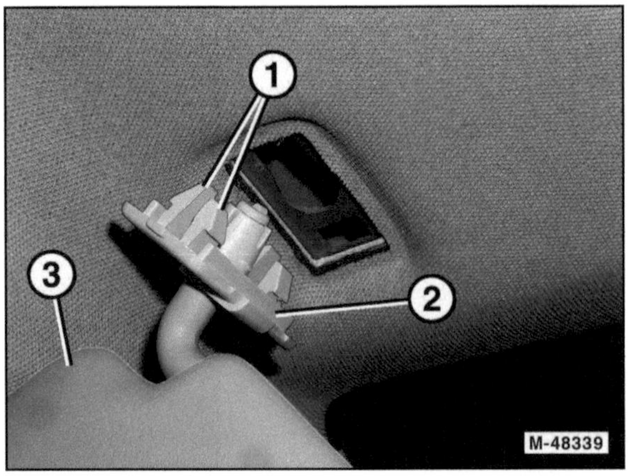

- Gleichzeitig mit einem Ausziehhaken Schwenklager –2– nach unten ziehen, damit die Rasthaken –1– nicht wieder einrasten. Ausziehhaken dazu in die mittlere Öffnung am Schwenklager einführen.
- Rasthaken –1– nacheinander entriegeln.
- Schwenklager aus dem Dachhimmel herausziehen und Sonnenblende –3– abnehmen.

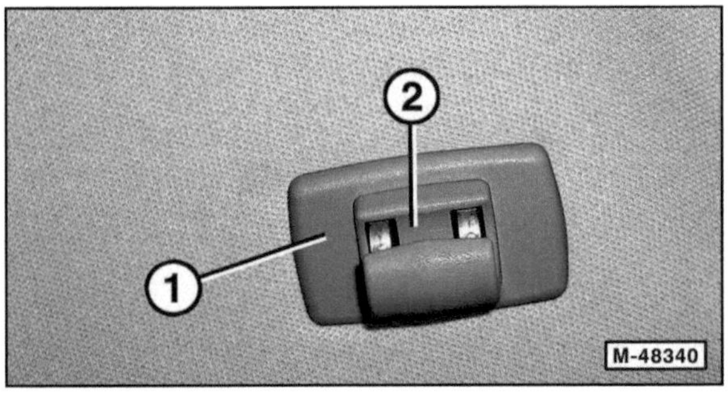

- Mit einem Kunststoffkeil Blende –1– am Gegenlager –2– vorsichtig abhebeln.
- Gegenlager –2– in gleicher Weise wie das Schwenklager aus dem Dachhimmel herausziehen.

Einbau

- Der Einbau erfolgt in umgekehrter Ausbaureihenfolge.

Dachhaltegriff aus- und einbauen

Ausbau

- **Haltegriff mit Deckenleuchte:** Zündung ausschalten und Zündschlüssel abziehen.

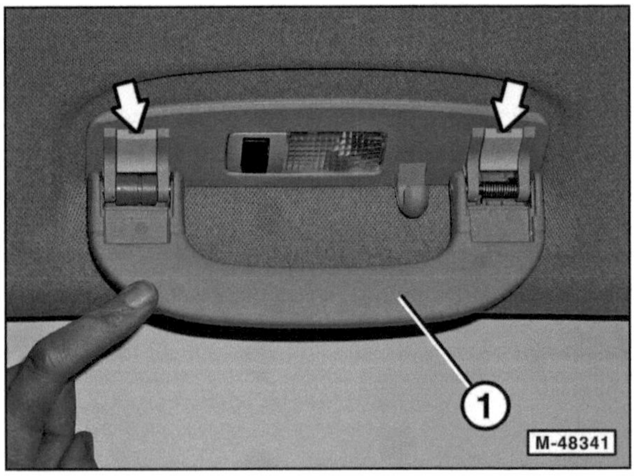

- Dachhaltegriff –1– nach unten klappen.
- Abdeckkappen aufhebeln –Pfeile– und herunterklappen.
- Der weitere Ausbau erfolgt wie für die Lager der Sonnenblende beschrieben, siehe entsprechendes Kapitel.
- Je nach Ausstattung Stecker von der Deckenleuchte abziehen.

Einbau

- Der Einbau erfolgt in umgekehrter Ausbaureihenfolge.

Abdeckung in der Armaturentafel aus- und einbauen

Ausbau

- **Modelle mit Einparksensoren und Komfort-Klima-automatik:** Zündung ausschalten und Zündschlüssel abziehen.
- **A-KLASSE:** Mittlere Luftaustrittsdüse ausbauen, siehe Seite 99.

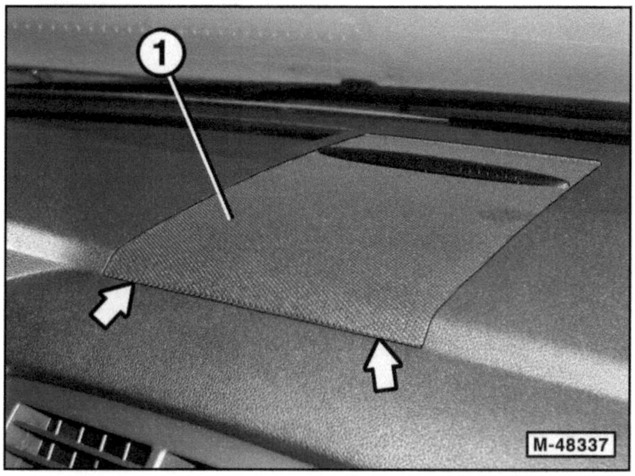

- Kunststoffkeil unter die hintere Kante der Abdeckung –1– einführen und Abdeckung aus der Armaturentafel heraushebeln –Pfeile–.
- Abdeckung an den Seiten ausclipsen und aus der Armaturentafel herausheben.
- Je nach Modell an der Rückseite der Abdeckung Stecker von der Einpark-Warnanzeige oder vom Sonnensensor abziehen.
- Abdeckung von der Armaturentafel nehmen.

Einbau

- Der Einbau erfolgt in umgekehrter Ausbaureihenfolge. Dabei auf korrekten Sitz der Abdeckung in der Armaturentafel achten.

Klappe seitlich an der Armaturentafel aus- und einbauen

Ausbau

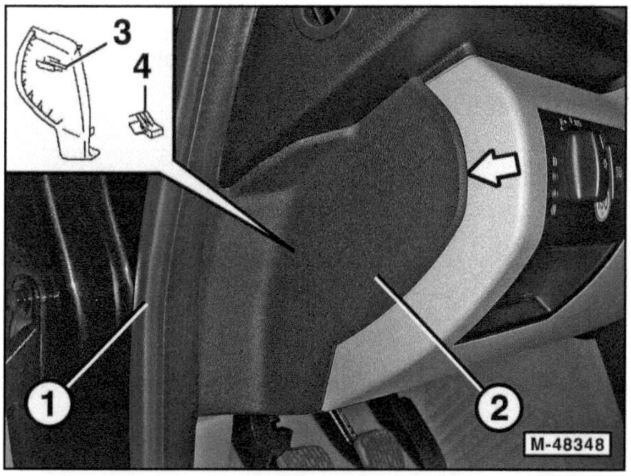

- Türdichtung –1– im Bereich der Klappe –2– vom Türrahmen abziehen.
- **Rechte Seite:** Handschuhfach öffnen.
- Mit einem Kunststoffkeil seitliche Klappe –2– aus der Armaturentafel heraushebeln. Dabei Rasthaken –3– aus der Aufnahme herausziehen. Kunststoffkeil hinten ansetzen –Pfeil–. 4 – Haltefeder.

Einbau

- Der Einbau erfolgt in umgekehrter Ausbaureihenfolge.

Abdeckung oben im Fußraum aus- und einbauen

Linke Seite

Ausbau

- Zündung ausschalten und Zündschlüssel abziehen.
- Fahrersitz ganz nach hinten stellen.

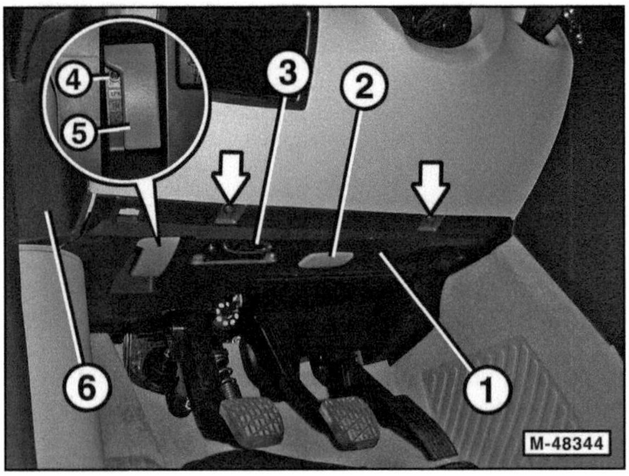

- Fußraumleuchte –2– aus der oberen Abdeckung –1– heraushebeln und Stecker von der Leuchte abziehen, siehe auch Kapitel »Glühlampen für Innenleuchten auswechseln«, Seite 85.
- Schraube –4– herausdrehen und Hebel für Motorhaubenzug –5– aus der Abdeckung –1– herausziehen.
- Schrauben –Pfeile– herausdrehen und Abdeckung –1– nach unten absenken. Dabei den Steg an der linken Seite hinter der seitlichen Verkleidung –6– hervorziehen.
- An der Rückseite Stecker von der Diagnosesteckdose –3– abziehen.
- Hebel für Motorhaubenzug –5– durch die Öffnung in der Abdeckung –1– nach innen führen.
- Abdeckung –1– von der Armaturentafel abnehmen.

Einbau

- Abdeckung unter der Armaturentafel einsetzen. Dabei auf korrekten Sitz in den Führungen an den Pedalen achten.
- Steg an der linken Seite hinter die seitliche Verkleidung schieben.
- An der Rückseite Stecker an der Diagnosesteckdose anschließen.
- Hebel für Motorhaubenzug durch die Öffnung nach außen führen und an der Abdeckung festschrauben. Dabei auf korrekten Sitz des Hebels achten.
- Stecker an der Fußraumleuchte anschließen und Fußraumleuchte einsetzen.
- Abdeckung an der Armaturentafel festschrauben.
- Hebel für Motorhaubenzug auf Funktion prüfen.

Rechte Seite

Ausbau

- Zündung ausschalten und Zündschlüssel abziehen.
- Beifahrersitz ganz nach hinten stellen.

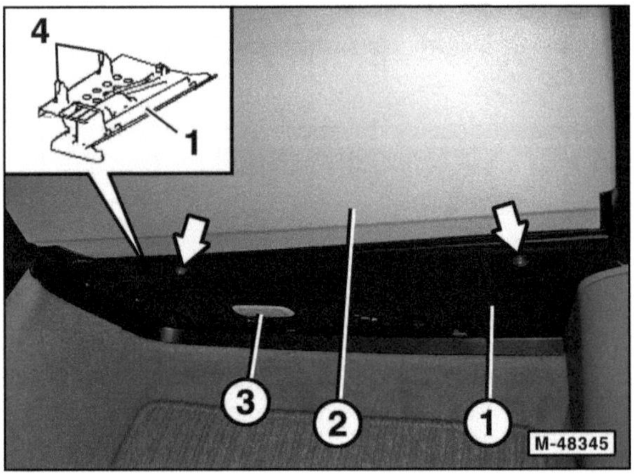

- Fußraumleuchte –3– aus der Abdeckung –1– heraushebeln und Stecker von der Leuchte abziehen, siehe auch Kapitel »Glühlampen für Innenleuchten auswechseln«, Seite 85.
- Schrauben –Pfeile– herausdrehen und Abdeckung –1– nach unten absenken. 2– Handschuhfach.
- Abdeckung –1– von der Armaturentafel abnehmen.

Einbau

- Der Einbau erfolgt in umgekehrter Ausbaureihenfolge. Dabei müssen 2 Rasthaken –4– an der Rückseite der Abdeckung –1– in die Aussparungen an der Unterseite des Handschuhfachs einrasten.

Handschuhfach aus- und einbauen

Ausbau

- Zündung ausschalten und Zündschlüssel abziehen.
- Falls eingebaut, CD-Wechsler aus dem Handschuhfach ausbauen, siehe Seite 93.
- Abdeckung oben im Fußraum rechts ausbauen, siehe entsprechendes Kapitel.

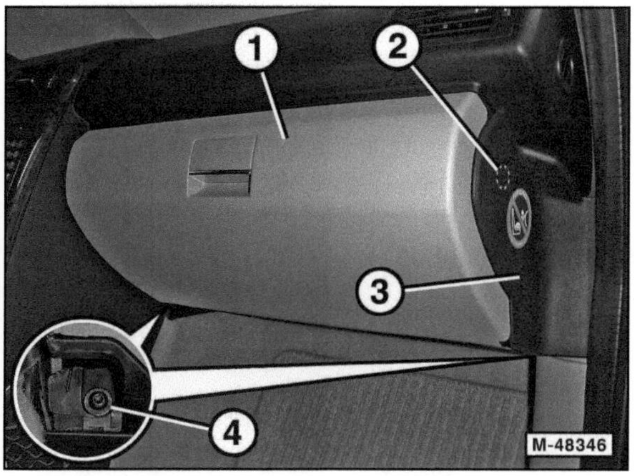

- Schrauben –4– unten am Handschuhfach –1– auf beiden Seiten herausdrehen.
- Seitliche Klappe –3– an der Armaturentafel rechts ausbauen, siehe entsprechendes Kapitel.
- Schraube –2– hinter der seitlichen Klappe –3– herausdrehen.
- Handschuhfach öffnen, Handschuhfachleuchte heraushebeln und Stecker von der Leuchte abziehen, siehe auch Kapitel »Glühlampen für Innenleuchten auswechseln«, Seite 85.

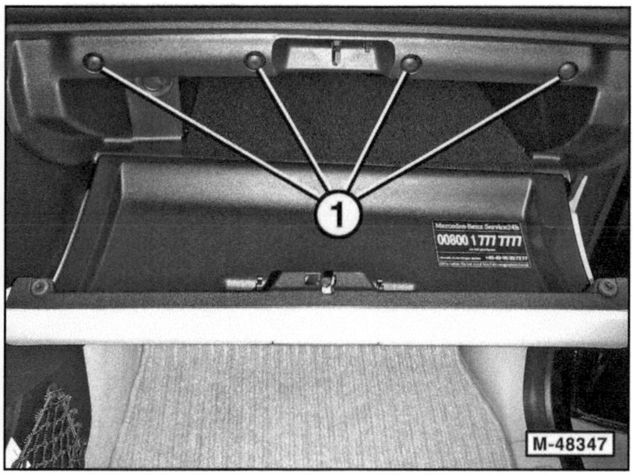

- Mit einem Schraubendreher Abdeckkappen –1– von den Schrauben abhebeln und Schrauben herausdrehen.
- Handschuhfach aus der Armaturentafel herausziehen.
- Auf der Rückseite Luftkanal für Handschuhfach-Kühlung abziehen und Handschuhfach abnehmen.

Einbau

- Der Einbau erfolgt in umgekehrter Ausbaureihenfolge.

Mittelarmlehne aus- und einbauen

Ausbau

- Vordersitze ganz nach vorne stellen.

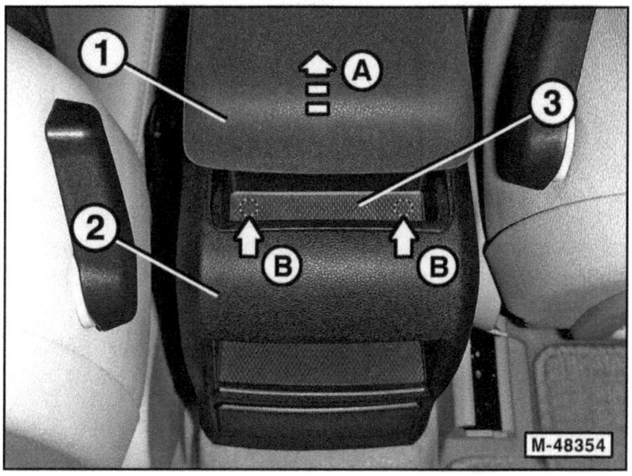

- Mittelarmlehne –1– ganz nach vorne schieben –Pfeil A–.
- Mit einem Kunststoffkeil hintere Blende –2– von der Mittelkonsole ablösen.
- Einlegematte –3– aus dem Ablagefach herausnehmen und 2 Schrauben –Pfeile B– herausdrehen.
- Mittelarmlehne –1– nach oben von der Mittelkonsole abnehmen.

Einbau

- Der Einbau erfolgt in umgekehrter Ausbaureihenfolge. Dabei auf korrekten Sitz der hinteren Blende –2– achten.

Verkleidung der Mittelkonsole aus- und einbauen

Ausbau

- Abdeckung für Schalt-/Wählhebel ausbauen, siehe entsprechendes Kapitel.

Hinweis: Beim Schaltgetriebe genügt es, den Faltenbalg über den Schaltknauf zu stülpen.

- **Schaltgetriebe:** Mit dem Schalthebel den 4. Gang einlegen.
- **Automatikgetriebe:** Wählhebel auf Rückwärtsgang stellen.

- Mit einem Kunststoffkeil Verkleidung –1– vorsichtig von der Mittelkonsole abhebeln. Dabei hinten an den Seiten beginnen –Pfeile– und Keil unter die Verkleidung schieben.
- Verkleidung –1– nach hinten aus den Aufnahmen in der Radio-/Heizungskonsole ziehen.
- Verkleidung über den Schalt-/Wählhebel führen und abnehmen.

Einbau

- Der Einbau erfolgt in umgekehrter Ausbaureihenfolge. Dabei auf korrekten Sitz der Verkleidung in der Mittelkonsole achten.

Abdeckung für Schalt-/Wählhebel aus- und einbauen

Schaltgetriebe

Ausbau

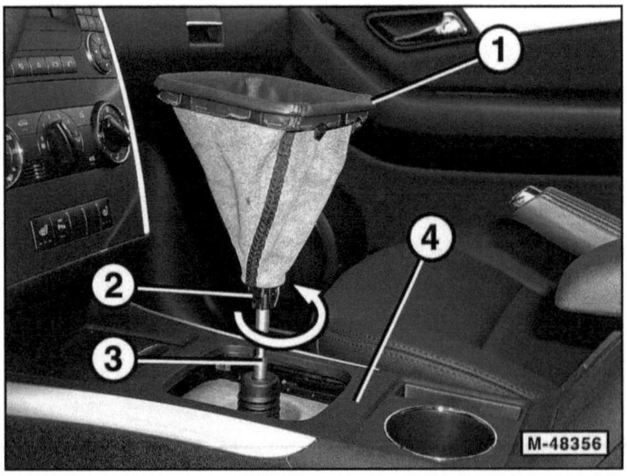

- Faltenbalg am Rahmen –1– greifen und aus der Verkleidung –4– der Mittelkonsole herausziehen.
- Faltenbalg nach oben über den Schaltknauf stülpen.
- Klemmring –2– um 180° gegen den Uhrzeigersinn drehen –Pfeil– und Schaltknauf mit Faltenbalg nach oben vom Schalthebel –3– abziehen.

Einbau

Hinweis: Auf die Einbaulage des Schaltknaufs am Schalthebel achten. Knauf so auf den Schalthebel aufstecken, dass die Nase am Schalthebel in die Aussparung an der Unterseite des Knaufs greift.

- Schaltknauf mit Faltenbalg bis zum Anschlag auf den Schalthebel aufschieben.
- Klemmring –2– im Uhrzeigersinn drehen und Schaltknauf festklemmen.
- Faltenbalg am Rahmen greifen und nach unten ziehen.
- Rahmen in die Verkleidung der Mittelkonsole eindrücken.

Automatikgetriebe

Ausbau

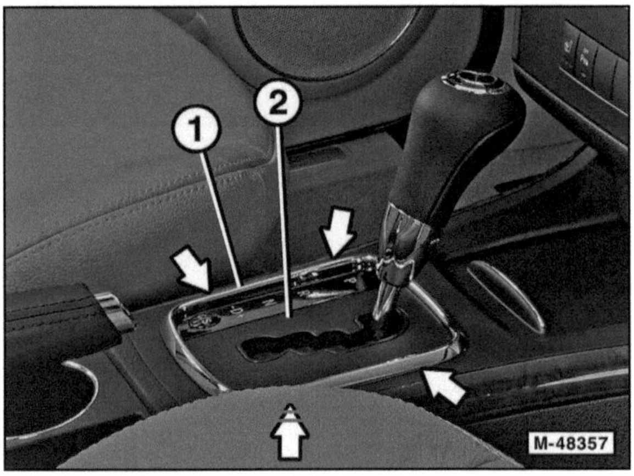

- Mit einem Kunststoffkeil Zierrahmen –1– abwechselnd an jeder Ecke aus der Verkleidung der Mittelkonsole heraushebeln –Pfeile–.
- Zierrahmen –1– nach oben abnehmen.

Hinweis: Die Blende –2– am Wählhebel bleibt auf dem Wählhebelgehäuse in der Mittelkonsole eingesetzt.

Einbau

- Der Einbau erfolgt in umgekehrter Ausbaureihenfolge.

Mittelkonsole aus- und einbauen

Hinweis: Hier wird der Aus- und Einbau der Mittelkonsole mit Mittelarmlehne beschrieben. Beschreibungen für Modelle ohne Mittelarmlehne stehen am Ende des Kapitels.

Ausbau

- Vordersitze ganz nach hinten stellen.

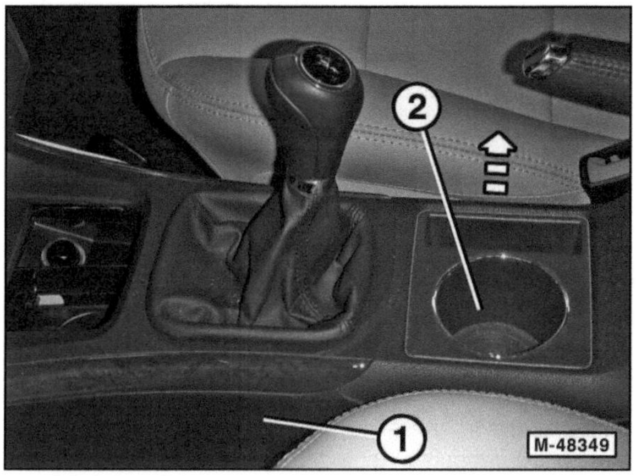

- Getränkehalter –2– nach oben aus der Mittelkonsole –1– herausziehen.
- Abdeckung für Schalt-/Wählhebel ausbauen, siehe entsprechendes Kapitel.
- Obere Verkleidung der Mittelkonsole ausbauen, siehe entsprechendes Kapitel.
- Zündung ausschalten und Zündschlüssel abziehen.

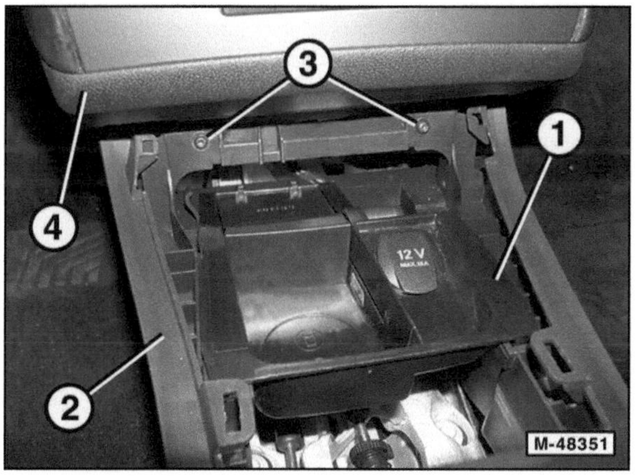

- Mit einem Kunststoffkeil Ablagefach –1– beziehungsweise Aschenbecher an den Seiten aus der Mittelkonsole –2– heraushebeln und nach oben aus den Aufnahmen herausziehen.
- An der Unterseite vom Ablagefach/Aschenbecher Stecker abziehen und Ablagefach/Aschenbecher abnehmen.

Hinweis: Beim Einbau auf korrekten Sitz des Ablagefachs beziehungsweise des Aschenbechers in den Aufnahmen der Mittelkonsole achten.

- 2 Schrauben –3– vorne zur Radio-/Heizungskonsole –4– herausdrehen.

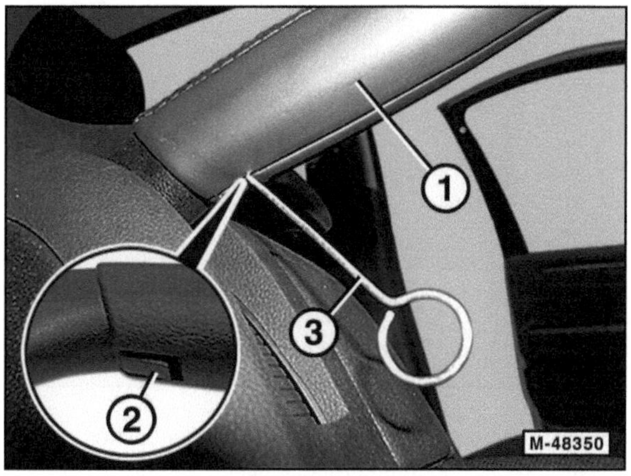

- Mit einem Schraubendreher an der Unterseite des Handbremshebels Rasthaken –2– nach unten entriegeln und Griff –1– vom Handbremshebel abziehen.

Achtung: Um Beschädigungen des Lederbezugs zu vermeiden, bei einem Griff –5– mit Lederbezug geeignetes Werkzeug –3–, zum Beispiel eine Nähahle, vorsichtig durch die Naht des Bezuges führen und Rasthaken entriegeln.

- Beifahrersitz ganz nach vorne stellen.

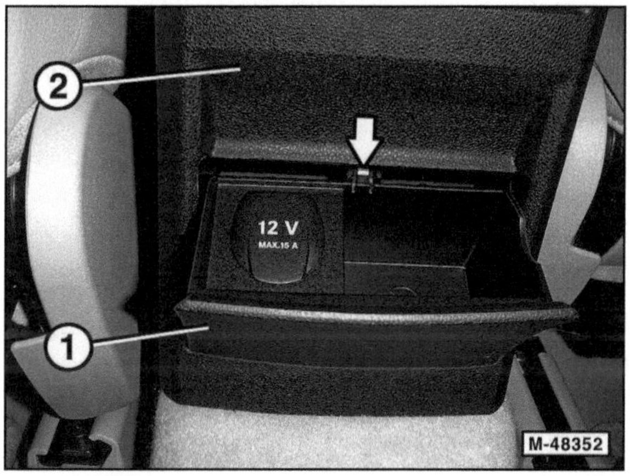

- Ablagefach –1– beziehungsweise Aschenbecher hinten im Fond öffnen.
- Mit einem Schraubendreher Verriegelung –Pfeil– drücken und Ablagefach/Aschenbecher aus der Mittelkonsole –2– herausziehen.

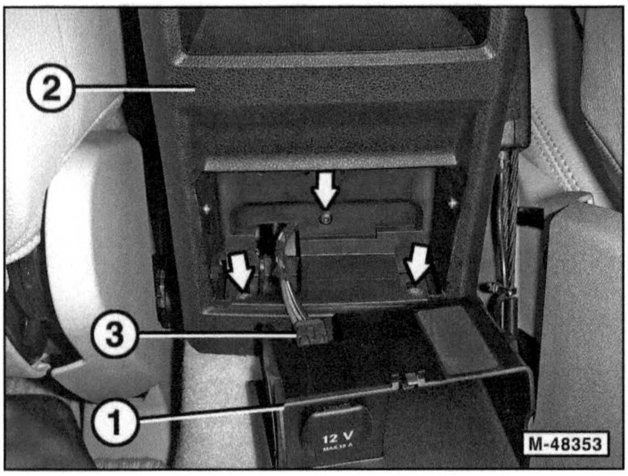

- An der Unterseite vom Ablagefach/Aschenbecher –1– Stecker –3– abziehen und Ablagefach/Aschenbecher abnehmen.
- Schrauben –Pfeile– hinten an der Mittelkonsole –2– herausdrehen.
- Beifahrersitz wieder ganz nach hinten stellen.
- Handbremshebel ganz nach oben ziehen.
- Mittelkonsole hinten anheben und ein Stück nach hinten aus den Aufnahmen in der Radio-/Heizungskonsole ziehen.
- Je nach Ausstattung Steckverbindungen trennen. Mittelkonsole dabei auf dem Handbremshebel abstützen.
  - Bei Modellen mit Telefonvorbereitung befinden sich Steckverbindungen unterhalb der Schublade.
  - Bei Fahrzeugen mit Klimaautomatik muss eine Steckverbindung vorne zwischen Mittelkonsole und Radio-/Heizungskonsole getrennt werden.
- Mittelkonsole über den Handbremshebel ziehen und nach hinten herausnehmen.

Einbau

- Mittelkonsole von hinten über den Handbremshebel führen.
- Je nach Ausstattung Steckverbindungen anschließen.
- Mittelkonsole vorne in die Aufnahmen der Radio-/Heizungskonsole schieben. Dabei auf korrekten Sitz achten.
- Teppichboden seitlich unter die Mittelkonsole ziehen.
- Mittelkonsole festschrauben.
- Der weitere Einbau erfolgt in umgekehrter Ausbaureihenfolge.

Mittelkonsole ohne Mittelarmlehne

Der Ausbau erfolgt weitgehend wie bei der Mittelkonsole mit Mittelarmlehne.

- Vordersitze ganz nach hinten stellen.

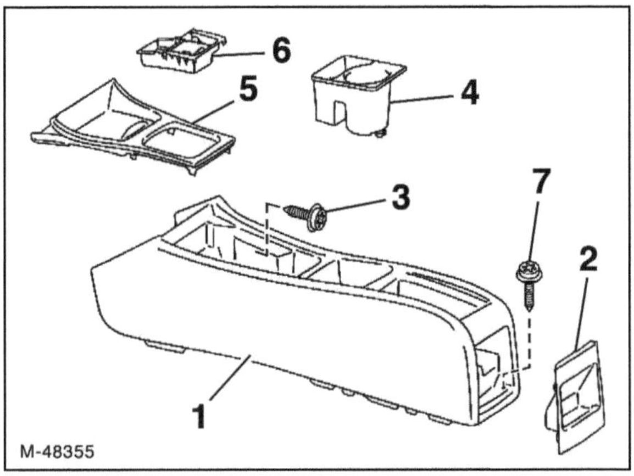

- Obere Verkleidung –5– der Mittelkonsole –1– ausbauen, siehe entsprechendes Kapitel.
- Zündung ausschalten und Zündschlüssel abziehen. 4 – Getränkehalter.
- Ablagefach –6– beziehungsweise Aschenbecher an den Seiten aus der Mittelkonsole –1– heraushebeln und Stecker abziehen.
- 2 Schrauben –3– vorne zur Radio-/Heizungskonsole herausdrehen.
- Ablagefach –2– beziehungsweise Aschenbecher hinten im Fond aus der Mittelkonsole –1– heraushebeln. Dazu einen Kunststoffkeil zwischen Teppichboden und Ablagefach/Aschenbecher führen und etwas anheben.
- An der Unterseite vom Aschenbecher Stecker abziehen.
- 2 Schrauben –7– hinten am Fahrzeugboden herausdrehen.
- Handbremshebel ganz nach oben ziehen.
- Mittelkonsole nach hinten aus den Aufnahmen in der Radio-/Heizungskonsole ziehen.
- Mittelkonsole hinten anheben, über den Handbremshebel ziehen und herausnehmen.

Verkleidungen im Fahrzeug-Innenraum aus- und einbauen

Hinweis: Halteclips vor dem Einbau auf Beschädigungen und auf richtigen Sitz an der Verkleidung überprüfen, wenn nötig, ersetzen. An den Fahrzeugsäulen darauf achten, dass die Türdichtung über die jeweilige Verkleidung greift.

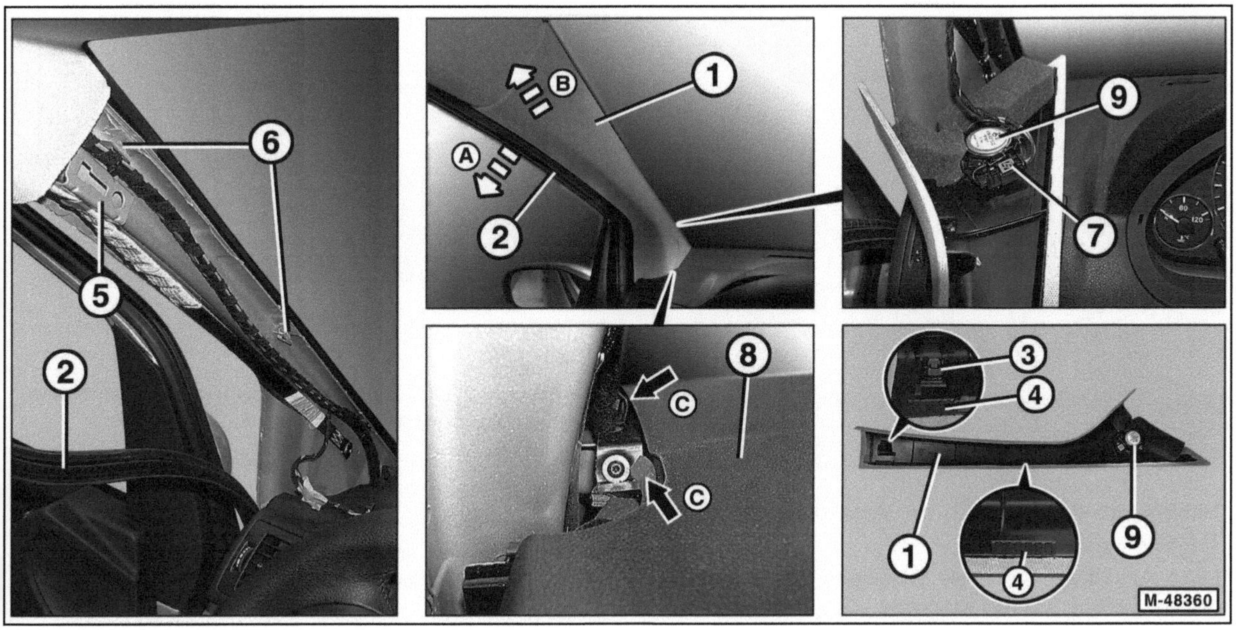

1 – Verkleidung A-Säule
2 – Türdichtung
3 – Clip
4 – Haltelaschen
5 – Aufnahme
6 – Klammer
7 – Stecker
8 – Armaturentafel
9 – Lautsprecher

Obere Verkleidung A-Säule

Ausbau

- Türdichtung –2– im Bereich der Verkleidung –1– vom Türrahmen abziehen –Pfeil A–.
- Verkleidung –1– nach oben gegen den Anschlag schieben –Pfeil B–.
- Einen Kunststoffkeil unter die Verkleidung –1– schieben und Haltelaschen –4– aus den Klammern –6– an der A-Säule herausziehen. Dabei oben beginnen.
- Verkleidung von der A-Säule ziehen und dabei aus den vorderen Halteklammern –Pfeile C– in der Armaturentafel –8– herausziehen.
- An der Rückseite der Verkleidung –1– Stecker –7– vom Hochtonlautsprecher –9– abziehen.
- Verkleidung –1– abnehmen.

Einbau

- An der Rückseite der Verkleidung Stecker –7– am Hochtonlautsprecher –9– aufschieben.
- Verkleidung –1– so an die A-Säule ansetzen, dass der Clip –3– in die Aufnahme –5– an der A-Säule eingreift.
- Verkleidung –1– nach unten schieben, so dass sie zwischen den Halteklammern –Pfeile C– und der Armaturentafel –8– sitzt.
- Haltelaschen –4– in die Klammern –6– an der A-Säule drücken.
- Türdichtung –2– im Türrahmen aufziehen.

Untere Verkleidung A-Säule

Ausbau

- Einstiegsleiste vorn ausbauen, siehe entsprechenden Abschnitt.

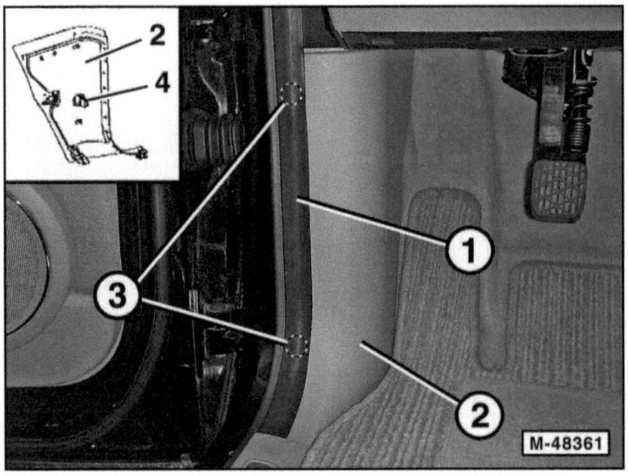

- Türdichtung –1– im Bereich der Verkleidung –2– vom Türrahmen abziehen.
- Einen Kunststoffkeil unter die Verkleidung –2– schieben und Verkleidung aus den Klammern –3– an der A-Säule herausdrücken.
- Verkleidung im unteren Bereich von der A-Säule ziehen und nach hinten abnehmen.

Einbau

- Der Einbau erfolgt in umgekehrter Ausbaureihenfolge. Dabei darauf achten dass der Zapfen –4– an der Rückseite der Verkleidung –2– in die entsprechende Aufnahme an der A-Säule greift.

Obere Verkleidung B-Säule/5-Türer

Ausbau

Achtung: Bei Fahrzeugen mit Kopfairbag unbedingt Airbag-Sicherheitshinweise beachten, siehe Seite 125.

- **Um ein Auslösen des Kopfairbags zu verhindern, Batterie abklemmen. Achtung: Hinweise im Kapitel »Batterie aus- und einbauen« beachten.**
- **Batterieminuspol isolieren.**
- Vordersitz ganz nach vorne stellen, Lehne nach vorne stellen.

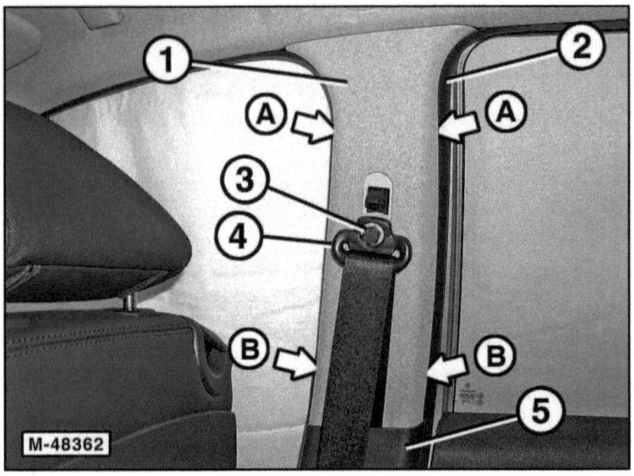

- Türdichtung –2– im Bereich der B-Säule vom Türrahmen abziehen.
- Abdeckung am Gurtumlenkbeschlag –4– an den Seiten hin- und herbewegen und abziehen.
- Schraube –3– herausdrehen und Gurtumlenkbeschlag –4– von der B-Säule abnehmen.
- Außenkanten der unteren B-Säulen-Verkleidung –5– im oberen Bereich auseinander ziehen und untere Verkleidung –5– ein Stück zum Fahrzeuginnern neigen.
- Mit einem Schraubendreher an beiden Seiten obere Halteklammern –Pfeile A– vorsichtig von der B-Säule abdrücken. **Achtung:** Dabei die Lackierung der B-Säule nicht beschädigen.
- Mit einem Kunststoffkeil obere B-Säulen-Verkleidung –1– aus den unteren Halteklammern –Pfeile B– lösen und Verkleidung –1– von der B-Säule abnehmen.

Einbau

- Untere B-Säulen-Verkleidung –5– zum Fahrzeuginnern neigen und obere B-Säulen-Verkleidung –1– in die Halteklammern –Pfeile B– einsetzen.
- Untere Verkleidung –5– an die B-Säule andrücken. Dabei auf korrekten Sitz der unteren Verkleidung an der oberen Verkleidung –1– achten.
- Blende in der oberen B-Säulen-Verkleidung auf die Position des Gurthöhenverstellers verschieben.
- Obere B-Säulen-Verkleidung –1– an den oberen Halteklammern an die B-Säule andrücken.
- Gurtumlenkbeschlag –4– an die B-Säule anschrauben und Schraube –3– mit **32 Nm** festziehen.
- Abdeckung auf den Gurtumlenkbeschlag aufdrücken.
- Türdichtung –2– im Türrahmen aufziehen.

Obere Verkleidung B-Säule/3-Türer

Hinweis: Der Aus- und Einbau erfolgt in ähnlicher Weise wie beim 5-Türer. Hier werden nur die Unterschiede beschrieben.

- Kunststoffkeil unter die B-Säulen-Verkleidung schieben und Verkleidung aus der unteren Halteklammer im Türrahmen lösen.
- Mit einem Schraubendreher obere Halteklammer im Türrahmen vorsichtig aus der B-Säule aushängen. **Achtung:** Dabei die Lackierung der B-Säule nicht beschädigen.
- B-Säulen-Verkleidung aus den hinteren Klammern oben und unten im Fensterrahmen herausziehen und abnehmen.

Untere Verkleidung B-Säule/5-Türer

Ausbau

- Einstiegsleiste vorn und hinten ausbauen, siehe entsprechenden Abschnitt.
- Vordersitz ganz nach vorne stellen, Lehne nach vorne stellen.

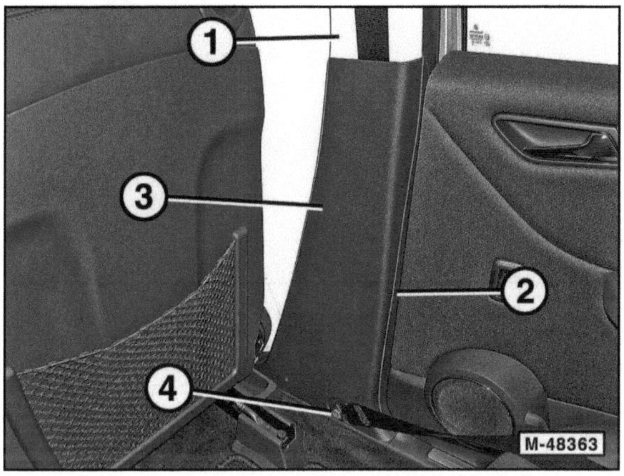

- Türdichtung –2– im unteren Bereich der B-Säule vom Türrahmen abziehen. 1 – Obere B-Säulen-Verkleidung.
- Schraube –4– herausdrehen und Gurtendbeschlag von der B-Säule abnehmen.
- Außenkanten der unteren B-Säulen-Verkleidung –3– im oberen Bereich auseinander ziehen und untere Verkleidung –3– ein Stück zum Fahrzeuginnern neigen.
- Verkleidung –3– nach oben von der B-Säule ziehen. Dabei werden die Führungen an der Innenseite der Verkleidung aus den Aussparungen unten an der B-Säule herausgezogen.

Einbau

- Untere B-Säulen-Verkleidung –3– so an der B-Säule ansetzen, dass die Führungen an der Innenseite der Verkleidung in die Aussparungen an der B-Säule greifen.
- Untere Verkleidung –3– an die B-Säule andrücken. Dabei auf korrekten Sitz der unteren Verkleidung an der oberen Verkleidung –1– achten.
- Gurtendbeschlag an die B-Säule anschrauben und Schraube –4– mit **32 Nm** festziehen.
- Türdichtung –2– im Türrahmen aufziehen.

Seitenverkleidung hinten/ A-KLASSE, 3-Türer

Ausbau

- Rücksitz ausbauen, siehe entsprechendes Kapitel.
- Rücksitzlehne ausbauen, siehe entsprechendes Kapitel.
- C-Säulen-Verkleidung ausbauen, siehe entsprechendes Kapitel.
- **Modell mit Seitenairbag an der Seitenwand:** Sidebag-Einheit ausbauen, siehe entsprechendes Kapitel.
- Einstiegsleiste ausbauen, siehe entsprechendes Kapitel.
- Schraube aus der Seitenwand herausdrehen und Gurtendbeschlag für äußeren Sicherheitsgurt abnehmen.
- Türdichtung im Bereich der B-Säule vom Türrahmen abziehen.

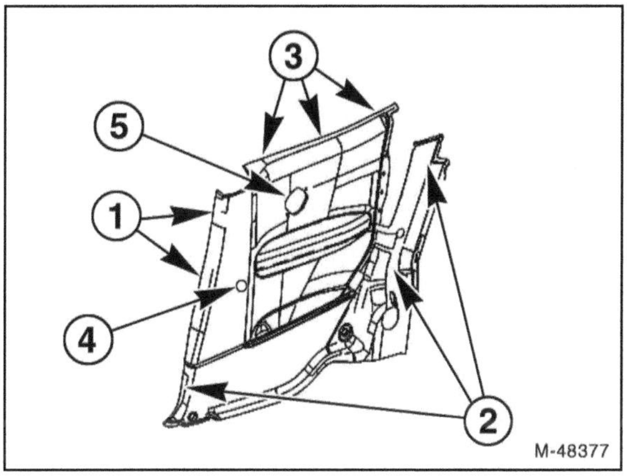

- Mit einem Schraubendreher Halteklammern –1– im Türrahmen vorsichtig aus der B-Säule aushängen. **Achtung:** Dabei die Lackierung der B-Säule nicht beschädigen.
- Mit einem Kunststoffkeil Halteclips –2– ausclipsen.
- Seitenverkleidung im Bereich der Halteklammern –3/4– von der Seitenwand ablösen.
- Stecker vom Lautsprecher –5– abziehen und Seitenverkleidung von der Seitenwand abnehmen.

Einbau

Der Einbau erfolgt in umgekehrter Ausbaureihenfolge. Dabei ist Folgendes zu beachten:

- Gurtendbeschlag mit **32 Nm** an der Seitenwand festschrauben.

Sidebag-Einheit hinten/A-KLASSE, 3-Türer

Ausbau

Achtung: Bei Fahrzeugen mit Seitenairbag unbedingt Airbag-Sicherheitshinweise beachten, siehe Seite 125.

- **Um ein Auslösen des Airbags zu verhindern, Batterie abklemmen. Achtung: Hinweise im Kapitel »Batterie aus- und einbauen« beachten.**
- **Batterieminuspol isolieren.**
- C-Säulen-Verkleidung ausbauen, siehe entsprechendes Kapitel.

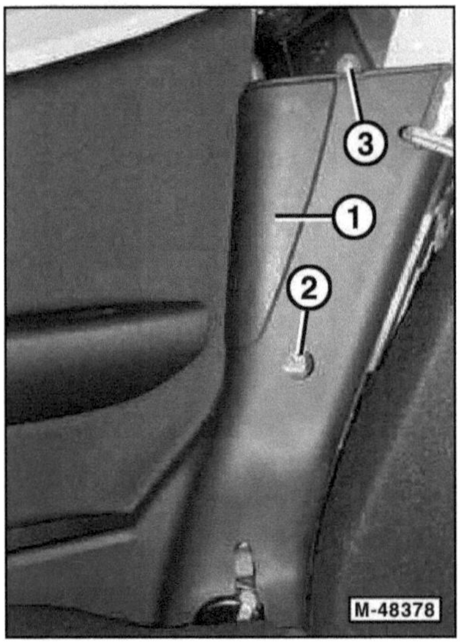

- Mit einem Kunststoffkeil Abdeckkappe aus der Verkleidung heraushebeln und dahinter sitzende Schraube –2– herausdrehen. **Achtung:** Schraube vor Herabfallen sichern.
- Obere Schraube –3– für Sidebag-Einheit –1– herausdrehen.
- Sidebag-Einheit –1– vorsichtig soweit abnehmen, dass die Steckverbindungen zugänglich sind.
- Masseverbindung von der Sidebag-Einheit trennen.
- Stecker entriegeln und von der Zündpille der Sidebag-Einheit abziehen.
- Sidebag-Einheit aus dem Fahrzeug herausnehmen und so ablegen, dass die Austrittsseite nach oben gerichtet ist.

Einbau

Der Einbau erfolgt in umgekehrter Ausbaureihenfolge. Dabei ist Folgendes zu beachten:

- Sidebag-Einheit mit **3 Nm** an der Seitenwand festschrauben.
- Bei Austausch der Sidebag-Einheit Diagnosegerät anschließen und Fehlerspeicher auslesen (Werkstattarbeit).

Verkleidung C-Säule/A-KLASSE, 5-Türer

Ausbau

Achtung: Bei Fahrzeugen mit Kopfairbag unbedingt Airbag-Sicherheitshinweise beachten, siehe Seite 125.

- **Um ein Auslösen des Kopfairbags zu verhindern, Batterie abklemmen. Achtung: Hinweise im Kapitel »Batterie aus- und einbauen« beachten.**
- **Batterieminuspol isolieren.**
- Rücksitz nach vorne umklappen.
- Schraube aus der Seitenwand herausdrehen und Gurtendbeschlag für äußeren Sicherheitsgurt abnehmen.
- Rücksitzlehne entriegeln und nach vorne klappen.
- Türdichtung im oberen Bereich der C-Säule vom Türrahmen abziehen.

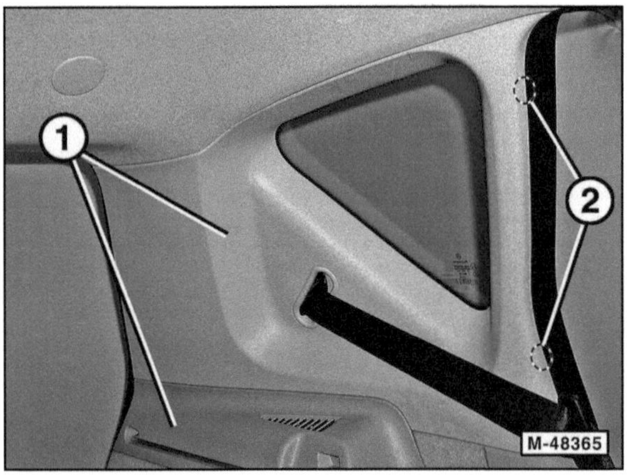

- Mit einem Kunststoffkeil C-Säulen-Verkleidung –1– aus den Halteklammern –2– lösen.
- Heckklappe öffnen, Laderaumabdeckung entriegeln und herausnehmen.
- Mit einem Kunststoffkeil C-Säulen-Verkleidung im hinteren Bereich ausclipsen.

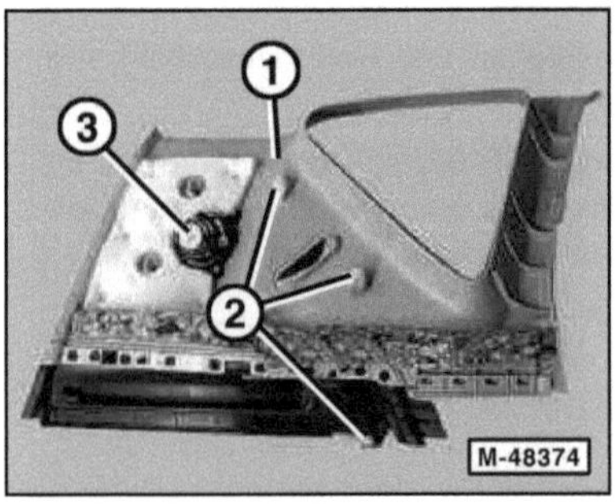

- C-Säulen-Verkleidung –1– vorsichtig von der C-Säule ziehen, dabei werden die Halteclips –2– an der Rückseite der Verkleidung herausgezogen.
- Falls eingebaut, Stecker vom Lautsprecher –3– abziehen.

- Sicherheitsgurt durch die Öffnung in der C-Säulen-Verkleidung –1– herausziehen und Verkleidung abnehmen.

Einbau

Der Einbau erfolgt in umgekehrter Ausbaureihenfolge. Dabei ist Folgendes zu beachten:

- Die C-Säulen-Verkleidung muss korrekt unter der Dichtung im Heckklappenrahmen sitzen.
- Gurtendbeschlag mit **32 Nm** an der Seitenwand festschrauben.

Verkleidung C-Säule/A-KLASSE, 3-Türer

Ausbau

Achtung: Bei Fahrzeugen mit Kopfairbag unbedingt Airbag-Sicherheitshinweise beachten, siehe Seite 125.

- **Um ein Auslösen des Kopfairbags zu verhindern, Batterie abklemmen. Achtung: Hinweise im Kapitel »Batterie aus- und einbauen« beachten.**
- **Batterieminuspol isolieren.**
- Rücksitz nach vorne umklappen.
- Schraube aus der Seitenwand herausdrehen und Gurtendbeschlag für äußeren Sicherheitsgurt abnehmen.
- Rücksitzlehne entriegeln und nach vorne klappen.
- Heckklappe öffnen, Laderaumabdeckung entriegeln und herausnehmen.

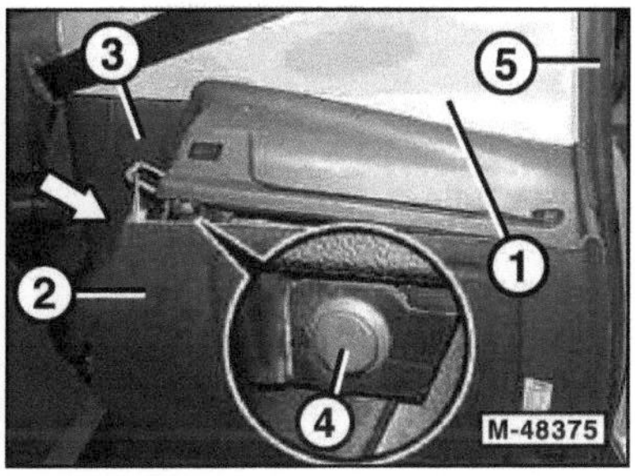

- Mit einem Kunststoffkeil Laderaumverkleidung –2– im vorderen Bereich –Pfeil– von der hinteren Seitenverkleidung –3– abclipsen. 5 – Heckklappendichtung.
- Mit einem Kunststoffkeil Laderaumverkleidung –2– oben von der C-Säulen-Verkleidung –1– abclipsen und soweit herunterziehen, bis der dahinter sitzende Spreizclip –4– herausgezogen werden kann.

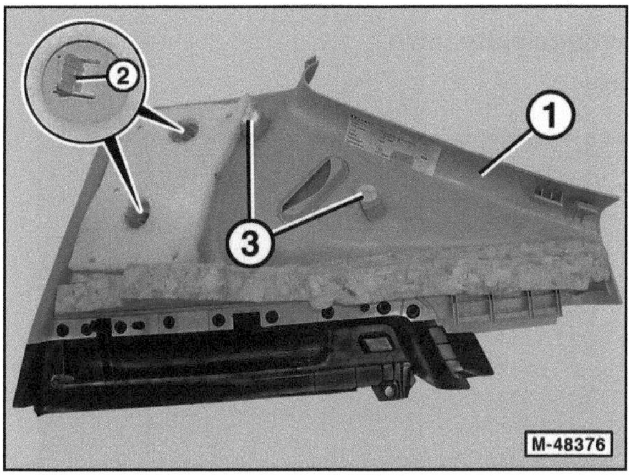

- C-Säulen-Verkleidung –1– an den Haltelaschen –2– und den Halteclips –3– von der C-Säule ziehen.
- C-Säulen-Verkleidung vorsichtig von der Dachverkleidung trennen. **Hinweis:** An der Verbindungsstelle greifen Laschen in die Dachverkleidung.
- Sicherheitsgurt durch die Öffnung in der C-Säulen-Verkleidung herausziehen und Verkleidung abnehmen.

Einbau

Der Einbau erfolgt in umgekehrter Ausbaureihenfolge. Dabei ist Folgendes zu beachten:

- Auf richtigen Sitz der Laschen der C-Säulen-Verkleidung in der Dachverkleidung achten.
- Die C-Säulen-Verkleidung sowie die Laderaumverkleidung muss korrekt unter der Dichtung im Heckklappenrahmen sitzen. Dichtung mit einem Kunststoffkeil ausrichten.
- Gurtendbeschlag mit **32 Nm** an der Seitenwand festschrauben.

Einstiegsleiste vorn

Ausbau

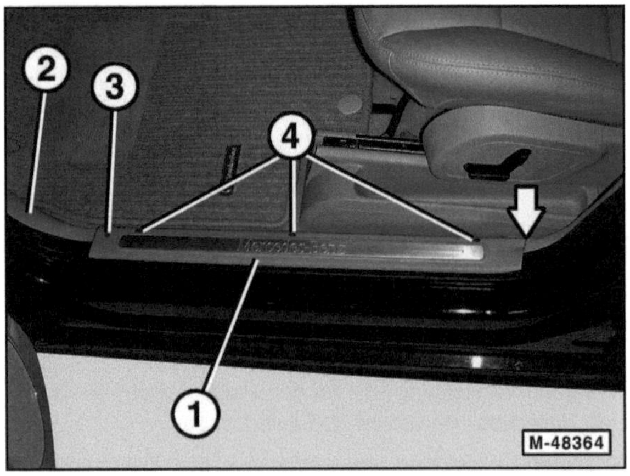

- Kunststoffkeil zwischen Einstiegsleiste –1– und untere A-Säulenverkleidung –2– führen und Einstiegsleiste von der A-Säulenverkleidung lösen. Dabei wird der Halteclip –3– an der Rückseite der Einstiegsleiste herausgezogen. **Hinweis:** Beschädigten Halteclip ersetzen.
- Kunststoffkeil zwischen Einstiegsleiste –1– und Türschweller führen und Einstiegsleiste aus den Halteklammern –4– herausdrücken. **Achtung:** Dabei vorne an der Einstiegsleiste beginnen.
- Einstiegsleiste nach vorne abnehmen. Dabei wird der Zapfen –Pfeil– hinten an der Einstiegsleiste unter der Verkleidung an der B-Säule herausgezogen.

Einbau

- Einstiegsleiste von vorne auf den Türschweller aufsetzen und dabei Zapfen –Pfeil– hinten an der Einstiegsleiste unter die Verkleidung an der B-Säule schieben.
- Einstiegsleiste auf den Türschweller aufdrücken und in den Halteklammern –4– einrasten.

Einstiegsleiste hinten/5-Türer

Ausbau

- Kunststoffkeil zwischen Einstiegsleiste und hinterer Seitenverkleidung führen und Einstiegsleiste im hinteren Bereich von der Seitenverkleidung lösen. Dabei wird der Halteclip hinten an der Rückseite der Einstiegsleiste herausgezogen. **Hinweis:** Beschädigten Halteclip ersetzen.
- Kunststoffkeil zwischen Einstiegsleiste und Türschweller führen und Einstiegsleiste aus den Halteklammern herausdrücken. **Achtung:** Dabei hinten an der Einstiegsleiste beginnen.
- Einstiegsleiste nach hinten abnehmen. Dabei wird der Zapfen vorne an der Einstiegsleiste unter der Verkleidung an der B-Säule herausgezogen.

Einbau

- Halteclip in die Aufnahme an der Rückseite der Einstiegsleiste schieben.
- Einstiegsleiste von hinten auf den Türschweller aufsetzen und dabei Zapfen vorne unter die Verkleidung an der B-Säule schieben.
- Einstiegsleiste auf den Türschweller aufdrücken und in den Halteklammern einrasten.

Verkleidung Heckabschluss

Ausbau

- Heckklappe öffnen.

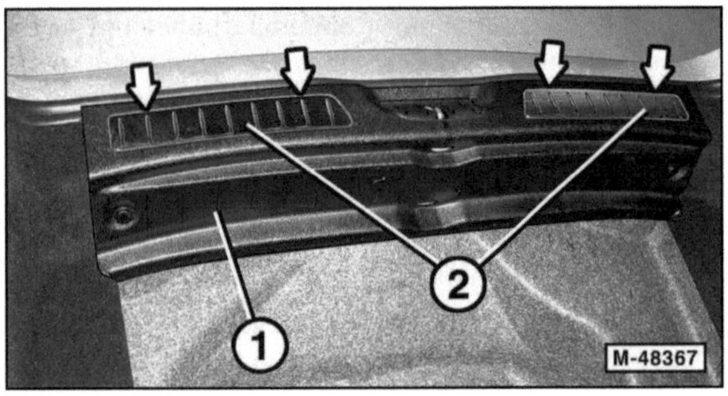

- **B-KLASSE:** Je nach Ausstattung Chromleisten –2– mit einem Kunststoffkeil von der Verkleidung –1– abhebeln. Chromleisten dabei zuerst hinten abhebeln –Pfeile–.

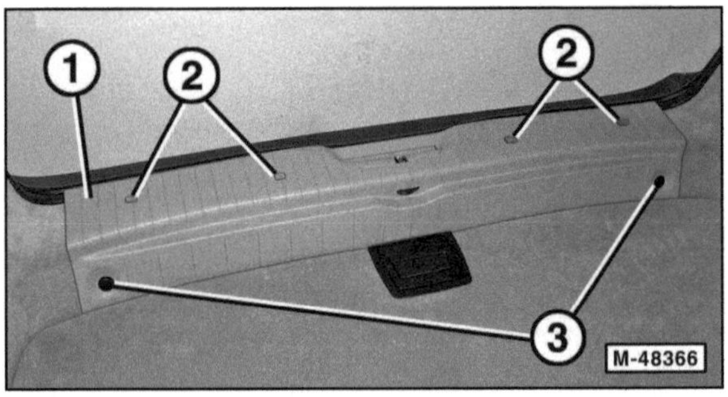

- Mit einer spitzen Zange Halteclips –2– aus der Verkleidung –1– herausziehen.
- Bodenbelag im Laderaum anheben und gegen Herunterklappen sichern.
- 2 Spreizclips –3– herausziehen.
- Verkleidung –1– nach vorne in den Laderaum kippen. Dadurch werden die Rasthaken an der Rückseite der Verkleidung aus den Aussparungen im Heckabschlussblech ausgehängt.
- Verkleidung –1– vom Heckabschluss abnehmen.

Einbau

- Beschädigte Clips ersetzen.
- Verkleidung –1– mit den Rasthaken am Heckabschluss einhängen und nach hinten kippen.
- Der weitere Einbau erfolgt in umgekehrter Ausbaureihenfolge.

Vordersitz aus- und einbauen

Ausbau

Achtung: Bei Fahrzeugen mit Seitenairbag unbedingt Airbag-Sicherheitshinweise beachten, siehe Seite 125.

- **Um ein Auslösen des Seitenairbags zu verhindern, Batterie abklemmen. Achtung: Hinweise im Kapitel »Batterie aus- und einbauen« beachten.**
- **Batterieminuspol isolieren.**
- Verriegelungslasche drücken und Kopfstütze ganz in die Sitzlehne einschieben.
- Vordersitz ganz nach vorne stellen sowie auf höchste Sitzposition.

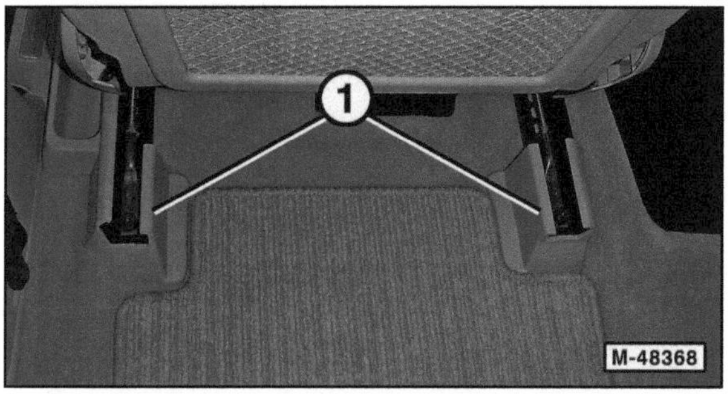

- Abdeckkappen –1– über den Sitzschienen am Fahrzeugboden nach hinten abziehen.

Hinweis: Die Abbildung zeigt einen elektrisch verstellbaren Vordersitz. Nicht die Schrauben der Verstellschienen herausdrehen.

- Darunter sitzende Schrauben herausdrehen.
- Vordersitz ganz nach hinten stellen.
- Falls eingebaut, Feuerlöscher herausnehmen.
- Steckverbindung am Fahrzeugboden entriegeln und trennen. **Achtung:** Vor dem Trennen der Steckverbindung elektrostatische Aufladung abbauen. Dazu kurz den Schließbügel der Tür oder die Karosserie anfassen.
- Abdeckkappen über den Sitzschienen am Fahrzeugboden nach vorne abziehen.
- 2 Schrauben vorne herausdrehen.
- Türschweller zum Schutz mit Decken abdecken.
- Vordersitz mit einem Helfer aus dem Fahrzeug herausheben.

Einbau

Der Einbau erfolgt in umgekehrter Ausbaureihenfolge. Dabei ist Folgendes zu beachten:

- Vordersitz mit **neuen selbstsichernden Schrauben** und **50 Nm** festziehen.

Rücksitz aus- und einbauen

Rücksitzbank

Ausbau

- Vordersitz ganz nach vorne stellen.

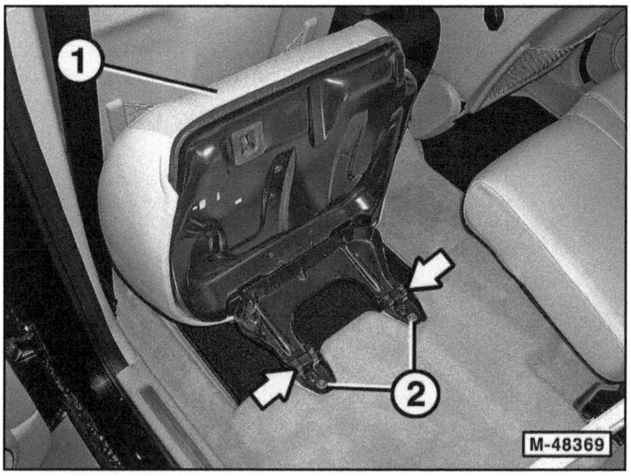

- ⅓-Rücksitz –1– nach vorne umklappen.
- Schrauben –2– Fahrzeugboden herausdrehen und Rücksitz aus dem Fahrzeug herausheben.

Hinweis: Die ⅔-Rücksitzbank wird in gleicher Weise ausgebaut.

Einbau

- Rücksitz so auf den Fahrzeugboden setzen, dass die Führungsbolzen –Pfeile– in das Sitzgestänge eingreifen.
- Rücksitz mit **27 Nm** festschrauben.

Rücksitzlehne

Hinweis: Hier wird der Ausbau der rechten ⅔-Lehne beschrieben. Bei der linken Lehne in gleicher Weise vorgehen.

Ausbau

- Heckklappe öffnen, Laderaumabdeckung entriegeln und herausnehmen.
- Beide Rücksitzlehnen entriegeln und nach vorne klappen.

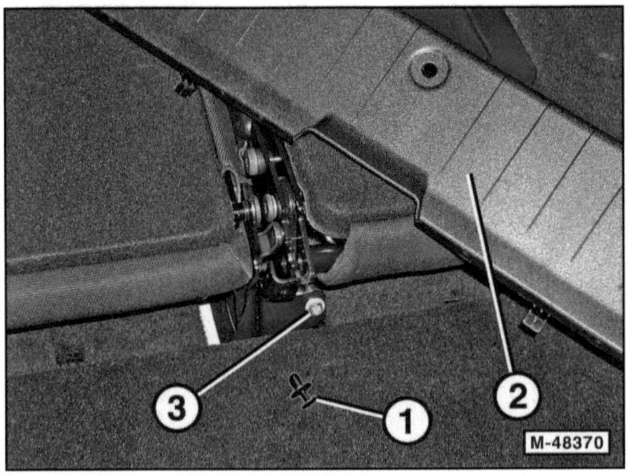

- Spreizclip –1– herausziehen, Blende hinten –2– an beiden Außenseiten nach oben drücken und entriegeln. Blende nach oben abnehmen.
- Schraube –3– hinten am Mittellager herausdrehen.
- Beide Rücksitzlehnen zurückklappen. Dabei die rechte Lehne nicht verriegeln.

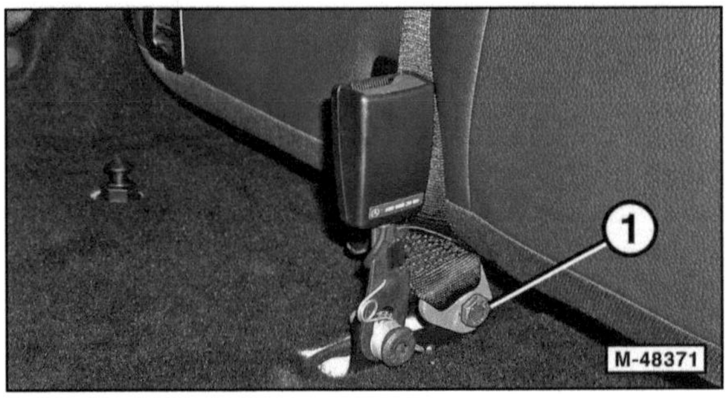

- Schraube –1– herausdrehen und Gurtendbeschlag für rechten Sitz vom Boden abnehmen.

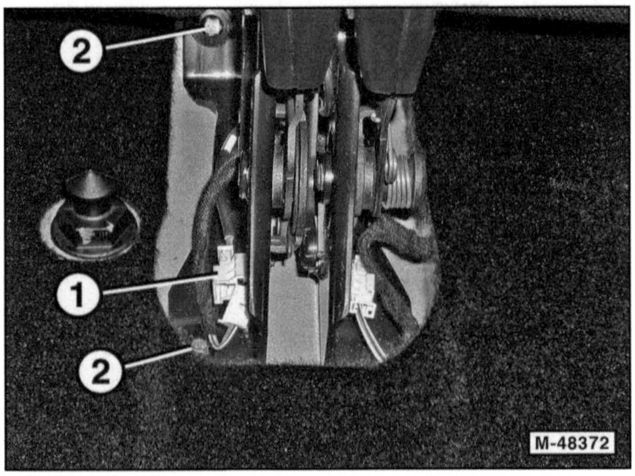

- Vorne am Mittellager Steckverbindung –1– für rechte Lehne trennen, aus der Halterung nehmen und zur Seite legen.
- 2 Schrauben –2– am Mittellager herausdrehen.
- Beide Rücksitzlehnen erneut nach vorne klappen.

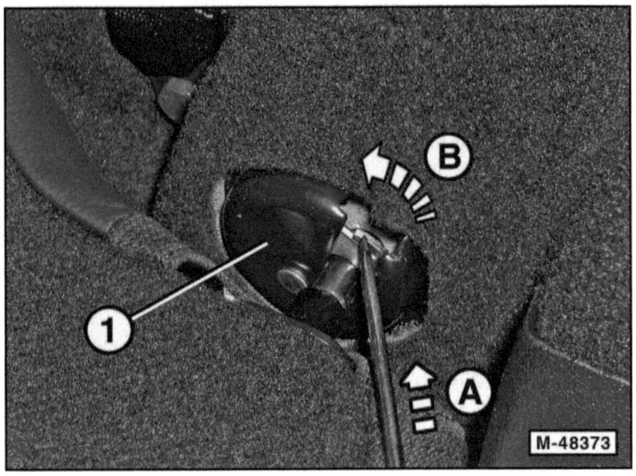

- Außenlager –1– an der rechten Seite entriegeln. Dazu mit einem Schraubendreher die Sicherung eindrücken –Pfeil A– und gleichzeitig nach vorne drücken –Pfeil B–.
- Rechte Rücksitzlehne mit einem Helfer aus dem Außenlager herausziehen, vorsichtig vom Fahrzeugboden abheben und aus dem Fahrzeug herausziehen. Darauf achten, dass die Lehne nicht nach vorne klappt und die Fahrzeugkarosserie nicht beschädigt wird.

Einbau

- Rücksitzlehne mit einem Helfer in das Fahrzeug heben und im Außenlager einhängen. Darauf achten, dass die Lehne korrekt im Außenlager sitzt und die Verriegelung richtig einrastet.
- Der weitere Einbau erfolgt in umgekehrter Ausbaureihenfolge.
- **Anzugsdrehmomente:**
  Schrauben vorne am Mittellager . . . . **50 Nm**
  Schraube für Gurtendbeschlag . . . . **32 Nm**
  Schraube hinten am Mittellager . . . . **27 Nm**

Karosserie außen

Aus dem Inhalt:

- Kotflügel auswechseln
- Stoßfänger abbauen
- Unterbodenabdeckungen
- Motorhaube
- Heckklappe
- Außenspiegel
- Türen ausbauen
- Türverkleidung
- Fensterhebermotor

Bei der selbsttragenden Karosserie der A- und B-KLASSE sind Bodengruppe, Seitenteile, Dach und die hinteren Kotflügel miteinander verschweißt. Die Reparatur größerer Karosserieschäden sowie das Auswechseln von Front- und Heckscheibe sollten von einer Fachwerkstatt durchgeführt werden. Alle Karosserieteile sind gegen Durchrostung verzinkt.

Motorhaube, Heckklappe, Türen und die vorderen Kotflügel sind angeschraubt und lassen sich auswechseln. Beim Einbau ist unbedingt ein gleichmäßiger Luftspalt einzuhalten, sonst klappert beispielsweise die Tür, oder es können während der Fahrt erhöhte Windgeräusche auftreten. Der Luftspalt muss auf jeden Fall parallel verlaufen, das heißt, der Abstand zwischen den Karosserieteilen muss auf der gesamten Länge des Spaltes gleich groß sein. Abweichungen bis zu 1 mm sind zulässig.

Achtung: Wenn im Rahmen von Arbeiten an der Karosserie auch Arbeiten an der elektrischen Anlage durchgeführt werden, **grundsätzlich** die Batterie abklemmen. Dazu Hinweise im Kapitel »Batterie aus- und einbauen« durchlesen. Als Arbeit an der elektrischen Anlage ist dabei schon zu betrachten, wenn eine elektrische Leitung vom Anschluss abgezogen beziehungsweise abgeklemmt wird.

Sicherheitshinweise bei Karosseriearbeiten

Sicherheitshinweis
Bei Karosseriearbeiten entstehen oft starke Erschütterungen, beispielsweise durch Hammerschläge. Deshalb immer Zündung ausschalten und Batterie abklemmen, sonst kann der Airbag ausgelöst werden. Airbag-Sicherheitshinweise durchlesen, siehe Seite 125.

- Muss an der Karosserie geschweißt werden, soll dies grundsätzlich durch Widerstandspunktschweißen (RP) durchgeführt werden. Nur wenn sich die Schweißzange nicht ansetzen lässt, ist das Schutzgas-Schweißverfahren anzuwenden.
- So weit Schweißarbeiten oder andere funkenerzeugende Arbeiten durchgeführt werden, grundsätzlich die Batterie abklemmen und Batterieminuspol (–) mit Klebeband isolieren. Bei Arbeiten in Batterienähe muss die Batterie ausgebaut werden. **Achtung:** Unbedingt Hinweise im Kapitel »Batterie aus- und einbauen« beachten.
- **Fahrzeuge mit Klimaanlage:** An Teilen der befüllten Klimaanlage darf weder geschweißt noch hart- oder weichgelötet werden. Das gilt auch für Schweiß- und Lötarbeiten am Fahrzeug, wenn die Gefahr besteht, dass sich Teile der Klimaanlage erwärmen.

Sicherheitshinweis
Der **Kältemittelkreislauf** der Klimaanlage darf **nicht geöffnet** werden, da das Kältemittel bei Hautberührung Erfrierungen hervorrufen kann.
Bei versehentlichem Hautkontakt, die Stelle sofort mindestens 15 Minuten lang mit kaltem Wasser spülen. Austretendes Kältemittel verdampft bei Umgebungstemperatur. Das Kältemittel ist farb- und geruchlos sowie schwerer als Luft. Da das Kältemittel nicht wahrnehmbar ist, besteht am Boden beziehungsweise in einer Montagegrube Erstickungsgefahr.

- **Lackierung trocknen:** Im Rahmen einer Reparatur-Lackierung darf das Fahrzeug im Trockenofen oder in der Vorwärmzone nicht über **+70° C** aufgeheizt werden. Sonst können elektronische Steuergeräte im Fahrzeug beschädigt werden. Außerdem kann dadurch in der Klimaanlage ein starker Überdruck entstehen, der möglicherweise zum Platzen der Anlage führt.
- **PVC-Unterbodenschutz entfernen:** Auf dem Unterboden ist ein PVC-Unterbodenschutz aufgetragen. Unterbodenschutz an der Reparaturstelle mit rotierender Drahtbürste entfernen oder mit einem Heißluftgebläse auf maximal +180° C erwärmen und mit einem Spachtel ablösen. **Achtung:** Durch Abbrennen beziehungsweise Erwärmen von PVC-Material über +180° C entsteht stark korrosionsfördernde Salzsäure, außerdem werden stark gesundheitsschädliche Dämpfe frei.

Hinweis: Zum Lösen von Tür- und Heckklappenverkleidungen einen **Kunststoffkeil** verwenden, zum Beispiel HAZET 1965-20. Clips, die beim Ausbau von Verkleidungen beschädigt werden, immer erneuern.

Steinschlagschäden an der Frontscheibe

Kleinere Schäden an der Frontscheibe, zum Beispiel durch Steinschlag verursacht oder Scheibenwischerstreifen, beeinträchtigen die Sicht und können zu **Folgeschäden** an der Scheibe (Risse) führen.

Selbst kleinste Steinschlagschäden sollten deshalb so bald wie möglich behoben werden. Verschiedene Firmen sind auf Reparaturen an Frontscheiben spezialisiert. Der Austausch der Scheibe kann auf diese Weise vermieden werden. Überdies werden die Kosten für die Scheibenreparatur auch von der Teilkaskoversicherung übernommen.

Spreizclips aus- und einbauen

Ausbau

Viele Abdeckungen sind mit Spreizclips befestigt. Aus- und Einbau weiterer Halteclips, siehe Seite 195.

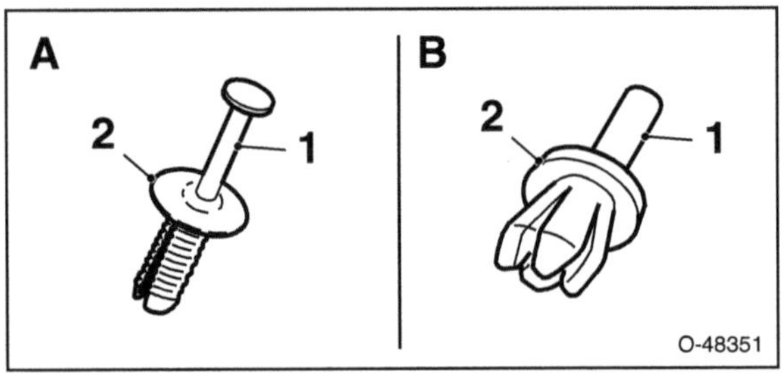

- A – Spreizclip mit Kappe: Bolzen –1– mit einem Schraubendreher heraushebeln.
- B – Spreizclip ohne Kappe: Bolzen –1– mit einem geeigneten Dorn durchdrücken. **Hinweis:** Der Bolzen muss dann unter Umständen ersetzt werden.
- Spreizclip –2– aus der Bohrung herausziehen.

Einbau

- Beschädigte oder fehlende Spreizclips durch Neuteile ersetzen.
- Spreizclip –2– in die Bohrung setzen und Bolzen –1– eindrücken. **Hinweis:** Dadurch werden die Clipnasen gespreizt und der Spreizclip sitzt sicher in der Bohrung.

Blindnieten aus- und einbauen

Zum Entfernen von Blindnieten (Popnieten) zunächst nur den Nietkopf vorsichtig ausbohren und dann die Niete mit einem Dorn aus der Bohrung heraustreiben. Dadurch wird verhindert, dass die Bohrung ausgeweitet wird.

Neue Niete in die Bohrung einsetzen und mit einer Blindnietzange festquetschen, die Niethülse muss denselben Durchmesser wie die Bohrung haben.

Häufig verwendete Nieten-Durchmesser: 2,4 mm, 3,2 mm, 4,0 mm und 4,8 mm.

Unterbodenabdeckung aus- und einbauen

Hinweis: Je nach Motor sind am Fahrzeug-Unterboden verschiedene Abdeckungen angebaut. Der Aus- und Einbau erfolgt im Prinzip immer auf die gleiche Weise.

Sicherheitshinweis
Beim Aufbocken des Fahrzeugs besteht Unfallgefahr! Hinweise im Kapitel »Fahrzeug aufbocken« beachten.

- Fahrzeug aufbocken.

Vordere Unterbodenabdeckung/B-KLASSE

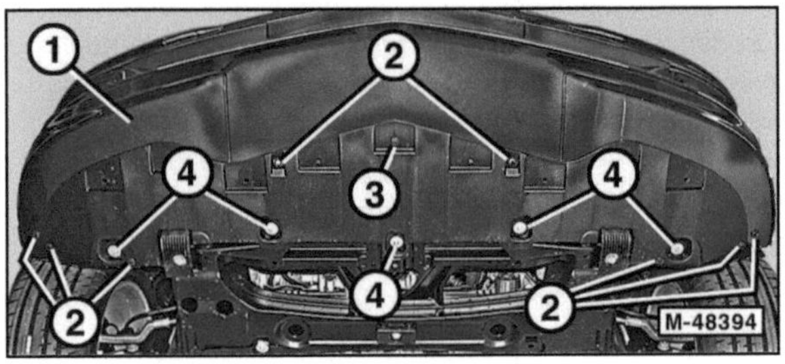

- Spreizclips –2– an den Radkästen und in der Mitte der Abdeckung –1– herausziehen.
- 6 Schrauben –3/4– herausdrehen.
- Vordere Abdeckung –1– vom Unterboden und von der Stoßfängerabdeckung abnehmen.

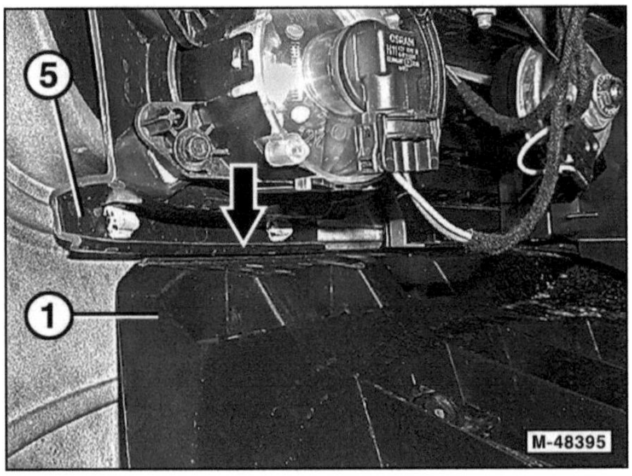

- Beim Einbau vordere Abdeckung –1– im Bereich der Nebelscheinwerfer herunterdrücken –Pfeil– und unter die Verstärkung –5– der Stoßfängerabdeckung schieben. Dazu ist ein Helfer nötig.

Unterbodenabdeckung/Dieselmotor

- **B-KLASSE:** Unterbodenabdeckung vorne abbauen, siehe entsprechenden Abschnitt.

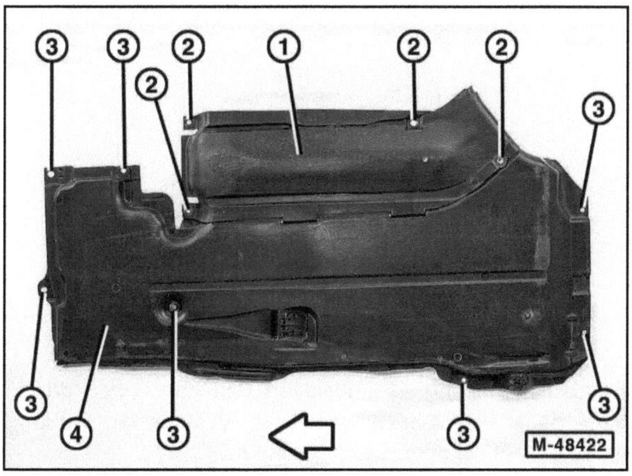

- Schrauben –2– herausdrehen und Serviceklappe –1– herunterklappen.
- Serviceklappe mit den Laschen aus der rechten Abdeckung –4– herausziehen und Serviceklappe vom Unterboden abnehmen.
- Schrauben –3– herausdrehen und rechte Abdeckung –4– vom Unterboden abnehmen.

Hinweis: Der Pfeil gibt die Fahrtrichtung an.

- Falls eingebaut, Halteklammer hinten zwischen rechter und linker Abdeckung abbauen.

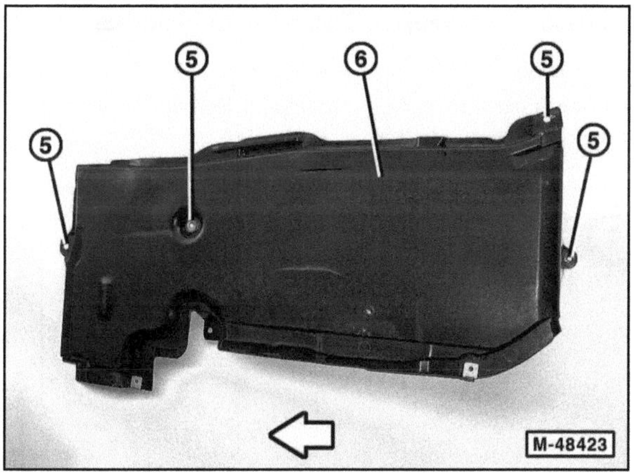

- Schrauben –5– herausdrehen und linke Abdeckung –6– vom Unterboden abnehmen.

Hinweis: Der Pfeil gibt die Fahrtrichtung an.

Unterbodenabdeckung hinten links/ A/B200 (Motor 266.960)

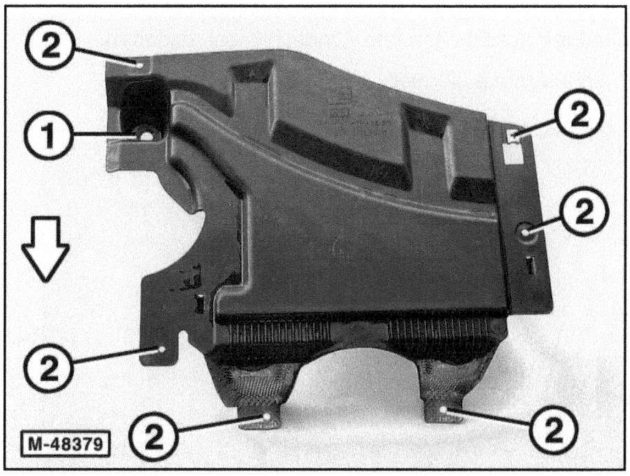

- 5 Schrauben –2– herausdrehen, Mutter –1– abschrauben und Abdeckung vom Unterboden abnehmen.

Hinweis: Der Pfeil gibt die Fahrtrichtung an.

Windlaufabdeckung aus- und einbauen

Ausbau

- Zündung ausschalten und Zündschlüssel abziehen.
- Wischerarme ausbauen, siehe Seite 68.

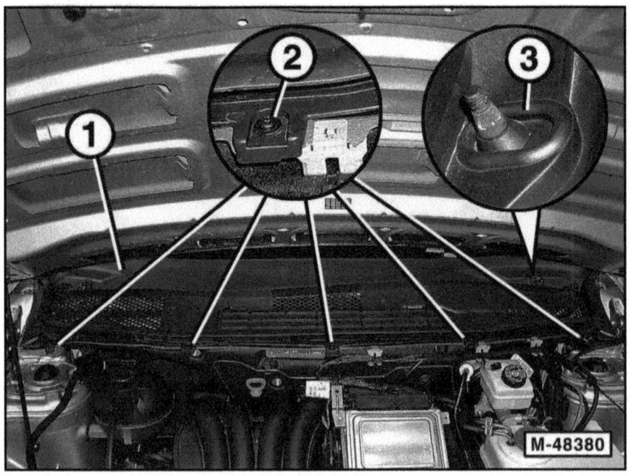

- Gummitüllen –3– an den Wischerwellen aus der Windlaufabdeckung –1– herausziehen.
- 5 Schrauben –2– vorne an der Windlaufabdeckung –1– herausdrehen.

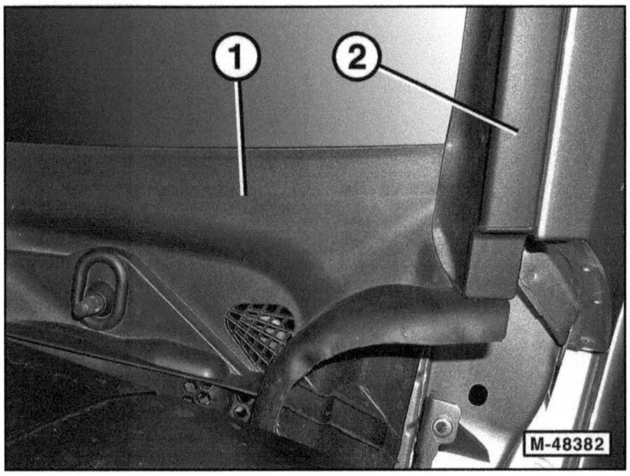

- Windlaufabdeckung –1– nach unten ziehen und Halteklammern von der Frontscheibe abziehen. Dabei die Enden der Dachzierleisten –2– etwas zur Seite drücken.
- Windlaufabdeckung von der Frontscheibe abnehmen. Wenn nötig, Motorhaube dabei etwas absenken.

Einbau

Achtung: Bei nicht korrektem Einbau der Windlaufabdeckung kann Wasser in den Fahrzeuginnenraum gelangen.

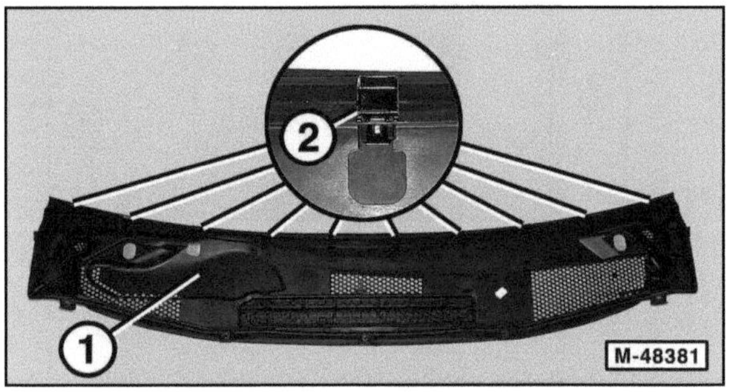

- Windlaufabdeckung –1– ansetzen und nach oben drücken, damit die Halteklammern –2– unter in die Frontscheibe eingeschoben werden können.
- Windlaufabdeckung an den Seiten unter die Dachzierleisten schieben.
- Beide Gummitüllen in die Windlaufabdeckung eindrücken, dabei auf korrekten Sitz achten.
- Der weitere Einbau erfolgt in umgekehrter Ausbaureihenfolge.

Lüftungsgitter in der Motorhaube aus- und einbauen

Ausbau

- Zündung ausschalten und Zündschlüssel abziehen.
- Motorhaube öffnen und abstützen.
- An der Rückseite der Motorhaube 3 Schrauben für Lüftungsgitter herausdrehen.

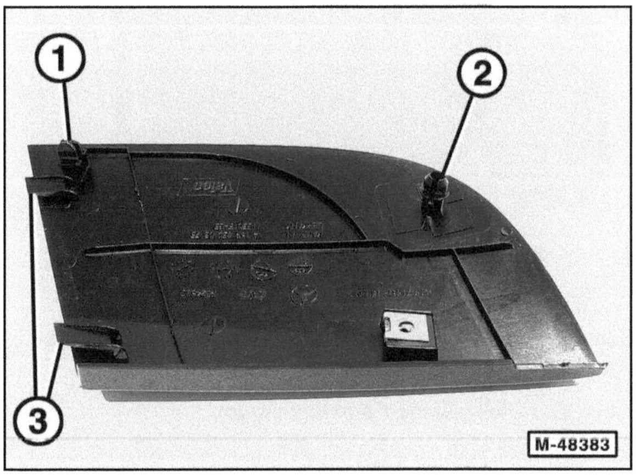

- Kunststoffkeil zwischen Motorhaube und seitlicher Lüftungsgitter-Blende führen.
- Clips –1/2– vorsichtig aus der Motorhaube heraushebeln. Dabei Blende leicht bewegen. **Hinweis:** Beim Rechteck-Clip –1– Keil mit der Stoßkante gegen den Clip drücken.

- Blende von der Motorhaube abziehen, dabei Haltelaschen –3– unter dem Lüftungsgitter hervorziehen. **Hinweis:** Beim Einbau Haltelaschen unter das Lüftungsgitter schieben.

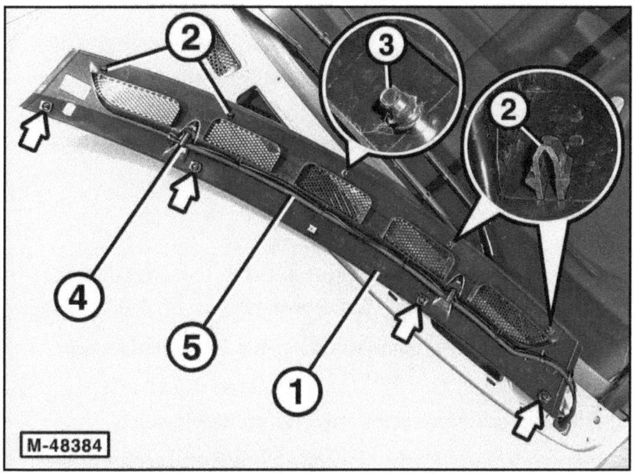

- An der Rückseite der Motorhaube 4 Rundclips –Pfeile– mit einer 7er Nuss herausdrücken.
- Mit einem Kunststoffkeil 4 Rechteck-Clips –2– und Rundclip –3– vorsichtig aus der Motorhaube heraushebeln.
- Lüftungsgitter –1– von der Motorhaube abnehmen und mit angeschlossenen Leitungen vorsichtig ablegen.
- Spritzdüsen –4– am Lüftungsgitter ausclipsen, siehe Seite 65.
- An der Rückseite des Lüftungsgitters –1– Wasserschlauch –5– und Leitung aus den Halterungen ziehen und zusammen mit den Spritzdüsen –4– vom Lüftungsgitter abnehmen.

Einbau

- Der Einbau erfolgt in umgekehrter Ausbaureihenfolge.

Stoßfängerabdeckung vorn aus- und einbauen

Ausbau

- Motorhaube öffnen und gegen Herunterklappen sichern.
- **Ab 6/2008:** Clip –5– in der Mitte der Kühlerverkleidung –1– ausbauen, siehe Abbildung M-48622.

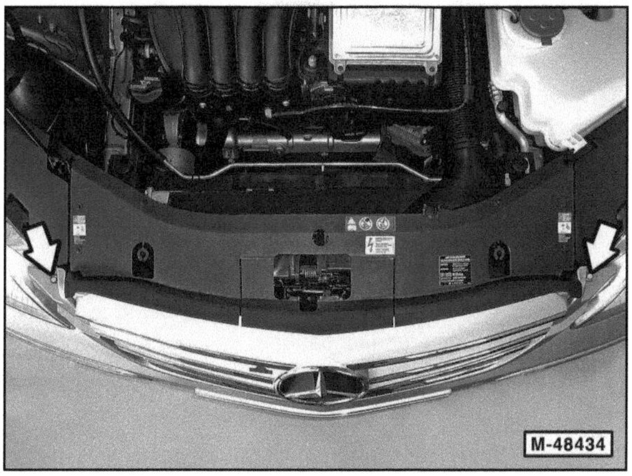

- Schrauben –Pfeile– am Kühlergrill herausdrehen.
- Fahrzeug aufbocken.

> **Sicherheitshinweis**
> Beim Aufbocken des Fahrzeugs besteht Unfallgefahr! Hinweise im Kapitel »Fahrzeug aufbocken« beachten.

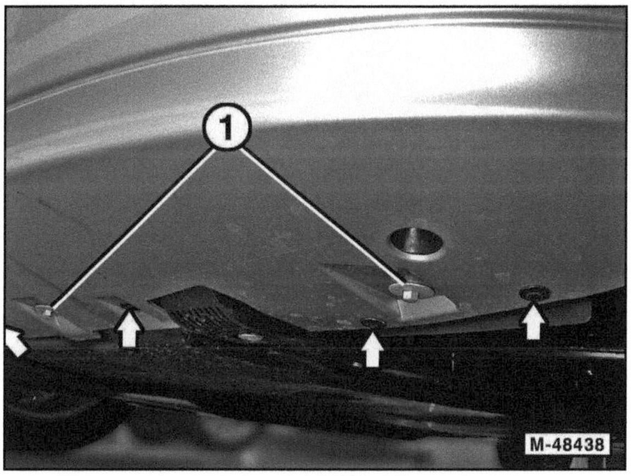

- Schrauben –1– unten aus der Stoßfängerabdeckung herausdrehen. Modell **bis 5/2008:** 5 Schrauben, Modell **ab 6/2008:** 3 Schrauben.
- Spreizclips –Pfeile– aus der Stoßfängerabdeckung herausziehen.

- Schraube –1– an der Trennfuge Stoßfängerabdeckung/Kotflügel herausdrehen.
- Spreizclips am Innenkotflügel ausbauen, siehe Kapitel »Innenkotflügel aus- und einbauen«.
- Innenkotflügel aus der Stoßfängerabdeckung herausheben.
- Temperaturfühler für Außentemperaturanzeige aus der Stoßfängerabdeckung herausziehen.
- **Fahrzeuge mit Einparksensoren:** Steckverbindung trennen.
- Steckverbindungen für beide Nebelscheinwerfer trennen.
- Stoßfängerabdeckung vorn aus den Seitenführungen herausziehen und mit einem Helfer abnehmen. Dabei Entriegelungshaken für Motorhaube durch den Kühlergrill hindurchführen.

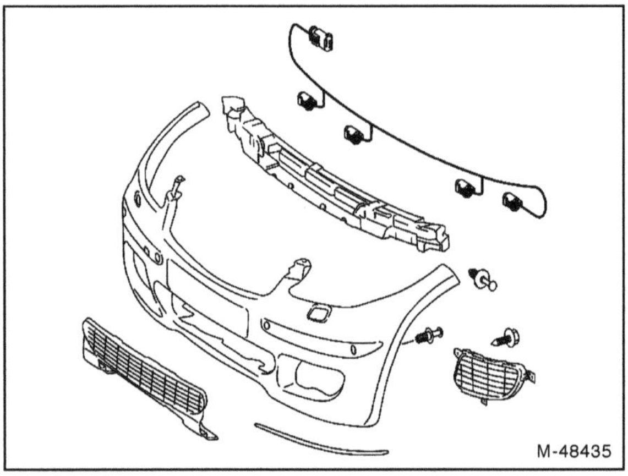

- Stoßfängerabdeckung gegebenenfalls zerlegen.

Einbau

Der Einbau erfolgt in umgekehrter Ausbaureihenfolge. Dabei ist Folgendes zu beachten:

- Die Stoßfängerabdeckung muss in die Zapfen des Kotflügels einrasten.
- Spaltmaße prüfen. Der Spalt zu den angrenzenden Karosserieteilen soll jeweils gleichmäßig breit sein und parallel verlaufen.

  Spaltmaße/A-KLASSE, Sollwerte:
  Stoßfängerabdeckung – Motorhaube . . . . $5{,}0^{+2{,}5}$ mm
  Stoßfängerabdeckung – Scheinwerfer . . . . $3{,}0^{\pm 1{,}0}$ mm

  Spaltmaße/B-KLASSE, Sollwerte:
  Stoßfängerabdeckung – Motorhaube . . . . $6{,}0^{\pm 1{,}5}$ mm
  Stoßfängerabdeckung – Scheinwerfer . . . . $4{,}0^{\pm 1{,}0}$ mm
- Gegebenenfalls Funktionsprüfung für Einparkhilfe durchführen.
- Einstellung der Nebelscheinwerfer kontrollieren.
- Scheinwerfereinstellung von der Werkstatt prüfen lassen und gegebenenfalls korrigieren.

Hinweise zur B-KLASSE: Nach dem Ausbau des Innenkotflügels Schraube am Klemmbügel herausdrehen. Klemmbügel nach innen schwenken und abnehmen.

Kühlerverkleidung aus- und einbauen

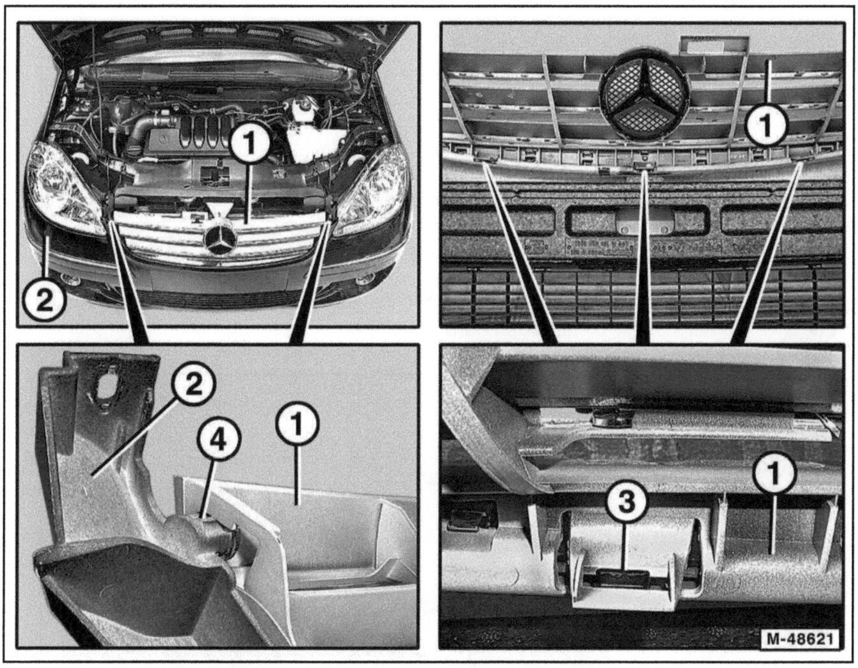

Bis 5/2008

1 – **Kühlerverkleidung**
2 – **Stoßfänger**
3 – **Rasthaken**
4 – **Führung**

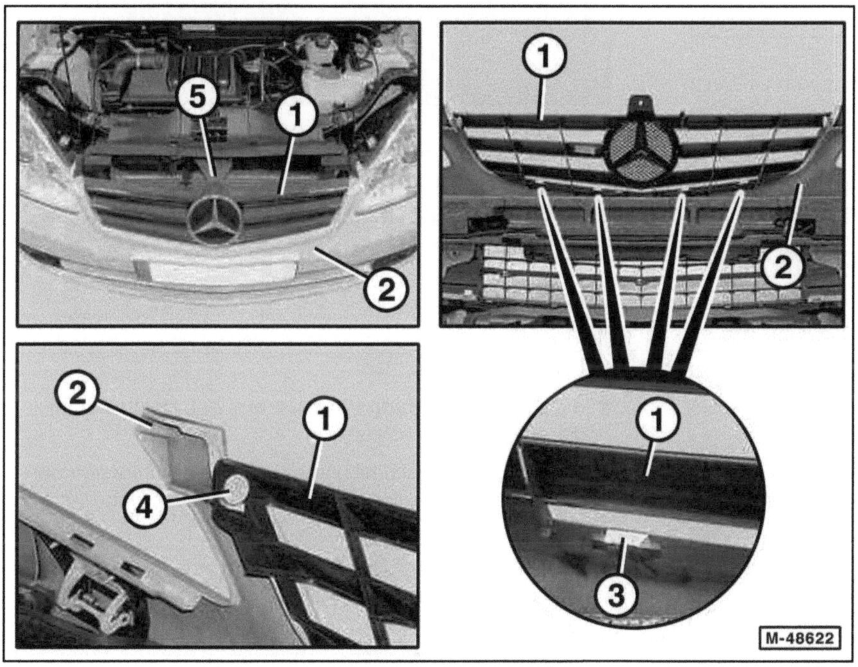

Ab 6/2008

1 – **Kühlerverkleidung**
2 – **Stoßfänger**
3 – **Rasthaken**
4 – **Führung**
5 – **Clip**
Nur Modell ab 6/2008.

Ausbau

- Motorhaube öffnen und gegen Herunterklappen sichern.
- **Ab 6/2008:** Clip –5– in der Mitte der Kühlerverkleidung –1– ausbauen.
- Rasthaken –3– von außen mit geeignetem Werkzeug entriegeln und Kühlerverkleidung –1– zum Kühler hin schwenken. **Achtung:** Kühlerverkleidung –1– nicht zu weit schwenken, da sonst der Kühler beschädigt werden kann.

Hinweis: Bei Fahrzeugen bis 5/2008 ist die Kühlerverkleidung –1– mit drei Rasthaken –3–, bei Fahrzeugen ab 6/2008 ist sie mit vier Rasthaken –3– befestigt.

- Kühlerverkleidung –1– aus den Führungen –4– und aus dem Stoßfänger –2– herausnehmen.

Einbau

- Der Einbau erfolgt in umgekehrter Ausbaureihenfolge. Beim Einsetzen der Kühlerverkleidung den Griff des Sicherungshakens in die Kühlerverkleidung –1– einführen.

Stoßfängerabdeckung hinten aus- und einbauen

Ausbau

- Fahrzeug aufbocken.

> **Sicherheitshinweis**
> Beim Aufbocken des Fahrzeugs besteht Unfallgefahr! Hinweise im Kapitel »Fahrzeug aufbocken« beachten.

- Heckklappe öffnen. Spreizclips –B– unten vom Innenkotflügel herausziehen. C – Obere Schrauben für Stoßfängerabdeckung.
- Innenkotflügel anheben und darunterliegende Schrauben –A– für Stoßfängerabdeckung herausdrehen.

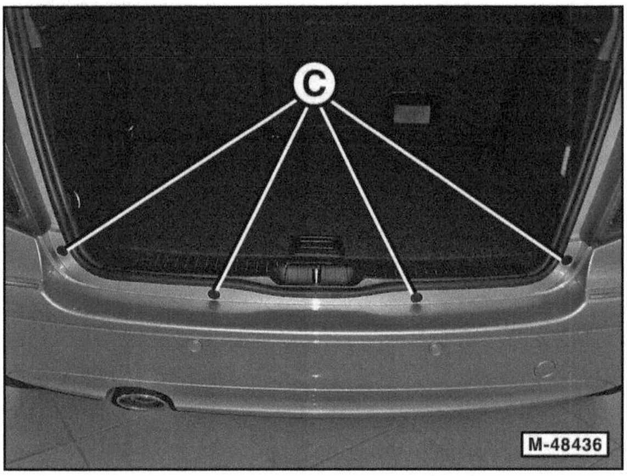

- Abdeckkappen –C– von Hand abnehmen und darunter liegende Schrauben herausdrehen. **Achtung:** Den Lack dabei nicht beschädigen.

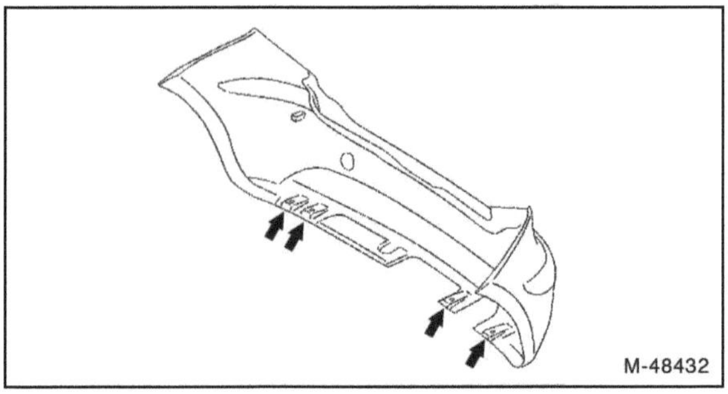

- 4 Schrauben –Pfeile– für Stoßfängerabdeckung am Unterboden herausdrehen.

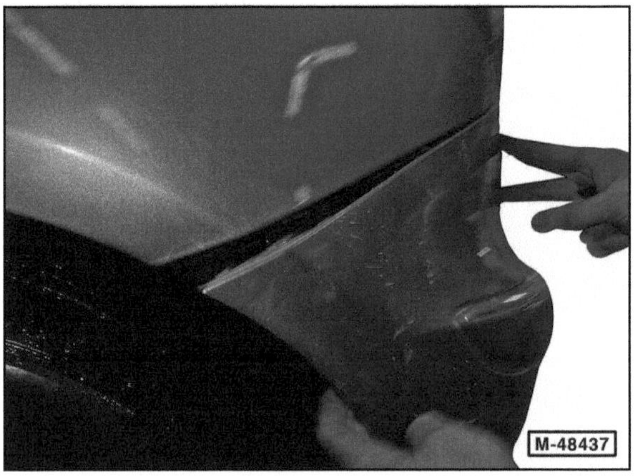

- Stoßfängerabdeckung seitlich aus den Seitenführungen ausclipsen und mit Helfer abnehmen.
- **Fahrzeuge mit Einparksensoren:** Steckverbindung trennen.

Einbau

Der Einbau erfolgt in umgekehrter Ausbaureihenfolge. Dabei ist Folgendes zu beachten:

- **Fahrzeuge mit Einparksensoren:** Auf festen Sitz der Steckverbindung achten.
- Ddie Stoßfängerabdeckung muss in den Führungen der Steckmuttern für die Schrauben –C– sitzen, siehe Abbildung M-48436.
- Spaltmaße prüfen. Der Spalt zu den angrenzenden Karosserieteilen soll jeweils gleichmäßig breit sein und parallel verlaufen.

  Spaltmaße, Sollwerte:
  Stoßfängerabdeckung – Heckleuchte . . . . $2{,}5^{\pm 1{,}0}$ mm
  Stoßfängerabdeckung – Heckklappe. . . . . $5{,}0^{\pm 2{,}0}$ mm
  Hinweis: Die Angaben gelten für beide Modelle der A-KLASSE sowie für die B-KLASSE.
- Gegebenenfalls Funktionsprüfung für Einparkhilfe durchführen.

Innenkotflügel vorn aus- und einbauen

Hinweis: Hier wird der Aus- und Einbau bei der A-KLASSE beschrieben. Hinweise für die B-KLASSE stehen am Ende des Kapitels.

Ausbau

Sicherheitshinweis
Beim Aufbocken des Fahrzeugs besteht Unfallgefahr! Hinweise im Kapitel »Fahrzeug aufbocken« beachten.

- Fahrzeug aufbocken.
- Vorderräder vollständig einschlagen.

Hinweis: Der Innenkotflügel besteht aus 2 Teilen, einem vorderen und einem hinteren Teil.

Innenkotflügel-Vorderteil

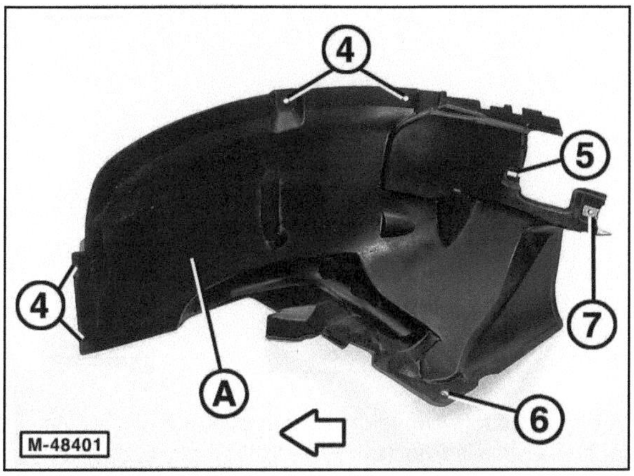

A – Innenkotflügel-Vorderteil
4 – 4 Spreizclips
5 – Drehverschluss-Aufnahme
6 – Kunststoffmutter
7 – Schraube/Klemmmutter

Innenkotflügel-Hinterteil

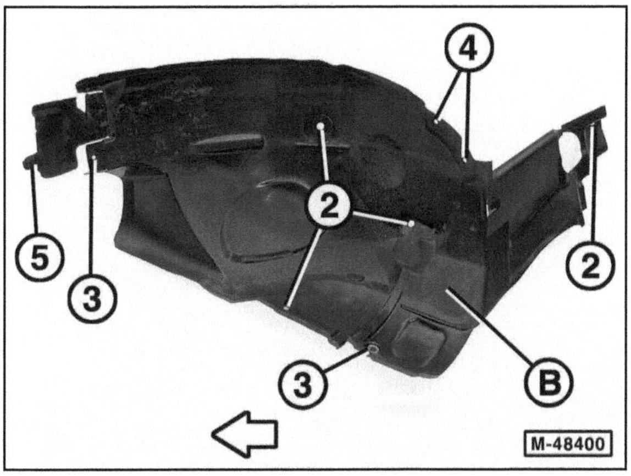

B – Innenkotflügel-Hinterteil
2 – 4 Kunststoffmuttern
3 – 2 Schrauben
4 – 2 Spreizclips
5 – Drehverschluss für Serviceklappe

Hinweis: Der Pfeil in den Abbildungen zeigt in Fahrtrichtung.

- Schraube –7– am Innenkotflügel-Vorderteil –A– herausdrehen. **Hinweis:** Die Schraube verbindet die beiden Innenkotflügelteile miteinander.
- Drehverschluss –5– drehen, Klappe entriegeln und vom Innenkotflügel-Vorderteil –A– lösen.
- Sämtliche Spreizclips –4– herausziehen.
- Mutter –6– am Vorderteil –A– herausschrauben.
- Klappe im Innenkotflügel-Hinterteil –B– nach unten ziehen und Vorderteil –A– nach unten aus dem Radkasten herausnehmen.
- Muttern –2– und Schrauben –3– im Innenkotflügel-Hinterteil –B– herausschrauben.
- Außenkante des Innenkotflügel-Hinterteils –B– nach innen aus dem Falz am Vorderkotflügel herausziehen und nach unten herausnehmen.

Einbau

- Der Einbau erfolgt in umgekehrter Ausbaureihenfolge. Beschädigte Spreizclips erneuern.

Speziell Innenkotflügel/B-KLASSE

Der Aus- und Einbau erfolgt in ähnlicher Weise wie bei der A-KLASSE. Bei der B-KLASSE befindet sich keine Serviceklappe im Innenkotflügel.

Innenkotflügel-Vorderteil: 2 Kunststoffmuttern abschrauben und 4 Spreizclips herausziehen.

Innenkotflügel-Hinterteil: 5 Kunststoffmuttern abschrauben, 2 Spreizclips herausziehen und 1 Schraube herausdrehen.

Kotflügel vorn aus- und einbauen

Ausbau

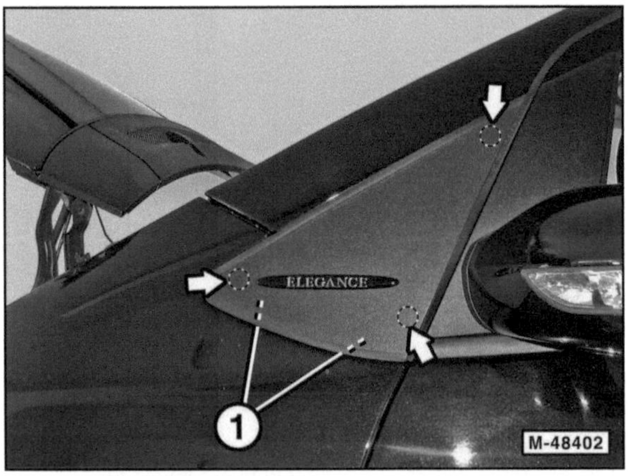

- Dreieck-Verkleidung mit Kunststoffkeil vorsichtig abdrücken. Dabei Keil möglichst nahe an den markierten Clips –Pfeile– ansetzen. Darunter sitzende Muttern –1– für Kotflügelbefestigung herausdrehen.

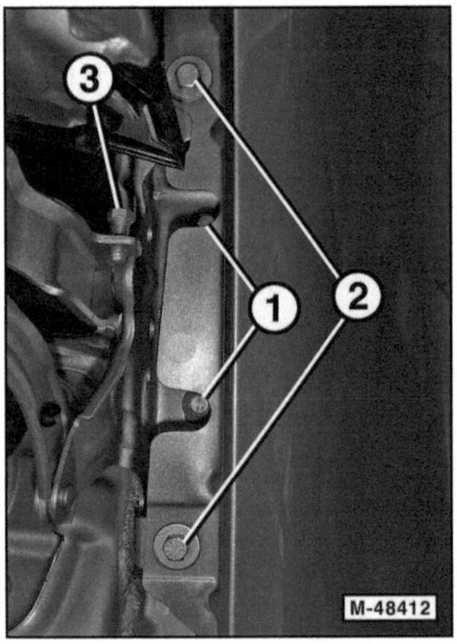

- Motorhaube öffnen und Schrauben –2– herausdrehen. 1 – Schrauben für Scharnier (A-KLASSE), 3 – Einstellschraube für Motorhaube.
- Fahrzeug aufbocken und Innenkotflügel-Hinterteil ausbauen, siehe entsprechendes Kapitel.

Sicherheitshinweis
Beim Aufbocken des Fahrzeugs besteht Unfallgefahr! Hinweise im Kapitel »Fahrzeug aufbocken« beachten.

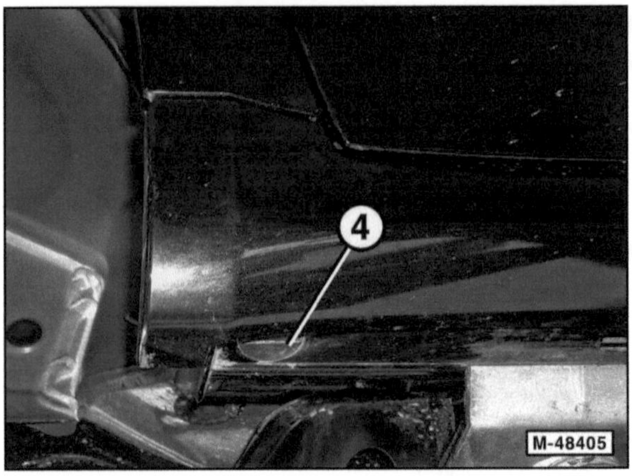

- Spreizclip –4– unten an der Längsträgerverkleidung ¼ Umdrehung drehen und abnehmen.

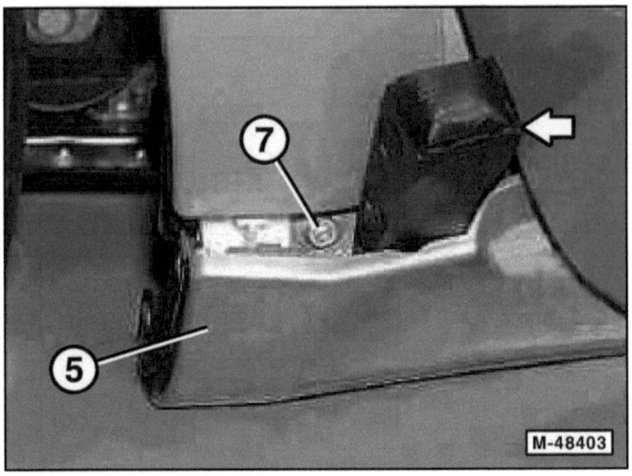

- Vordertür öffnen. Längsträgerverkleidung –5– vorne ausclipsen und mit Kunststoffkeil –Pfeil– vom Längsträger wegdrücken, bis die Mutter –7– sichtbar wird. **Achtung:** Längsträgerverkleidung nicht zu stark wegdrücken, sonst können Lackschäden entstehen.
- Mutter –7– abschrauben und Kunststoffkeil herausnehmen.

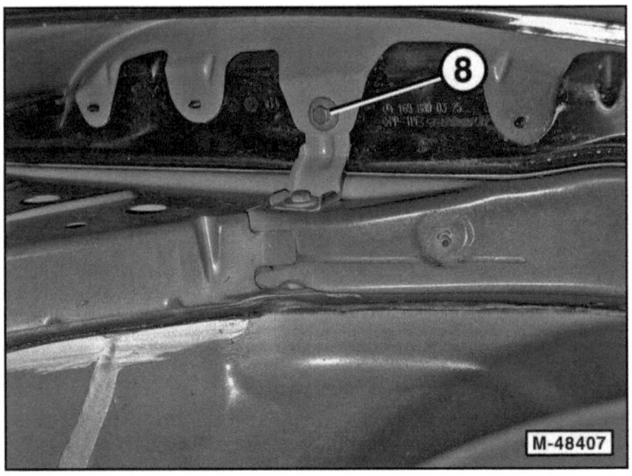

- Schraube –8– im Radkasten herausdrehen.

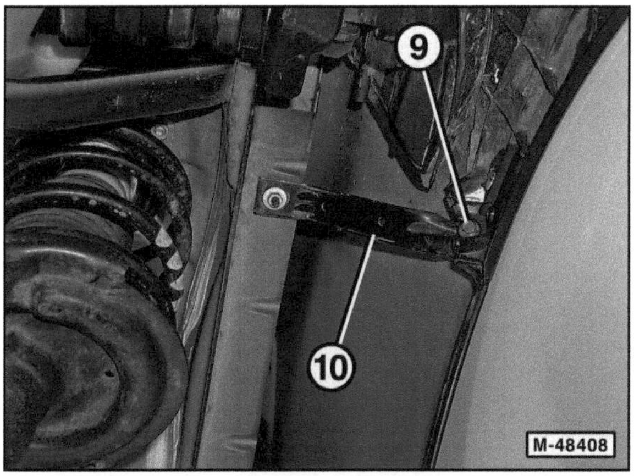

- Schraube -9- herausdrehen, Halter –10– anheben und Kotflügel herausnehmen.
- Falls der Kotflügel erneuert wird, 4 Stopfen herausziehen und Innenverkleidung vom Kotflügel abnehmen. Halteclip unten am Kotflügel ausclipsen.

Einbau

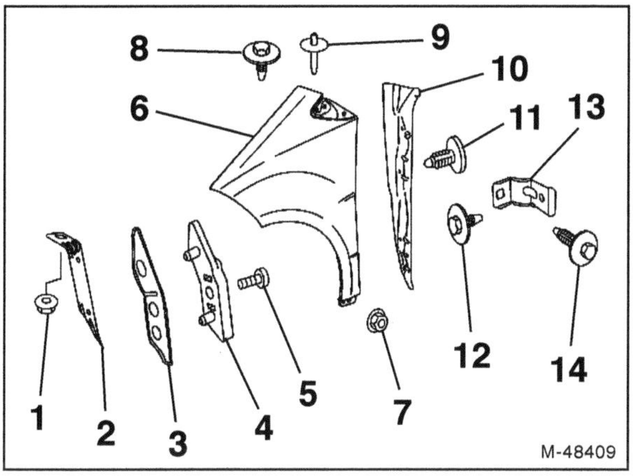

1 – Mutter	8 – 4 Schrauben
2 – Halter	9 – 4 Stiftschrauben
3 – Zwischenlage	10 – Innenverkleidung
4 – Schiene Kotflügel an Stossfängerabdeckung	11 – 4 Stopfen
5 – 2 Schrauben	12 – Schraube
6 – Kotflügel	13 – Halter
7 – 2 Muttern	14 – Schraube

- Kotflügel-Innenverkleidung –10– mit den Stopfen –11– am Kotflügel -6– anbauen und Halteclip unten am Kotflügel einsetzen.
- Tür öffnen und Längsträgerverkleidung vorne mit Kunststoffkeil vom Längsträger wegdrücken.
- Halter –2– anheben. Kotflügel vorsichtig einsetzen, um Lackschäden zu vermeiden.
- Kotflügel mit den Schrauben und den Muttern fixieren, Positionsnummern siehe unter Ausbau.

Achtung: Auf richtigen Sitz der Führungsstifte an der Anschlussstelle zur Stoßfängerabdeckung achten.

- Kunststoffkeil abnehmen und Kotflügel einstellen.

- Tür zum Einstellen des Kotflügels schließen. Der Übergang vom Kotflügel zur Vordertür lässt sich über die Einschraubtiefe der Stellschraube –Pfeil– regulieren.
- Spaltmaße prüfen. Der Spalt zu den angrenzenden Karosserieteilen soll jeweils gleichmäßig breit sein und parallel verlaufen.

  Spaltmaße, Sollwerte:

  Kotflügel – Motorhaube. . . . . $4{,}0^{\pm 1{,}0}$ mm
  Kotflügel – Scheinwerfer . . . . $4{,}0^{\pm 1{,}0}$ mm
  Kotflügel – Vordertür . . . . $4{,}0^{\pm 1{,}0}$ mm
  Kotflügel – A-Säule (A-KLASSE). . . . . . . $3{,}0^{\pm 1{,}0}$ mm

  Hinweis: Die Angaben gelten für beide Modelle der A-KLASSE sowie für die B-KLASSE.

- Schraube –8– im Radkasten mit **7 Nm** festziehen, siehe Abbildung M-48407.
- Tür öffnen. Längsträgerverkleidung vorn mit Kunststoffkeil vom Längsträger wegdrücken. Mutter –7– mit **7 Nm** festziehen, siehe Abbildung M-48403.
- Keil entfernen.
- Schrauben –2– oben am Kotflügel mit **7 Nm** festziehen, siehe Abbildung M-48412.
- Muttern –1– hinter Dreieck-Verkleidung mit **7 Nm** festziehen, siehe Abbildung M-48402.
- Schraube –9– für Halter im Radkasten eindrehen, siehe Abbildung M-48408.
- Lackschäden an den Schraubenköpfen sowie Muttern mit geeignetem Lackstift ausbessern.
- Längsträgerverkleidung vorne am Halter einclipsen und Spreizclip einbauen.
- Dreieck-Verkleidung zwischen Kotflügel und A-Säule einclipsen.

Spezielle Hinweise zum B-KLASSE-Modell

- Falls beschädigt oder bei Austausch des Kotflügels, Klebefolie am Kotflügel erneuern.
- Bei Austausch des Kotflügels Führungsschiene montieren.

Motorhaube aus- und einbauen

Ausbau

- Motorhaube öffnen.

Achtung: Verletzungsgefahr durch Klemmen oder Quetschen der Finger.

- Kotflügel mit Abdeckungen schützen.
- Schlauchhalterungen am Federbeindom sowie am Motorhaubenscharnier herausziehen. Steckverbindung der Leitung zur Motorhaube trennen.
- Scheibenwaschbehälter lösen und mit angeschlossenen Leitungen so ablegen, dass kein Waschwasser auslaufen kann. Wenn nötig, Scheibenwaschbehälter ausbauen, siehe Seite 67.

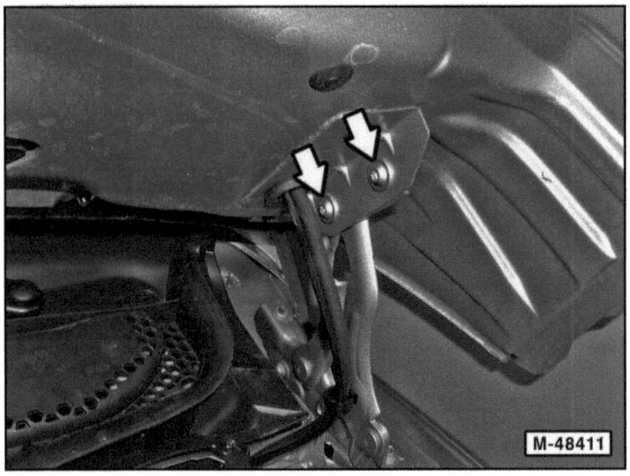

- Motorhaube von einem Helfer abstützen lassen. Schrauben –Pfeile– an beiden Seiten der Motorhaube herausdrehen und auf geeigneter Ablage ablegen.

Einbau

Der Einbau erfolgt in umgekehrter Ausbaureihenfolge. Dabei ist Folgendes zu beachten:

- Falls die Motorhaube nicht wieder eingebaut wird, alle Anbauteile abschrauben und an neue Motorhaube montieren.
- Motorhaube einstellen, siehe entsprechenden Abschnitt.
- Schrauben für Scharniere mit **10 Nm** festziehen.
- Beschädigten Lack an den Schraubenköpfen mit Lackstift ausbessern.
- Funktion der Scheibenwaschanlage kontrollieren.

Motorhaube einstellen

- Spaltmaße prüfen. Der Spalt zu den angrenzenden Karosserieteilen soll jeweils gleichmäßig breit sein und parallel verlaufen.

  Spaltmaße/A-KLASSE, Sollwerte:
  Motorhaube – Stoßfängerabdeckung . . . . $5{,}0^{+2{,}5}$ mm
  Motorhaube – Kotflügel. . . . . $4{,}0^{\pm 1{,}0}$ mm
  Motorhaube – Scheinwerfer . . . . $4{,}0^{\pm 1{,}0}$ mm

  Spaltmaße/B-KLASSE, Sollwerte:
  Motorhaube – Stoßfängerabdeckung . . . . $6{,}0^{\pm 1{,}5}$ mm
  Motorhaube – Kotflügel. . . . . $4{,}0^{\pm 1{,}0}$ mm
  Motorhaube – Scheinwerfer . . . . $4{,}0^{\pm 1{,}0}$ mm

- Motorhaube öffnen.

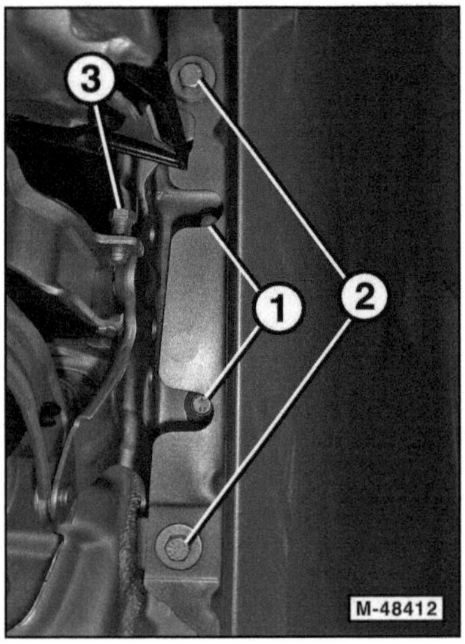

- **A-KLASSE:** Schrauben –2– für Kotflügel auf beiden Seiten lockern.
- Schrauben –1– für Motorhaubenscharnier auf beiden Seiten lockern. 3 – Einstellschraube für Motorhaube.
- Motorhaube mittig zur Frontscheibe ausrichten. Scharnierschrauben –1– mit **10 Nm** festziehen.
- Kotflügel zur Motorhaube ausrichten, siehe entsprechendes Kapitel.
- **A-KLASSE:** Schrauben –2– für Kotflügel mit **7 Nm** festziehen.

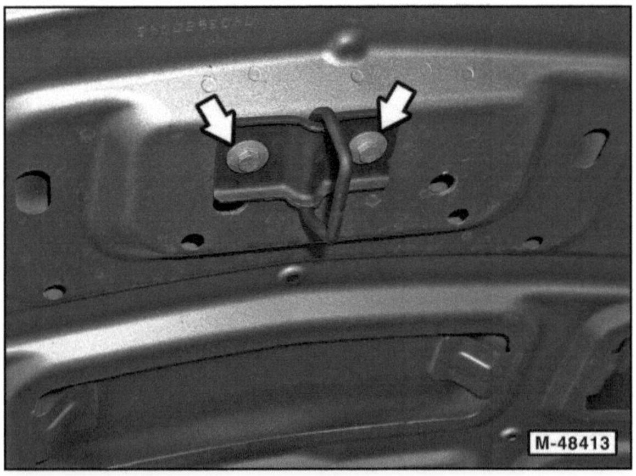

- Schließbügel von der Motorhaube abschrauben –Pfeile–.
- Einstellschraube –3– am Motorhaubenscharnier so verdrehen, dass die Motorhaube zu den Kotflügeln in der Höhe bündig ist, siehe Abbildung M-48412.

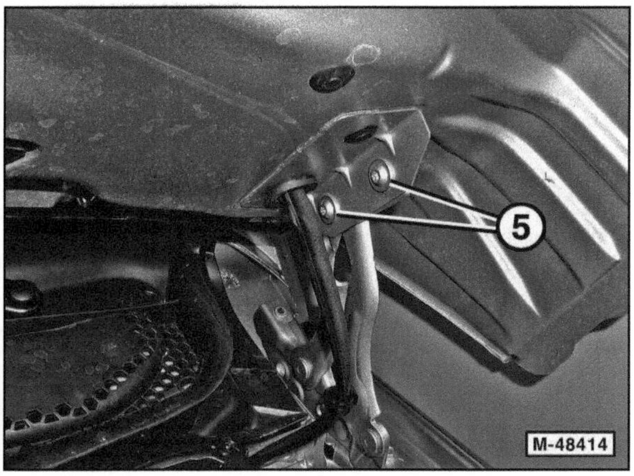

- Schrauben –5– an beiden Seiten lockern und Motorhaube ausrichten. Auf Parallelität von Motorhaube zum Kotflügel achten.

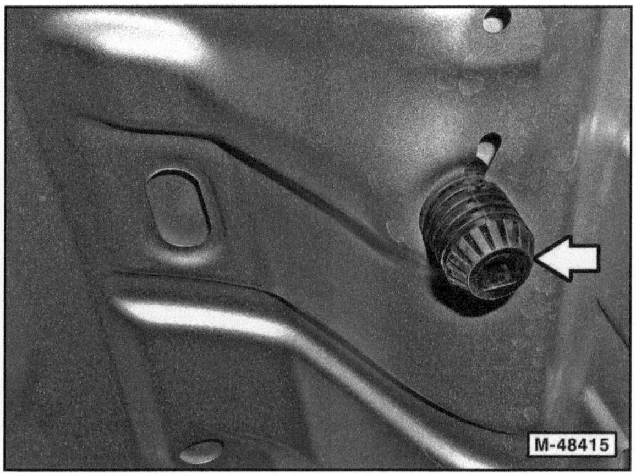

- In der Motorhaube vorne beide Anschlagpuffer –Pfeil– so verdrehen, dass die Motorhaube zu den Kotflügeln bündig ist. **Hinweis:** Als Einstellhilfe Knetmasse an den Anschlagpuffern aufdrücken. Nach Schließen der Motorhaube ist am Abdruck in der Knetmasse zu erkennen, ob die Motorhaube richtig aufliegt.
- Scharnierschrauben –5– mit **10 Nm** festziehen, siehe Abbildung M-48414.

Motorhaubenschloss einstellen

- Schließbügel einbauen, Schrauben nur ganz leicht anziehen.
- Motorhaube schließen und Spaltmaße der Motorhaube prüfen. Das Motorhaubenschloss und der Schließbügel müssen korrekt einrasten.
- Sind die Passungen in Ordnung, Schrauben am Schließbügel mit **10 Nm** festziehen, siehe Abbildung M-48413.
- Sind die Passungen nicht in Ordnung, Schrauben für Motorhaubenschloss lockern, Motorhaubenschloss ausrichten und Schrauben mit **10 Nm** festziehen.
- Motorhaubenverriegelung und Sicherungshaken auf Funktion prüfen.

Motorhaubenscharnier aus- und einbauen

Ausbau

- Motorhaube ausbauen, siehe entsprechendes Kapitel.

A-KLASSE

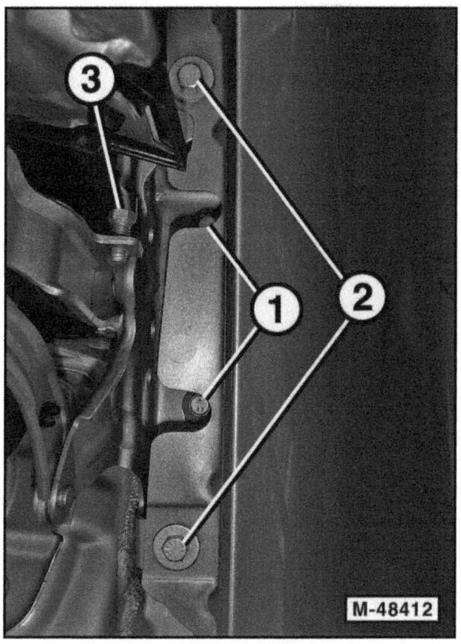

- Schrauben –2– für Kotflügel herausdrehen. 3 – Einstellschraube für Motorhaube.
- Schrauben –1– für Motorhaubenscharnier herausdrehen.

Hinweis: Scharnierschrauben –1– sichern, da sie zwischen Kotflügel und Radkasten in den Hohlraum fallen können. Die Schrauben –2– sind als Schneidschrauben ausgeführt.

- Motorhaubenscharnier vorsichtig unter dem Kotflügel herausführen. Lack dabei nicht beschädigen.

B-KLASSE

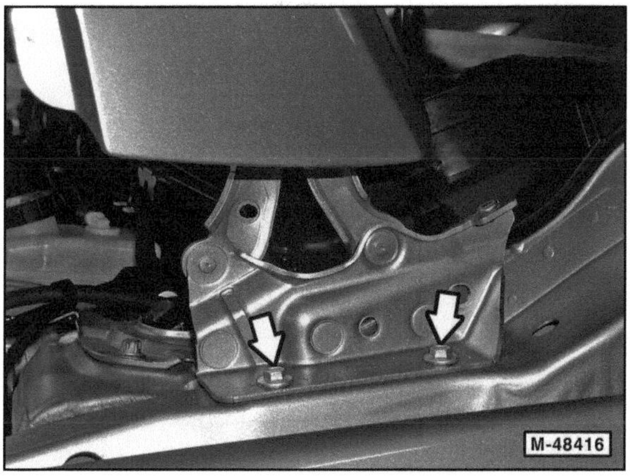

- Schrauben –Pfeile– herausdrehen und Scharnier abnehmen.

Einbau

- Scharnier einsetzen und Scharnierschrauben mit **10 Nm** anziehen. Schraubenköpfe mit Lackstift ausbessern.
- Motorhaube einbauen, siehe entsprechende Kapitel.

Motorhaubenschloss aus- und einbauen

Ausbau

- Motorhaube öffnen und gegen Herunterklappen sichern.

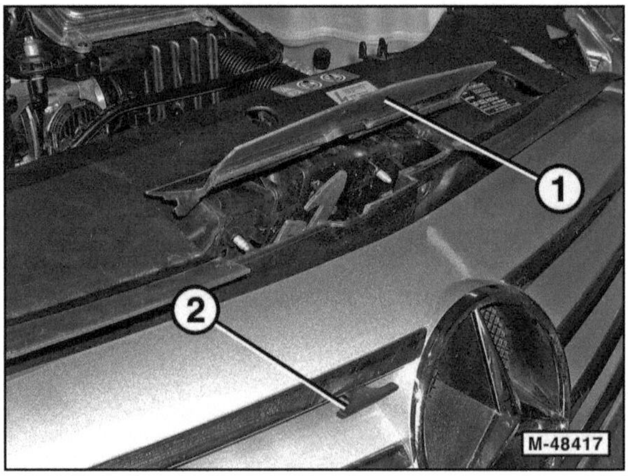

- Abdeckung –1– entriegeln und hochklappen.
- Kühlergrill unter dem Entriegelungshaken –2– mit Klebeband abkleben. Sonst verkratzt beim Herausnehmen des Motorhaubenschlosses der Kühlergrill.
- Fahrzeuge mit Diebstahlwarnanlage: Steckverbindung vom Kontaktschalter für Motorhaube trennen.

- Einbaulage des Motorhaubenschlosses an der Kühlerbrücke kennzeichnen. Dazu mit Filzstift Schrauben/Unterlegscheiben –Pfeile– umkreisen.
- Schrauben –Pfeile– herausdrehen. Dabei Schrauben gegen Herunterfallen sichern.
- Motorhaubenschloss anheben, Motorhaubenzug ausclipsen und aushängen. Motorhaubenschloss an der Kühlerbrücke herausziehen, dabei Entriegelungshaken durch den Kühlergrill hindurchziehen.

Einbau

Der Einbau erfolgt in umgekehrter Ausbaureihenfolge. Dabei ist Folgendes zu beachten:

- Motorhaubenschloss einsetzen. Dabei Entriegelungshaken durch den Kühlergrill hindurchführen.
- Schrauben für Motorhaubenschloss mit **10 Nm** anziehen.
- Funktion des Entriegelungshakens prüfen.
- Motorhaubeneinstellung prüfen.
- Falls eingebaut, Diebstahlwarnanlage auf Funktion prüfen.

Motorhaubenzug aus- und einbauen

Ausbau

- Motorhaubenschloss ausbauen, siehe entsprechendes Kapitel.

- Halterung –Pfeil– für Zug und Schläuche am Federbeindom herausdrücken.

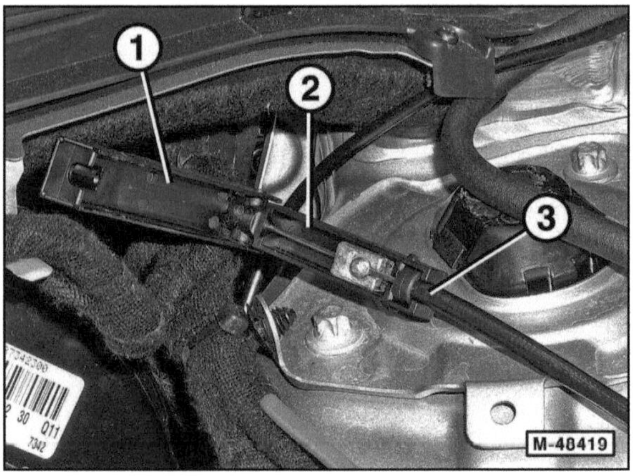

- Mit einem kleinem Schraubendreher Deckel –1– an den Seiten des Kupplungsgehäuses –2– entriegeln und hochklappen.
- Seilzug aus der Halterung im Kupplungsgehäuse heraushebeln und vorderen Motorhaubenzug –3– aushängen.

● Scheibenwaschbehälter lösen und etwas nach hinten drücken, siehe Seite 67.

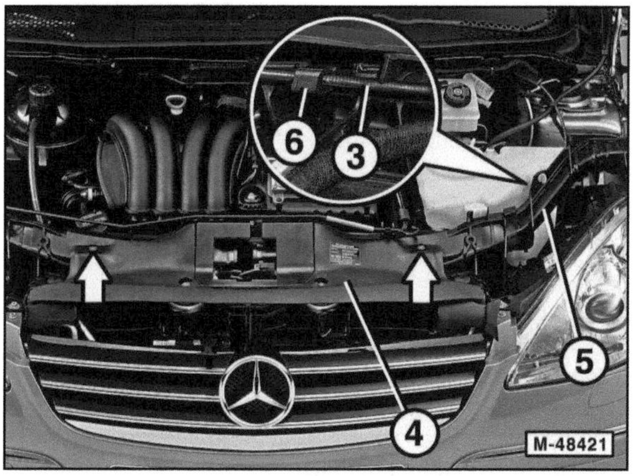

● Spreizclips –Pfeile– von der Luftführung –4– am Kühler herausziehen und Luftführung anheben.

● Vorderen Motorhaubenzug –3– aus den Klammern –6– an der Kühlerbrücke –5– ausclipsen und herausnehmen. Motorhaubenzug aus der Kühlerbrücke herausnehmen.

● Abdeckung oben im Fußraum auf der Fahrerseite ausbauen und Hebel für Motorhaubenzug von der Abdeckung abschrauben, siehe Seite 198.

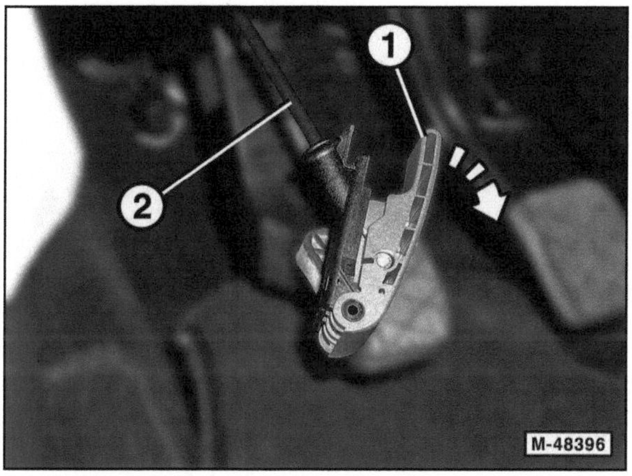

● Hebel –1– ziehen –Pfeil– und hinteren Motorhaubenzug –2– aushängen.

● Motorhaubenzug mit der Tülle durch die Durchführung in der Stirnwand in den Motorraum drücken.

● Hinteren Motorhaubenzug mit Kupplungsgehäuse aus dem Motorraum ziehen.

Einbau

Der Einbau erfolgt in umgekehrter Ausbaureihenfolge. Dabei ist Folgendes zu beachten:

● Gleitflüssigkeit auf Tülle auftragen und hinteren Motorhaubenzug vom Motorraum aus in den Fahrzeuginnenraum durchziehen.

● Motorhaubenschloss an den angebrachten Markierungen ausrichten und mit **32 Nm** festschrauben.

● Motorhaubeneinstellung kontrollieren.

Heckklappe aus- und einbauen

Ausbau

● Heckklappe öffnen und Heckklappenverkleidung ausbauen, siehe entsprechendes Kapitel.

Achtung: Wenn sich die Heckklappe aufgrund eines Defekts am Heckklappenöffner nicht öffnen lässt, Heckklappe von innen entriegeln, siehe Abschnitt am Ende des Kapitels.

● Je nach Ausstattung Antennenverstärker am Fensterrahmen rechts ausbauen und Stecker für Antennenverstärker links abziehen, siehe Seite 95.

● Stecker vom Wischermotor abziehen, Auffangbehälter für ausfließende Flüssigkeit unterstellen und Wasserschlauch vom Wischermotor abziehen, siehe Seite 70.

● **B-KLASSE:** Stecker von beiden Heckleuchten abziehen, siehe Seite 81.

● **B-KLASSE:** Massekabel von der Heckklappe abschrauben.

● Steckverbindung der Griffleiste vorsichtig aus der Öffnung in der Heckklappe herausziehen und trennen, siehe auch Kapitel »Glühlampe für Kennzeichenleuchte wechseln«, Seite 83.

● Stecker für Heckscheibenheizung am Fensterrahmen rechts vorsichtig abziehen.

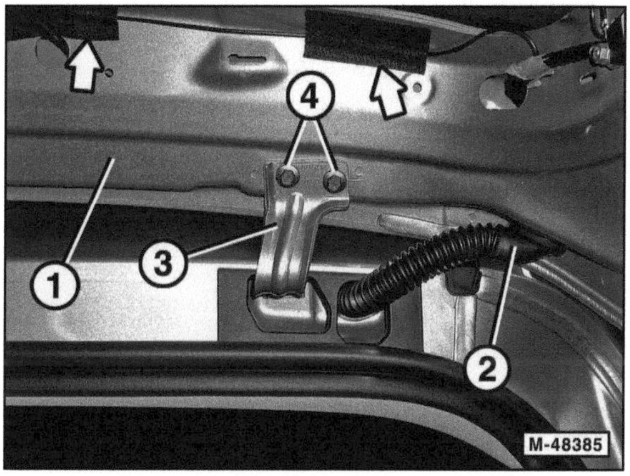

● Klebepads –Pfeile– oben am Fensterrahmen abziehen.

● Kabelhalter aus der Heckklappe –1– herausziehen, Kabelschächte öffnen und Leitungsstränge freilegen.

● Auf jeder Seite Gummitülle –2– aus der Heckklappe herausziehen und Leitungen durch die Öffnung herausziehen. Darauf achten, dass die Gummitüllen nicht beschädigt werden.

● Für den Wiedereinbau Einbaulage der Scharniere –3– mit Filzstift an der Heckklappe –1– markieren.

● Auf jeder Seite 2 Schrauben –4– an der Heckklappe lockern, aber nicht abschrauben.

● **Heckklappe von einem Helfer abstützen lassen.** Beide Gasdruckfedern vom oberen Kugelzapfen abziehen, siehe Kapitel »Gasdruckfeder aus- und einbauen«.

● Scharnierschrauben –4– herausdrehen.

● Heckklappe mit Helfer abnehmen und vorsichtig ablegen.

Einbau

- Heckklappe mit Helfer am Scharnier ansetzen. Die alte Heckklappe dabei nach den Markierungen ausrichten.
- Scharnierschrauben –4– links und rechts handfest eindrehen.
- Heckklappe auf korrekte Spaltmaße überprüfen, gegebenenfalls einstellen, siehe entsprechenden Abschnitt.
- Gasdruckfedern auf Kugelzapfen aufdrücken und einrasten.
- Scharnierschrauben mit **9 Nm** festziehen.
- Lackschäden am Scharnier sowie an den Schrauben ausbessern.
- Der weitere Einbau erfolgt in umgekehrter Ausbaureihenfolge.
- Schließfunktion des Schlosses prüfen.

Heckklappe einstellen

- Spaltmaße prüfen. Der Spalt zum rechten und linken Seitenteil sowie zur Stoßfängerabdeckung soll jeweils gleichmäßig breit sein und parallel verlaufen.

  Spaltmaße, Sollwerte:

  Heckklappe – Hinteres Seitenteil: . . . . . . $4{,}0^{\pm 1{,}0}$ mm
  Heckklappe – Stoßfängerabdeckung: . . . . $5{,}0^{\pm 2{,}0}$ mm
  Heckklappe – Dach. . . . . $4{,}5^{\pm 1{,}0}$ mm
  Heckklappe – Heckleuchte im Seitenteil . . . $4{,}0^{\pm 1{,}5}$ mm

  Hinweis: Die Angaben gelten für beide Modelle der A-KLASSE sowie für die B-KLASSE.

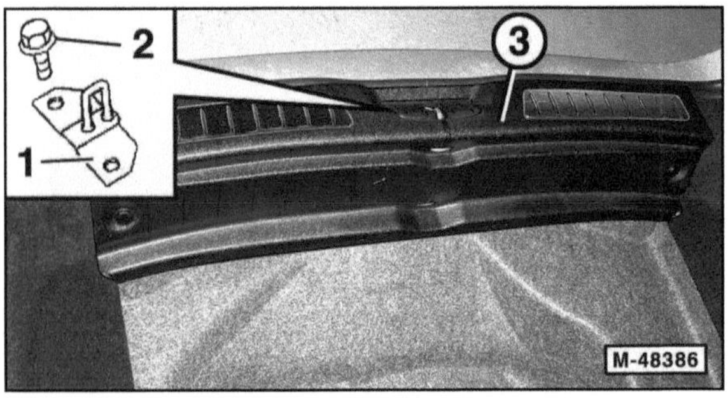

- Heckklappe öffnen und Verkleidung Heckabschluss –3– ausbauen, siehe Seite 203.
- Schrauben –2– für Schließbügel –1– so weit lockern, dass sich der Schließbügel innerhalb der Bohrungen verschieben lässt.

- Stecker –2– am Heckklappenschloss anschließen.
- Scharnierschrauben –4– lockern und Heckklappe durch Verschieben nach links oder rechts ausrichten, siehe Abbildung M-48385.
- Heckklappe schließen; dadurch stellt sich der Schließbügel selbst ein.

Hinweis: Die Heckklappe muss sich leicht schließen lassen und der Schließbügel darf nicht am Heckklappenschloss streifen.

- Wenn nötig, Schrauben –1– für Heckklappenschloss lockern, siehe Abbildung M-48387.
- Nach dem Einstellen Schrauben festziehen.

  Anzugsdrehmomente:

  Heckklappenscharnier . . . . **9 Nm**
  Heckklappenschloss . . . . **9 Nm**
  Schließbügel . . . . **10 Nm**

Heckklappe in der Höhe einstellen

- 2 Abdeckkappen rechts und links aus der Dachverkleidung heraushebeln.
- Dahinter sitzende Schrauben für Scharnier lockern.
- Heckklappe so einstellen, dass ihre Oberkante mit der Dachkante fluchtet oder etwa 1 mm tiefer liegt.

Hinweis: Die Heckklappe muss sich leicht schließen lassen und die Spaltmaße müssen im Toleranzbereich liegen.

- Schrauben mit **23 Nm** am Dachrahmen festziehen.

Heckklappe von innen entriegeln

- Rücksitzlehne umklappen oder ausbauen, siehe Seite 209.

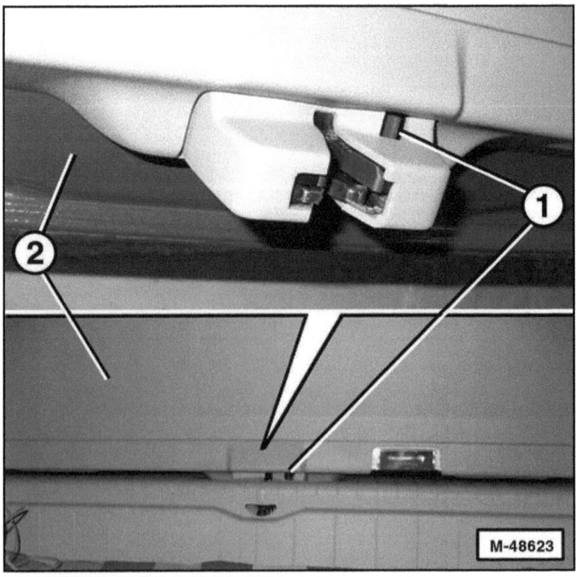

- Mit einem Schraubendreher den roten Knopf –1– unten in der Mitte der Heckklappe –2– entriegeln und Heckklappe öffnen.

Heckklappenverkleidung aus- und einbauen

Hinweis: Der Aus- und Einbau erfolgt bei A- und B-KLASSE weitgehend in der gleichen Weise. Hier wird die Vorgehensweise bei der B-KLASSE beschrieben. Besondere Hinweise für die A-KLASSE befinden sich am Ende des Kapitels.

Ausbau

- Heckklappe öffnen.
- Zündung ausschalten und Zündschlüssel abziehen.
- Wenn eingebaut, Heckklappenleuchte ausbauen, siehe Kapitel »Glühlampen für Innenleuchten auswechseln«, Seite 85.

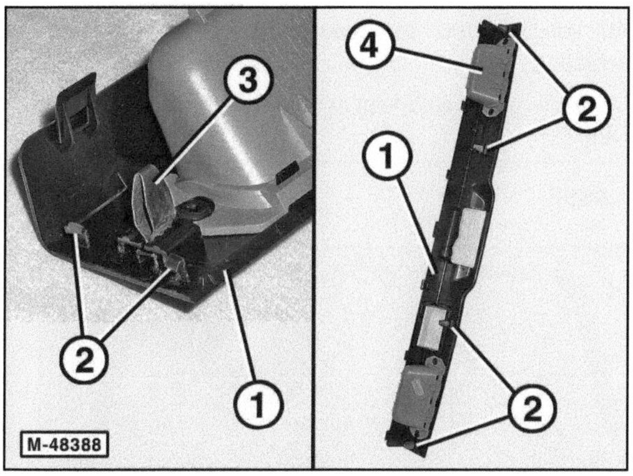

- Blende –1– mit Griffmulden –4– vorsichtig von der unteren Schmalseite der Heckklappe abziehen. Dazu einen Kunststoffkeil an beiden Außenseiten unter die Blende schieben und Rasthaken –2– aushängen. **Hinweis:** Anschlussteile der Heckklappenverkleidung mit einem Lappen vor Beschädigung schützen.
- Danach mit einem abgewinkelten Werkeug, zum Beispiel einem Inbusschlüssel, äußere Federklammern –3– aus der Heckklappe herausziehen.
- An der Aussparung für die Heckklappenleuchte die nächste Federklammer –3– mit einem abgewinkelten Werkzeug aus der Heckklappe herausziehen.
- Vierte Federklammer –3– herausziehen und Blende –1– von der Heckklappe abnehmen.

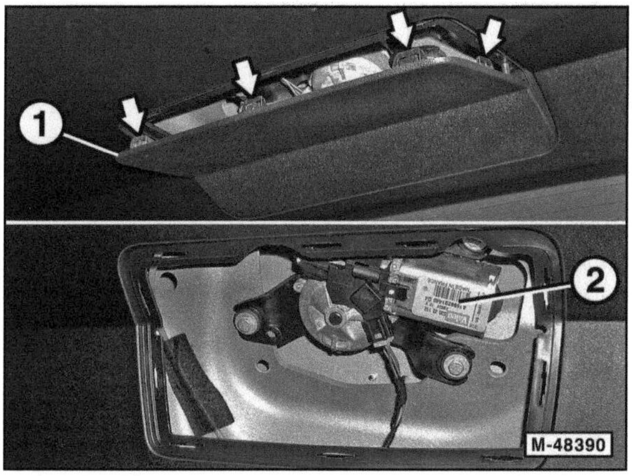

- Serviceklappe –1– über dem Scheibenwischermotor –2– aus der unteren Heckklappenverkleidung heraushebeln. Dazu Kunststoffkeil zwischen Serviceklappe und Verkleidung führen und Rastlaschen –Pfeile– aushaken.

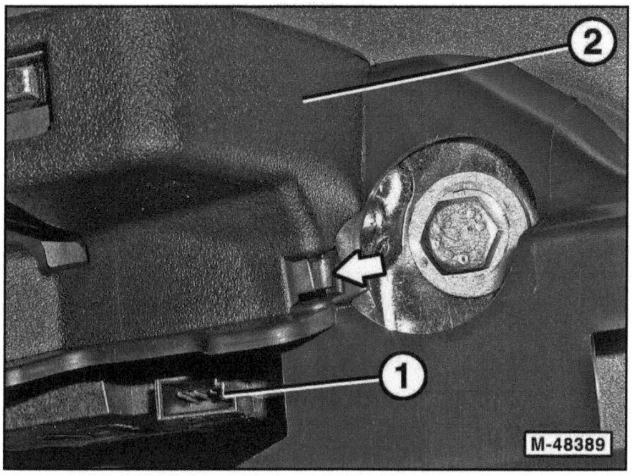

- Stecker –1– vom Heckklappenschloss abziehen und Leitung von der Verkleidung abnehmen.
- Mit einem abgewinkelten Schraubendreher Verkleidung –2– am Heckklappenschloss an den Seiten aushaken –Pfeil–.
- Verkleidung am Heckklappenschloss in der Mitte ausclipsen.

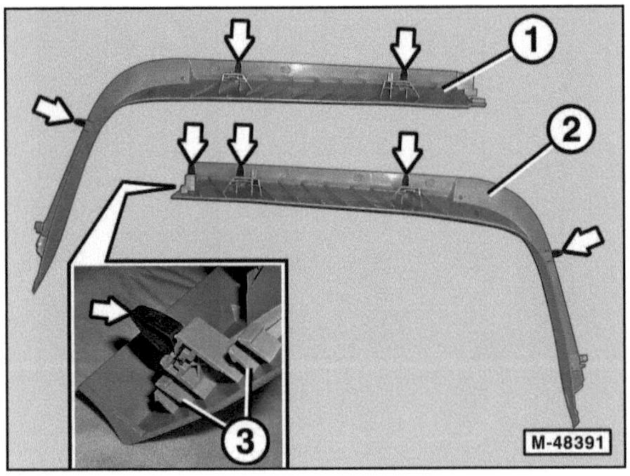

- Verkleidung am Fensterrahmen ablösen. Dazu an der Anschlussstelle beider Verkleidungsteile –1/2– einen Kunststoffkeil unter die rechte Fensterrahmenverkleidung –1– schieben und diese an den Rasthaken –3– ausclipsen.
- Kunststoffkeil unter die rechte Verkleidung –1– schieben und Federklammern –Pfeile– aus dem Fensterrahmen herausziehen. Rechte Fensterrahmenverkleidung –1– vorsichtig aus der unteren Heckklappenverkleidung herausziehen und abnehmen.
- Linke Fensterrahmenverkleidung –2– in gleicher Weise von der Heckklappe abbauen.

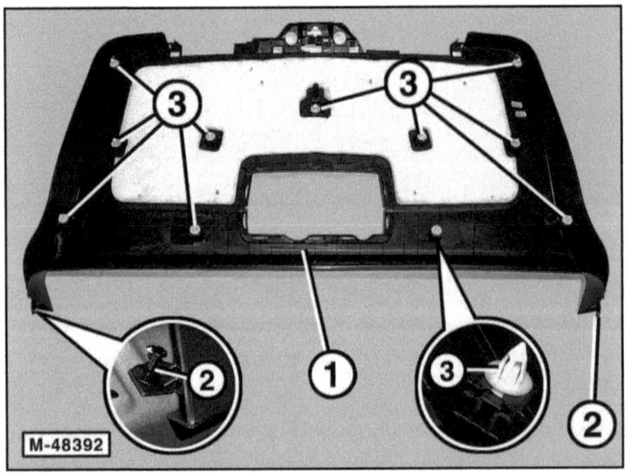

- An den Anschlussstellen zur unteren Heckklappenverkleidung –1– links und rechts Spreizclips –2– aus dem Fensterrahmen herausziehen.
- Kunststoffkeil oder Lösezange, zum Beispiel HAZET 799-4, unter die Heckklappenverkleidung –1– schieben und Halteclips –3– aus den Bohrungen in der Heckklappe herausziehen.
- Heckklappenverkleidung über das Heckklappenschloss führen und abnehmen.

Einbau

- Beschädigte Clips ersetzen. In der Heckklappe steckende Halteclips zum Beispiel mit einer 9er Nuss aus den Bohrungen herausdrücken.
- Halteclips in die Aufnahmen auf der Rückseite der Heckklappenverkleidung einsetzen.
- Heckklappenverkleidung über das Heckklappenschloss führen und so an der Heckklappe ansetzen, dass die Halteclips in die Bohrungen greifen.
- Heckklappenverkleidung andrücken.
- Stecker am Heckklappenschloss anschließen und Leitung in die Halterung einlegen.
- Fensterrahmenverkleidung so ansetzen, dass die Federklammern in den Schlitzen in der Heckklappe stecken.
- Auf korrekten Sitz der Verkleidung an der Heckklappe achten.
- Der weitere Einbau erfolgt in umgekehrter Ausbaureihenfolge.

A-KLASSE

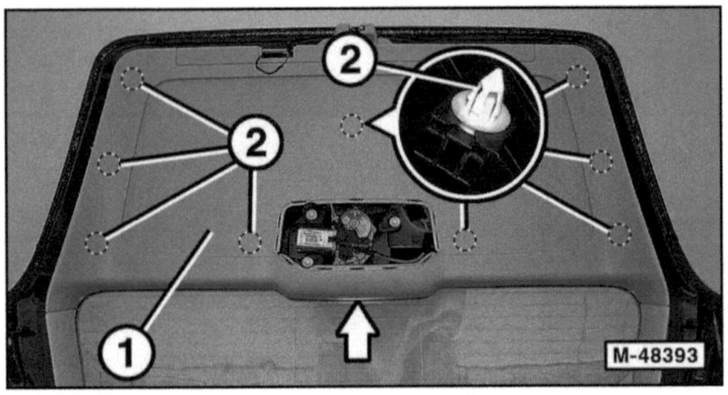

- Kunststoffkeil oder Lösezange unter die Heckklappenverkleidung –1– schieben und Halteclips –2– aus den Bohrungen in der Heckklappe herausziehen.
- Heckklappenverkleidung im Bereich der Zusatzbremsleuchte –Pfeil– lösen.
- Fensterrahmenverkleidung ausbauen wie bei der B-KLASSE, siehe Abbildung M-48391.

Gasdruckfeder aus- und einbauen

Ausbau

- Heckklappe öffnen und durch einen Helfer abstützen lassen.

Sicherheitshinweis
Heckklappe unbedingt durch einen Helfer abstützen lassen, bevor eine Gasdruckfeder gelöst wird. Sonst fällt die Heckklappe herunter, da sie von nur einem Dämpfer nicht gehalten werden kann.

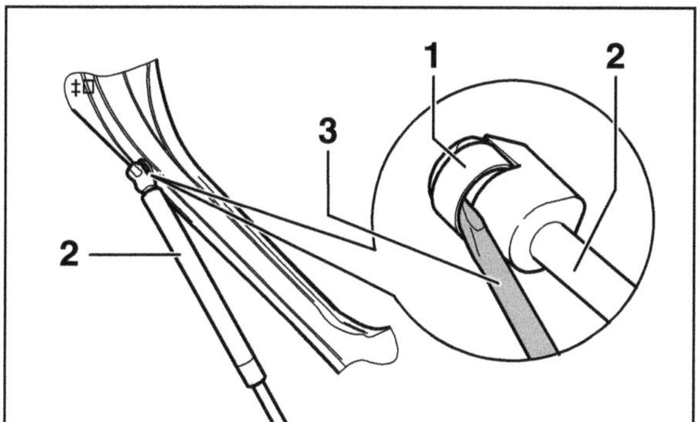

F-48419

- Mit kleinem Schraubendreher –3– Sicherungsbügel –1– etwas anheben und Gasdruckfeder –2– vom oberen Kugelzapfen abziehen.

Achtung: Sicherungsbügel nicht vollständig abclipsen.

- Gasdruckfeder auf die gleiche Weise vom unteren Kugelzapfen abziehen.

Einbau

- Heckklappe durch einen Helfer abstützen lassen.
- Gasdruckfeder auf beide Kugelzapfen aufdrücken und einrasten. Dabei auf korrekten Sitz der Sicherungsbügel achten.
- Heckklappe schließen.

Gasdruckfeder entsorgen

Achtung: Falls die Gasdruckfeder ersetzt wird, muss die alte Feder entgast werden, bevor sie entsorgt wird.

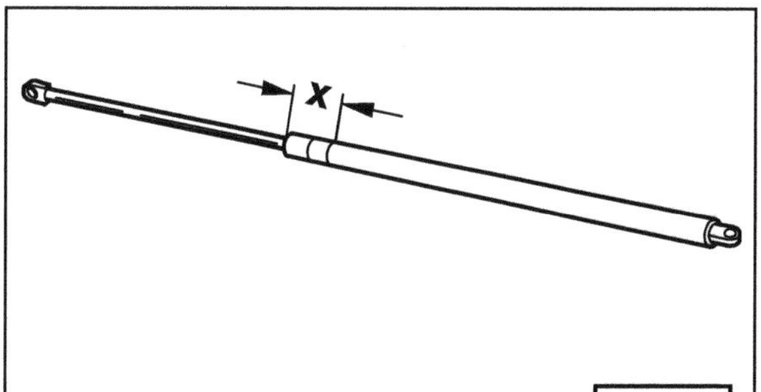

V55-0080

- Gasdruckfeder im **Bereich x = 50 mm** in den Schraubstock einspannen.

Achtung: Feder unbedingt **nur in diesem Bereich** einspannen, sonst besteht Unfallgefahr!

- Zylinder im ersten Drittel der Zylindergesamtlänge – ausgehend von der Bezugskante auf der Kolbenstangenseite – aufsägen. Um herausspritzendes Öl aufzufangen, Bereich des Sägetrennschnittes mit einem Lappen abdecken. **Achtung:** Während des Sägevorganges Schutzbrille tragen.

Tür vorn aus- und einbauen

Ausbau

- Türfenster ganz nach unten fahren.
- Batterie abklemmen. **Achtung:** Hinweise im Kapitel »Batterie aus- und einbauen« beachten.

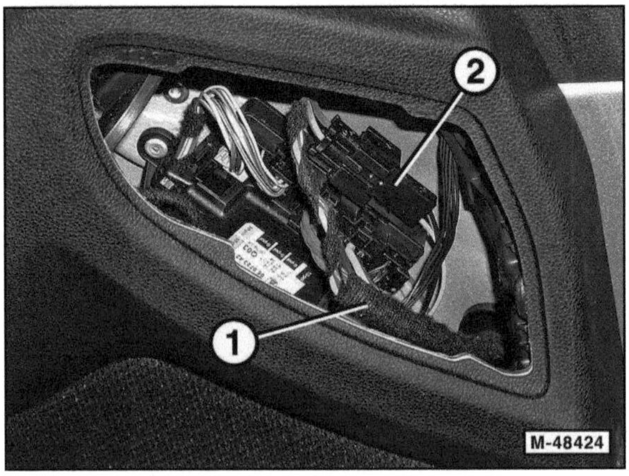

- Abdeckung am Türsteuergerät mit Kunststoffkeil vorsichtig ausclipsen, siehe Abbildung M-48466, Seite 237.
- Steckverbindung –2– des Leitungsstranges –1– am Türsteuergerät trennen.

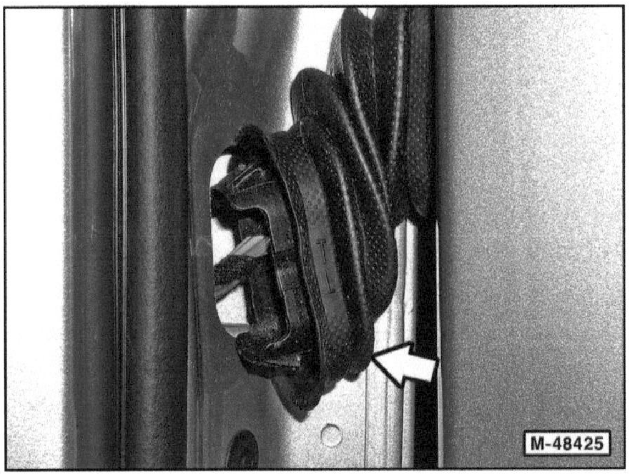

- Mit einem Kunststoffkeil Kabelkanal –Pfeil– an der Vordertür ausclipsen.
- Leitungsstrang aus der Tür herausziehen.
- Zum Schutz des Lacks Klebeband an Kotflügelkante und im gegenüberliegenden Türbereich anbringen.

- Mit einem Schraubendreher Abdeckkappen –Pfeile– von den Scharnierschrauben abdrücken. Schrauben herausdrehen, dabei Tür von Helfer halten lassen.
- Tür auf einer geeigneten Unterlage ablegen.

Einbau

Der Einbau erfolgt in umgekehrter Ausbaureihenfolge. Dabei ist Folgendes zu beachten:

- Einstellung der Tür kontrollieren und gegebenenfalls korrigieren, siehe entsprechenden Abschnitt.
- Schrauben am Türscharnier mit **32 Nm** festziehen.

Einstellen

- Spaltmaße prüfen. Der Spalt zu den angrenzenden Karosserieteilen soll jeweils gleichmäßig breit sein und parallel verlaufen.

  Spaltmaße, Sollwerte:

Vordertür – A-Säule	$6{,}5^{\pm 0{,}5}$ mm
Vordertür – Kotflügel	$4{,}0^{\pm 1{,}0}$ mm
Vordertür – Hintertür (5-Türer)	$4{,}0^{\pm 1{,}0}$ mm
Hintertür – Kotflügel hinten (5-Türer)	$4{,}0^{\pm 1{,}0}$ mm
Hintertür – Dach (5-Türer)	$6{,}5^{\pm 0{,}5}$ mm
Hintertür – Fondfenster (5-Türer)	$6{,}5^{\pm 0{,}5}$ mm

  Hinweis: Die Angaben gelten für beide Modelle der A-KLASSE sowie für die B-KLASSE.

- Zur Erleichterung der Einstellung mit Farbstift Schließbügel –1– umkreisen und dadurch markieren.

● Schließbügel abschrauben.

Hinweis: Am Schließbügel –1– und an der B-Säule –Pfeile– sind Markierungen angebracht, die zur Positionierung und genaueren Einstellung des Schließbügels in horizontaler und vertikaler Ebene dienen.

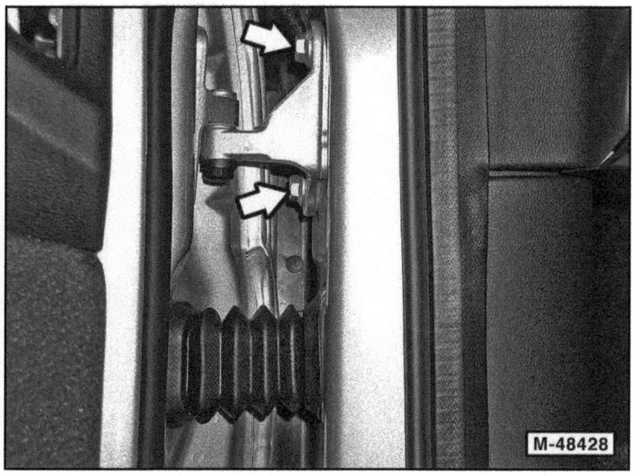

● Schrauben –Pfeile– an der A-Säule beziehungsweise der B-Säule lockern und durch Verschieben der Tür die entsprechenden Spaltmaße einstellen.

● Tür vorsichtig verschieben, um Lackschäden an Tür und Kotflügel zu vermeiden. Schrauben mit **32 Nm** festziehen.

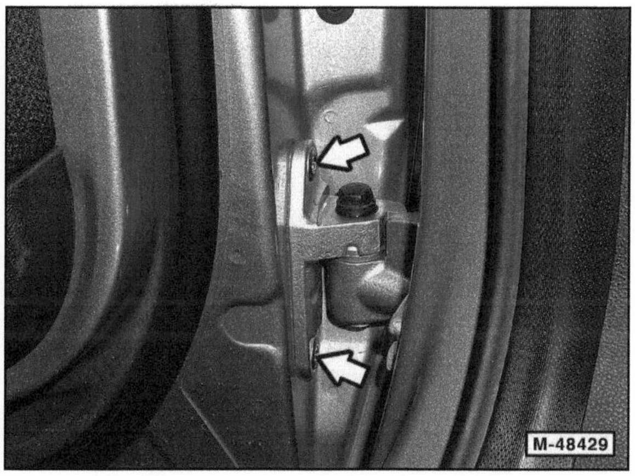

● Schrauben –Pfeile– am Türinnenblech lockern und durch Verschieben der Tür den Übergang vom Vorderkotflügel zur Vordertür einstellen. Schrauben mit **32 Nm** festziehen.

● Schließbügel –1– anschrauben. **Achtung:** Der Schließbügel muss sich noch verschieben lassen, siehe Abbildung M-48427.

● Übergang zwischen Vordertür und Hintertür beziehungsweise hinterer Seitenwand durch Verschieben des Schließbügels einstellen. Schrauben mit **28 Nm** festziehen.

● Lackschäden an den Schraubenköpfen und den Schrauben am Türinnenblech mit Lackstift ausbessern.

Türgriff aus- und einbauen/ Schließzylinder aus- und einbauen

Ausbau

● Tür öffnen.

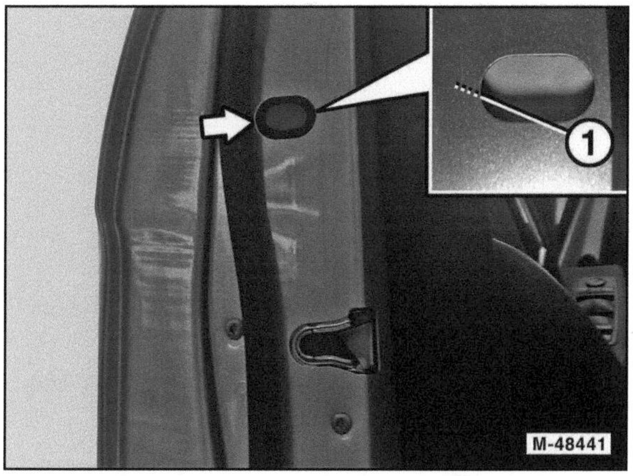

● Abdeckkappe –Pfeil– aus der Tür herausziehen.

● Dahinter liegende Schraube –1– mit Torx-Schraubendreher T20, zum Beispiel HAZET 803 Lg-T20, so weit lockern, bis die Führung des Schließzylinders gelöst ist.

Hinweis: Die Schraube ist schwer zu erkennen und verbleibt in der Tür.

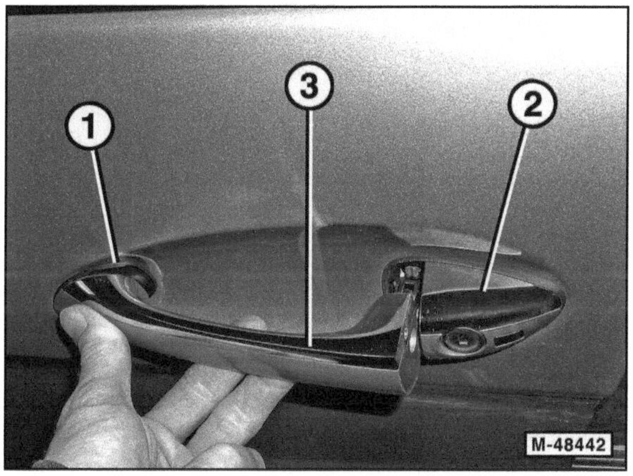

● Türgriff –3– etwas anziehen und die Führung –2– mit eingesetztem Schließzylinder herausziehen.

● Türgriff nach hinten ziehen und aus dem Lagerbügel herausnehmen.

● Zum Ausbau des Schließzylinders Lasche der Führung –2– entriegeln und Schließzylinder aus der Führung herausziehen.

Einbau

● Türgriff in Tür einsetzen und nach vorne schieben. Auf richtigen Sitz des Türgriffs im Lagerbügel und den Dichtungen –1– an der Vordertür achten.

● Türgriff etwas aus der Tür herausziehen.

- Führung in dieTür einsetzen.
- **Elektrische Fensterheber:** Auf richtigen Kontakt der elektrischen Steckkontakte achten.
- Schraubensicherungsmittel, zum Beispiel Loctite 262, auf das Gewinde auftragen, Schraube für Führung eindrehen und mit **3 Nm** anziehen.
- Funktion von Türgriff und Schließzylinder kontrollieren.

Türschloss aus- und einbauen

Ausbau

Hinweis: Das Türschloss ist am Türmodul befestigt.

- Türmodul ausbauen, siehe entsprechendes Kapitel.
- Steckverbindungen vom Schloss trennen und Leitungsstrang vom Halter für Türschloss abbauen.
- Tüllen der Türöffnungs- und Verriegelungszüge aus dem Türmodul herausdrücken.

- Mit einem geeignetem Durchschlag Kunststoffbolzen –1– zum Fahrzeuginnern aus den Klemmhülsen –2– herausschlagen. **Achtung:** Türmodul dabei abstützen, es kann sich sonst verbiegen.
- Mit einem Kunststoffkeil Halter für Türschloss an den Klemmhülsen vom Türmodul abclipsen und zusammen mit dem Türschloss abnehmen.

Einbau

- Halter für Türschloss zusammen mit dem Türschloss am Türmodul ansetzen und einclipsen. Der Halter muss hörbar im Türmodul einrasten. **Achtung:** Türmodul dabei gegenhalten, es kann sich sonst verbiegen.
- Mit einem Durchschlag Kunststoffbolzen in Richtung Fahrzeugaußenseite in die Klemmhülse hineindrücken. **Achtung:** Halter für Türschloss dabei mit einem Hammerstiel gegenhalten, das Türmodul kann sich sonst verbiegen.
- Tüllen der Züge in das Türmodul eindrücken.
- Leitungsstrang an den Halter des Türschlosses anbauen.
- Steckverbindungen am Türschloss anschließen.
- Türmodul einbauen, siehe entsprechendes Kapitel.

Türmodul aus- und einbauen

Ausbau

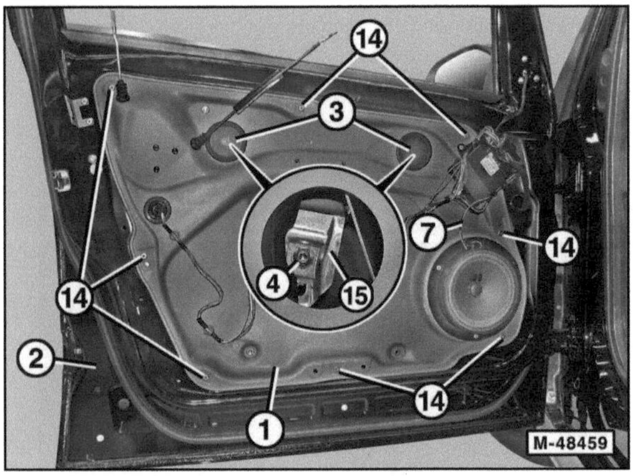

1 – Türmodul
2 – Vordertür
3 – Montageabdeckungen
4 – Schraube
7 – Leitung
14 – Nieten
15 – Aufnahme für Fenster

- Türverkleidung ausbauen, siehe entsprechendes Kapitel.
- Türfenster vom Fensterheber ausbauen und oben am Fensterrahmen mit Klebeband fixieren, siehe entsprechendes Kapitel.
- Batterie abklemmen. **Achtung:** Hinweise im Kapitel »Batterie aus- und einbauen« beachten.

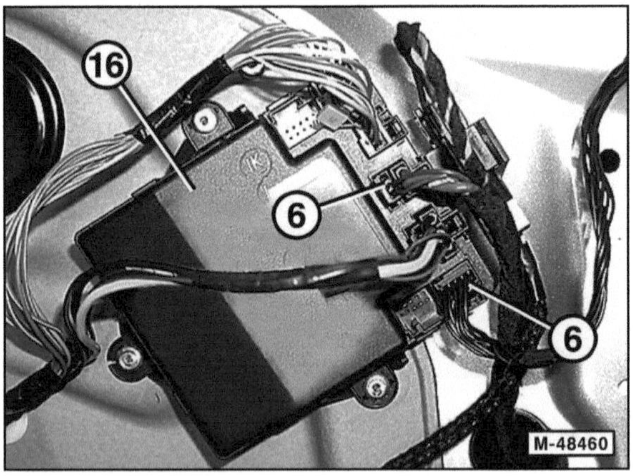

- Steckverbindung –6– vom Türsteuergerät –16– abbauen.
- Leitung –7– am Türsteuergerät freilegen, siehe Abbildung M-48459.

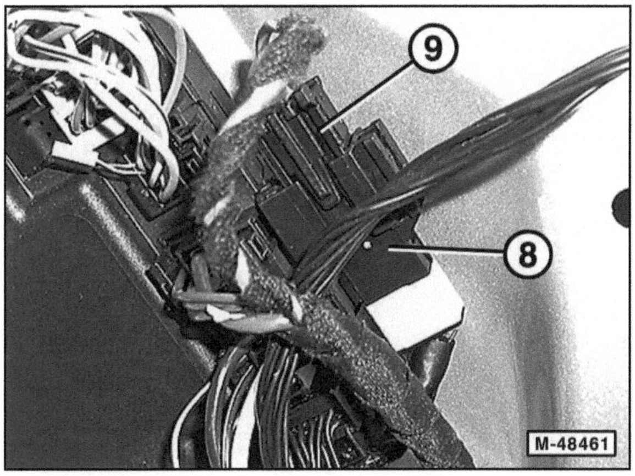

- Stecker –9– an der Steckerleiste –8– abziehen.
- Türgriff ausbauen, siehe entsprechendes Kapitel.
- Vordere Dichtung für Türgriff aus der Tür ausbauen und die darunter sitzende Schraube lockern.

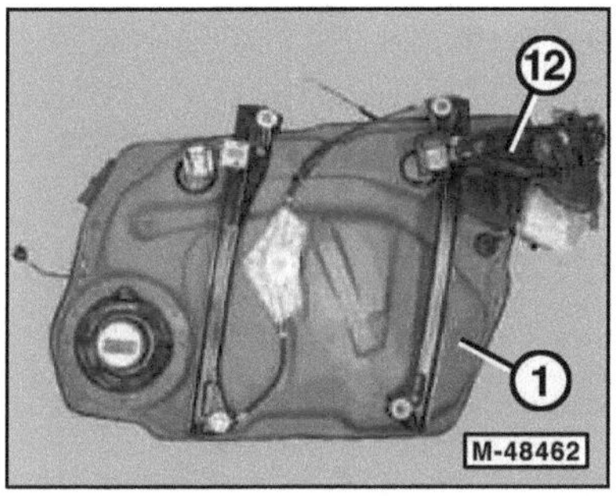

- Lagerbügel –12– nach vorne schieben und an der Tür aushängen. 1 – Türmodul mit Fensterheber.

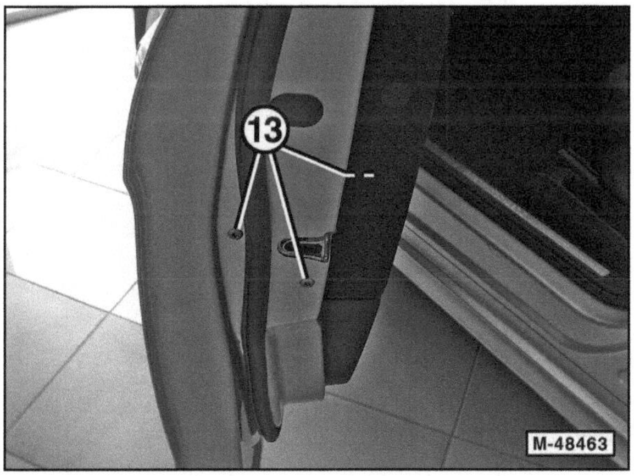

- Schrauben –13– für Türschloss herausdrehen.
- Türmodul von einem Helfer halten lassen.
- Nieten –14– am Türmodul –1– ausbohren und herausziehen, siehe Abbildung M-48459, sowie Seite 212.
- Türmodul von der Tür abnehmen.
- Nietreste aus der Tür entfernen. Dazu bei der B-KLASSE den Pralldämpfer unten von der Tür abschrauben. Die Nietreste müssen restlos entfernt werden, sonst treten Korrosionsschäden auf.

Einbau

Der Einbau erfolgt in umgekehrter Ausbaureihenfolge. Dabei ist Folgendes zu beachten:

- Schrauben an Türschloss mit **7 Nm** anziehen.
- Türmodul mit Nieten an der Tür befestigen.

Türverkleidung vorn aus- und einbauen

Ausbau

- Türfenster nach unten fahren.
- Abdeckung Spiegeldreieck ausbauen, siehe »Kapitel Außenspiegel aus-und einbauen«, Seite 237.

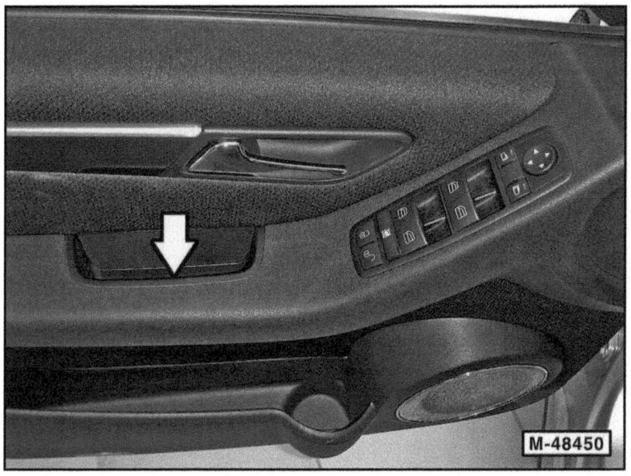

- Mit einem Kunststoffkeil Abdeckung –Pfeil– unten aus der Türgriffmulde herausheben.

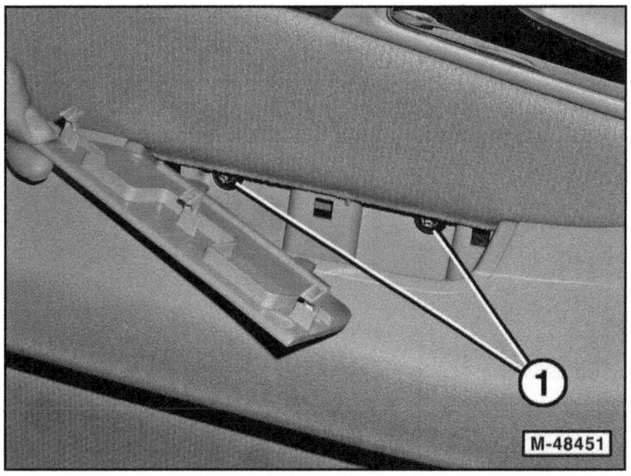

- 2 Schrauben –1– herausdrehen.

- **Fahrzeuge mit Fensterkurbel:** Fensterkurbel –5– senkrecht nach oben stellen und an der Rückseite Verriegelung –6– mit den Fingern kräftig nach unten drücken. Fensterkurbel abnehmen.
- Tür öffnen.

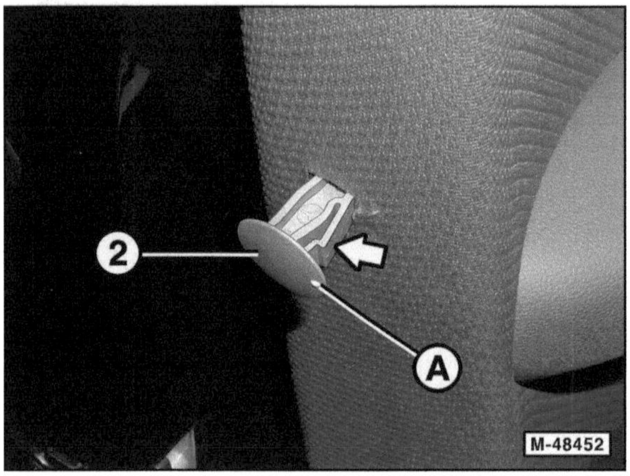

Hinweis: Die Türverkleidung ist seitlich mit einem Clip –2– gesichert, der einen Rasthaken –Pfeil– hat. Auf dem Clip befindet sich eine Punktmarkierung –A– für den Rasthaken.

- Stabiles Messer an der Markierung –A– unter Clipkopf schieben und Rasthaken –Pfeil– entriegeln. Clip –2– herausziehen.

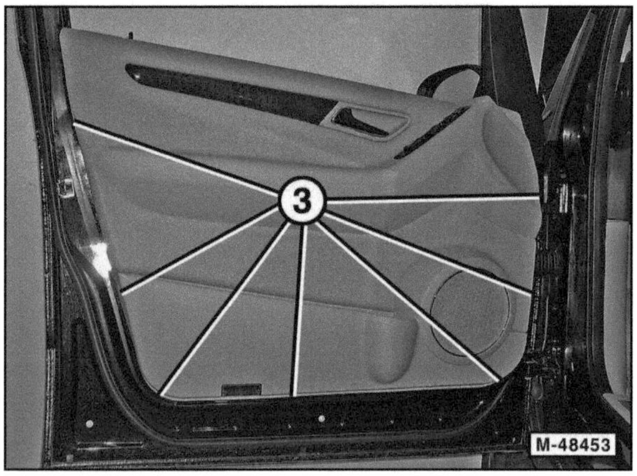

- Türverkleidung mit einem Kunststoffkeil an den Clips –3– abclipsen.
- Türverkleidung so weit nach oben von der Tür abnehmen, bis die Steckverbindungen an der Rückseite zugänglich sind.
- Je nach Ausstattung Stecker von der Einstiegsleuchte abziehen.
- Stecker von der Schaltergruppe für Fensterheber abziehen, siehe Kapitel »Türschloss aus- und einbauen«.

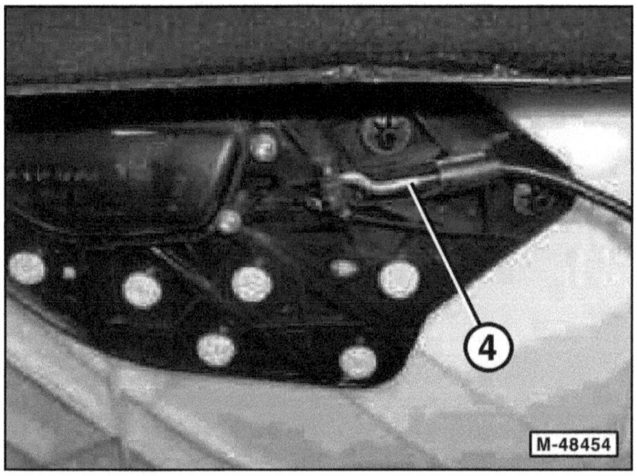

- Entriegelungszug –4– an der Türinnenbetätigung ausclipsen und aushängen.
- Türverkleidung abnehmen.

Einbau

Der Einbau erfolgt in umgekehrter Ausbaureihenfolge. Dabei ist Folgendes zu beachten:

- Schrauben in der Griffmulde mit Schraubensicherungsmittel, zum Beispiel Loctite 262, bestreichen und mit **7 Nm** anziehen.

Türfenster aus- und einbauen

Ausbau

- Türverkleidung ausbauen und nahe der Tür abstellen, siehe entsprechendes Kapitel.

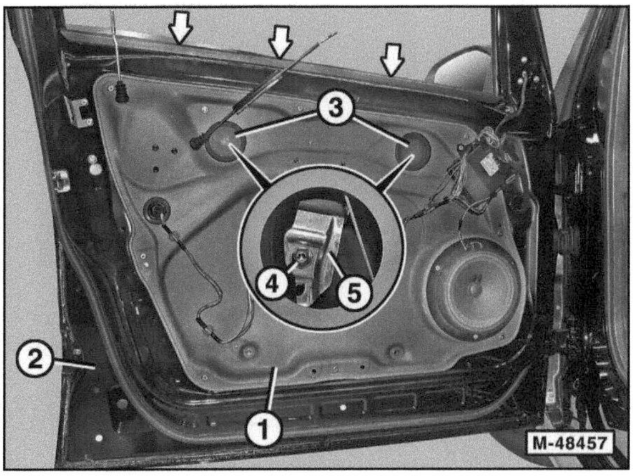

- Innere Abdichtschiene –Pfeile– von der Vordertür –2– abziehen.
- Montageabdeckungen –3– aus dem Türmodul –1– herausziehen.
- Stecker am Schalterfeld in der Türverkleidung anschließen.
- Fensterheberschalter betätigen und Türfenster so weit hochfahren, bis die Schrauben –4– für Fensterheber in den beiden Montageöffnungen –3– sichtbar sind.
- Schrauben –4– lockern, nicht herausdrehen.
- Türfensterscheibe ganz nach unten fahren. Dabei die Türfensterscheibe gegen Herunterfallen festhalten.
- Stecker am Fensterheberschalter abziehen und Türverkleidung zur Seite stellen.
- Türfensterscheibe aus den Aufnahmen –5– herausheben, vorne nach unten und hinten nach oben kippen und nach oben aus dem Fensterschacht herausziehen.

Einbau

- Türfenster in den Fensterschacht einsetzen.
- Türfenster in der Fensterführung ganz nach oben schieben. In dieser Position Scheibe von einem Helfer festhalten lassen.
- Stecker für Fensterheberschalter in der Türverkleidung anschließen und Fensterheber so weit hochfahren, bis die Schrauben –4– in den Montageöffnungen –3– zugänglich sind.
- Türfenster von Hand nach unten schieben, bis das Fenster in den Aufnahmen –5– aufliegt. Gleichzeitig Fenster in der hinteren Fensterabdichtung auf Anschlag schieben.
- Schrauben –4– mit **7 Nm** festziehen.
- Der weitere Einbau erfolgt in umgekehrter Ausbaureihenfolge.
- Innere Abdichtschiene mit Gleitmittel, zum Beispiel Spülmittel, einsetzen.

Fensterhebermotor aus- und einbauen

Ausbau

- Türverkleidung ausbauen, siehe entsprechendes Kapitel.

- Stecker –4– vom Fensterhebermotor –3– abziehen.
- 3 Schrauben –Pfeile– für Fensterhebermotor herausdrehen. 2 – Vordertür.
- Mit Kunststoffkeil Fensterhebermotor –3– vom Türmodul –1– abdrücken und abnehmen.

Einbau

Der Einbau erfolgt in umgekehrter Ausbaureihenfolge. Dabei ist Folgendes zu beachten:

- Verzahnung des Fensterhebermotors schmieren.
- Schrauben für Fensterhebermotor an Türmodul mit **3 Nm** anziehen.
- Funktionsprüfung des Fensterhebermotors durchführen.
- Nach dem Anklemmen der Batterie **Fensterheber justieren**. Dazu Zündung einschalten. Fenster bis zum Anschlag hochfahren und Fensterheberschalter mindestens 1 Sekunde lang in Schließstellung halten. Danach Fenster ganz herunterfahren und Fensterheberschalter mindestens 1 Sekunde lang halten.

Zierleiste an der Tür aus- und einbauen

A-KLASSE

Ausbau

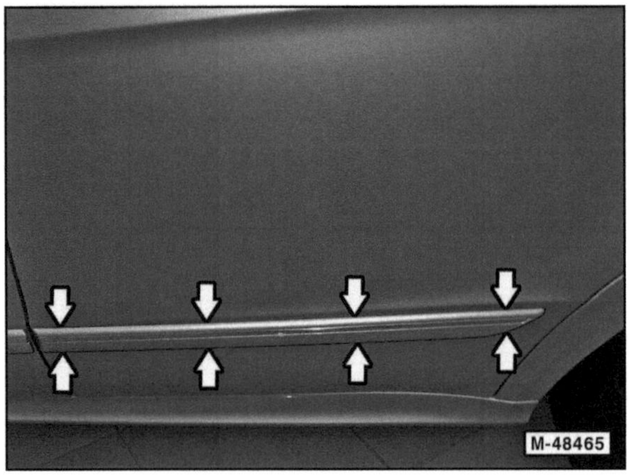

- Die aufgeklebte Zierleiste vorsichtig mit einem Kunststoffkeil von der Tür lösen –Pfeile–.

Einbau

- Klebemittelreste an der Tür vollständig entfernen. Hilfreich ist dabei eine Radierscheibe von 3M, die in eine Bohrmaschine eingesetzt wird.
- Die Klebefläche an der Tür muss absolut fett- und staubfrei sein. Zum Reinigen Scheibenreiniger verwenden.
- Trägerfolie von der neuen Zierleiste abziehen.
- Zierleiste mit Helfer an Tür ansetzen und kräftig andrücken.

B-KLASSE

Ausbau

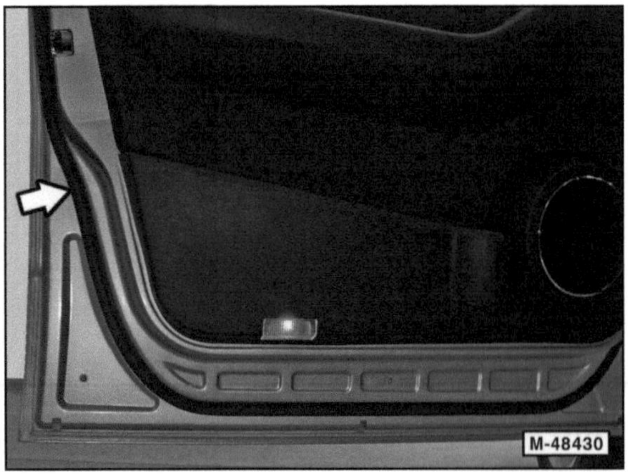

- Tür öffnen. Schraube –Pfeil– herausdrehen.

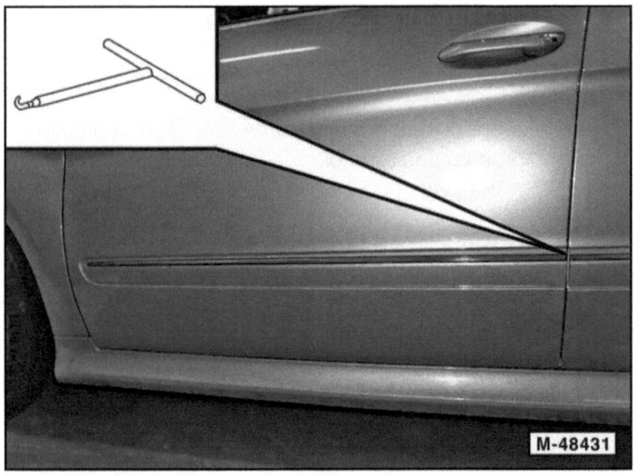

- Winkelhaken oder einen abgewinkelten Schraubendreher hinter die Zierleiste einführen und Zierleiste so weit nach hinten ziehen, bis sie vollständig abgeclipst ist.

Hinweis: Die Zierleiste der B-KLASSE ist mit mehreren Clips an der Tür befestigt.

Einbau

- Einbau in umgekehrter Ausbaureihenfolge. Beschädigte Clips erneuern.

Außenspiegel aus- und einbauen

Ausbau

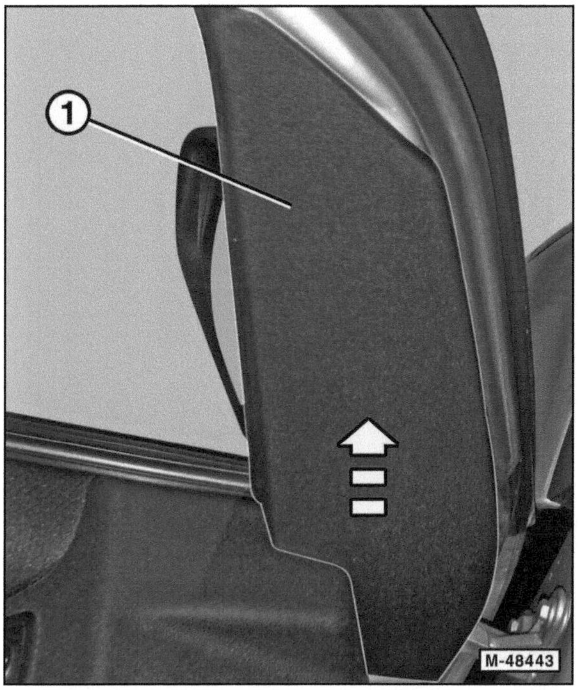

- Abdeckung Spiegeldreieck –1– von der Tür abbauen. Dazu Spiegeldreieck mit Kunststoffkeil nach oben schieben –Pfeil– und aus den Clips herausnehmen.

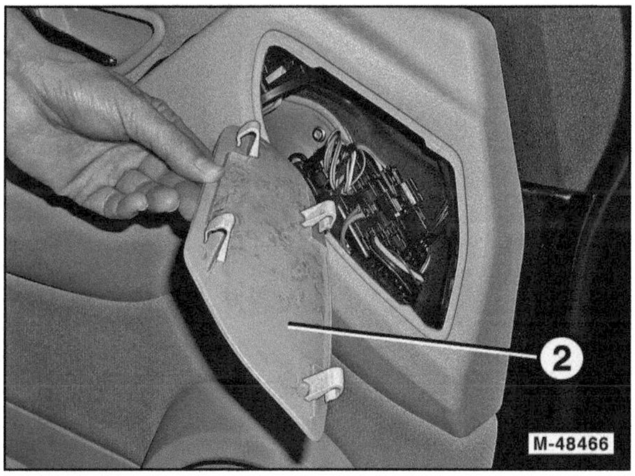

- Abdeckung –2– mit einem Kunststoffkeil aus der Türverkleidung abhebeln.

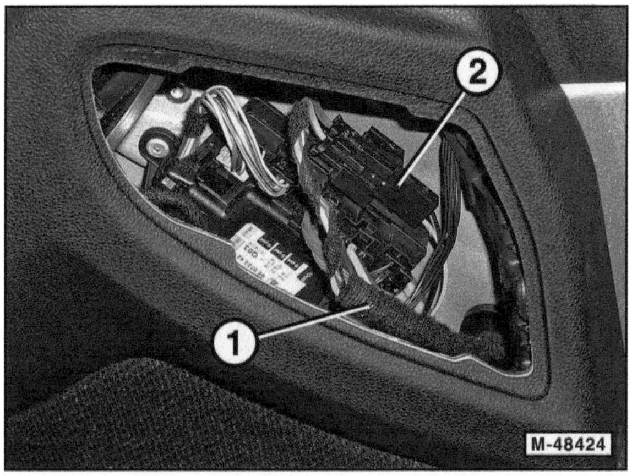

- Steckverbindung –2– am Türsteuergerät trennen.
- Leitungsstrang –1– durch die Öffnung in der Türverkleidung hindurchführen.

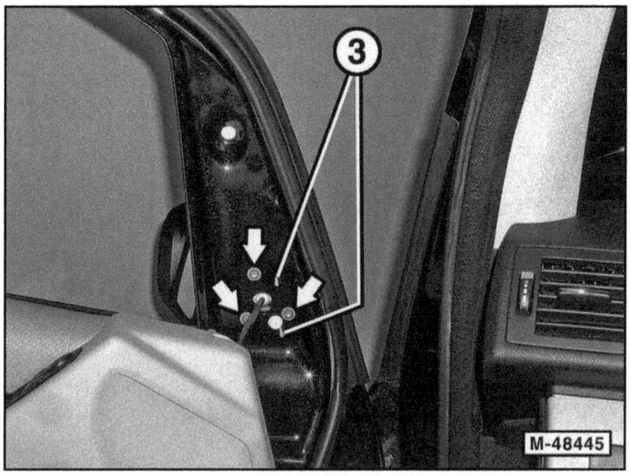

- 3 Schrauben –Pfeile– herausdrehen und Spiegel abnehmen.

Einbau

Der Einbau erfolgt in umgekehrter Ausbaureihenfolge. Dabei ist Folgendes zu beachten:

- Spiegel von außen so ansetzen, dass die Führungsstifte –3– in die Bohrungen im Türrahmen eingreifen.
- Spiegel auf Funktion prüfen.

Spiegelglas aus- und einbauen

Ausbau

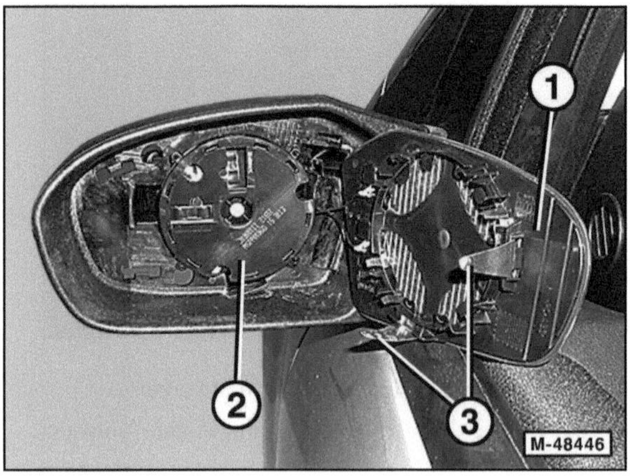

- Spiegelglas –1– oben nach außen kippen. Dazu Zündung einschalten und Außenspiegel ganz nach unten fahren. Zündung ausschalten. 3 – Abstützfedern.
- Mit einem Kunststoffkeil Spiegelglas –1– vom Antrieb –2– abdrücken.

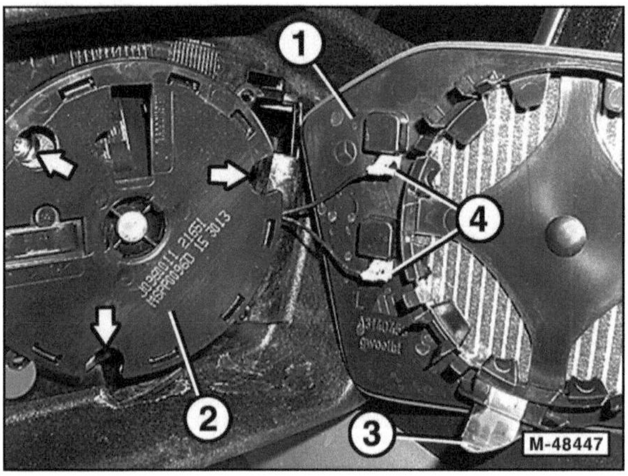

- Stecker –4– für Spiegelbeheizung abziehen. 1 – Spiegelglas, 3 – Abstützfeder.
- Soll der Antrieb –2– für Glasverstellung ausgebaut werden, Schrauben –Pfeile– herausdrehen.

Einbau

Sicherheitshinweis
Beim Aufdrücken des Spiegelglases unbedingt Handschuhe anziehen oder sauberen Lappen unterlegen. Bruch- und Verletzungsgefahr!

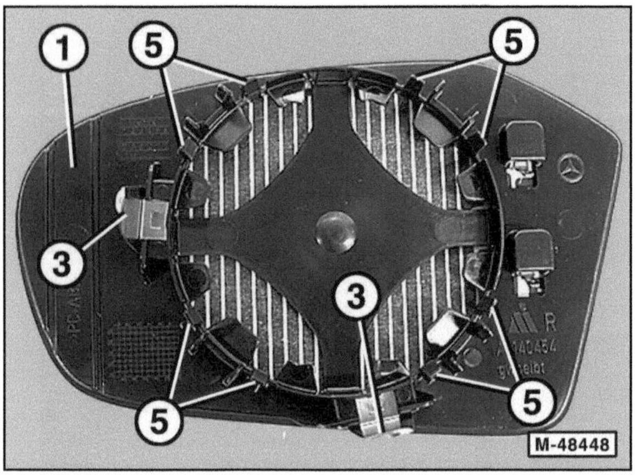

- Spiegelglas –1– von unten nach oben aufsetzen. Dabei auf Abstützfedern –3– und Rastnasen –5– achten.
- Der weitere Einbau erfolgt in umgekehrter Ausbaureihenfolge.

Spiegelverkleidung aus- und einbauen

Bis 5/2008

Ausbau

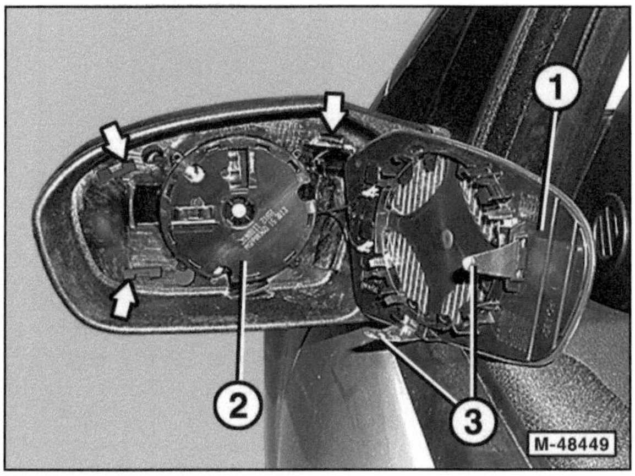

- Zur Erleichterung das Spiegelglas –1– ausbauen, siehe entsprechendes Kapitel. **Hinweis:** Mit etwas Geschick können die Haltebügel auch durch Wegklappen des Spiegelglases ausgerastet werden.
- 3 Haltebügel der Spiegelverkleidung aus den Rastnasen –Pfeile– herausheben. 2 – Antrieb, 3 – Abstützfedern.

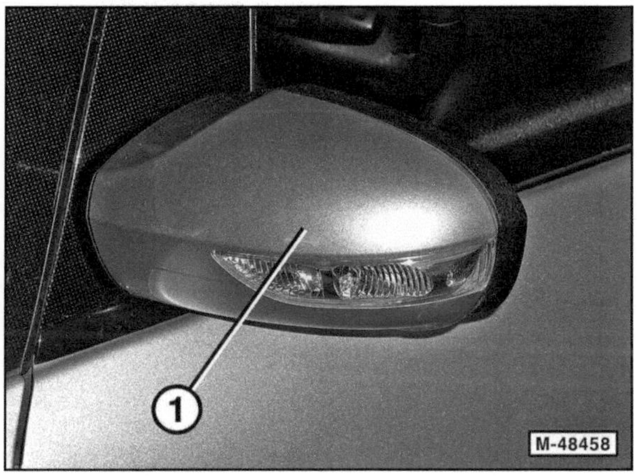

- Verkleidung –1– für Außenspiegel abnehmen.

Einbau

- Der Einbau erfolgt in umgekehrter Ausbaureihenfolge. Dabei auf richtiges Einführen der Rastnasen in die Haltebügel achten.

Ab 6/2008

Ausbau

- Spiegelglas ausbauen, siehe entsprechendes Kapitel.

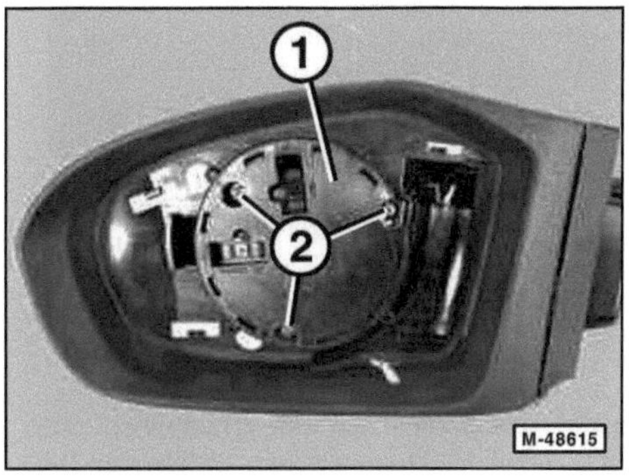

- Schrauben –2– herausschrauben.
- Elektrische Steckverbindung trennen und Spiegelmotor –1– abnehmen.

Achtung: Beim Ausclipsen der Bügel und Rasthaken der Spiegelverkleidung sehr vorsichtig vorgehen, da diese leicht abbrechen können.

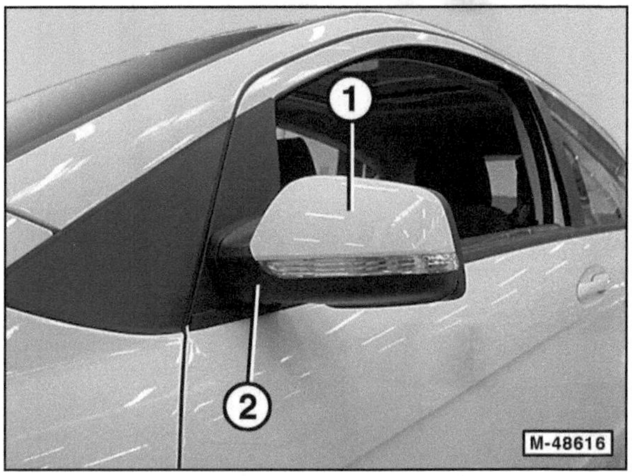

- Obere Verkleidung –1– ausbauen. 2 – Untere Verkleidung.

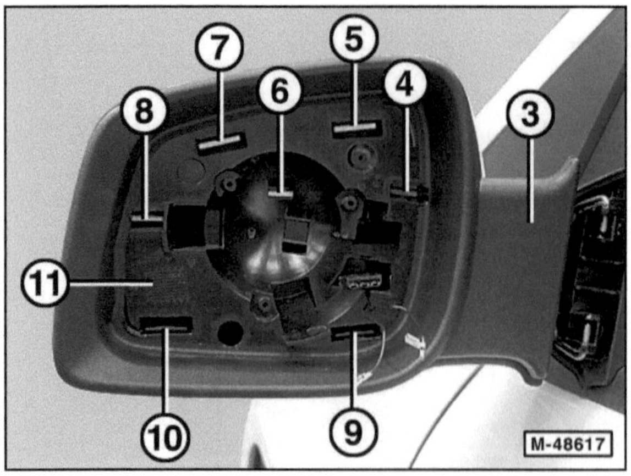

- Dazu die Bügel –4/5/6/7/8– aus den Rasthaken des Gehäuses –11– vorsichtig herausheben. **Achtung:** Die Bügel können leicht abbrechen.

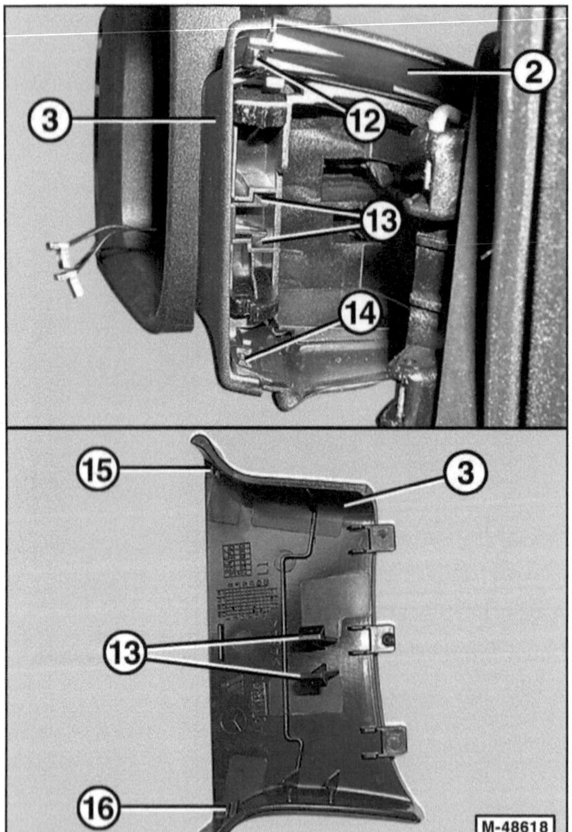

- Außenspiegel nach vorn klappen.
- Innere Verkleidung –3– ausbauen. Dazu die Bügel –12/14– der unteren Verkleidung –2– aus den Rasthaken –15/16– der inneren Verkleidung –3– vorsichtig herausheben. Anschließend die Rasthaken –13– aus dem Gehäuse –11– vorsichtig ausclipsen. **Achtung:** Die Bügel –12/14– und die Rasthaken –13– können leicht abbrechen.

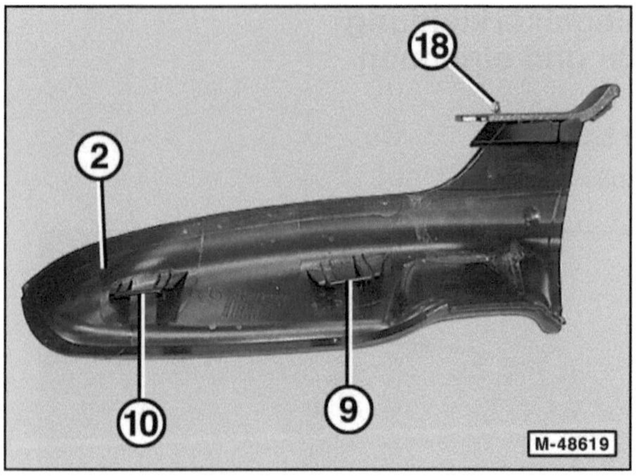

- Untere Verkleidung –2– ausbauen. Dazu die Bügel –9/10– aus den Rasthaken des Gehäuses –11– vorsichtig herausheben. **Achtung:** Die Bügel –9/10– können leicht abbrechen.

Einbau

- Untere Verkleidung mit den Bügeln an den Rasthaken des Gehäuses ansetzen und vorsichtig einclipsen. Dabei auf richtigen Sitz der unteren Verkleidung achten.
- Innere Verkleidung ansetzen und mit der unteren Verkleidung und dem Gehäuse vorsichtig verrasten. Dabei auf richtigen Sitz der inneren Verkleidung achten.
- Außenspiegel zurückklappen.

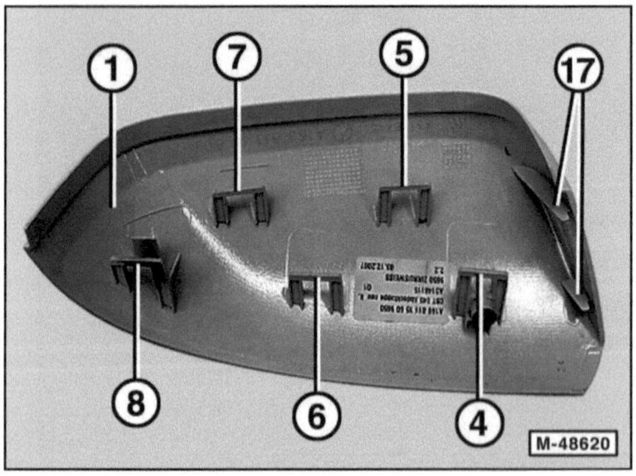

- Obere Verkleidung mit den Bügeln an den Rasthaken des Gehäuses ansetzen und vorsichtig einclipsen. Dabei auf richtigen Sitz der Zapfen –17– der oberen Verkleidung –1– in der Führung –18– der unteren Verkleidung unten –2– achten, siehe Abbildung M-48619.
- Stecker am Spiegelmotor aufschieben.
- Spiegelmotor ansetzen und festschrauben.
- Spiegelglas einbauen.